Gustav Hauser

Das Cylinderepithel-Carcinom des Magens und des Dickdarms

Gustav Hauser

Das Cylinderepithel-Carcinom des Magens und des Dickdarms

ISBN/EAN: 9783744631518

Hergestellt in Europa, USA, Kanada, Australien, Japan

Cover: Foto ©berggeist007 / pixelio.de

Weitere Bücher finden Sie auf **www.hansebooks.com**

Das
Cylinderepithel - Carcinom

des

Magens und des Dickdarms

von

Gustav Hauser,

Dr. phil. et med.,

Privatdozenten der pathologischen Anatomie an der Universität Erlangen.

Mit 12 Tafeln.

Jena,

Verlag von Gustav Fischer.

1890.

Herrn

Professor Dr. Joseph von Gerlach

zu seinem 70. Geburtstage

in dankbarer Verehrung gewidmet.

Inhaltsverzeichniss.

THIERSCH'sche Hypothese von der Störung des histogenetischen Gleichgewichts im Alter (133) — Bedeutung und Wesen der
Altersdisposition — höhere Lebenskraft des Epithels gegenüber anderen Gewebsformationen (135) — WALDEYER's Einwand nur für die
physiologisch höher differenzirten Drüsenzellen berechtigt (136) —
physiologisch weniger differenzirte Epithelien behalten auch im
späteren Alter eine stärkere Proliferationsfähigkeit (137) — Einwände gegen die THIERSCH'sche Theorie: die hohe Steigerung der
Proliferationsfähigkeit des krebsig entarteten Epithels bleibt unerklärt
(138) — der locale Charakter der primären Krebsgeschwulst erfordert
neben der Altersdisposition noch andere Ursachen (139).

Irritationslehre: Paraffinkrebs, secundäre Krebsentwicklung bei chronischen Geschwüren und Narben (140) — Bedeutung
der Prädilectionsstellen — krebsige Entartung von Warzen und
Polypen — Bedeutung der atypischen Epithelwucherungen bei chronisch-entzündlichen Prozessen (142) — Verlust der physiologischen
Function des Drüsenepithels und Steigerung der Proliferationsfähigkeit bei diesen Prozessen (143) — dauernde Steigerung des Assimilationsvermögens des Epithels (144) — Schwächung der physiologischen Widerstände (145) — Bedeutung dieser Vorgänge für die
Krebsentwicklung — auch die Irritationslehre nicht ausreichend (146)
— BENECKE's Theorie — Combination der Irritationslehre mit der
THIERSCH'schen Hypothese (147).

I. Literatur und Einleitung.

Virchow hatte bei Begründung der Lehre von der Cellularpathologie [1] bekanntlich die Ansicht entwickelt, dass alle Zellenneubildung im Körper, insbesondere für die pathologischen Gewebsbildungen, fast ausschliesslich im Bindegewebe von den sogenannten Bindegewebskörperchen erfolge. Und zwar sollten sich durch Vermehrung dieser Bindegewebskörperchen zunächst, wenigstens morphologisch, indifferente Bildungszellen entwickeln, aus welchen späterhin die mannigfaltigsten Gewebstypen hervorgehen könnten; normaler Weise besässen diese Zellen die Eigenschaft, sich in die für die betreffende Localität homologe Gewebsform umzuwandeln, allein bei der Einwirkung bestimmter Reize specifischer unbekannter Art [2] könnten sie ebensogut die Bildung von Knorpelzellen oder Muskelfasern wie die von epithelialen Zellen oder noch anderen Gewebsformen eingehen.

In seiner Geschwulstlehre sagt Virchow [3]: „Bis zu der Zeit, wo die indifferenten Granulationszellen gebildet sind, ja selbst in dieser Zeit, kann man es unmöglich den Elementen ansehen, was daraus werden wird. Ein Krebs sieht in diesem Stadium ebenso aus wie ein Tuberkel; eine syphilitische Gummigeschwulst des Periostes wie eine spätere Exostose. Ich sage damit nicht, dass die Zellen ganz und gar indifferent sind, aber sie erscheinen uns so; sie haben keine Merkmale, an denen wir ihre Besonderheit erkennen können; sie verhalten sich wie die embryonalen Zellen, von denen wir ja auch annehmen müssen, dass in den einzelnen schon etwas Besonderes enthalten ist, was ihre spätere Entwicklung bedingt, an denen wir es aber nicht erkennen können."

---

1) Virchow, Handbuch d. spec. Pathologie u. Therapie, Bd. I, 1854, 3. Abschn., § 49—57; Die Cellularpathologie in ihrer Begründung auf physiolog. und patholog. Gewebelehre, Berlin 1858.
2) Virchow, Die krankhaften Geschwülste, 1863, Bd. I, 5. Vorlesung.
3) l. c. S. 94.

Wohl gab VIRCHOW für manche physiologische Regenerationsvorgänge auch eine directe Vermehrungsfähigkeit des Epithels zu; aber die Bildung pathologischer Epithelien liess er fast ausschliesslich aus einer Wucherung der Bindegewebskörperchen, aus jenen indifferenten Granulationszellen hervorgehen, insbesondere sollten die epithelialen Elemente der Cancroide und Carcinome in allen Fällen nur diese Art der Entstehung mit Bestimmtheit erkennen lassen. Die bei vielen Cancroiden beobachtete, gleichzeitig mit papillärer Hypertrophie verbundene enorme Zellenwucherung an der Oberfläche liess allerdings auch VIRCHOW vom Rete Malpighii ihren Ursprung nehmen; allein er betrachtete dieselbe als eine mehr accessorische Erscheinung von mehr untergeordneter Bedeutung, welche an sich das Cancroid nicht bedinge. „Dieses besteht vielmehr darin, dass sich im Innern der erkrankten Gewebe und Organe Höhlen, Alveolen bilden, die mit Zellen von epidermoidalem Charakter (und Ursprung aus dem Bindegewebe) ausgefüllt werden [1].“ Nach VIRCHOW ist also das Bindegewebe, wie für die pathologische Neubildung überhaupt, so auch für die epithelialen Geschwülste und damit auch für die Carcinome die eigentliche Keimstätte.

Dieser VIRCHOW'schen Lehre von der heteroplastischen Entwicklung der Carcinome, welche sich zunächst unter den hervorragendsten Autoren zahlreicher Anhänger erfreute, trat zuerst THIERSCH [2] in seiner bekannten Arbeit über den Epithelialkrebs entgegen. Auf Grund sehr sorgfältiger mikroskopischer Untersuchung einer grossen Anzahl von ausgesprochenen Carcinomfällen der äusseren Haut und der Mundschleimhaut war THIERSCH zu der Ueberzeugung gekommen, dass die epitheliale Wucherung jedesmal entweder vom präexistirenden Epithel des Rete Malpighii oder der Hautdrüsen, oder von beiden zugleich ihren Ausgangspunkt genommen hatte; zugleich gelang es ihm, an Serienschnitten nachzuweisen, dass jene am einzelnen Schnitt scheinbar isolirten Epithelzellennester in der Tiefe des erkrankten Gewebes in vielen Fällen in directem Zusammenhang mit der ursprünglichen vom präexistirenden Epithel ausgehenden Zellenwucherung stehen.

Ausserdem aber weist THIERSCH darauf hin und betrachtet es als eine wesentliche Stütze seiner Auffassung von der epithelialen Genese des Carcinoms, dass nach den Gesetzen der Entwicklungsgeschichte die Möglichkeit der Entstehung von wahren Epithelien aus bindegewebigen Elementen an und für sich in hohem Grade unwahrscheinlich sei; denn nach den Untersuchungen von REMAK und HIS [3] auf dem Gebiete

---

1) Würzburger Verhandlungen, Bd. I, S. 107; VIRCHOW's Archiv, Bd. VIII, S. 396, 1855; Gazette hebdomadaire, 1855, Fevr., No. 7.

2 THIERSCH, Der Epithelialkrebs, namentlich der Haut. Leipzig 1865.

3 Vergl. HIS, Häute und Höhlen des Körpers. Akademisches Programm. Basel 1865.

der Embryologie müsse man es als ein Naturgesetz betrachten, dass
nach der Bildung der 3 Keimblätter eine dauernde Differenzirung der
Zellen des Embryo in dem Sinne eingetreten sei, dass die Abkömmlinge der Zellen eines jeden Keimblattes nur noch bestimmte, aber nicht
alle beliebigen Gewebstypen mehr hervorzubringen vermöchten. Die
Epithelien betrachtete man aber lediglich als Abkömmlinge des äusseren
und inneren Keimblattes, während man das Bindegewebe aus dem sogenannten mittleren Keimblatte ableitete. Ferner weist THIERSCH mit
Recht noch auf die Tatsache hin, dass alle normalen epithelialen Gebilde, welche nach vollendeter Entwicklung des Organismus in keinem
Zusammenhang mit der äusseren Epithellage mehr stehen, wie die Linse,
die Zahnkeime u. s. w. ursprünglich durch Einsenkungen und schliess-
liche Abschnürungen des äusseren Keimblattes angelegt werden; ein
derartiger Vorgang wäre aber ganz unverständlich, wenn auch den Abkömmlingen der Zellen des mittleren Keimblattes selbst schon die Fähigkeit zukäme, Epithelien zu erzeugen.

Für die von den Anhängern der VIRCHOW'schen Lehre besonders
ins Feld geführten Fälle von primärem Krebs in Organen, wo sich normaler Weise gar kein Epithel vorfinde, stellt THIERSCH, wie dies früher
schon REMAK [1]) getan hatte, die Hypothese auf, dass sich solche Carcinome aus während des embryonalen Lebens durch einen pathologischen
Vorgang abgeschnürten epithelialen Keimen entwickeln. Dass die
Mehrzahl dieser Fälle von primärem Krebs in epithellosen Organen auf
die Halsgegend falle, stehe nach dieser Hypothese völlig im Einklang
mit dem häufigen Vorkommen von Dermoidcysten in der gleichen Gegend,
welche ja ebenfalls einer Einstülpung der äusseren Haut während der
embryonalen Entwicklung ihren Ursprung verdanken. Die bekannten
Fälle von Knochenkrebs aber könnten sehr wohl durch ein primäres
Hereinwuchern des Rete Malpighii erklärt werden.

Die classischen Untersuchungen THIERSCH's über die Histogenese
des Plattenepithelkrebses fanden wenige Jahre später durch die Arbeiten
WALDEYER's [2]) nicht allein ihre volle Bestätigung, sondern zugleich
konnte WALDEYER nachweisen, dass auch den übrigen, von den verschiedenen Drüsen und von den Cylinderepithel führenden Organen
ausgehenden Carcinomen durchaus und ausschliesslich der gleiche Entwicklungsgang zukommt. In dem ersten Theile seiner Arbeit fasst
WALDEYER das Resultat seiner Untersuchungen hinsichtlich der epithelialen Genese des Carcinoms in folgenden Worten zusammen: „Ich
fasse somit das Carcinom im Wesentlichen als eine epi-

---

1) REMAK, Ein Beitrag zur Entwicklungsgeschichte der krebshaften
Geschwülste. Deutsche Klinik, 1854, 6. Bd.

2) WALDEYER, Die Entwicklung der Carcinome. VIRCHOW's Archiv,
Bd. 41, 1867, S. 470, und Bd. 55, 1872, S. 67.

theliale Neubildung auf und meine, dass es primär nur
da entsteht, wo wir echt epitheliale Bildungen haben.
Secundär kann das Carcinom nur durch directe Propagation epithelialer Zellen oder auf dem Wege der
embolischen Verschleppung durch Blut- oder Lymphgefässe zur Entwicklung gelangen, indem die Krebszellen, sofern sie an einen geeigneten Ort gebracht
werden, wie Entozoenkeime sich weiter fortzupflanzen
vermögen[1]."

Ebenso hält WALDEYER in dem 2. Teile seines Aufsatzes durchaus
an dem einheitlichen epithelialen Ursprung sämmtlicher Carcinome fest
und weist jeden anderen Entwicklungsmodus als einen irrtümlichen zurück:
„Im zweiten Theile dieses Aufsatzes habe ich dann eine Reihe von
Beobachtungen aus der Untersuchung von mehr als 200 Geschwülsten
mitgeteilt, welche zeigen, dass die bei diesen Geschwülsten neugebildeten epithelähnlichen Zellenhaufen überall mit präexistirenden Epithelien zusammenhängen, dass keinerlei Beobachtung dafür sprach, die
Entwicklung dieser Zellenhaufen etwa in Wanderkörperchen, oder in
fixen Bindegewebszellen, oder in den Endothelien von Blut- und Lymph-
gefässen, oder endlich in irgend einem anderen zelligen Gewebselemente
zu suchen. Es sprach auch nichts dafür, eine Generatio aequivoca für
die Zellen dieser epithelähnlichen Körper anzunehmen[2]."

Zu einer vollkommen neuen, von den bisherigen Anschauungen un-
abhängigen Theorie gelangte KOESTER[3]), welcher im Anschluss an eine
frühere Beobachtung v. RECKLINGHAUSEN'S[4]) die Krebszellen von einer
Wucherung der Lymphgefässendothelien ableitete.

Er kam zu diesem Schlusse in Folge der Anordnung der Krebszapfen und Krebskörper, welche, insbesondere an horizontal geführten
Schnitten, eine genaue Wiedergabe des in der Cutis gelegenen Lymphgefässnetzes darstellen. Ausserdem will KOESTER auch Uebergangsformen zwischen Endothelzellen und Krebszellen beobachtet haben.
In den späteren Stadien des Krebses hält er auch eine Bildung der
Krebszellen aus Bindegewebskörperchen für möglich.

Allein die KOESTER'sche Theorie fand nur wenige Anhänger, wenn
auch von manchen Autoren die Möglichkeit, dass auch das Endothel
sich an der krebsigen Wucherung betheilige, zugegeben wurde.

Vielmehr wirkten die Arbeiten THIERSCH'S und WALDEYER'S in so
überzeugender Weise, dass die Lehre von dem epithelialen Ursprung

---

1) Bd. 41, S. 514.
2) Bd. 55, S. 141.
3) KOESTER, Die Entwicklung der Carcinome und Sarkome, I. Würz-
burg 1869.
4) Archiv f. Ophthalmologie, 1864, 10. Abtheil. II, S. 71.

der Carcinome unter den deutschen Autoren bald die meisten Vertreter fand. Bereits in den nächstfolgenden Jahren erschien eine Reihe von histologischen Specialarbeiten, welche die WALDEYER'schen Untersuchungen in vollstem Masse bestätigten; unter ihnen sind besonders die Arbeiten von PEREWERSEFF [1]) über Histogenese des Magen- und Nierencarcinoms, von WEIGERT [2]) über primären Leberkrebs und von WOLFBERG [3]) über den Krebs der weiblichen Brustdrüse hervorzuheben.

Am meisten aber wurde die weitere Verbreitung und allgemeine Anerkennung der THIERSCH-WALDEYER'schen Theorie dadurch gefördert, dass dieselbe in den besten Lehrbüchern, welche diesen Gegenstand behandeln, Aufnahme fand. So findet man bereits in den früheren Auflagen der Handbücher von BILLROTH [4]), BIRCH-HIRSCHFELD [5]), KLEBS [6]) und PERLS [7]) die Capitel über Carcinom vollständig im Sinne dieser Lehre behandelt.

Denn wenn auch PERLS im weiteren Verlaufe der krebsigen Wucherung die Möglichkeit der sogenannten „epithelialen Infection" der übrigen Gewebe nicht völlig ausschliesst, so steht er in der Hauptsache doch vollständig auf der Seite von THIERSCH und WALDEYER. Der wesentlichste Gegensatz zwischen WALDEYER und PERLS beruht vielmehr darauf, dass ersterer mit dem Begriffe Carcinom unter allen Umständen eine Abstammung der Geschwulstzellen von echten Epithelien, also Abkömmlingen des äusseren oder inneren Keimblattes verbindet, während PERLS das Carcinom mehr vom anatomischen als vom genetischen Standpunkte auffassend, in der gleichen Weise wie WAGNER ein Epithelioma carcinomatosum, welches dem WALDEYER'schen Carcinom gleichkommt, und ein Endothelioma (resp. Sarcoma) carcinomatosum, dessen Zellen aus einer Wucherung von Endothelien hervorgehen, unterscheidet.

WAGNER [8]) beobachtete nämlich eine namentlich an den serösen Häuten primär auftretende Geschwulstform, welche, in ihrem histologischen Bau im Wesentlichen echten Epithelialcarcinomen durchaus ähnlich, ihre Ent-

---

1) PEREWERSEFF, Recherches sur l'origine et la propagation du carcinome épithéliale de l'estomac. Journ. de l'anat. et de la physiol., Nr. 4, Pl. XI—XIV, 1873. — Entwicklung d. Nierenkrebses aus den Epithelien d. Harnkanälchen. VIRCHOW's Archiv, Bd. 59, 1873, S. 227.

2) WEIGERT, Ueber primäres Lebercarcinom. VIRCHOW's Arch., Bd. 67, 1876.

3) WOLFBERG, Ueber die Entwicklung des vernarbenden Brustdrüsenkrebses. VIRCHOW's Archiv, Bd. 61, 1873, S. 241.

4) BILLROTH, Chirurgische Pathologie und Therapie, 1876, 8. Aufl.

5) BIRCH-HIRSCHFELD, Lehrbuch der patholog. Anatomie, 1876.

6) KLEBS, Handbuch der pathol. Anatomie, V, 1876, S. 1206 ff.

7) PERLS, Lehrbuch der allgemeinen Pathologie, I, 1877, S. 478.

8) Archiv der Heilkunde, Bd. II, 1870, S. 509.

stehung einer Wucherung des Endothels verdankte. WAGNER unterscheidet daher in seinem Handbuche [1]) neben dem Epithelkrebs im Sinne WALDEYER's, welcher vom präexistirenden Epithel ausgehend zugleich die häufigste Krebsform bilde, auch einen Endothelkrebs, und fügte zu diesen noch eine dritte Form, nämlich den Bindegewebskrebs (Desmoidcarcinom, Lymphosarkom). Aber auch WAGNER hält daran fest, dass wahre Epithelien und daher auch wahre Epithelkrebse nur vom präexistirenden Epithel ausgehen können; Endothelkrebs und Bindegewebskrebs gehören nach WAGNER genetisch dem mittleren Keimblatte an und Krebse nannte er sie nur deshalb, weil sie entweder klinisch, wie der Bindegewebskrebs, oder anatomisch, wie der Endothelkrebs, von der klinisch-anatomischen Auffassung des Begriffes Carcinom nicht zu trennen seien.

In der gleichen Auffassung wurden Fälle von Endothelkrebs von SCHULZ [2]), FRIEDLÄNDER [3]), BIRCH-HIRSCHFELD [4]), EPPINGER [5]), BOSTRÖM [6]), NEELSEN [7]) und anderen mitgeteilt und BAUMGARTEN [8]) konnte bei verschiedenen einfach entzündlichen Prozessen eine eigentümliche Veränderung der Lymphgefässendothelien der Darmwand beobachten, wobei dieselben ein epithelähnliches Ansehen erhalten sollen. Allein in allen diesen Fällen handelt es sich eben nicht um eigentliche Carcinome im Sinne WALDEYER's, sondern um eine ganz bestimmte und relativ seltene, primär vom Endothel ausgehende Geschwulstform; von einer Metaplasie der Endothelzellen in wahre Epithelien ist keine Rede.

Auch RINDFLEISCH [9]) vertritt in der 5. Auflage seines Lehrbuches im Wesentlichen die epitheliale Genese des Carcinoms; doch ist er insofern nicht ein absoluter Anhänger der THIERSCH-WALDEYER'schen Theorie, als er bei der secundären Wucherung des Carcinoms, sowie bei der Metastasenbildung die epitheliale Infection und Umwandlung der Bindegewebszellen, der Endothelien der Lymphbahnen und Gefässe,

---

1) UHLE und WAGNER, Handbuch d. allgemeinen Pathologie, 6. Aufl., 1874.

2) Archiv der Heilkunde, Bd. 17, 1876.

3) VIRCHOW's Archiv, Bd. 67. S. 191.

4 Lehrbuch der pathol. Anatomie. 1876, S. 768.

5) Prager med. Wochenschrift, I, 1876.

6) BOSTRÖM, Das Endothelcarcinom, ein Beitrag zur Histogenese d. Carcinoms. Inaug.-Diss. Erlangen 1876 's. hier genauere Literaturangaben über Endothelkrebs .

7) NEELSEN, Untersuchungen über den „Endothelkrebs" Lymphangitis carcinomatodes . Deutsch. Arch. f. klin. Med., Bd. 31. 1882. S. 375.

8) BAUMGARTEN, Ueber Transformation und Proliferation d. Lymphgefässendothels Lymphangoitis hyperplastica der Darmwand. Centralbl. f. d. med. Wissensch.. Jahrg. 1882. Nr. 3, S. 33.

9 RINDFLEISCH, Lehrbuch der pathologischen Gewebelehre, 5. Aufl., 1878, § 144.

der Eiterzellen u. s. w. nicht in Abrede stellt. Ja beim harten Drüsencarcinom, dem Scirrhus, handelt es sich nach RINDFLEISCH (l. c. § 158) um eine langsam verlaufende interstitielle Entzündung, deren zellige Producte sich statt in Eiter oder Bindegewebe in Epithelialgebilde verwandeln sollen. Allerdings soll auch hier „das active Verhalten der Drüsenepithelien die eigentliche Quelle der Erkrankung bilden, wenn auch die quantitative Leistung desselben unbedeutend ausfalle.“

Nach R. MAIER [1]), welcher sich bezüglich der primären Krebsentwicklung ebenfalls an WALDEYER anschliesst, muss das Hauptgewicht bei der Definition Krebs auf die Anwesenheit von Epithelzellen, weniger auf den alveolären Bau mit zelliger Einlagerung gelegt werden, da letztere Eigenschaft auch vielen Sarkomen zukomme. Allein MAIER glaubte, dass auch Zellen der Bindesubstanz, wie z. B. Knorpelzellen, durch eine Art von Metagenese und Generationswechsel, wie er es nennt, nachdem sie die sarkomatöse Entartung als Zwischenstufe passirt hätten, sich zu wahren Epithelien mit allen morphologischen und physiologischen Eigenschaften umwandeln könnten.

Er unterscheidet daher 2 Arten von Krebs, einen primären, welcher sich aus den präexistirenden Epithelien entwickelt, und einen secundären, dessen Zellen durch Umwandlung anderer Zellformationen in Epithelien gebildet wird. Für Bindegewebskrebse im Sinne WAGNER's, welche gar keine Epithelien enthalten, verwirft MAIER die Benennung Krebs und bezeichnet sie als Sarkome.

Ebenso wollte FRIEDLÄNDER [2]) „einen fliessenden Uebergang zwischen Carcinom und Sarkom statuiren, etwa wie zwischen Sarkom und Fibrom“.

Als ein entschiedener Gegner der THIERSCH-WALDEYER'schen Theorie, wenigstens hinsichtlich der Entstehung der secundären Lymphdrüsenmetastasen, zeigt sich GUSSENBAUER [3]), indem er bei der Untersuchung eines Falles von Oesophagus-Carcinom die secundären epithelialen Wucherungen (in den Lymphbahnen und in einer Lymphdrüse) aus den Wanderelementen der Blutgefässe, aus verästigten Bindegewebskörperchen und glatten Muskelfasern, sowie aus den mit schwarzem Pigment erfüllten Gerüstzellen der Lymphdrüse hervorgehen lässt.

Zu einem ähnlichen Resultate gelangte HOGGEN [4]) und WEIL [5])

---

1) R. MAIER, Bemerkungen über sarkomatöse und krebsige Degeneration und über Krebsbildung überhaupt. Virchow's Archiv, Bd. 70, 1877, S. 378.

2) FRIEDLÄNDER, Ueber Geschwülste mit hyaliner Degeneration und dadurch bedingte netzförmige Structur. Virchow's Arch., Bd. 67, S. 185.

3) GUSSENBAUER, Ein Beitrag zur Lehre von der Verbreitung des Epithelialkrebses auf Lymphdrüsen. Arch. f. klin. Chir., Bd. 14, 1872, S. 561.

4) Transact. of the pathol. Soc. of London, Vol. 30. p. 384.

5) STRICKER's med. Jahrbücher, 1873, S. 285.

leitet, wie früher schon C. O. Weber[1]), die epithelialen Zellen eines
Zungencarcinoms von den quergestreiften Muskelfasern ab, während
Hoeber[2]) in allen Punkten die bekannte, von Virchow aufgestellte
Theorie vertritt.

Vajda[3]) und Rajewsky[4]), letzterer ein Schüler v. Recklinghausen's, lassen das Carcinom, wie früher Koester, aus einer Wucherung
des Endothels der Blut- und Lymphgefässe hervorgehen und auch
Stoganow[5]) will eine Entstehung der Krebszellen teils aus dem Endothel
der Lymphgefässe, teils aus den Bindegewebskörperchen beobachtet
haben. Ebenso führen Veit und Ruge[6]) die epithelialen Zellennester
des Uteruscarcinoms in ihrer ersten Entstehung auf eine Wucherung
von Bindegewebszellen zurück.

Aber auch in den letzten Jahren bis auf die Gegenwart konnte
keine völlige Einigung der Ansichten über die Histogenese des Carcinoms erzielt werden. Wohl findet man in den neuesten Auflagen der
Lehrbücher über pathologische Anatomie und pathologische Histologie
von Ziegler[7]), Birch-Hirschfeld[8]), Orth[9]), Perls[10]) und Rindfleisch[11]) fast ausschliesslich die Thiersch-Waldeyer'sche Theorie
vertreten, und auch in einer Reihe von Specialarbeiten konnte von
Neuem der epitheliale Ursprung des Carcinoms bestätigt werden; unter
letzteren sind besonders die Untersuchungen von Herrmann und Lesur[12])
über Brustkrebs und von Schuchardt[13]) über die Entstehung der

1) Virchow's Archiv, Bd. 39, 1867, S. 254.

2) Hoeber, Ueber die erste Entwicklung d. Krebselemente. Wiener
Sitzungsberichte d. acad. math.-nat. C., Bd. 72, Abteil. 3, 1875.

3) Vajda, Ueber Entstehung des Epithelialkrebses und Regeneration
des Epithels im Allgemeinen. Centralbl. f. med. Wissensch., 1873, Nr. 25.

4) Rajewsky, Ueber secundäre Krebsentwicklung im Diaphragma.
Virchow's Archiv, Bd. 66, 1876.

5) Stoganow, Ueber eine Complication von Elephantiasis Arabum
mit Krebs u. s. w. Virchow's Archiv, Bd. 65, S. 47.

6) Ruge und Veit, Zur Pathologie der Vaginalportion. Zeitschr. f.
Geburtshilfe u. Gynäkologie, 1878.

7) Ziegler, Lehrbuch der allgemeinen und speciellen pathologischen
Anatomie, I. Aufl. 1881, II. Aufl. 1882, III. Aufl. 1883, IV. Aufl. 1885,
V. Aufl. 1887.

8) Birch-Hirschfeld, Lehrbuch der pathologischen Anatomie, II. Aufl.
1882 und III. Aufl. 1886.

9) Orth, Lehrbuch der speciellen pathologischen Anatomie. Berlin
1887 (1883—1886).

10) Perls, Lehrbuch der allgemeinen Pathologie, II. Aufl., heraus-
gegeben von Prof. Neelsen, Stuttgart 1886.

11) Rindfleisch, Lehrbuch der pathologischen Gewebelehre, VI. Aufl.,
Leipzig 1886.

12) Herrmann und Lesur, Contribution à l'anatomie des épithéliomas
de la mamelle. Journ. de l'anatomie et de la physiologie, T. 21, 1885. p. 100.

13) Sammlung klinischer Vorträge von Volkmann, Nr. 257, 1885.

Carcinome aus chronisch entzündlichen Zuständen der Schleimhäute und Hautdecken hervorzuheben, auch dürften meine eigenen Untersuchungen über die Beziehungen des chronischen Magengeschwüres zur Krebsentwicklung [1]) hier Erwähnung finden.

ZIEGLER [2]), BIRCH-HIRSCHFELD [3]), ORTH [4]) und PERLS [5]) bezw. NEELSEN [5]) schliessen sich auf Grund ihrer eigenen Erfahrungen sowohl hinsichtlich der Entstehung der primären Krebsgeschwulst als auch bezüglich der Entwicklung der Metastasen durchaus der THIERSCH-WALDEYER'schen Theorie über die Histogenese des Carcinoms an. Daneben unterscheiden BIRCH-HIRSCHFELD [6]) und NEELSEN-PERLS [7]) auch einen Endothelkrebs in dem bereits früher erörterten Sinne (S. 5 u. 6). Auch ZIEGLER [8]) und ORTH [9]) beschreiben von den Endothelien ausgehende Geschwülste von krebsähnlichem Bau, welche sie als Endotheliome bezeichnen; dagegen sind sie geneigt, die häufigste, von den serösen Häuten der Leibeshöhlen ausgehende Form des sogenannten Endothelkrebses, welche NEELSEN und SCHOTTELIUS auch als Lymphangoitis carcinomatodes bezeichnen, zu den echten, epithelialen Krebsen im Sinne WALDEYER's zu rechnen, indem das Endothel der Leibeshöhlen, als den Coelomsäcken ursprünglich angehörig, den Epithelien im engeren Sinne zuzuzählen sei [10]).

Auch RINDFLEISCH [11]) unterscheidet zwischen Endotheliom, resp. Endothelkrebs und Epithelkrebs, dessen verschiedene Formen er unter der Bezeichnung Epitheliom zusammenfasst; doch hält RINDFLEISCH, wie schon früher, für die scirrhösen Krebsformen eine teilweise Entstehung der epithelialen Zellennester aus dem Bindegewebe in Folge einer „epithelialen Infection" nicht für ausgeschlossen [12]).

CORNIL und RANVIER [13]) machen einen durchgreifenden Unterschied zwischen Carcinom und Epitheliom; ersteres lassen sie in der gleichen Weise wie VIRCHOW aus dem Bindegewebe entstehen, während letzteres

---

1) HAUSER, Das chronische Magengeschwür, sein Vernarbungsprozess und dessen Beziehungen zur Entwicklung des Magencarcinoms, mit 7 Tfln. Leipzig 1883.

2) l. c. Bd. I, S. 228 und 239 und a. a. O.

3) l. c. Bd. I, S. 154.

4) l. c.

5) l. c. S. 326 u. ff.

6) l. c. S. 148.

7) l. c. S. 329.

8) l. c. Bd. I, S. 217, Bd. II, S. 176, 619 u. a. a. O.

9) l. c. S. 278.

10) l. l. c. c. ORTH, S. 571, ZIEGLER, II, S. 262.

11) l. c.

12) l. c. S. 184.

13) CORNIL und RANVIER, Manuel d'histologie pathologique, T. I, 1881, Tome II₁, 1882, und Tome II₂, 1884.

vollkommen dem Carcinom im Sinne der THIERSCH-WALDEYER'schen
Theorie entspricht. Beide Geschwulstformen sollen besonders in ihrem
äusseren Ansehen grosse Aehnlichkeit mit einander besitzen, auch in
der Art der Metastasenbildung und in ihrem klinischen Verlaufe sich
vollständig gleichen, so dass sie oft bei der einfachen Betrachtung mit
freiem Auge nicht von einander zu unterscheiden seien. Der Haupt-
unterschied beruht nach CORNIL und RANVIER einmal auf dem verschiedenen Entwicklungsmodus, dann aber auch auf der verschiedenen
Beschaffenheit der Zellen; letztere sollen nämlich beim Carcinom wohl
ein epithelähnliches Ansehen zeigen, von wahren Epithelien aber sich doch
dadurch unterscheiden, dass sie einer Zellmembran entbehren und unter
einander weniger fest verbunden sind (elles ne sont pas soudées les
unes avec les autres, l. c. Tome I, p. 202).

Unter den entschiedenen Gegnern der Lehre von dem ausschliesslich epithelialen Ursprung der Carcinome ist in der neueren Zeit namentlich STRICKER [1]) zu erwähnen, welcher wie WEBER [2]) und WEIL [3]) die
Entstehung von Krebszellen und drüsenähnlichen Epithelialgebilden aus
quergestreiften Muskelfasern beobachtet haben will und es als eine erwiesene Tatsache betrachtet, dass sich Carcinom aus den Abkömmlingen aller 3 Keimblätter entwickeln könne; freilich lässt STRICKER
auch umgekehrt aus wahren Epithelien durch Endogenese Eiterzellen
entstehen! [4])

Auch GUSSENBAUER [5]) hält in einer sehr ausführlichen Arbeit über
secundäre Krebsentwicklung in den Lymphdrüsen an seiner früheren
Ansicht von dem bindegewebigen Ursprung der krebsigen Elemente fest;
dabei entwickelt er die schwer verständliche Theorie, dass die zelligen
Elemente der Lymphdrüsen wie der Bindesubstanzen überhaupt durch
allerfeinste pigmentirte oder auch farblose amorphe Körnchen, welche von
der primären Geschwulst her verschleppt werden, inficirt und angeregt
werden, sich in Epithelien umzuwandeln und eine der primären Geschwulst homologe Geschwulstform zu bilden.

In der späteren, von WINIWARTER umgearbeiteten Auflage von
BILLROTH'S [6]) Handbuch der allgemeinen chirurgischen Pathologie und
Therapie, in welchem früher die THIERSCH-WALDEYER'sche Theorie sehr

---

1) STRICKER, Vorlesungen über allgemeine und experimentelle Pathologie, Wien 1883, S. 453 u. ff.

2) l. c.

3) l. c.

4 l. c. S. 377 und 379.

5 GUSSENBAUER, Ueber die Entwicklung der secundären Lymph-
drüsenwülste. Prager Zeitschrift f. Heilkunde II. 1881, S. 17.

6 BILLROTH, Allg. chirurg. Pathologie und Therapie, 11. Aufl., 1883,
S. 795.

eifrig von Billroth vertreten war, findet man diese Hypothese Gussenbauer's befürwortet.

Auch Winiwarter erscheint damit als ein Gegner der einheitlichen
epithelialen Genese des Carcinoms; bestärkt wird er in seiner Auffassung noch durch die Ansicht, dass die neuesten Resultate auf dem
Gebiete der embryologischen Forschung durchaus gegen die Lehre von
der Integrität der Keimblätter sprächen und damit auch gegen die
ausschliessliche Entstehung der Krebszellen aus präexistirenden Epithelien. Wenn er daher auch den primären epithelialen Ausgang für die
meisten Carcinome anerkennt und auch zugibt, dass selbst Metastasen
durch das directe Weiterwuchern verschleppter Zellen des primären
Erkrankungsherdes sich entwickeln können, so glaubt er doch, dass in
vielen Fällen sowohl das weitere Wachstum des primären Tumors als
auch die Entwicklung der Metastasen durch directe epitheliale Umwandlung von Gewebszellen anderer Abstammung in Folge von Infection
oder durch die Einwirkung eines besonderen Reizes erfolgen könne.

Auch Klebs [1]), obwohl sonst ein Gegner der metaplastischen Umwandlung der Gewebe, vertritt in seinem neuesten Werke über allgemeine Pathologie eine Doppelgenese des Carcinoms, indem er die Krebszellen teils vom präexistirenden Epithel ableitet, teils aber auch durch
sogenannte „epitheliale Infection" des Bindegewebes entstehen lässt;
dabei sollen nach Klebs auch umgekehrt aus Epithelien Bindegewebszellen hervorgehen können.

Ebenso dürften auch diejenigen Forscher als entschiedene Gegner
der Theorie von dem epithelialen Ursprung der Carcinome anzusehen
sein, welche das Carcinom als eine Infectionskrankheit betrachtet
wissen wollen und, wie in neuester Zeit erst wieder Scheuerlen [2]),
Schill [3]) und andere, nach einem specifischen Krebsbacillus fahndeten:
denn die Entwicklung von Metastasen in Organen könnte ja, wenn man
nicht eine Art von Symbiose zwischen den Parasiten und dem wuchernden Epithel annehmen will, nur unter der Voraussetzung vielleicht noch
als Parasitenwirkung aufgefasst werden, dass eben die epithelialen
Elemente des Carcinoms aus einer metaplastischen Wucherung des
Bindegewebes hervorgehen.

Namentlich ist es aber Virchow selbst, welcher an seiner früheren
Theorie von dem bindegewebigen Ursprung des Carcinoms festzuhalten
scheint; bereits in einer früheren Abhandlung über „Krankheits-
wesen und Krankheitsursachen" weist Virchow [4]) den Ge-

---

1) Klebs, Die allgemeine Pathologie u. s. w., Jena 1889, II, S. 753 ff.
2) Scheuerlen, Die Aetiologie des Carcinoms (Vortrag, gehalten im
Verein f. inn. Medicin). Deutsche med. Wochenschr., 1887. Nr. 48, S. 1033.
3) Schill, Ueber den regelmässigen Befund von Doppelpunktstäbchen
in carcinomatösen und sarkomatösen Geweben. Deutsche med. Wochenschr., 1887, Nr. 48, S. 1034.
4) Virchow's Archiv, Bd. 79, 1880, S. 1 und S. 185.

danken, dass während der embryonalen Entwicklung eine dauernde, auch für das spätere Leben bestehende Differenzirung der Gewebe in dem Sinne stattfinde, dass fernerhin aus dem Bindegewebe nur dem Bindegewebstypus angehörige Zellen, niemals aber wirklich epitheliale Elemente hervorgehen könnten, als einen „embryologischen Mysticismus" zurück[1]) und in dem erst in jüngster Zeit von ihm verfassten Artikel „Zur Diagnose und Prognose des Carcinoms" erklärt Virchow die Frage, ob das Epithel der Krebsalveolen von präexistirendem Oberflächenepithel abzuleiten oder ob es primär aus dem Gewebe der tieferen Schichten entstanden sei, als unentschieden[2]).

Aus diesen kurzen Angaben über den gegenwärtigen Stand der Frage von der Histogenese des Carcinoms überhaupt dürfte die vorliegende Schrift wohl ohne Weiteres ihre Berechtigung finden, zumal die Frage von der Histogenese des Carcinoms in gewisser Hinsicht in innige Beziehung zur Frage von der Aetiologie zu setzen ist. Eine neue Bearbeitung der histogenetischen Frage scheint mir aber um so mehr am Platze zu sein, als wir seit den denkwürdigen Untersuchungen Strasburger's und Flemming's über die Zellbildung und Zelltheilung in der Beobachtung der karyokinetischen Figuren einen festen Anhaltspunkt gewonnen haben, welcher eine ganz objective Beurteilung der Neubildungs- und Regenerationsvorgänge in den Geweben ermöglicht, sofern es sich um die Abstammung der neugebildeten zelligen Elemente handelt. Wohl finden sich ja in der neuesten Literatur bereits einige Arbeiten über das Vorkommen der indirecten Kerntheilung bei Carcinomen und anderen Geschwülsten; allein diese Arbeiten, unter welchen die von Cornil[3]) am meisten hervorgehoben zu werden verdient, beschäftigen sich mehr mit dem Vorgange der Karyokinese selbst, als mit den Schlussfolgerungen, welche aus dem numerischen und topographischen Auftreten der Kerntheilungsfiguren hinsichtlich der Abstammung der epithelialen und bindegewebigen Elemente der Carcinome zu ziehen sind.

Die vorliegende Arbeit, welche das Resultat mehrjähriger Untersuchungen bildet, beschäftigt sich ausschliesslich mit der Histogenese des Cylinderepithelcarcinoms und zwar vorwiegend des Magens und des Dickdarms; doch dürften die bei diesen Untersuchungen gewonnenen Tatsachen, soweit dieselben allgemeiner Natur sind, zweifellos auch für die übrigen Krebsformen Giltigkeit haben.

Wenn ich gerade dem Cylinderepithelcarcinom meine ganze Aufmerksamkeit zuwandte und dasselbe zum Ausgangspunkte meiner Unter-

---

1) l. c. S. 193 u. 194.

2) Virchow's Archiv, Bd. 101, 1888, S. 18.

3) Cornil, Sur le procédé de division indirecte des noyaux et des cellules épithéliales dans les tumeurs. Arch. de Physiologie norm. et patholog., 1886, p. 310.

suchungen machte, so geschah es in erster Linie deshalb, weil bei keiner der übrigen Krebsformen weder die allerersten Anfangsstadien der krebsigen Wucherung, noch deren continuirlicher Zusammenhang mit den epithelialen Wucherungen in den tieferen Gewebsschichten sich so klar und unzweideutig erkennen und beurteilen lassen, als wie bei den besonders vom Magen und vom Rectum ausgehenden Krebsformen. Ausserdem aber schien mir namentlich das Magencarcinom nicht allein in histogenetischer, sondern auch in rein histologischer Hinsicht eine eingehendere Untersuchung zu verdienen, als dies bisher geschehen ist und vielleicht auch geschehen konnte. Denn bei Magencarcinomen pflegen in der Leiche schon in kürzester Zeit gerade an der Uebergangszone von der gesunden zur erkrankten Schleimhaut so tiefgreifende Veränderungen einzutreten, dass an Präparaten, welche in gewöhnlicher Weise durch Sectionen gewonnen wurden, eine Untersuchung der feineren histologischen Details in der Regel nicht mehr möglich ist.

Das der vorliegenden Arbeit zu Grunde liegende Material betrifft zum grössten Theile Carcinome des Magens und des Dickdarms, welche an der hiesigen chirurgischen Klinik während der 8 Jahre 1881—1888 durch die Operation erhalten wurden und welche daher unmittelbar vom Lebenden weg in für die Härtung des Gewebes und für die Fixirung der Kerntheilungsfiguren geeignete Flüssigkeiten (concentrirte Sublimatlösung und absoluter Alkohol) verbracht werden konnten. Aber auch von der Leiche wurde in mehreren Fällen besonders für die Entwicklung der Metastasen wichtiges und vorzüglich conservirtes Material gewonnen, indem die Section, wo es anging, so kurze Zeit nach dem Tode vorgenommen wurde, dass auch die feinsten histologischen Details noch kaum eine Veränderung erlitten hatten.

Für die so freundliche Ueberlassung des Materials fühle ich mich Herrn Professor HEINEKE sowie Herrn Professor v. ZENKER zu grossem Danke verpflichtet, ebenso drängt es mich, meinem Freunde Dr. GRASER, welcher nach Vollendung der Operation stets für die rechtzeitige Conservirung der Präparate sorgte, hiefür meinen Dank auszusprechen.

II. Zur Einteilung und Terminologie der Carcinome überhaupt, sowie der verschiedenen Varietäten des Cylinderepithelcarcinoms.

Die Classification und Terminologie der verschiedenen Formen und Varietäten des Carcinoms ist, wie ein Blick in die neueren Lehrbücher der pathologischen Anatomie von BIRCH-HIRSCHFELD, ZIEGLER, PERLS u. anderen lehrt, auch gegenwärtig noch nicht in dem Masse übereinstimmend, dass es möglich wäre, ohne bestimmte Stellungnahme eine allgemein giltige Einteilung der einzelnen Varietäten des Cylinderepithelcarcinoms aufzustellen.

ROKITANSKY [1]) unterschied in seinem Handbuche der allgemeinen pathologischen Anatomie 4 Hauptformen des Carcinoms, nämlich 1) den Gallertkrebs oder Alveolarkrebs, 2) den Faserkrebs oder Carcinoma simplex, 3) den Medullarkrebs und 4) das Carcinoma fasciculatum (JOH. MÜLLER); den melanotischen Krebs, die Typhusmasse, den Zottenkrebs und den Epithelialkrebs betrachtete ROKITANSKY als Unterarten des Medullarcarcinoms.

Zu diesen Formen, welche mit Ausnahme des Epithelkrebses weniger auf ihren feineren anatomischen Bau als vielmehr auf grob anatomische Eigenschaften begründet waren, kam später noch der von FÖRSTER [2]) zuerst beschriebene Cylinderzellenkrebs.

Durch die Untersuchungen von THIERSCH [3]) und WALDEYER [4]) über den epithelialen Ursprung der Carcinome wurde diese Einteilung der Carcinome unhaltbar und es musste notwendig eine Begriffsverschiebung für die alte Terminologie eintreten. Vor allem konnte, nachdem WALDEYER gezeigt hatte, dass alle Carcinome vom Epithel ausgehen und wahre Epithelien führen, nicht mehr von einem epithelialen Carcinom als einer Untergattung des Carcinoms gesprochen werden. Als Epithelialcarcinom war von nun ab jedes Carcinom zu bezeichnen,

1 ROKITANSKY, Handbuch der allgemeinen path. Anatomie, Wien 1846.
2 FÖRSTER, Das Cylinderepithelcancroid d. Magen- u. Darmschleimhaut und sein Verhältniss zum Plattenepithelcancroid der Haut. VIRCHOW's Archiv Bd. 14, 1858, S. 91.
3 l. c.
4 l. c.

der Scirrhus so gut wie der Markschwamm und das schon früher
so bezeichnete Epithelialcarcinom der äusseren Haut; die epitheliale
Natur der Carcinome bildete das Wesentliche ihres Charakters und
war daher für diejenigen, welche sich der Theorie WALDEYER's von
dem einheitlichen epithelialen Ursprung der Carcinome anschlossen
und nicht an der VIRCHOW'schen Lehre von dem bindegewebigen Ur-
sprunge derselben festhielten oder von nun an einer Doppelgenese der
Krebse huldigten, von dem Begriffe des Carcinoms überhaupt unzer-
trennlich geworden.

Daher verwirft WALDEYER[1]) die Namen Epithelialcarcinom (und
Cancroid) vollständig, ebenso die Bezeichnung Alveolarkrebs, indem
jedes Carcinom in Folge seiner Zusammensetzung aus bindegewebigem
Stroma und eingelagerten Epithelien in gewissem Sinne eine alveolare
Structur besitze.

Eine besondere Classification der verschiedenen Carcinomformen hat
aber WALDEYER unterlassen; doch folgt er in dem 2. Teile seiner Arbeit
bei der Beschreibung der einzelnen von ihm untersuchten Fälle wenigstens teilweise dem genetischen Princip, indem er 1) die Krebse der
äusseren Haut, 2) die Krebse der mit Cylinderepithel bekleideten Organe,
3) die Krebse der acinösen Drüsen und 4) die Krebse der Leber und
der Nieren in getrennten Abteilungen bespricht[2]).

Carcinoma fibrosum (Scirrhus), medullare, simplex, colloides (gelatinosum, alveolare) u. s. w., die Hauptformen des Krebses nach der
älteren Einteilung, betrachtet WALDEYER entsprechend nur als Varietäten
des Carcinoms, welche sowohl beim Plattenepithelkrebs als auch beim
Cylinderepithel- oder Drüsenkrebs auftreten können[3]); dabei erhält
durch WALDEYER auch der Begriff des Carcinoma simplex, welches nach
ROKITANSKY[4]) mit dem Faserkrebs (Carcinoma fibrosum) oder Scirrhus
synonym ist, eine Verschiebung, indem diese Bezeichnung nunmehr für
eine zwischen dem Carcinoma fibrosum (Scirrhus) und dem medullaren
Carcinom in der Mitte stehende Varietät des Krebses Anwendung
findet[5]).

In den Lehrbüchern von BIRCH-HIRSCHFELD[6]) und PERLS-NEELSEN[7])
finden wir bei der Einteilung der Carcinome, abgesehen davon, dass
beide Autoren einen Epithelkrebs und einen Endothelkrebs unterscheiden,
im Allgemeinen das gleiche Princip vertreten, wie es von WALDEYER
aufgestellt wurde. BIRCH-HIRSCHFELD und PERLS-NEELSEN beschreiben

---

1) l. c. VIRCHOW's Archiv, Bd. 41, S. 514.
2) l. c. VIRCHOW's Archiv, Bd. 55.
3) l. c. VIRCHOW's Archiv, Bd. 55, S. 152.
4) l. c. S. 358.
5) l. c. S. 123 u. 152.
6) l. c. S. 159 u. ff.
7) l. c. S. 314 u. ff.

als Grundformen des Carcinoms 1) den Plattenepithelkrebs, 2) den Cylinderepithelkrebs und 3) den Drüsenzellenkrebs; letztere Form wird von Perls auch als Carcinoma simplex bezeichnet [1]), während Birch-Hirschfeld diese Bezeichnung überhaupt nicht mehr in Anwendung bringt. Den Scirrhus, den Medullarkrebs, Gallertkrebs u. s. w. betrachten beide Autoren in der gleichen Weise wie Waldeyer nur als Varietäten, welche bei den 3 Grundformen auftreten können.

Ziegler [2]) dagegen verzichtet auf eine derartige Classification der Carcinome völlig, indem genetisch differente Carcinomformen mitunter histologisch keine wesentlichen Unterscheidungsmerkmale erkennen liessen. Er stellt daher bei der Aufzählung und Beschreibung der verschiedenen Arten des Carcinoms neben das Plattenepithel-, Cylinderepithel- und Drüsenzellencarcinom, welche 3 Formen man als Grundformen oder Typen zu bezeichnen berechtigt ist, als scheinbar gleichwerthige Formen den Medullarkrebs, den Scirrhus, den Gallertkrebs und verschiedene andere histologische Abarten. Dabei hat Ziegler im Gegensatz zu anderen Autoren die adenomatöse Form des Cylinderepithelkrebses, wenigstens in dem allgemeinen Teile seines Lehrbuches, vom Carcinom völlig abgetrennt und unter dem Namen A d e n o m a d e s t r u e n s mit zu den eigentlichen Adenomen gestellt.

In der vorliegenden Arbeit habe ich der Einteilung der verschiedenen Formen des Cylinderepithelkrebses im Wesentlichen das von Waldeyer, Birch-Hirschfeld und Perls für das Carcinom überhaupt vertretene Einteilungsprincip zu Grunde gelegt, welches man als ein anatomisch-genetisches bezeichnen kann, indem bei dieser Einteilung im Allgemeinen das morphologische und biologische Verhalten der epithelialen Elemente der verschiedenen Krebsformen übereinstimmt mit den morphologischen und biologischen Eigenschaften der verschiedenen normalen Epithelformationen bezw. mit der Structur des Mutterbodens, von welchem die einzelnen Krebsformen ihren Ausgang nehmen. Allerdings muss zugegeben werden, dass nicht selten bei den Carcinomen die epithelialen Zellen sich in ihrer Form von dem ursprünglichen Zelltypus des Mutterbodens bis zu einem bestimmten Grade entfernen können, so dass scheinbare Uebergänge stattfinden und genetisch differente Geschwülste anatomisch eine gewisse Aehnlichkeit mit einander bekommen, wie z. B. Hautkrebse, welche von den Talgdrüsen oder vom Rete Malpighii und den Haarbalgen ihren Ursprung nehmen. Gleichwohl aber sollte man an der anatomisch-genetischen Einteilung der Carcinome festhalten, indem diese Einteilung einerseits vollkommen den natürlichen Verhältnissen entspricht, anderseits aber ein einfaches Nebeneinanderstellen von Plattenepithel-, Cylinderepithel- und Drüsenzellenkrebs, Medullarkrebs, Scirrhus u. s. w.

---

1) l. c. S. 314.
2) l. c. S. 233.

als scheinbar gleichwertige Formen schon deshalb unzulässig ist, weil
Medullarkrebs, Scirrhus u. s. w. nur bestimmte histologisch-anatomische
Modificationen sind, welche eine Nebeneigenschaft einer jeden der 3
erstgenannten Formen bilden können.

Ebenso dürfte es nicht zweckmässig sein, die adenomatöse Form
des Cylinderepithelkrebses unter dem neuen Namen Adenoma destruens von dem Carcinom abzutrennen und zu den Adenomen zu
stellen. Denn während das Adenom eine typische epitheliale Geschwulst
repräsentirt, als solches weder die Neigung besitzt, in das Nachbargewebe infiltrirend vorzudringen, noch Metastasen macht und daher in
gewissem Sinne als eine gutartige Neubildung zu betrachten ist, unterscheidet sich der adenomatöse Cylinderepithelkrebs hinsichtlich der Art
des Wachstums, des Uebergreifens auf das Nachbargewebe und der
Metastasenbildung in keiner Weise selbst von den bösartigsten übrigen
Krebsformen, so dass in der Tat zwischen letzteren und dem adenomatösen Cylinderzellenkrebs weder klinisch noch anatomisch irgend
welcher Unterschied besteht. Dazu kommt noch, dass gerade diese
Form des Cylinderepithelkrebses, wenigstens für den Magen und ganz
besonders für den Dickdarm, weitaus die häufigste der hier auftretenden
Krebsformen darstellt und auch für die übrigen dort vorkommenden
Unterarten des Carcinoms in der Regel, wie die vorliegenden Untersuchungen zeigen werden, das Anfangsstadium der krebsigen Wucherung
bildet. Wollte man daher den adenomatösen Cylinderepithelkrebs als
ein destruirendes Adenom auffassen, so würde einerseits das Adenom
aufhören eine rein typische Geschwulst zu sein, andererseits würden
wirkliche Magen- und Rectumcarcinome, zumal die letzteren, eine seltene
Erscheinung werden; die ältere Literatur aber, sowie überhaupt alle
Literatur, bei welcher eine genaue histologische Beschreibung der betreffenden Fälle fehlt, wäre für allgemeine, namentlich durch die Sta-
tistik zu entscheidende Fragen bezüglich des Carcinoms kaum mehr zu
verwerten.

Aus diesen Gründen wohl hat ZIEGLER selbst im zweiten, die spe-
cielle pathologische Anatomie behandelnden Teile seines Lehrbuches,
wenigstens beim Magen und beim Darm, das sogenannte Adenoma
destruens mit unter den verschiedenen Formen des Carcinoms angeführt
und dasselbe speciell für den Darm als die häufigste dort vorkommende
Krebsform bezeichnet [1]).

In dieser Arbeit habe ich daher das Adenoma destruens ZIEGLER's,
welches ich aus den erörterten Gründen, wie BIRCH-HIRSCHFELD, ORTH,
PERLS und die älteren Autoren, unbedingt den Carcinomen zurechne,
mit in den Kreis der Betrachtung hereingezogen, ja es bildet dasselbe
bei der Häufigkeit dieser Form des Cylinderepithelkrebses, welche man

---

[1]) l. c. S. 225 u. 251.

wohl am zweckmässigsten als Carcinoma cylindro-epitheliale adenomatosum bezeichnet, naturgemäss mit die Grundlage der vorliegenden
Untersuchungen.

Gestützt auf diese Untersuchungen, sowie auf Grund obiger Erörterungen möchte ich für die einzelnen Formen des Cylinderepithelcarcinoms folgende Einteilung in Vorschlag bringen:

I. Carcinoma (cylindro-epitheliale)
   adenomatosum
   - simplex (im Sinne WALDEYER'S)
   - medullare
   - scirrhosum
   - microcysticum
   - gelatinosum

II. Carcinoma (cylindro-epitheliale)
   solidum *)
   - simplex
   - medullare
   - scirrhosum

III. Mischformen.

Bei der ersten dieser Gruppen hat die epitheliale Wucherung den
drüsigen Charakter beibehalten, während derselbe bei der zweiten Gruppe
unter der Bildung solider Krebskörper nach Verlust des Drüsenlumens
völlig untergegangen ist; gleichzeitig haben auch die Zellen ihre ursprünglich cylindrische Gestalt eingebüsst, so dass derartige Formen in ihrem
histologischen Bau nicht selten eine gewisse Aehnlichkeit mit einem
Drüsen- oder Plattenepithelcarcinom erhalten. Die 3. Gruppe wird
durch die gar nicht selten vorkommende Combination der beiden Hauptformen gebildet, welche sich, oft völlig getrennt, häufiger aber in einander
übergehend, in den verschiedensten Modificationen an ein und dem
nämlichen Falle vorfinden können.

Selbstverständlich soll diese Einteilung kein starres System bilden,
denn Uebergänge und Zwischenformen finden sich nicht allein zwischen
den beiden ersten Hauptformen, sondern vor allem ganz gewöhnlich
zwischen den verschiedenen Modificationen derselben, zu welchen der
medullare, scirrhöse u. s. w. Charakter zu rechnen ist.

Immerhin kann eine derartige Gruppirung des Cylinderepithelcarcinoms ganz gut durchgeführt werden und entspricht den natürlichen
Verhältnissen jedenfalls besser, als wenn man, wie es in den meisten
Lehrbüchern geschieht, für den Magen und den Darm ein Carcinoma
adenomatosum, medullare, shirrhosum und gelatinosum als einander
scheinbar gleichwertige Formen neben einander aufstellt, nachdem doch
die adenomatöse Form allein wiederum in den 3 übrigen Modificationen
auftreten kann.

---

*) Ob auch bei dem von soliden Krebskörpern gebildeten Cylinder-
epithelkrebs eine gallertige Entartung vorkommt, vermochte ich nach dem
mir zu Gebote stehenden Material nicht zu entscheiden. Die von mir
untersuchten Fälle von typischem Gallertkrebs des Magens und des Rectums waren alle aus der adenomatösen Form hervorgegangen.

III. Anatomisches und histologisches Verhalten der verschiedenen Formen des Cylinderepithelcarcinoms des Magens und des Dickdarms.

1. Carcinoma cylindro-epitheliale adenomatosum.

a) Carcinoma adenomatosum simplex.

Die einfache adenomatöse Form des Cylinderzellenkrebses ist wohl die häufigste der vom Cylinderepithel ausgehenden Krebsformen; sie tritt nicht allein als völlig selbstständige Form auf, so dass die ganze Neubildung in ihrem histologischen Bau mehr oder weniger rein einfach adenomatösen Charakter trägt, sondern auch sehr häufig combinirt und zwar sowohl mit den übrigen adenomatösen Formen, als auch mit den verschiedenen Unterarten der zweiten Gruppe des Cylinderepithelkrebses; ausserdem aber trägt weitaus in der Mehrzahl der Fälle auch bei den nicht adenomatösen Formen das allererste Anfangsstadium der krebsigen Drüsenwucherung mehr oder weniger den Charakter des Carcinoma adenomatosum simplex, wenn derselbe auch in der weiteren Entwicklung der Wucherung sehr bald verloren geht.

Der häufigste Sitz dieser Krebsform ist zweifellos der Dickdarm, namentlich der untere Teil des Rectum, gerade über dem Sphincter ani, wo bei Weitem die Mehrzahl aller hier vorkommenden Carcinome in exquisitester Weise die Structur des einfachen adenomatösen Cylinderzellenkrebses zeigt; auch im Magen ist sie häufig, wo sie in der Regel von den an und für sich Cylinderepithel führenden Schleimdrüsen der Pars pylorica ihren Ursprung nimmt, obwohl auch an anderen Stellen der Magenschleimhaut, wo sich sonst ausschliesslich Labdrüsen vorfinden, sich nicht so selten Cylinderzellenkrebse von rein adenomatösem Charakter entwickeln. Im Uterus ist es ein Teil der von der Schleimhaut der Cervix und des Uteruskörpers ausgehenden Carcinome, welcher der rein adenomatösen Krebsform entspricht. Ausserdem kommen hierher gehörige Carcinome besonders noch an den grossen Gallengängen, der Leber selbst und im Dünndarm vor, wo jedoch das Carcinom überhaupt eine relativ seltene Erkrankung ist.

2*

Im Dickdarm und im Magen bildet das einfache adenomatöse Cylinderepithelcarcinom, wenn es primär als selbstständige Neubildung sich entwickelt, im ersten Anfangsstadium, wo noch keine Ulceration eingetreten ist, in der Regel wohl nicht sehr umfangreiche, unregelmässig rundliche, beetförmige Verdickungen der Schleimhaut, welche über das Niveau der gesunden Schleimhaut nur wenig sich erheben und mitunter eine leicht warzig-unebene Oberfläche zeigen; die erkrankte Schleimhautpartie fühlt sich steifer an, ist meistens nicht mehr verschieblich und zeichnet sich nicht selten durch etwas grauen oder selbst blass graugelblichen Farbenton von der angrenzenden stark injicirten Schleimhaut aus; oft zeigt sie jedoch die gleichen Verhältnisse wie diese oder ist selbst noch dunkler gerötet. Auf dem senkrechten Durchschnitt zeigt die erkrankte Schleimhaut ein etwas markiges, opakes Ansehen und die Grenze zwischen ihr und der Submucosa, welche meistens schon frühzeitig in ihrer ganzen Tiefe von der krebsigen Erkrankung ergriffen zu werden scheint, ist mehr oder weniger verwischt, wenn man auch an einzelnen Stellen die Muscularis mucosae als feine Linie noch erkennen kann; die Submucosa selbst ist dann verdickt, steif, aber nicht sehr derb, von ziemlich matt weisslicher Färbung; in der Regel findet man auch schon die Muscularis infiltrirt, deren einzelne Faserbündel durch weissliche Bindegewebszüge auseinandergedrängt erscheinen. Von der Schnittfläche lässt sich bei gleichzeitigem Druck auf das Gewebe sehr leicht ein milchig trüber Krebssaft abstreifen.

Dieses Anfangsstadium der krebsigen Erkrankung ohne jegliche Geschwürsbildung bekommt man nur selten zu Gesicht; doch entspricht selbst bei vorgeschrittenem Zerfall das Verhalten der Schleimhaut am Rande des Krebsgeschwüres, vorausgesetzt, dass hier die krebsige Entartung der Schleimhautdrüsen fortschreitet, fast durchaus den geschilderten Veränderungen, wie ich mehrmals durch Vergleichen mich überzeugen konnte.

In der Regel gelangt sowohl im Mastdarm als auch im Magen erst ein mehr oder weniger ausgebreitetes Krebsgeschwür zur Beobachtung. Im Rectum finden sich dann die bekannten krebsigen Geschwüre, welche bald nur wenige cm im Durchmesser haben und dann meistens von unregelmässig rundlicher Gestalt sind, nicht selten aber auch die ganze Darmwand umfassen und eine colossale Ausdehnung nach oben besitzen können, während sie nach unten in seltenen Fällen bis unmittelbar an die Analöffnung heranreichen. Die Begrenzung des Geschwüres ist stets scharf, unregelmässig zackig, oft leicht buchtig und die in der Regel verdickte Schleimhaut des Geschwürsrandes ist mehr oder weniger wallartig emporgehoben, mitunter selbst leicht überhängend, an anderen Stellen nicht selten auch etwas unterminirt. Der Geschwürsgrund ist, wenn man sein Niveau von dem der normalen Darmschleimhaut und nicht von dem aufgeworfenen Geschwürsrand aus berechnet, gewöhnlich

auch bei sehr umfangreichen Geschwüren nicht sehr tief, seine Oberfläche oft ziemlich uneben, leicht höckerig; auch kommt es vor, dass
mitten in der Geschwürsfläche noch kleine Inseln erkrankter Schleimhäute erhalten sind, ähnlich wie man bei grösseren tuberculösen Geschwürsprozessen, namentlich des Coecums, oft ausgesparte Schleimhautinseln mitten in der Geschwürsfläche findet. Das ganze Darmrohr
erscheint in der Ausdehnung des Krankheitsherdes bei dieser Form des
Krebses verdickt und eher umfangreicher, obwohl beim Eingehen mit
dem Finger in das noch geschlossene Darmstück sehr häufig eine deutliche Stenose vorhanden ist. Diese beruht aber in diesem Falle nicht
auf einer Schrumpfung der Darmwand, sondern ist durch die Starrheit
derselben, durch die Verdickung der Submucosa und durch die in das
Darmlumen vorspringenden, wallartig erhabenen Ränder des Krebsgeschwüres bedingt.

Auf dem senkrechten Durchschnitt zeigt sich, dass der Geschwürsgrund von einem festen, weisslichen Geschwulstgewebe gebildet wird,
von welchem sich leicht ein weisslicher Saft abstreifen lässt. Die einzelnen Schichten der Darmwand sind in dem starren Gewebe völlig
untergegangen und die Muscularis verliert sich von der Peripherie her
nach der Mitte des Geschwürsgrundes zu, sehr häufig leicht schräg
nach aufwärts steigend, allmählich vollständig, indem das verdickte und
infiltrirte interstitielle Gewebe immer mächtiger, die Muskelbündel dagegen immer kleiner und undeutlicher werden. Dabei ist aber doch die
Grenze der krebsigen Wucherung durch eine ziemlich scharfe, oft unregelmässig wellige Linie markirt; sehr gewöhnlich finden sich in dem
periproctalen Zellgewebe noch vereinzelte, ebenfalls mehr oder weniger
scharf begrenzte Infiltrate, sowie krebsig infiltrirte Lymphdrüsen. Nach
der Peripherie hin schiebt sich die Neubildung meistens noch beiläufig
1 cm weit unter die angrenzende normale Schleimhaut fort, welche dadurch, wie schon erwähnt, in der Regel wallartig emporgehoben wird.

Für das äussere Ansehen der im Magen vorkommenden hierher
gehörigen Krebsformen gelten im Allgemeinen die gleichen Verhältnisse;
auch hier findet man zuerst die gleichen beetförmigen Infiltrationen und
die nämlichen Geschwüre mit den wallartig aufgeworfenen Rändern;
jedoch erreichen dieselben nur sehr selten jene relativ mächtige Ausdehnung wie im Rectum, indem sie sich meistens auf die hintere Magenwand (in der Regel der Pars pylorica) beschränken und nur sehr selten
über die ganze Circumferenz des Magens sich ausbreiten.

Metastasen, besonders in der Leber, sind bei dem einfachen adenomatösen Cylinderepithelkrebs eine häufige Erscheinung; doch tragen
dieselben, wie es bei den Lebermetastasen so häufig der Fall ist, gewöhnlich einen medullaren Charakter, wenn auch die tubulöse Form der
epithelialen Wucherungen völlig erhalten bleibt.

Die histologischen Verhältnisse der geschilderten Krebsform lassen sich an Rectum-Carcinomen am besten studiren, indem gerade hier, wo normaler Weise nur einfache tubulöse Drüsen vorhanden sind, die zunächst an den Schleimhautdrüsen auftretenden Veränderungen am meisten in die Augen fallen müssen. Untersucht man ein noch nicht ulcerirtes derartiges Carcinom, so findet man in dem erkrankten Schleimhautbezirke die Drüsen in allen Dimensionen vergrössert oder wenigstens erheblich verlängert und nicht selten am unteren Ende leicht umgebogen; die Verbreiterung ist oft eine unregelmässige, indem der untere Drüsenabschnitt, besonders der Drüsenfundus, einen bis doppelt so grossen Durchmesser zeigen kann als der Drüsenhals. Häufig sind die sonst einfachen schlauchförmigen Drüsen auch, bald von der Mitte, bald von einer tieferen Stelle ab, zweiteilig, selten dreiteilig geworden, wobei die Teilungsäste parallel neben einander verlaufen; oder die erweiterten Drüsen sind an verschiedenen Stellen mit bald seichten, bald tieferen Ausbuchtungen und mehr oder weniger langen, nach den verschiedensten Richtungen verlaufenden Ausläufern versehen (Taf. I, Fig. 1). In manchen Fällen von Rectumcarcinom sind die Ausbuchtungen an einer Drüse alle von ziemlich gleicher Grösse, dabei über die ganze Ausdehnung der Drüse sich erstreckend und so zahlreich und dicht aneinandergereiht, dass dadurch die Wand des Drüsenschlauches förmlich ein papilläres Ansehen erhält; bei Magencarcinomen jedoch konnte ich ein derartig papilläres Verhalten der Drüsenwand niemals beobachten. Nicht so selten findet man auch Drüsen, welche durch die neugebildeten Ausläufer unter einander in Communication getreten sind (vergl. Taf. II, Fig. 4), oder es sind ganze Gruppen von Drüsen auf mehr oder weniger weite Strecken ihres Verlaufes unter einander verschmolzen.

Sehr auffallend sind auch die Veränderungen des Epithels der entarteten Drüsen. In der Regel sind die Zellen grösser, besonders länger als normal; oft findet man auffällig lange, bald breitere, meistens sehr schmale Zellen mit verjüngter Basis und langgestreckt-ovalem Kern; mitunter ist auch die Basis der Zellen leicht verbreitert oder fussförmig umgebogen, wie man sich namentlich bei der Untersuchung des frischen Geschwulstsaftes überzeugen kann. Doch sind die Zellen der entarteten Drüsen nicht selten auch gar nicht vergrössert oder selbst kleiner als normal, ja oft ist auch bei dieser Form des adenomatösen Krebses die Gestalt der ursprünglich cylindrischen Zellen eine mehr cubische geworden, wobei dann der Kern eine mehr rundliche Form annimmt. Lagen von hohem, exquisit cylindrischem und niedrigem, mehr cubischem Epithel grenzen bisweilen ohne jeglichen Uebergang unmittelbar an einander an.

Ausnahmslos vermisst man an dem entarteten Epithel die im Rectum sonst so häufigen Schleim produzierenden Becherzellen, welche oft dem gesammten normalen Drüsenepithel jenes glasige Ansehen verleihen. Die entarteten oder, wenn man will, neugebildeten Drüsenzellen zeichnen

sich vielmehr durch ein offenbar sehr dichtes, chromatinreiches Protoplasma des Zellenleibes aus, welches bei der Färbung mit Alaunkarmin
einen sehr charakteristischen, blass bräunlich-roten Farbenton annimmt,
so dass die entarteten Drüsen überall durch eine allgemein dunklere
Tinction sich von den normalen sofort unterscheiden. Auch die Kerne
färben sich oft intensiver, doch ist diese Erscheinung keine constante.

Diese geschilderten Veränderungen des Epithels erstrecken sich in
der Mitte des erkrankten Schleimhautbezirkes in der Regel auf die
ganze Ausdehnung der einzelnen entarteten Drüsen; nach der Peripherie
zu aber zeigt oft nur die untere Drüsenhälfte oder nur der Fundus
dieses veränderte Epithel, ja mitunter findet man selbst scharf abgegrenzte Inseln entarteten Epithels, welche nach oben und unten zu von
Lagen normaler Becherzellen eingeschlossen werden, oder umgekehrt
normale Epithelinseln, welche beiderseits von krebsig entartetem Epithel
begrenzt werden (Taf. VII, Fig. 15 e).

Die Epithellage der entarteten Drüsenschläuche ist bald eine einfache, bald eine doppelte, ja selbst 3—4fache, jedoch letzteres nie
in der Weise, dass 2 oder mehrere regelmässige Epithellagen cylindrischer Zellen einfach über einander liegen, sondern die Zellen beider
Lagen sind vielmehr in der Richtung der Längsachse der Zellen unregelmässig zwischen einander geschoben; manchmal besitzt eine solche
mehrschichtige Cylinderepithellage eine eigentümlich papilläre Oberfläche, welche nicht durch eine wirkliche papilläre Ausstülpung der
Drüsenwand bedingt ist, sondern vielmehr durch dicht aneinandergereihte,
umschriebene, knospenähnliche Hervorragungen der Epithellage selbst
gebildet wird. Diese papillären Erhebungen des Epithels können so
dicht stehen, dass die sonst durch schmale Zwischenräume getrennten
Erhebungen unter einander ganz oder teilweise, mitunter nur an der
Spitze, verschmelzen; auf diese Weise entstehen eigentümlich gelagerte
Epithelschichten, welche oft kleine Hohlräume enthalten und sich durch
Mannigfaltigkeit der Zellformen auszeichnen, indem die einzelnen Zellen,
deren Längsachsen ursprünglich in ganz verschiedenen Richtungen lagen,
durch gegenseitigen Druck sich abplatten (Taf. V, Fig. 12). Drüsenschläuche mit derartig verändertem Epithel, welche gegenüber den normalen Drüsen ein im höchsten Grade verändertes Ansehen zeigen,
konnte ich nur bei Rectumcarcinomen beobachten.

Dagegen findet man häufiger bei Magencarcinomen eine andere eigentümliche Form der einfach adenomatös-krebsigen Entartung der Schleimhautdrüsen, welche bei Krebsen des Mastdarms seltener beobachtet wird.
Dieselbe zeichnet sich dadurch aus, dass die Drüsen auffallend lang und
im Allgemeinen sehr schmal erscheinen; sie erreichen eine Länge bis zu
2 mm bei einer durchschnittlichen Breite von kaum 0,035 mm. Uebrigens
ist die Breite oft sehr unregelmässig und an ein und dem nämlichen Drüsenschlauche wechseln ganz schmale, fast lumenlose Stellen mit Strecken von

gewöhnlicher Breite oder selbst etwas erweitertem Lumen ab. Die Drüsen stehen in der Regel äusserst dicht, oder sie sind sehr reich verzweigt und mit ausserordentlich zahlreichen, unter einander sehr vielfach communicirenden Ausläufern versehen, so dass ein förmliches Netzwerk von Drüsenschläuchen in der Schleimhaut gebildet wird. Das Epithel ist stets nur einschichtig und ziemlich niedrig, bald kurz cylindrisch, bald fast cubisch und an manchen Stellen sind die Zellen förmlich abgeplattet und besitzen ein atrophisches Ansehen.

Das interglanduläre Gewebe, welches bei den zuerst geschilderten Formen des einfachen adenomatösen Cylinderepithelkrebses in der Regel sehr reich an Rundzellen ist, dabei häufig verbreitet erscheint und oft ziemlich zahlreiche, deutlich erweiterte feinste Gefässe enthält, bildet bei der zuletzt geschilderten, hauptsächlich beim Magen vorkommenden Form schmale Bindegewebszüge, welche wohl reich an Bindegewebskernen, aber an lymphoiden Elementen viel ärmer sind als das interglanduläre Gewebe der normalen Schleimhaut.

Die bis jetzt beschriebenen Schleimhautveränderungen findet man nicht allein an noch nicht ulcerirten Carcinomen, sondern auch an den Rändern schon längere Zeit bestehender Krebsgeschwüre überall da, wo nicht allein die krebsige Infiltration in der Tiefe, sondern auch die primäre krebsige Entartung der Drüsen in der Schleimhaut selbst nach der Peripherie hin noch im Fortschreiten begriffen ist. Auch hier findet man dann, ebenso wie in der entarteten Schleimhaut noch nicht ulcerirter Krebse, stets eine grosse Anzahl von · in der geschilderten Weise entarteten Drüsen, deren wucherndes Epithel nach Durchbrechung der Membr. propria sich in der Form vollkommen drüsenschlauchähnlicher Gebilde, welche zunächst als eine einfache unmittelbare Verlängerung der Drüsen selbst erscheinen, zwischen die Fasern der Muscularis mucosae hereinschiebt und dieselbe in verschiedenen Richtungen durchsetzend, in die Submucosa eindringt (Taf. I, Fig. 1, Taf. II, Fig. 4). Sehr gewöhnlich ist an solchen Stellen das Gewebe, welches an den in die Submucosa eindringenden Epithelschlauch unmittelbar angrenzt, mehr oder weniger stark kleinzellig infiltrirt, so dass oft ein förmlicher Entzündungshof denselben zu umgeben scheint.

Bei vorgeschrittenen, bereits ulcerirten Carcinomen zeigen sich nun in der Regel sämmtliche Schichten der Darm- oder Magenwand von Epithelwucherungen durchsetzt und bei Mastdarmkrebsen reichen dieselben sehr häufig bis tief in das periproctale Zellgewebe herein. Alle diese Wucherungen tragen bei der einfachen adenomatösen Form des Cylinderzellenkrebses einen durchaus drüsenähnlichen Charakter und gleichen vollkommen den entarteten Drüsen der Schleimhaut. Auch hier sieht man bald mehr einfache, bald reichlich ausgebuchtete, mit exquisit papillären Wandungen versehene Zellenschläuche von oft sehr schwankendem Durchmesser, welche, sich vielfach verzweigend und anastomosirend, ein mehr oder weniger dichtes Netzwerk bilden und häufig aus sehr regelmässigem, meist einschichtigem Cylinderepithel bestehen (vergl. Taf. II, Fig. 4); oft aber ist das Epithel dieser Wucherungen, gerade so wie bei den Drüsen der entarteten Schleimhaut, auch zwei- bis mehrschichtig und entsprechend unregelmässiger gestaltet, ohne dass jedoch dadurch der rein drüsenähnliche Charakter der Wucherungen beeinträchtigt wäre, indem diese stets noch ein sehr deutliches, oft weites Lumen besitzen. Auch jene oben beschriebene papilläre Anordnung des Epithels findet man sehr häufig in besonders charakteristischer Weise ausgeprägt; ausserdem aber kommt es in manchen Fällen im Innern der neugebildeten Drüsenschläuche zur Bildung sehr merkwürdiger Auswüchse des Epithelbelags, welche als umschriebene buckelförmige Erhabenheiten, als rundliche Knospen oder lange Zapfen und Kolben in das Lumen der Zellenschläuche hereinragen, letzteres oft völlig überbrücken und mit der gegenüberliegenden Epithelschichte verschmelzen (Taf. V, Fig. 10). Diese rein epithelialen Auswüchse, welche in ähnlicher Weise auch von KLEBS [1]) beschrieben und abgebildet worden sind, bestehen in der Regel aus polymorph gestalteten, ziemlich grossen Zellen, welche mosaikähnlich gleich Pflasterepithelien an einander gelagert sind und deren relativ grosser Zellenleib eine sehr auffallende, ganz blass gelb-bräunliche Tinction annimmt, während die Kerne sich blass rötlich färben. Sehr häufig enthalten diese Zellen grosse Alveolen, und besonders um solche ausgedehnte Zellen sind dann die zunächst liegenden Zellen in concentrischer Schichtung gelagert, so dass Bilder entstehen, welche an die sogenannten Cancroidkörper der Plattenepithelcarcinome erinnern. Das Lumen der drüsenschlauchähnlichen Wucherungen findet man in vielen Fällen mit Zelldetritus, besonders Chromatinschollen, abgestossenen Cylinderzellen und farblosen Blutkörperchen erfüllt.

Alle jene drüsenschlauchähnlichen Epithelwucherungen in der Submucosa und den tieferen Schichten der Darmwand entbehren einer eigentlichen Membrana propria, wenn auch das unmittelbar angrenzende Bindegewebe bisweilen verdichtet erscheint. Die neugebildeten Epithelschläuche in der Submucosa, Subserosa und in dem periproctalen Zellgewebe sind vielmehr unmittelbar in die Spalträume und Lymphbahnen des Bindegewebes eingelagert, oft sehr deutlich grösseren oder kleineren Gefässstämmchen folgend; nicht so selten sieht man die Wucherungen in dem Lumen von Gefässen und zwar dann meist von kleinen Venenstämmchen, welche sie vollständig, mitunter auf grössere Strecken hin gleich einem Thrombus ausfüllen können.

Das Gleiche gilt für den Sitz der Wucherungen in der Muscularis; sie liegen hier in der Regel innerhalb der grösseren Bindegewebsspalträume und Lymphbahnen zwischen den breiteren Muskelfaserbündeln

---

1) KLEBS. Handbuch d. path. Anatomie, 2. Lief. (Darmkanal, Leber), Berlin 1869, S. 248, Fig. 4.

oder auch in den Gefässen. Doch schieben sie sich in vielen Fällen an verschiedenen Stellen auch in die Muskelfaserbündel selbst herein, indem sie deren Fasern auseinanderdrängen; ein solches Verhältniss findet sich besonders bei etwas reichlicher Durchsetzung der Muscularis.

Was die Veränderungen der Submucosa und Muscularis betrifft, so findet man bei ganz frisch eindringenden Wucherungen nur eine kleinzellige Infiltration in deren nächster Umgebung und in manchen Fällen fehlt selbst diese. Bei ausgedehnter Durchsetzung der Submucosa und Muscularis vermisst man jedoch fast niemals tiefgreifendere Veränderungen. Allenthalben sind die Wucherungen von kleinzelligen Infiltraten begrenzt und sehr oft findet sich in ihrer nächsten Umgebung eine erhebliche Kernwucherung im Bindegewebe; in anderen Fällen ist die ganze Submucosa, ebenso das Bindegewebe der tieferen Gewebs-schichten, wo diese von der epithelialen Neubildung durchwachsen sind, vermehrt und beträchtlich verdichtet, indem auch die nicht von epithelialen Wucherungen ausgefüllten Spalträume scheinbar obliterirt sind (vgl. Taf. II, Fig. 4). Das neugebildete Bindegewebe ist aber dabei stets ziemlich kernreich, vielfach von Rundzellen durchsetzt und zeigt nicht den Charakter schrumpfenden, kernarmen Narbengewebes, wie auch die Epithelschläuche bei der einfachen adenomatösen Form des Cylinderzellenkrebses fast nirgends ein atrophisches Ansehen erkennen lassen. Nur die oft weit auseinandergedrängten Faserzüge der Bündel der Muscularis erscheinen nicht selten atrophisch oder man findet an ihrer Stelle nur Bindegewebszüge.

In der Peripherie der krebsigen Wucherung überhaupt sind stets mehr oder weniger ausgesprochene Entzündungserscheinungen vorhanden, welche sich oft weithin in das noch nicht krebsig erkrankte Gewebe herein erstrecken. Dasselbe ist deutlich serös durchdrängt und oft sehr dicht von Rundzellen durchsetzt, welche bald eine zusammenhängende, die krebsige Wucherung begrenzende Infiltrationszone, bald zerstreute Infiltrate bilden; auch kleine Hämorrhagien sind nicht selten und die Capillaren und kleineren Venenstämmchen sind gewöhnlich sehr stark erweitert. Bei Rectumcarcinomen zeigen die Fasern des Sphincter ani sehr häufig ausgesprochene wachsartige Degeneration.

Indirecte Kerntheilungsfiguren sind beim Carcinoma adenomatosum simplex nicht allein im Epithel der krebsig entarteten Schleimhautdrüsen und in den Drüsen des angrenzenden noch wenig veränderten Schleim-hautbezirkes, sondern vor allem auch in den epithelialen Wucherungen der tieferen Gewebsschichten in reichlicher Anzahl vorhanden. Nur selten vermisst man sie selbst in den kleineren der drüsenschlauchähnlichen, auf dem Durchschnitte scheinbar isolirten Wucherungen, vielmehr findet man in jeder derselben in der Regel mehrere und noch zahlreicher sind sie in den grösseren Zellenschläuchen. Im Bindegewebe dagegen sind die in-directen Kerntheilungsfiguren ausserordentlich selten, so dass man oft auch an grösseren Schnitten vergeblich nach solchen sucht (vergl. Taf. I, Fig. 1 und Taf. V, Fig. 10).

Das bis hierher geschilderte Verhalten gilt für die reinen Formen des Carcinoma adenomatosum simplex; es ist aber hervorzuheben, dass diese Form des Cylinderzellenkrebses, wie schon oben erwähnt wurde, sehr häufig mit anderen Unterarten combinirt ist. Besonders häufig findet man in der Peripherie die Wucherung mehr oder weniger einen scirrhösen Charakter annehmen, oder es geht dieselbe, namentlich bei Magencarcinomen, sehr bald in eine medullare Form über.

Was den histologischen Bau der Metastasen des einfachen adenomatösen Cylinderzellenkrebses betrifft, so wurde oben schon bemerkt, dass dieser in vielen Fällen insofern von dem der primären Geschwulst abweicht, als die secundären Wucherungen in den Lymphdrüsen, besonders aber in der Leber einen medullaren Charakter annehmen. Dieselben bestehen dann aus dichtgedrängten, reich verzweigten und anastomosirenden Zellenschläuchen, welche wohl hinsichtlich der Formen und der Anordnung des Epithels der primären Wucherung durchaus gleichen, aber oft nur ganz spärliche Bindegewebszüge zwischen sich fassen.

Bezüglich der Lagerung der metastatischen epithelialen Wucherungen in Lymphdrüsen, Leber und anderen Organen sei auf den von der Entwicklung der Metastasen handelnden Abschnitt dieser Arbeit verwiesen; ebenso sollen dort auch andere allgemeine, bei der Entwicklung von Metastasen stets wiederkehrende Verhältnisse ausführlich besprochen werden.

b) Carcinoma adenomatosum medullare.

Als primär selbstständig auftretende Erkrankung bildet diese Form des adenomatösen Cylinderepithelcarcinoms auf der Schleimhaut des Dickdarms, besonders aber des Magens sehr charakteristische Tumoren, nämlich einen Teil jener Geschwülste, welche man wegen ihrer Form und ihrer weichen Consistenz ganz passend als Markschwamm bezeichnet hat. Nicht ulcerirte Tumoren besitzen eine oft exquisit pilzförmige Gestalt, indem sie sich mit steilen, gewöhnlich selbst mehr oder weniger überhängenden Rändern oft mehrere cm hoch über das Niveau der normalen Schleimhaut erheben; gewöhnlich sitzen sie mit breiter Basis auf, sind völlig unverschieblich und erreichen besonders durch Flächenausdehnung oft eine sehr ansehnliche Grösse, so dass sie z. B. mehr als die Hälfte der hinteren Magenwand einnehmen können. Bei einer so umfangreichen Ausdehnung der Neubildung tritt jedoch fast ausnahmslos Zerfall an der Oberfläche ein, so dass letztere sehr bald von einem bald seichten, bald leicht kraterförmig vertieften, missfarbigen, jauchenden Geschwür eingenommen wird; bei Sectionen bekommt man die Geschwulst wohl auch erst bei vorgeschrittenem Zerfall zu Gesicht und man findet dann oft nur ein ausgedehntes, unregelmässig zackiges, tiefes Krebsgeschwür mit sehr unebenem, fetzigem und missfarbigem Grunde, welcher da und dort noch mit Resten weicher, jauchender Geschwulstmasse besetzt ist, während die dicken, wulstigen Geschwürsränder mächtig in die Höhe ragen, nach der normalen Schleimhaut hin überhängen und zum Teil noch von weichen, knolligen Geschwulstmassen gebildet werden. Die Geschwülste sind in der Regel sehr blutreich, haben eine dunkelgraurote Färbung und neigen zu Blutungen. Die angrenzende, nicht krebsig entartete Schleimhaut ist sehr häufig hypertrophisch, ebenfalls stärker injicirt und mit zähem Schleim bedeckt. Auf dem senkrechten Durchschnitt fällt sofort die markige Consistenz der Geschwulst auf; mit der Messerklinge lässt sich von der Schnittfläche sehr reichlich ein ziemlich dicker, rahmiger Saft abstreifen, welcher zum Teil aus sehr regelmässig gestalteten, cylindrischen Zellen, zum Teil aber auch aus mehr polymorphen Zellen besteht; sehr gewöhnlich findet man auch noch zusammenhängende Zellenreihen, ja oft ganze Zellenschläuche in dem Geschwulstsafte. Die an den Tumor angrenzende Schleimhaut ist meistens stark verdickt und hat ebenfalls ein markiges Ansehen; sie lässt sich zu der Oberfläche des Tumors aufsteigend, obwohl mit diesem fest verwachsen, in der Regel noch eine ziemliche Strecke weit verfolgen, indem die Muscularis mucosae, welche sich erst allmählich in der Geschwulstmasse verliert, wie eine feine Linie zwischen letzterer und der entarteten Schleimhaut zu erkennen ist. Die Geschwulstmasse greift oft bis in die Submucosa, bezw. bis in das periproctale Zellgewebe herein; häufig jedoch macht sie offenbar längere Zeit vor der Muscularis Halt. Sie ist in ihrer Peripherie stets scharf, meistens mit unregelmässig ausgebogener Linie von dem normalen Gewebe abgegrenzt. Die unmittelbar an die Geschwulstmasse angrenzende Submucosa zeigt makroskopisch in der Regel fast gar keine Veränderungen, während die Muscularis, wenn die Geschwulst auf dieselbe übergegriffen hat, sich sehr rasch in der Tumormasse völlig verliert.

In anderen Fällen hat die Neubildung ihren Sitz lediglich in der Schleimhaut und in den obersten Schichten der Submucosa; dann bildet sie meistens mehr oder weniger breit gestielte, rundliche, wallnuss- bis über kinderfaustgrosse, markige, dunkelgraurote Tumoren, welche, wenn sie nicht ulcerirt sind, eine deutlich facettirte Oberfläche haben und auf dem Durchschnitt, wenigstens nach der Peripherie hin, oft einen papillären Bau erkennen lassen. Letztere Eigenschaft tritt namentlich bei oberflächlicher Ulceration der Geschwülste hervor, indem dann die Oberfläche, besonders unter schwachem Wasserstrahl, ein exquisit zottiges Ansehen zeigt. Diese papillären Formen des Cylinderepithelcarcinoms, welche nicht so selten im Magen und im Dickdarm angetroffen werden, scheinen zum Teil aus einer Verschmelzung zahlreicher, dicht gedrängter polypöser Wucherungen hervorzugehen (vergl. Taf. V, Fig. 13), zum

Teil aber handelt es sich dabei auch um eigentlich papilläre Geschwülste, welche zunächst einer papillären Wucherung des interglandulären Gewebes und des Oberflächenepithels ihren Ursprung verdanken. Es sind diese papillären Geschwülste wohl die gutartigsten Formen des Cylinderepithelcarcinoms und bilden den Uebergang der eigentlich papillären und polypösen Geschwülste zum Carcinom.

Der histologische Bau der medullaren Cylinderzellenkrebse von adenomatösem Charakter ist im Wesentlichen der gleiche wie bei der eben beschriebenen einfachen adenomatösen Form. Vor allem unterscheiden sich dieselben von letzterer durch die überaus massenhafte Neubildung von Drüsen- bezw. Cylinderepithelschläuchen, während das bindegewebige Gerüst dieser Geschwülste ein relativ sehr spärliches ist. Bei primär medullarem Charakter des Carcinoms zeigt sich schon in der erkrankten Schleimhaut, wo dieselbe in die Geschwulstmasse übergeht, eine viel mächtigere Drüsenwucherung, als bei der einfachadenomatösen Form. Man sieht oft auf grössere Strecken hin nicht eine einzige normale Drüse mehr; sie sind alle in der oben geschilderten Weise entartet und die neugebildeten Ausbuchtungen und Ausläufer sind vielfach bereits in der Schleimhaut mit einander in Communication getreten. Gleichwohl ist das Epithel dieser gewucherten Drüsen in der Regel einschichtig, höchstens zweischichtig und ist bei den reinen Formen stets sehr schön und regelmässig cylindrisch gestaltet. In grossen Massen durchbrechen die entarteten Drüsen die Muscularis mucosae und gehen unmittelbar in die Wucherungen der Submucosa und der tieferen Gewebsschichten über. Diese Wucherungen tragen ebenfalls durchaus den gleichen Charakter; sie bilden ein überaus dichtes und verworrenes Netzwerk von mannigfaltig gewundenen, mit Ausläufern und Ausbuchtungen versehenen, vielfach anastomosirenden Cylinderepithelschläuchen, welche oft so dicht gedrängt sind, dass sie nur noch durch einzelne Bindegewebsfasern von einander getrennt erscheinen. Aber auch an diesen tieferen Wucherungen findet man fast immer nur eine einfache Lage sehr regelmässig geformten Cylinderepithels, an welchem man jene Knospenbildung und papillären Erhebungen fast stets vermisst. Häufig enthalten die Epithelschläuche Schleimfäden, Wanderzellen und mit Chromatinschollen untermengten Detritus; besonders lacunär erweiterte Schläuche sind oft dicht mit weissen Blutkörperchen und Detritus ausgefüllt.

In Fällen mit stärker entwickeltem Bindegewebsgerüst ist letzteres stets sehr kernreich und reichlich von farblosen Blutkörperchen durchsetzt; oft ist das Zwischengewebe ganz ausserordentlich zellenreich und hat ein vollkommen lymphadenoides Ansehen, ähnlich dem interglandulären Gewebe normaler Darmschleimhaut. Hat die Neubildung auf die Muscularis übergegriffen, so ist letztere in ihrem Bereiche vollkommen durch die Geschwulstmasse substituirt; nur in der Peripherie der Wuche-

rung sieht man zwischen epithelialen Zellenschläuchen weit auseinandergedrängte Muskelfaserbündel. Meistens ist die krebsige Wucherung gegen
das noch nicht krebsig infiltrirte Gewebe hin durch eine breite kleinzellige Infiltrationszone begrenzt.

Die hierher gehörigen Geschwülste von papillärem Bau zeigen im
Allgemeinen durchaus das gleiche histologische Verhalten. Die einzelnen
Papillen umfassen stets grössere Drüsengruppen und die zwischen ihnen
sich einsenkenden Spalträume erscheinen auf dem senkrechten Durchschnitt wie ganz enorm verlängerte Drüsenschläuche, von welchen die
in die Spalträume einmündenden eigentlichen Drüsen als reich verzweigte Ausläufer abzugehen scheinen.

Es ist merkwürdig, dass diese primär medullaren Geschwülste von
adenomatösem Charakter sehr häufig keine Metastasen machen; kommt
es jedoch zur Entstehung von solchen, so pflegen dieselben für gewöhnlich
durchaus den gleichen histologischen Bau zu besitzen wie die primäre
Neubildung; doch kommen auch, gerade so wie am primären Erkrankungsherde, Uebergänge zur Bildung solider Krebszapfen vor.

c) Carcinoma adenomatosum scirrhosum.

Der adenomatöse Scirrhus ist als selbständige Krebsform im Dickdarm eine seltene Erscheinung, wenn es auch sehr häufig vorkommt,
dass bei adenomatösen Rectumcarcinomen einzelne Stellen, namentlich
im Geschwürsgrund oder in der Peripherie der krebsigen Wucherung,
einen scirrhösen Charakter tragen. Dagegen findet sich der adenomatöse
Scirrhus sehr gewöhnlich im Magen, wo er überhaupt eine der häufigsten Krebsformen bildet. Hier hat er seinen Sitz ausnahmslos in der
Pars pylorica und zwar gewöhnlich unmittelbar am Pylorus selbst;
seltener ist die hintere Magenwand oder die kleine Curvatur allein ergriffen, ohne dass gleichzeitig der Pylorus erkrankt wäre. An dem
noch nicht eröffneten Magen erscheint die Pars pylorica meist in ihrem
ganzen Umfang verdickt und fühlt sich sehr hart an; die Serosa ist
oft sehnig getrübt und nicht selten mit flachen, unregelmässig zackigen
beetförmigen und streifigen, weisslich-gelb durchscheinenden krebsigen
Einlagerungen besetzt. Nach Eröffnung des Magens findet man in der
Regel an der Innenfläche, hart an den Pylorus angrenzend, ein ganz
flaches Geschwür mit völlig glattem, oft fast sehnigem Grunde, welches
bald nur auf die hintere Wand beschränkt ist und sich halbmondförmig
an die verdickte Pylorusfalte anlegt, bald den Pylorus in seiner ganzen
Circumferenz umfasst und sich an der hinteren Wand, seltener gleichzeitig auch an der vorderen mehr oder weniger weit mit zackigen Rändern auf die Pars pylorica ausdehnt. Die Ränder dieses Geschwüres
sind meistens flach und oft verliert sich die angrenzende Schleimhaut,
nach und nach an Dicke abnehmend, scheinbar ganz allmählich in dem
flachen Geschwürsgrunde; doch finden sich häufig auch Stellen, an

welchen der Geschwürsrand sehr scharf begrenzt ist und von wulstiger, am Rande oft leicht unterminirter Schleimhaut begrenzt wird. Die Schleimhaut in der Umgebung des scirrhösen Geschwüres ist oft weithin, mitunter bis über die Magenmitte hinaus, verdickt und von exquisit warzigem Ansehen; namentlich in der nächsten Umgebung finden sich oft besonders auffallende, markig aussehende, flache, warzige Erhabenheiten. Auf dem senkrechten Durchschnitt zeigt sich im Bereiche der krebsigen Erkrankung die ganze Magenwand mächtig verdickt; die Submucosa ist in eine derbe, sehnig-glänzende, bis zu 1 cm dicke Bindegewebsschichte umgewandelt; ebenso ist die Muscularis in hohem Grade hypertrophisch und erreicht am Pylorus selbst ebenfalls oft eine Dicke von 1 cm und darüber; sie hat ein blassgraues glänzendes Ansehen und überall erscheinen die mächtig verdickten interstitiellen Bindegewebszüge als sehnige weisse Streifen. Gewöhnlich sind Muscularis und Subserosa von einander scharf getrennt; doch kommt es auch vor, dass die Grenze zwischen beiden in bald grösserer, bald geringerer Ausdehnung verwischt ist, indem die Muskelbündel der Muscularis durch die Wucherung des interstitiellen Bindesgewebes weit auseinandergedrängt und zum Teil atrophisch geworden sind. Durch Abstreifen mit der Messerklinge lässt sich beim adenomatösen Scirrhus oft nicht eine Spur von Krebssaft von der Schnittfläche gewinnen.

Bei dem unmittelbar am Pylorus sitzenden Scirrhus ist sehr gewöhnlich ersterer mehr oder weniger stenosirt; es gibt Fälle, wo die Pylorusöffnung gerade noch für eine starke Sonde durchgängig ist; dringt man mit dem Finger vom Duodenum aus nach dem Pylorus vor, so fühlt man einen wulstigen, starren, oft fast knorpelharten Ring, ähnlich einer Vaginalportion. In solchen Fällen ist der ganze Magen, besonders aber der Fundus, oft mächtig dilatirt, nicht selten bei gleichzeitiger allgemeiner Atrophie der Schleimhaut und Hypertrophie der Muscularis. Auch findet man dann den Geschwürsgrund mit einer tiefen, förmlich blindsackähnlichen Ausbuchtung versehen, innerhalb deren die Oberfläche bisweilen ein leicht ulceröses Ansehen besitzt.

Bei den den Pylorus freilassenden, auf die hintere Magenwand allein beschränkten Scirrhen handelt es sich nicht selten um scirrhöse Indurationen der Magenwand ohne Ulceration; bei solchen Formen kann wohl ein ganz flaches Geschwür vorgetäuscht werden, aber bei genauer Untersuchung findet man, dass die Mucosa, allerdings in äusserst atrophischem Zustande, überall noch die indurirten tieferen Schichten überkleidet.

Nicht selten findet man den adenomatösen Scirrhus auch im Anschluss an chronische Magengeschwüre, besonders bei jenen grossen, ohrförmigen Geschwüren, welche oft auf die kleine Curvatur übergreifen und gegen das Pankreas hin perforiren.

Metastasenbildung ist bei dem adenomatösen Scirrhus eine sehr häufige Erscheinung, obwohl sie gar nicht selten auch vollkommen fehlt, so dass man nicht einmal infiltrirte Lymphdrüsen findet. Am häufigsten sind, wie bei allen Magenkrebsen, die Metastasen in der Leber, welche von ihnen oft ganz dicht durchsetzt erscheint. Dieselben tragen dann sehr häufig einen exquisit medullar-adenomatösen Charakter und bilden bisweilen durch Confluenz ganz colossale Tumoren, welche fast einen halben Leberlappen einnehmen können und in merkwürdigem Contrast stehen zu der oft sehr wenig umfangreichen und unansehnlichen krebsigen Induration am Pylorus. In anderen Fällen ist auch in den Metastasen, wenigstens an vielen Stellen, der scirrhöse Charakter der Neubildung erhalten.

Bei der mikroskopischen Untersuchung des adenomatösen Scirrhus findet man in der an das scirrhöse Krebsgeschwür oder die scirrhöse Schleimhauterkrankung unmittelbar angrenzenden, warzig verdickten und wie markig infiltrirten Schleimhautzone die Drüsen im Allgemeinen in der gleichen Weise entartet wie bei dem gewöhnlichen adenomatösen Cylinderzellenkrebs; besonders in der weiteren Peripherie — selbst noch in einer Entfernung bis zu 7 cm vom eigentlichen Krebsgeschwür — tragen die wuchernden Drüsen oft durchaus den gleichen Charakter und sie zeigen hier nirgends in ihrem Verlaufe ein atrophisches Ansehen. Innerhalb der eigentlichen Perforationszone aber, welche beim Scirrhus sehr häufig nicht unmittelbar an das Krebsgeschwür angrenzt, sondern von diesem noch durch eine mehr oder weniger breite Zone oft ganz atrophischer Schleimhaut getrennt wird, erscheinen viele krebsig entartete Drüsen, welche oft in reichlicher Anzahl die Muscularis mucosa durchbrechen, wenigstens teilweise atrophisch; besonders in den oberen Abschnitten ist das Epithel klein und geschrumpft, ja oft ist das obere Drittel oder selbst die ganze obere Hälfte der Drüse völlig untergegangen und noch weit nach abwärts ist der Epithelbelag sehr locker, die Zellen sind klein, geschrumpft oder auch gequollen und zum Teil von der Drüsenwand abgefallen, während dagegen der unterste, in die Submucosa hereinbrechende Drüsenabschnitt sehr schön entwickeltes, scheinbar üppiges Cylinderepithel besitzt. Häufig finden sich auch Stellen mit cubischem Epithel und nicht selten sind die Zellen des Epithelbelags der entarteten Drüsen auch mehr oder weniger polymorph gestaltet und zeigen jenes eigentümliche, an Plattepithel erinnernde Ansehen, wie es oben für manche Fälle von Rectumcarcinom geschildert wurde (cf. S. 25); dann kommt es wohl auch zu leichter Knospenbildung und hier enthalten die sich sehr blass färbenden Zellen häufig grössere Alveolen. Da, wo das Drüsenepithel in den oberen Drüsenabschnitten zu Grunde gegangen ist, sind die Drüsenschläuche an den atrophischen Stellen zum Teil collabirt und es werden hier die oberen Schichten der Schleimhaut lediglich von einem sehr kernreichen und reichlich von Randzellen durchsetzten lockeren Bindegewebe gebildet, welches auch nach der Oberfläche keinen Epithelbelag mehr besitzt.

Liegt zwischen dem scirrhösen Krebsgeschwür und diesem Wucherungs-
bezirk noch eine Zone scirrhös-atrophischer Schleimhaut, so geht ersterer
allmählich in die atrophische Schleimhaut über; das Gleiche gilt für
solche Fälle, bei welchen es an der scirrhös erkrankten Schleimhaut
überhaupt nicht zu einer Geschwürsbildung gekommen ist. Die atrophisch gewordenen Schleimhautpartien sind in ihrem Dickendurchmesser
oft bis auf $1/3$ reducirt und stehen namentlich zu der mehr oder weniger
verdickten Schleimhaut der weiteren Umgebung in auffallendem Gegensatz. Nur da und dort sieht man noch erhaltene, krebsig entartete,
die Muscularis mucosae durchbrechende Drüsenschläuche, welche in ihren
oberen Abschnitten stets collabirt und gänzlich atrophisch sind und
deren Epithel auch in den unteren Abschnitten meist ein atrophisch
verändertes Ansehen zeigt. Das eigentliche Schleimhautgewebe besteht
auch hier aus sehr kern- und zellenreichem, lymphadenoidem Gewebe,
welches reichlich von jungen Bindegewebszellen und neugebildeten, ein
lockeres Netzwerk bildenden Capillaren durchsetzt ist, deren Perithel
eine besonders mächtige Entwicklung zeigt.

Die Submucosa und die tieferen Schichten der Magen- oder Darmwand sind bei dem adenomatösen Scirrhus niemals in dem Masse wie
bei den zuerst beschriebenen Formen von der krebsigen Wucherung
durchsetzt; auch findet man selten Schnitte, bei welchen die von den
Schleimhautdrüsen ausgehenden Wucherungen sich in continuirlichem
Zusammenhange so weit in die Tiefe verfolgen lassen, wie bei der ein-
fach- und medullar-adenomatösen Form, wenn auch dieser Zusammenhang an Schnittserien sich leicht constatiren lässt.

Die guterhaltenen, offenbar frischeren Wucherungen in der Submucosa, Muscularis und Subserosa, bezw. dem periproctalen Zellgewebe bestehen hier in der Regel aus ziemlich schmalen, nur selten an
einzelnen Stellen leicht cystisch erweiterten, wenig verzweigten Zellenschläuchen, welche von einschichtigem, regelmässigem Cylinderepithel
oder auch cubisch geformten Zellen gebildet werden. Sehr vielfach aber
nehmen diese Epithelschläuche einen atrophischen Charakter an; die
Zellen werden allmählich beträchtlich kleiner und unregelmässiger gestaltet, gleichzeitig wird das Lumen der Zellenschläuche enger oder
verschwindet selbst gänzlich, so dass man die ursprünglich drüsenschlauchähnlichen Wucherungen continuirlich in lumenlose, in der Längsachse zweireihig erscheinende Zellenstränge übergehen sieht, welche
schliesslich unter zunehmender Formveränderung der Zellen in einfache
Zellenreihen auslaufen können. Dieser atrophische Charakter findet sich
beim adenomatösen Scirrhus ganz regelmässig und am ausgesprochensten
in dem nach der Mitte zu gelegenen Bezirke der krebsigen Erkrankung,
wo man das Gewebe oft ausschliesslich von solchen ganz atrophischen,
aus einfachen Reihen kleiner, unregelmässig gestalteter Zellen bestehenden Wucherungen spärlich durchsetzt sieht, während in der Peripherie

der krebsigen Erkrankung wohl erhaltene, drüsenschlauchähnliche Wucherungen durch das Gewebe hinziehen. Häufig findet man in dem atrophischen Bezirke auch gänzlich abgestorbene Wucherungen, welche von ganz kleinen Zellen mit zusammengeschrumpften Kernen oder zum Teil selbst nur von sich dunkel färbenden Chromatinschollen gebildet werden; auch solche ganz atrophische Zellenreihen lassen sich nicht selten als die letzten Ausläufer von noch drüsenschlauchähnlichen Wucherungen in continuirlichem Zusammenhange verfolgen.

Bisweilen sind die Zellen der epithelialen Wucherungen beim adenomatösen Scirrhus von Anfang an klein und unscheinbar, und mitunter begegnet man auch Formen, wo die Zellen der entarteten Drüsen und der Epithelschläuche in den tieferen Gewebsschichten polymorph gestaltet sind, ganz ähnlich, wie dies für manche Fälle der beiden zuerst geschilderten Krebsformen beschrieben wurde; aber auch für solche Fälle ist es charakteristisch, dass die epitheliale Neubildung sehr bald ein völlig atrophisches Ansehen erhält.

Die beschriebenen epithelialen Wucherungen bilden beim adenomatösen Scirrhus ein vielfach anastomosirendes, aber in der Regel sehr weitläufiges Netzwerk, von dessen Anlage und Verbreitung nur an Schnittserien sich eine richtige Vorstellung gewinnen lässt. Die gewucherten Epithelschläuche liegen zum Teil in den Lymphbahnen, hier dem Verlaufe von Gefässen folgend, und erstrecken sich continuirlich gewöhnlich nur in die breiteren Züge des intermusculären Bindegewebes herein, ohne sich zwischen die Muskelfasern selbst hereinzudrängen. Seltener findet man namentlich in der Submucosa zerstreute, mehr oder weniger umschriebene, knotenförmige bis zu mehreren mm im Durchmesser haltende Herde, innerhalb deren die epitheliale Wucherung ein dichteres, reichlich anastomosirendes Netzwerk bildet; auch in diesen umschriebenen Herden kann übrigens die epitheliale Wucherung ein völlig atrophisches Ansehen erhalten. Im ganzen Bereiche der krebsigen Neubildung pflegt das mächtig gewucherte Bindegewebe der Submucosa überaus dicht zu sein, und auch die Muscularis sieht man, wenn sich die krebsigen Wucherungen in sie herein erstrecken, von breiten, dichten Bindegewebszügen durchsetzt, welche schliesslich die Muskelfaserbündel weit auseinanderdrängen und dieselben, besonders in den älteren Partien des krebsigen Erkrankungsherdes, oft völlig substituiren. Dieses Bindegewebe ist meistens ziemlich kernreich und in der nächsten Umgebung von frischen epithelialen Wucherungen, also besonders in der Peripherie der krebsigen Erkrankung, in der Regel mehr oder weniger dicht kleinzellig infiltrirt; nur in den älteren Herden, wo die epitheliale Wucherung ein gänzlich atrophisches Ansehen gewonnen hat oder völlig untergegangen ist, findet sich oft ziemlich kernarmes und nur spärlich von Zellen durchsetztes Bindegewebe. Sehr gewöhnlich findet man in dem scirrhös entarteten Gewebe kleine Arterienstämmchen mit entarteter

Intima und oft mächtig verdickter Muskelhaut, auch völlig obliterirte
Gefässstämmchen sind keineswegs selten.

Der histologische Bau der Metastasen des adenomatösen Scirrhus
entspricht meistens nur insofern der primären Geschwulst, als das rein
drüsenschlauchähnliche Ansehen der epithelialen Wucherungen in denselben erhalten bleibt; sehr häufig aber nehmen die secundären Geschwülste, besonders in der Leber, wie schon eingangs hervorgehoben
wurde, einen medullaren Charakter an.

d) Carcinoma adenomatosum muciparum microcysticum.

Mit diesem Namen möchte ich nach dem Vorschlage von Prof.
v. ZENKER eine eigentümliche Modification des adenomatösen Cylinderzellenkrebses bezeichnen, welche dadurch bedingt ist, dass die ursprünglich drüsenschlauchähnlichen Wucherungen durch Auffüllung mit einer
schleimig-serösen Masse oft in hohem Masse cystisch erweitert sind.
Derartig cystisch entartete Wucherungen kommen ja vereinzelt fast in
jedem Falle von einfachem oder medullarem adenomatösem Cylinderzellenkrebs vor, und selbst beim adenomatösen Scirrhus sind dieselben
nicht gerade selten, ohne dass jedoch dadurch der ursprüngliche Charakter dieser Krebsformen beeinflusst würde. Wenn dagegen die ganze
epitheliale Wucherung oder wenigstens der grössere Teil derselben
dieser cystischen Entartung verfällt, so verliert die Neubildung auch in
ihrem äusseren Ansehen ihren ursprünglichen Charakter und bekommt
grosse Aehnlichkeit mit dem eigentlichen Gallertkrebs. Es bilden derartige Geschwülste ziemlich umfangreiche, mehr oder weniger scharf
begrenzte, knotenförmige Infiltrate von etwas elastischer Consistenz;
auf dem Durchschnitt erscheint die Geschwulstmasse blassgrau und von
exquisit alveolärem Bau, wobei die einzelnen in ihrer Grösse sehr wechselnden Hohlräume von einer grauen, gallertig glänzenden Masse erfüllt sind, welche an der Messerklinge etwas schleimigen Belag hinter-
lässt.

Metastasen scheinen bei dieser Geschwulstform seltener zu sein:
in den wenigen Fällen, welche ich selbst untersucht habe, waren einmal
Metastasen in der Leber vorhanden, welche aber in ihrem histologischen
Verhalten der einfach-adenomatösen Form entsprachen. In 2 anderen
Fällen dagegen traten Recidive auf, welche histologisch vollkommen den
primären Geschwülsten (Carcinoma microcysticum) glichen.

Eine cystische Entartung einzelner Schleimhautdrüsen ist nicht
allein in der Umgebung von Krebsgeschwüren, sondern auch selbst bei
nicht krebsigen Prozessen, welche mit Drüsenveränderungen verbunden
sind, eine häufige Erscheinung. Gleichwohl konnte ich in den Fällen
von Carcinoma microcysticum in der krebsig entarteten Schleimhaut selbst
keine cystische Entartung der Drüsen beobachten. Die gewucherten, in
die Submucosa durchbrechenden Drüsen zeigen vielmehr durchaus das

gleiche Verhalten wie bei dem einfachen oder medullaren adenomatösen Cylinderzellenkrebs; dagegen erscheinen die epithelialen Wucherungen in den tieferen Gewebsschichten entweder schon in der Submucosa oder auch erst in der Muscularis fast durchaus mehr oder weniger cystisch erweitert. Während die ursprünglichen, noch nicht cystisch entarteten Wucherungen sich als einfache, mässig weite Schläuche von sehr regelmässigem, einschichtigem Cylinderepithel darstellen, ist das Lumen der entarteten Zellenschläuche oft so stark erweitert, dass dadurch mächtige, bis fast $1^{1}/_{2}$ mm im Durchmesser haltende Hohlräume von unregelmässiger Form gebildet werden, welche mit einem einschichtigen Belag in der Regel cubisch geformter oder noch stärker abgeplatteter Zellen ausgekleidet sind. Bei sehr starker Erweiterung des Hohlraumes sind die Zellen oft auf grössere Strecken hin so flach, dass sowohl vom Zellenleib als auch vom Kern der Breitendurchmesser den Längsdurchmesser übertrifft, und schliesslich gehen solche abgeplattete Zellen in einen ganz atrophischen Zellbelag über; ja nicht selten ist, besonders bei grösseren Cysten, der Epithelbelag auf mehr oder weniger grosse Strecken hin völlig geschwunden (Taf. V, Fig. 11). Sowohl in dem Epithel der einfachen, als auch in dem der cystisch erweiterten Wucherungen sind Becherzellen nirgends anzutreffen; wo die Zellen noch ihre cylindrische Gestalt besitzen und kein atrophisches Ansehen haben, erscheint das Zellprotoplasma fast stets zart-körnig und nimmt bei Carmintinction eine zart bräunliche Färbung an, während der Kern sich intensiv rot färbt. Alle die cystisch erweiterten Wucherungen sind mit einer homogenen, am Alkoholpräparat etwas streifig erstarrten Masse erfüllt, in welcher oft sehr zahlreiche, im Zerfall begriffene farblose Blutkörperchen, abgestossene Cylinderzellen, farblose, körnige Detritusmassen und sich dunkel tingirende Chromatinschollen suspendirt sind.

Das Zwischengewebe kann sich sehr verschieden verhalten; bald wird dasselbe von kernreichem und reichlich kleinzellig infiltrirtem, bald von weniger kern- und zellenreichem Bindegewebe gebildet. Wenn die cystische Erweiterung der Wucherungen eine sehr mächtige ist und zugleich letztere das Gewebe dicht durchsetzen, so sind die einzelnen Hohlräume oft nur durch äusserst schmale Faserzüge getrennt, ja oft findet durch völligen Schwund der letzteren eine Verschmelzung benachbarter cystisch erweiterter Wucherungen statt.

Nicht selten findet man auch eine mehr oder weniger ausgebreitete myxomatöse Entartung des Zwischengewebes; diese kann so weit gehen, dass an verschiedenen Stellen (sowohl innerhalb der Submucosa als auch innerhalb der Muscularis) die epithelialen Zellenschläuche auf dem senkrechten Durchschnitte wie in eine homogene, nur in der unmittelbaren Umgebung der epithelialen Wucherung concentrisch gestreifte Gallertmasse eingebettet erscheinen, in welcher spärliche spindelförmige, bisweilen auch sternförmig verzweigte Zellen suspendirt sind (Carcinoma myxomatodes).

In der Muscularis liegen die epithelialen Wucherungen zunächst innerhalb der grösseren Spalträume; bei cystischer Erweiterung derselben erscheinen jedoch die Faserbündel der Muscularis in ganz unregelmässig verlaufende, oft äusserst schmale Faserzüge verschoben und auseinandergedehnt, so dass die ursprüngliche Structur der Muscularis völlig verwischt ist und zwischen den einzelnen Hohlräumen oft nur einige wenige, häufig deutlich atrophische Muskelfasern hinziehen.

In der Peripherie der krebsigen Wucherung findet man stets zahlreiche einfache oder doch nur sehr wenig erweiterte Cylinderepithelschläuche, welche auch hier sehr häufig von einer entzündlichen, kleinzelligen Infiltrationszone umgeben sind.

Kernteilungsfiguren sind auch im Epithel des Carcinoma adenomatosum cysticum ziemlich häufig; doch findet man sie meistens nur da, wo das Epithel der Wucherungen noch wohl erhalten und seine cylindrische Form noch nicht verloren gegangen ist, also hauptsächlich in den noch gar nicht oder doch erst mässig erweiterten Zellenschläuchen; in sehr stark cystisch entarteten Wucherungen fehlen die Kernteilungsfiguren in dem etwa noch vorhandenen Epithelbelag vollständig; ebensowenig konnte ich im Bindegewebe in den von mir untersuchten Fällen solche auffinden.

e) Carcinoma adenomatosum gelatinosum.

Das Carcinoma gelatinosum, den eigentlichen Gallertkrebs, findet man nur selten in der Weise mit anderen Formen des Cylinderzellenkrebses combinirt, dass grössere Teile der Geschwulst einen anderen Charakter tragen, vielmehr tritt derselbe meistens als eine selbständige, in hohem Grade charakteristische Form der krebsigen Erkrankung auf, welche hauptsächlich im Magen, nicht selten auch im Rectum beobachtet wird. Im Magen ist es wieder vor allem die Pars pylorica, wo auch der Gallertkrebs am häufigsten zur Entwicklung gelangt; sehr häufig greift er aber über den Pylorusteil des Magens hinaus und kann fast den ganzen Magen einnehmen, so dass nur die Regio cardiaca und der Fundus frei bleiben. Auch im Dickdarm, wo sich der Gallertkrebs ebenfalls an der gewöhnlichen Prädilectionsstelle des Carcinoms überhaupt, über dem Sphincter internus am häufigsten vorfindet, kann derselbe eine grosse Ausdehnung nach oben und unten erreichen und dabei die Darmwand vollkommen umfassen.

Der eigentliche Gallertkrebs bildet im Magen und Darm meistens keine scharf abgegrenzten, tumorähnlichen Geschwulstmassen, sondern vielmehr ausgebreitete, mehr oder weniger scharf begrenzte oder sich allmählich in die normale Darmwand verlierende Infiltrationen. Die Magen- bezw. Darmwand ist bei vorgeschrittenem Prozesse in den mittleren Partien des Erkrankungsbezirkes in der Regel mächtig verdickt, oft bis zu mehreren Centimetern, und vollkommen starr und unbiegsam geworden. Die meistens in grosser Ausdehnung erkrankte Schleimhaut ist sehr blass, in der Regel von graugelblicher Färbung und besitzt ein exquisit durchsichtiges, gallertiges Ansehen; sie ist vollkommen unverschieblich, ihre Oberfläche leicht uneben, oft mit flacheren warzigen Erhabenheiten und Buckeln besetzt; nach der Mitte des Erkrankungsherdes hin ist die Schleimhaut durch oberflächliche Ulceration gewöhnlich untergegangen, doch kommt es beim Gallertkrebs, selbst bei sehr mächtiger Entwicklung desselben, selten zu tiefer greifenden Geschwürsprozessen, namentlich nicht zur Entstehung jener sonst für die meisten übrigen Formen des Magen- und Darmkrebses so charakteristischen, scharf begrenzten Geschwüre mit zackigen, wulstigen und oft unterminirten Rändern.

Auf dem senkrechten Durchschnitt erscheint die Magen- bezw. Darmwand in ihrer ganzen Dicke in eine gallertig glänzende, weich-elastische Geschwulstmasse umgewandelt, welche meistens eine sehr deutlich alveoläre Structur (Alveolarkrebs) erkennen lässt, indem das bindegewebige Gerüst ein alveoläres, teils aus sehr zarten, teils aus gröberen Bindegewebszügen bestehendes Maschenwerk bildet. Dabei sind übrigens die ursprünglichen Schichten der Magen- bezw. Darmwand oft noch ziemlich deutlich zu unterscheiden, namentlich ist die Muskelhaut an ihren, wenn auch durch die Geschwulstmasse weit auseinandergedrängten, grau glänzenden Faserzügen gewöhnlich leicht zu erkennen. Nach der Peripherie hin ist die krebsige Infiltration des Gewebes selten scharf abgegrenzt, sondern verliert sich meistens allmählich in dem gesunden Gewebe; die Schleimhaut ist in der Peripherie der krebsigen Erkrankung bald atrophisch, bald mehr oder weniger verdickt und erscheint entweder ebenfalls gallertig glänzend, oder sie besitzt ein mehr markiges Ansehen, welches jedoch ebenfalls bald in eine gallertige Beschaffenheit übergeht.

Die Entstehung von Metastasen ist beim Gallertkrebs des Magens und des Darms eine häufige Erscheinung; meistens sind es die Lymphdrüsen, in welchen es zur Entwickelung von secundären Krebsknoten kommt. Bei Gallertkrebs des Magens tritt sehr häufig ein Uebergreifen der krebsigen Wucherung auf das Peritoneum ein; hier ist es dann namentlich das Mesocolon und das Netz, welches dicht von allerfeinsten bis zu haselnussgrossen gallertig glänzenden, oft überaus weichen Geschwulstknoten durchsetzt erscheint oder mehr gleichmässig von der gallertigen Geschwulstmasse infiltrirt wird; ebenso pflegt bei stärkerer Ausbreitung der krebsigen Wucherungen das Mesenterium, die Serosa des Dickdarms und der Dünndarmschlingen und auch das parietale Blatt des Peritoneums oft mit zahlreichen teils kleinen, linsenförmigen, teils umfangreicheren, beetförmig ausgebreiteten, gallertigen krebsigen Infiltraten

besetzt zu sein. Nicht selten findet man dabei Verwachsungen, welche
sehr gewöhnlich ebenfalls wieder der Sitz metastatischer Geschwulsteinlagerungen sind. Auch das Zwerchfell kann von der krebsigen Neubildung durchwuchert werden, und kann dann von hier aus ein Uebergreifen auf die Pleura und die Lungen stattfinden. Auch die Ovarien
und das Skelet werden nicht so selten von Metastasen befallen. In der
Leber und in anderen Organen scheinen sie jedoch bei reinem Gallertkrebs des Magens und des Darms sehr selten zu sein, wenigstens
konnte ich selbst in keinem Falle, selbst bei sonst mächtiger Ausbreitung der Geschwulstmassen, solche beobachten, und bei Durchsicht der
Sections-Protokolle des hiesigen pathologischen Instituts konnte auch aus
den früheren Jahrgängen nur ein einziger Fall von Gallertkrebs des
Rectums gefunden werden, in welchem neben Metastasen des Bauch-
fells, der Lymphdrüsen, der Ovarien und Knochen auch solche in der
Leber vorhanden waren. Häufiger findet man dagegen auch Metastasen
in der Leber bei der allerdings ziemlich seltenen Combination des
Gallertkrebses mit anderen Formen des Cylinderepithelcarcinoms; aber
dann tragen die metastatischen Herde fast ausschliesslich den Charakter
jener zweiten mit dem Gallertkrebs combinirten Form der krebsigen
Wucherung.

In ihrem äusseren Ansehen und auf dem Durchschnitt gleichen die
gallertigen Metastasen des Gallertkrebses vollkommen der primären Geschwulst; nur pflegt bei ihnen der alveoläre Bau oft noch deutlicher
hervorzutreten als bei letzterer, nicht selten sind sie auch noch weicher
und gallertreicher als diese, so dass sie eine fast zerfliessliche Geschwulstmasse bilden können.

Bei der mikroskopischen Untersuchung der an die krebsige Erkrankung angrenzenden und in diese übergehenden Schleimhaut kann
man beim Carcinoma gelatinosum zwei Formen der krebsigen Schleimhauterkrankung unterscheiden.

Bei der einen, offenbar häufigeren Form, welche hauptsächlich im
Magen vorzukommen scheint, zeigen die krebsig entarteten Schleimhautdrüsen im Wesentlichen vollkommen das gleiche Verhalten wie bei den oben
geschilderten adenomatösen Formen des Cylinderzellenkrebses: nur sind
häufig die entarteten Drüsen leicht cystisch erweitert und mit einer gallertigen Masse erfüllt, auch erreichen die Zellen des Epithelbelags in der Regel
nicht jene üppige Entwicklung wie bei den anderen Krebsformen. Das
interglanduläre Schleimhautgewebe ist reichlich entwickelt und oft äusserst
zellenreich, einem Granulationsgewebe gleichend. Die entarteten Drüsenschläuche durchbrechen die Muscularis mucosae und breiten sich in der
Submucosa zunächst in der gleichen Form als drüsenschlauchähnliche.
zum Teil cystisch erweiterte Wucherungen aus, deren Epithel von
cylindrischen, oft aber auch unregelmässig gestalteten, an manchen
Stellen mehrschichtig gelagerten Zellen gebildet wird. Diese ausge-

sprochen adenomatösen Wucherungen gehen jedoch, besonders in den tieferen Gewebsschichten, vielfach in schmale Zellenstränge und einfache Zellenreihen über, welche das Gewebe so dicht durchsetzen, dass zwischen ihnen nur noch einzelne Bindegewebsfasern hinziehen. An solchen Stellen haben die Epithelien ihre cylindrische Gestalt völlig verloren, erscheinen mehr polygonal und oft klein und unscheinbar. Allein die epitheliale Neubildung zeigt nur an wenigen Stellen, am meisten noch in der Peripherie, das geschilderte ursprüngliche Verhalten. Denn fast überall sind die Hohlräume, in welchen die epithelialen Wucherungen liegen, mächtig erweitert und mit einer homogenen Gallertmasse erfüllt, während sich die Epithelien von der Alveolenwand abgelöst haben und in der Gallertmasse suspendirt erscheinen (vergl. Taf. IX, Fig. 18 und 19). Dabei ist die drüsenschlauchähnliche Lagerung der Krebszellen meistens verloren gegangen; dieselben liegen oft ganz unregelmässig und locker, sind aus ihrem innigen Verbande gelöst, oder sie sind zu unregelmässig geformten Häufchen zusammengeballt; statt der einfachen Zellenstränge und Zellenreihen sieht man überaus dicht gelagerte kleine, alveoläre, rundliche Hohlräume, welche einzelne gequollene, ebenfalls sehr häufig mit Gallertmasse umgebene Epithelien enthalten. Ueberhaupt haben in dem gallertig entarteten Teile der Neubildung die Epithelien vielfache Veränderungen erfahren; dieselben sind fast nie cylindrisch, sondern polygonal geformt und besitzen nicht selten 2, selbst 3 Kerne. Häufig hat es den Anschein, als ob die zusammengeballten Zellen förmlich zusammensinterten, indem sich keine Grenzen der Zellenleiber mehr unterscheiden lassen. Besonders häufig findet man aber die Epithelien resp. deren Zellleib mächtig aufgequollen und von glasigem Ansehen; dabei sind oft die Contouren desselben ganz undeutlich geworden, und die Kerne nehmen nur wenig oder selbst gar keinen Farbstoff mehr auf. Daneben sieht man häufig auch Zellen mit ganz kleinem, zusammengeschrumpftem, sich intensiv färbendem Kern, oder letzterer ist völlig verschwunden, und es sind nur noch eine Anzahl runder, sich ebenfalls sehr intensiv färbender Chromatintropfen in dem Zellprotoplasma suspendirt. Ausserdem findet man aber sehr häufig und oft auf grosse Strecken hin die Epithelien völlig untergegangen; man sieht nur noch dicht gelagerte grössere und kleinere, mit Gallertmasse erfüllte Hohlräume, welche nur noch hie und da ganz blasse, undeutlich contourirte, abgestorbene und verquollene Zellen oder Reste von solchen enthalten.

So ist die ganze, mächtig verdickte Submucosa in ein exquisit alveoläres Gerüste umgewandelt, dessen Hohlräume in der geschilderten Weise von Gallertmasse und Zellennestern erfüllt werden; oft ist auch gleichzeitig eine myxomatöse Entartung des Bindegewebes eingetreten, oder die zarten, bindegewebigen Scheidewände sind wohl auch durch Atrophie untergegangen, so dass mehrere kleinere Alveolen zu grösseren Hohlräumen confluiren. Dazwischen ziehen mitten durch die gallertige

Geschwulstmasse grössere und kleinere Gefässstämme und auch breitere, verzweigte, dichte Bindegewebszüge mit starker Kernwucherung und kleinzelliger Infiltration.

Ebenso ist die Muscularis von der alveolären, gallertigen Geschwulstmasse durchsetzt, welche sich allenthalben, zunächst in der Form von schmalen, drüsenschlauchähnlichen Wucherungen und einfachen Zellenreihen, in die Spalträume der Muskelhaut hereinschiebt, aber auch zwischen die Faserbündel selbst eindringt und deren Fasern bei gallertiger Verquellung der Wucherungen ausserordentlich weit auseinanderdrängt. Auch in den Spalträumen der Muscularis findet sich häufig, wenn noch keine gallertige Entartung der epithelialen Wucherung eingetreten ist, eine sehr starke Kernwucherung und kleinzellige Infiltration.

Die zweite, seltenere Form des gallertigen Cylinderzellenkrebses, welche sich besonders durch eine massenhafte Umwandlung der gewucherten Epithelien in sehr charakteristische, kleine Becherzellen auszeichnet, scheint, wenigstens in typischer Weise, nur im Dickdarm zur Entwicklung zu gelangen.

Auch bei dieser Form sieht man in der Uebergangszone der normalen Schleimhaut zur krebsigen Wucherung krebsig entartete Drüsenschläuche, welche durchaus den entarteten Drüsen, wie sie für das Carcinoma adenomatosum simplex geschildert wurden, entsprechen und welche in dieser Form die Muscularis mucosa durchbrechen, um continuirlich in die krebsigen Wucherungen der Submucosa überzugehen.

Daneben findet man aber, und zwar hauptsächlich weiter nach der Mitte des krebsigen Erkrankungsbezirkes zu, mehr oder weniger scharf abgegrenzte, ziemlich umfangreiche Herde in der entarteten Schleimhaut, in welchen sämmtliche Drüsen ausserordentlich lang (bis zu 1,2 mm) und schmal (0,03—0,04 mm) geworden sind; diese Drüsen verlaufen übrigens vollkommen gerade, zeigen weder Ausbuchtungen noch Verzweigungen, dagegen ist ihr Lumen sehr stark verengt, oft fast völlig verschwunden. In ihren oberen Abschnitten führen die verlängerten Drüsen einen einschichtigen Belag niedrigen Cylinderepithels, welcher allmählich in niedrige cubische Zellen übergeht; weiter nach abwärts aber wird der Epithelbelag von sehr kleinen (bis 0,015 mm hohen), rundlichen oder ovalen Zellen gebildet, welche sich durch einen ganz an die Peripherie der Zelle gerückten, ausserordentlich stark abgeplatteten, wie ein flaches Schüsselchen geformten Kern auszeichnen; bei seitlicher Betrachtung erscheint dieser Kern wie ein dem blassen, oft kaum granulirten Zellenleib anliegender, dunkel gefärbter Halbmond. Mit dieser eigentümlichen Veränderung der Zellen ist gleichzeitig eine gewisse Lockerung des Epithels verbunden, und oft hat es den Anschein, als ob der ganze Zellenschlauch innerhalb der Membrana propria eine spiralige Umdrehung erfahren habe; dabei sind die Zellen selbst vielfach unregelmässig gelagert, indem der Zellkern bald seitwärts (nach

oben oder unten), bald selbst nach dem Drüsenlumen hin gerichtet ist
(vergl. Taf. IX, Fig. 17). An vielen Stellen der krebsig erkrankten
Schleimhaut ist der Epithelbelag der Drüsen in ganzer Ausdehnung in
der geschilderten Weise verändert. Die entarteten Drüsen stehen ausserordentlich dicht, so dass kaum von einem interglandulären Gewebe gesprochen werden kann, und die einzelnen Drüsenschläuche nur noch
durch ihre Membrana propria von einander geschieden erscheinen. Ja,
in den unteren Partien der Schleimhaut scheint auch letztere vielfach
von dem Drüsenepithel durchbrochen zu werden oder fast völlig geschwunden zu sein, wodurch ein Zusammenfliessen des Epithels der
unteren Drüsenabschnitte bedingt ist. An solchen Stellen ist die normale
Structur der Schleimhaut völlig untergegangen, und es hat letztere das
Ansehen einer ganz atypischen epithelialen Geschwulstmasse, welche
nur von spärlichen und zarten Bindegewebszügen und einzelnen Bindegewebsfasern durchsetzt wird.

Von dieser epithelialen Wucherung ist auch die Muscularis mucosae
dicht infiltrirt, und es steht dieselbe ebenfalls in continuirlichem Zusammenhang mit der die Submucosa und die tieferen Gewebsschichten
durchsetzenden epithelialen Neubildung. Letztere zeigt in ihrer ganzen
Anlage die gleichen Verhältnisse wie die gewöhnliche Form des Gallertkrebses; auch hier sind die Submucosa und die Muscularis, so weit
dieselben von der Geschwulstmasse durchsetzt sind, in ein auf dem
Durchschnitte exquisit alveoläres Gerüst umgewandelt, dessen Hohlräume die epithelialen Wucherungen einschliessen. Diese bilden ursprünglich langgestreckte, vielfach gewundene, meist schmale, seltener
breitere oder ausgebuchtete Epithelschläuche und Zellenstränge, welche
überaus dicht gelagert sind, so dass die die einzelnen Wucherungen
von einander trennenden Alveolenwände nur aus einzelnen Faserlagen bestehen; die Alveolen erscheinen, da die Epithelschläuche und
Epithelstränge bald im Längsschnitt oder Querschnitt, bald schräg oder
tangential getroffen werden, teils langgestreckt, teils oval oder rundlich.
Die epithelialen Wucherungen selbst werden grösstenteils von jenen
eigentümlichen kleinen Becherzellen gebildet, welche auch hier, gerade
so wie in den entarteten Schleimhautdrüsen, häufig scheinbar ganz unregelmässig gelagert sind; übrigens kann man auch an den in der Submucosa und Muscularis gelegenen Wucherungen an vielen Stellen deutlich erkennen, dass diese scheinbare Unregelmässigkeit in der Zellen-
lagerung auf einer spiraligen Drehung des Epithelschlauches oder Epithel-
stranges beruht.

Nur in der Peripherie der krebsigen Wucherung werden die epithelialen Zellenschläuche vielfach auch von cubischen oder selbst schön
cylindrisch geformten Zellen gebildet (vergl. Taf. IX, Fig. 18), an
welchen eine Umwandlung in Becherzellen nur zum Teil oder noch
gar nicht eingetreten ist, so dass also hier die epitheliale Neubildung

vollkommen den Charakter eines einfachen adenomatösen Cylinderzellenkrebses trägt.

Dagegen findet sich mehr nach einwärts eine ganz ähnliche gallertige
Entartung derselben, wie bei der zuerst geschilderten Form des Gallertkrebses. Auch hier sehen wir die epithelialen Wucherungen von einer
durchsichtigen Gallerthülle umgeben und von der Alveolenwand abge-
hoben; die in der Gallertmasse förmlich suspendirten Zellen zeigen sich
auf dem Durchschnitt scheinbar zu unregelmässig gelagerten Zellenhaufen
zusammengeballt, deren peripher gelegene Zellen oft sehr locker liegen
und zum Teil undeutlich verschwommene Contouren haben, so dass das
Zellprotoplasma ohne scharfe Grenzen in die Gallertmasse übergeht.
Letztere ist deutlich concentrisch geschichtet, und in der unmittelbaren
Umgebung des epithelialen Krebskörpers sind in derselben keinen Farbstoff mehr aufnehmende Zellkerne und körnige Zellenreste ebenfalls in
concentrischer Lagerung suspendirt (Taf. IX, Fig. 19). Auch hier tritt
schliesslich eine völlige Vergallertung der Krebskörper ein, so dass man
oft auf grössere Strecken hin nur noch mit Gallertmasse erfüllte Alveolen
findet; ebenso findet, gerade wie bei der gewöhnlichen Form des Gallertkrebses, nicht selten ein Schwund der bindegewebigen Alveolarsepten
und damit eine Verschmelzung einzelner kleiner Alveolen zu grösseren
Hohlräumen statt, welche dann von stärkeren Bindegewebszügen begrenzt werden. Es fliessen jedoch in solchen durch Confluenz entstandenen grösseren Hohlräumen die Gallertmassen und die in ihnen enthaltenen Zellennester nicht vollständig zusammen, vielmehr behalten dieselben
ihre ursprüngliche Lagerung bei, und selbst bei völliger Vergallertung
der epithelialen Wucherung kann man noch den ursprünglichen einzelnen
Alveolen entsprechende, concentrisch geschichtete Territorien in der
Gallertmasse unterscheiden.

Eine ausgesprochene entzündliche Infiltrationszone in der Peripherie
konnte ich bei dieser Form des Gallertkrebses nicht antreffen; nur an
wenigen Stellen waren kleinere Anhäufungen von farblosen Blutkörperchen vorhanden. Dagegen fand ich in der Peripherie eine deutliche
Verdichtung des angrenzenden Bindegewebes vor.

Die Metastasen in den Lymphdrüsen zeigen im Allgemeinen den
gleichen histologischen Bau wie die primäre Neubildung; sie zeichnen
sich ebenfalls durch ihre exquisit alveoläre Structur aus. An geeigneten
Präparaten findet man auch hier noch sehr wohl erhaltene, aus regelmässigem Cylinderepithel bestehende Zellenschläuche und alle möglichen
Uebergänge von solchen zu den gallertig entarteten Wucherungen,
welchen die gleichen histologischen Eigenschaften zukommen, wie sie
für die primäre Geschwulst ausführlich geschildert wurden (Taf. IX,
Fig. 18).

Indirecte Kernteilungsfiguren finden sich bei der zuletzt besprochenen
Form des Gallertkrebses ziemlich reichlich in allen jenen Wucherungen,

bei welchen noch keine Umwandlung der Epithelien in Becherzellen stattgefunden hat, überhaupt da, wo noch keine gallertige Metamorphose eingetreten ist; am reichlichsten sind sie daher in der Peripherie der Neubildung anzutreffen, in den adenomatösen Zellenschläuchen und auch, jedoch spärlicher, in den einfachen Zellenreihen. Im Bindegewebe scheinen indirecte Kerntheilungsfiguren sehr selten zu sein; in dem dieser Schilderung zu Grunde gelegten Falle waren im Bindegewebe überhaupt keine solchen aufzufinden.

Von der zuerst beschriebenen Form des Gallertkrebses stand mir leider kein für die Untersuchung der indirecten Kerntheilung geeigneter Fall zur Verfügung.

2. Carcinoma cylindro-epitheliale solidum.

a) Carcinoma solidum (simplex) medullare.

Als Carcinoma cylindro-epitheliale solidum möchte ich auf den Vorschlag von Herrn Prof. v. ZENKER solche Krebsformen bezeichnen, welche zwar von Cylinderepithel führenden Organen abstammen, bei welchen aber die neugebildeten Epithelien die cylindrische Gestalt völlig verloren haben und polymorph geworden sind, und es im Gegensatz zu den bisher besprochenen Formen, nicht mehr zur Entwicklung drüsenschlauchähnlicher, mit einem deutlichen Lumen versehener Wucherungen kommt, sondern vielmehr die Neubildung in der Form solider Krebskörper das Gewebe durchsetzt.

Diese Form des Cylinderzellenkrebses findet man als vollkommen selbstständig auftretende Krebsform, so dass also schon die Veränderungen in der Schleimhaut dem Carcinoma solidum entsprechen, am häufigsten im Uterus, und zwar bei den vom Cervicalkanal oder vom Uteruskörper ausgehenden Krebsen; im Verdauungstractus kommt diese Krebsform selbstständig nur ziemlich selten und fast ausschliesslich nur im Magen zur Beobachtung, wo sie dann in der Regel von den Labdrüsen ihren Ursprung nimmt. Häufiger dagegen entwickelt sich das Carcinoma solidum im Anschluss an die adenomatöse Form des Cylinderzellenkrebses, indem die ursprünglich durchaus drüsenschlauchähnlichen Wucherungen früher oder später in solide Krebskörper übergehen. Aber auch dieses secundäre Auftreten des Carcinoma solidum ist fast ausschliesslich auf Uterus- und Magenkrebse beschränkt. Unter den 24 in dieser Arbeit beschriebenen Krebsen des Dickdarms zeigten nur 2 Fälle, von welchen der eine ein Rectumcarcinom, der andere ein Carcinom des Colon transversum betraf, den Typus dieser Form des Cylinderzellenkrebses [*]).

---

[*] Auch in zahlreichen anderen Fällen von Dickdarm- bezw. Mastdarmkrebsen, welche wegen zu mangelhafter Conservirung der krebsig erkrankten Schleimhaut für die vorliegende Arbeit nicht verwendet werden konnten, konnte ich niemals diese histologische Form des Cylinderzellen-

Das Carcinoma solidum bildet zum Teil, ganz ebenso wie das Carcinoma adenomatosum medullare, markschwammähnliche, sich steil über das Niveau der gesunden Schleimhaut erhebende, mehr oder weniger umfangreiche Geschwülste, welche im Magen hauptsächlich von der Mitte der hinteren Magenwand ihren Ursprung nehmen, aber auch an anderen Stellen der Magenschleimhaut, namentlich im Pylorusteil sich entwickeln können. Ausserdem findet man das Carcinoma solidum in der Form einer mehr oder weniger scharf begrenzten Infiltration, welche gewöhnlich mit einer mächtigen Verdickung sämmtlicher Magen- resp. Darmschichten verbunden ist und im Magen nicht selten eine ungeheure, fast über die ganze hintere Magenwand sich erstreckende Ausdehnung erreicht; im Dickdarm kann die Infiltration das ganze Darmrohr auf eine Strecke von 8—10 cm und darüber vollkommen circulär umfassen, so dass der betreffende Darmabschnitt von aussen mächtig verdickt erscheint, während gleichzeitig sein Lumen oft in hohem Grade stenosirt ist. Die entartete Schleimhaut ist bei dem Carcinoma solidum (simplex et medullare) ebenfalls verdickt, unverschieblich und steif, häufig mit unebener warziger Oberfläche; auf dem senkrechten Durchschnitt zeigt sie ein markiges Ansehen und ist in der peripheren Zone des krebsigen Bezirkes von der infiltrirten Submucosa noch scharf abgegrenzt; weiter nach einwärts aber, wo auch die übrigen Schichten des Magens bezw. Darms in der Geschwulstmasse aufgehen, verliert sich allmählich diese Grenze. Hier ist oft die ganze Magen(Darm)wand in eine mehr oder weniger markige Geschwulstmasse umgewandelt, welche nach der Peripherie hin nicht selten eine etwas gelappte Abgrenzung zeigt und welche nur von spärlichen breiteren Bindegewebszügen oder noch zurückgebliebenen Muskelfaserzügen durchsetzt ist. Uebrigens neigt diese Form des Cylinderzellenkrebses, namentlich bei medullarem Charakter, in hohem Masse zum ulcerösen Zerfall; selbst kleinere Tumoren zeigen an der Oberfläche eine mehr oder weniger tiefgreifende Geschwürsbildung, und grössere Geschwülste sind oft tief zerklüftet oder bilden schliesslich tiefe, kraterförmige Geschwüre mit unebenem, mit nekrotischen Massen bedecktem Grunde und mächtig aufgeworfenen, pilzförmig überhängenden, knotig verdickten Rändern; ebenso pflegt auch bei der infiltrirenden Form eine ausgedehnte Geschwürsbildung einzutreten, so dass man Fälle beobachtet, wo weitaus der grösste Teil des Magens von einem einzigen grossen Krebsgeschwür eingenommen wird.

Auch das Carcinoma solidum greift sehr gewöhnlich auf die Serosa über, wo sich dann beetförmige Infiltrate bilden und häufig auch Verwachsungen mit benachbarten Organen eintreten, während das Netz durch confluirende knotige Einlagerungen in eine unförmliche, fast brettförmige Geschwulstmasse umgewandelt werden kann. Metastasen

krebses finden; die epithelialen Wucherungen hatten vielmehr ausnahmslos adenomatösen Charakter.

in den regionären Lymphdrüsen sind, eine fast regelmässige Erscheinung, und nicht selten werden sämmtliche retroperitonealen, längs der Wirbelsäule gelegenen Lymphdrüsen in confluirende, markige Geschwulstpackete umgewandelt, welche die grossen Gefässstämme förmlich ummauern. Auch Metastasen in der Leber finden sich sehr häufig, welche oft in ungeheurer Menge dieses Organ durchsetzen und durch Confluenz der einzelnen Knoten mächtige Tumoren mit fettig-käsigem Zerfall im Innern bilden können; in manchen Fällen findet man auch metastatische Knoten in der Lunge und krebsige Infiltration der Bifurcationsdrüsen. In einem Falle fand ich auch fast das ganze Zwerchfell von der Geschwulstmasse durchsetzt, welches wie eine dicke, starre, brettähnliche Wand sich zwischen Brustraum und Bauchhöhle ausspannte.

Stets zeigen die Metastasen, namentlich in der Leber und in den Lymphdrüsen, eine exquisit medullare Beschaffenheit; mitunter besitzen sie, besonders die an der Serosa sich entwickelnden secundären Tumoren, einen auffallend hämorrhagischen Charakter, so dass nicht allein die Geschwulstmassen selbst hämorrhagisch infiltrirt erscheinen, sondern auch Blutergüsse in die Bauchhöhle erfolgen können.

Die primären Veränderungen in der Schleimhaut bieten beim Carcinoma solidum eine grosse Mannigfaltigkeit.

1) In sehr vielen Fällen tragen die krebsig entarteten Schleimhautdrüsen am Rande des Krebsgeschwüres oder in der Peripherie des krebsigen Tumors, wo die Schleimhaut allmählich in diesen übergeht, den gleichen adenomatösen Charakter, wie bei den verschiedenen Formen des Carcinoma adenomatosum; nur pflegt in diesen Fällen häufig schon in der Schleimhaut der Epithelbelag der Drüsen mehrschichtig zu sein und zum Theil aus unregelmässig geformten Zellen zu bestehen, auch bilden sich vom Epithelbelag aus in das Drüsenlumen vorspringende Knospen und papilläre Erhebungen, welche sowohl unter sich, als auch mit den Epithelknospen der gegenüberliegenden Drüsenwand verschmelzen können, so dass förmliche Epithelbrücken das Drüsenlumen durchsetzen (vergl. Taf. VI, Fig. 14 und Taf. VII, Fig. 15). Uebrigens entsprechen in vielen Fällen die Veränderungen der Schleimhautdrüsen auch vollkommen denjenigen, wie sie für das Carcinoma adenomatosum simplex beschrieben wurden.

2) Nicht selten aber kommt auch bereits in der Schleimhaut der Charakter des Carcinoma solidum zur Geltung; die Drüsen erscheinen dann bei gleichzeitiger Verlängerung in oft ausserordentlich breite, bald einfach gerade verlaufende, bald mächtig ausgebuchtete, vollkommen solide Epithelcylinder umgewandelt, welche an verschiedenen Stellen mit einander Anastomosen bilden, ja oft in solcher Ausdehnung unter einander verschmelzen können, dass stellenweise die Schleimhaut, wenigstens in ihren unteren Abschnitten, das Ansehen eines einheitlichen dicken Epithellagers gewinnt. Nur die obersten Drüsenabschnitte,

der Drüsenhals und die Mündung, lassen oft noch ein deutliches Lumen erkennen und besitzen einen noch wenig veränderten Epithelbelag. Dagegen sieht man an allen übrigen Teilen der Drüsen, so weit dieselben in solide Krebskörper umgewandelt sind, höchstens in der Peripherie eine Zone cylindrisch geformter Zellen, während der übrige Teil des Epithels von völlig polymorphen, auf dem Durchschnitt polyedrisch abgeplatteten, grossen, weichen, fest an einander gefügten Zellen mit grossen, bläschenförmigen Kernen gebildet wird; in der Mitte der Krebskörper sind die Zellen sehr häufig von der Seite her so stark zusammengepresst und abgeplattet, dass sie vollkommen Spindelform angenommen haben und man mehr oder weniger breite Züge von Spindelzellen vor sich zu sehen glauben könnte. Das interglanduläre Gewebe ist bei dieser Form der primären Schleimhautveränderung ausserordentlich stark reducirt und sehr arm an Rundzellen; dagegen sind die Capillaren, besonders in den oberen Partien der Schleimhaut, mitunter mächtig erweitert und strotzend mit Blut erfüllt.

3) Eine sehr auffallende und in hohem Masse charakteristische Veränderung, welche die Schleimhautdrüsen bei der Entwicklung des Carcinoma solidum erleiden können, ist ferner die, dass dieselben, ähnlich wie bei dem Carcinoma gelatinosum, in ganz abnorm lange (bis zu 2 mm), dabei aber äusserst schmale (0,02—0,04 mm) Zellenschläuche umgewandelt werden, welche jedoch sehr häufig ihr Lumen völlig verlieren und in schmale solide Epithelstränge übergehen (Taf. X, Fig. 20). Diese schmalen Epithelschläuche und Epithelstränge, welche aus ziemlich kleinen, aber relativ grosskernigen, teils cubischen, teils ganz polymorph gestalteten, sich gegenseitig abplattenden Zellen bestehen, haben meistens einen durchaus geraden Verlauf und sind (namentlich in den oberen Abschnitten) höchstens gabelig geteilt; aber auch nach unten zu bilden sie in der Regel nur wenige schmale Ausläufer, welche dann häufig mit benachbarten entarteten Drüsen oder deren Ausläufern in Verbindung treten. Nicht selten zeigen einzelne entartete Drüsen in ihren unteren Abschnitten ein atrophisches Ansehen, oder gehen scheinbar in einfache Zellenreihen über. Das interglanduläre Gewebe ist bald reichlich entwickelt und mässig zellenreich, bald stehen die Drüsen so dicht, dass dasselbe mehr oder weniger reducirt erscheint.

4) Endlich findet man noch Fälle von Carcinoma solidum, bei welchen die Schleimhautdrüsen wohl ebenfalls in lumenlose, ziemlich schmale Epithelstränge umgewandelt sind; letztere sind aber vielfach gewunden und mit zahlreichen anastomosirenden Ausläufern versehen, so dass sie wie ein dichtes, reich verzweigtes Netzwerk die Schleimhaut durchsetzen, welches in den tieferen Schleimhautschichten mitunter durch völligen Schwund des Zwischengewebes und Verschmelzung der epithelialen Massen in ein nur von spärlichen Bindegewebszügen durchsetztes Epithelstratum übergeht. Das interglanduläre Gewebe in den

oberen Schleimhautpartien ist dabei kernreich und enthält sehr zahlreiche Lymphzellen.

Auch bei dem Carcinoma solidum findet man stets zahlreiche Stellen, wo die krebsigen Drüsen, gleichviel welche Art der Veränderung dieselben erlitten haben, die Muscularis mucosae durchbrechen und mit den krebsigen Wucherungen der tieferen Gewebsschichten in continuirlichem Zusammenhange stehen. Letztere entsprechen in ihrer Form im Allgemeinen den primären Veränderungen der krebsig entarteten Schleimhaut. Ist es in dieser bereits zu einer Umwandlung der ursprünglichen Drüsenschläuche in breite solide Krebskörper gekommen, so sieht man die Submucosa und eventuell auch die tieferen Gewebsschichten mehr oder weniger dicht von ähnlichen Wucherungen durchsetzt, welche auf dem Durchschnitt als massige, rundliche oder wurstförmige, scharf begrenzte Krebskörper erscheinen und von meist ziemlich grossen, sehr unregelmässig geformten und sich polyedrisch abplattenden Zellen gebildet werden (Taf. X, Fig. 21); nur in der Peripherie sind die Zellen oft von cylindrischer Form, während man im Innern namentlich grösserer, durch Confluenz entstandener Zellennester, gerade so, wie in den entarteten Schleimhautdrüsen, häufig Züge von exquisit spindelförmig zusammengepressten Zellen findet; auch die Bildung von Riesenzellen, welche 12 und mehr ovale Kerne besitzen, kann man bisweilen beobachten.

In Fällen, wo die krebsige Entartung der Schleimhautdrüsen einen mehr oder weniger ausgesprochen adenomatösen Charakter trägt, kommt dieser sehr häufig auch bei den in der Submucosa und der Muscularis gelegenen Wucherungen noch an manchen Stellen deutlich zur Geltung, indem da und dort, sowohl im Innern, als auch in der Peripherie von grösseren, im Ganzen massigen, soliden Krebskörpern enge, von cylindrisch geformten Zellen begrenzte Lumina auftreten (Taf. VI, Fig. 14, Taf. VII, Fig. 15 und Taf. VIII, Fig. 16), und einzelne, namentlich jüngere Wucherungen, ein vollkommen drüsenschlauchähnliches Ansehen besitzen können, wenn auch die Epithellagen gewöhnlich mehrschichtig erscheinen.

Alle diese massigen epithelialen Wucherungen liegen zum Teil in den Lymphbahnen, zum Teil in den erweiterten Spalträumen des Bindegewebes; auffallend häufig werden übrigens gerade diese soliden Krebskörper auch in dem Lumen kleinerer Venenstämmchen bei in der Regel völlig intacter Gefässwand angetroffen. Das die Wucherungen umgebende Bindegewebe, welches bei starker Durchsetzung oft nur aus einigen Faserlagen bestehende Scheidewände bildet, ist stets mehr oder weniger verdichtet und mässig kernreich; in vielen Fällen ist es namentlich in der Peripherie der epithelialen Wucherung gleichzeitig sehr dicht von Rundzellen infiltrirt, doch kann diese entzündliche Infiltration, besonders bei sehr massiger Entwicklung der epithelialen Neubildung, fast vollständig fehlen, so dass das Gewebe der Submucosa, abgesehen von der oft mächtigen Erweiterung zahlreicher Venenstämmchen, fast gar keine wesentlichen Veränderungen erkennen lässt. In der Muscularis pflegen nur schmälere, cylindrisch geformte Krebskörper in die Faserbündel selbst einzudringen, während sich die grösseren Wucherungen innerhalb der grösseren Spalträume der Muscularis entwickeln. Dabei werden die Faserbündel oft weit auseinandergedrängt, aus ihrer ursprünglichen Verlaufsrichtung verschoben und zum Teil völlig durch neugebildetes Bindegewebe substituirt.

In solchen Fällen von Carcinoma solidum, wo die Schleimhautdrüsen in der unter 3) und 4) geschilderten Weise in lange, schmale, gerade verlaufende Epithelstränge, oder in ein dichtes Netzwerk von solchen umgewandelt sind, kommt es in den tieferen Gewebsschichten nur sehr selten zur Entwicklung massiger Epithelnester. Dagegen sieht man das Gewebe oft in grosser Ausdehnung von ausserordentlich zahlreichen schmalen, aus polymorph gestalteten, sich polyedrisch abplattenden, kleinen, bis mässig grossen Zellen bestehenden Epithelsträngen, welche häufig in einfache geschlossene Zellenreihen übergehen, dicht netzförmig durchsetzt. Diese epitheliale Durchsetzung des Gewebes erstreckt sich bald in gleichmässig diffuser Ausbreitung über die verschiedenen Gewebsschichten, bald zeigt dieselbe eine bestimmte Anordnung zu rundlichen, knotenförmigen Territorien, innerhalb deren die epithelialen Zellenstränge ein oft sehr engmaschiges, vielfach anastomosirendes Netzwerk bilden.

Das Zwischengewebe ist bald stark verdichtet und nur mässig kernreich, bald gleichzeitig sehr stark kleinzellig infiltrirt und enthält zahlreiche junge Bindegewebszellen.

Nicht selten aber, namentlich bei gleichmässiger Ausbreitung der Wucherungen, ist das Gewebe von der epithelialen Neubildung so überaus dicht durchsetzt, dass zwischen den einzelnen epithelialen Zellsträngen und einfachen Zellenreihen stets nur einzelne Bindegewebsfasern verlaufen; dann erscheint das Gewebe förmlich wie diffus von den gewucherten Epithelien infiltrirt, zumal wenn auf grössere Strecken hin jene Epithelstränge und Epithelreihen im Querschnitt getroffen sind, wo man dann in kleinen, dicht gelagerten Alveolen nur einzelne Zellen oder kleine Gruppen von solchen eingeschlossen sieht.

In der Muscularis zeigt die epitheliale Wucherung im Allgemeinen das gleiche Verhalten wie in der Submucosa; sie dringt, im Gegensatz zu den massigen Epithelwucherungen der unter 1) und 2) beschriebenen Formen mit Vorliebe in die Muskelfaserbündel selbst ein, indem selbst einzelne Muskelfasern oder kleinere Gruppen von solchen von den schmalen Epithelsträngen und Epithelketten förmlich umsponnen werden. Dabei zeigen die Muskelfasern gewöhnlich ein atrophisches Ansehen oder sind fast völlig durch kernreiches Bindegewebe ersetzt.

Noch ist zu betonen, dass die unter 1 — 4 beschriebenen verschiedenen Modificationen des Cylinderzellenkrebses sehr gewöhnlich combinirt an ein und der nämlichen Geschwulst auftreten, wenn auch in der Regel durch Vorherrschen der einen oder anderen Form der allgemeine Charakter der krebsigen Wucherung ein bestimmtes Gepräge erhält.

Die Metastasen des Carcinoma solidum entsprechen in ihrem histologischen Bau im Allgemeinen dem Charakter der primären krebsigen Wucherung; nur ist hervorzuheben, dass sehr oft ein exquisit medullarer Charakter vorherrschend ist, wobei es meistens zur Bildung massiger Epithelwucherungen kommt, wenn auch am primären Erkrankungsherde vorwiegend jene schmalen, das Gewebe netzförmig durchsetzenden Epithelstränge und Zellenreihen zur Entwicklung gelangten.

Karyokinetische Figuren sind auch beim Carcinoma solidum fast ausschliesslich in den epithelialen Wucherungen zu finden, während sie im Bindegewebe, auch in Fällen, wo letzteres beträchtlich vermehrt und sehr kernreich ist, nur äusserst selten angetroffen werden. Ueberaus reichlich und in allen Stadien der Entwicklung findet man sie sowohl in den entarteten Drüsen, als auch in die die tieferen Gewebsschichten durchsetzenden epithelialen Wucherungen; namentlich bei den unter 1) und 2) beschriebenen Formen, wo es zur Bildung massiger Krebskörper kommt, erreicht die Zahl der indirecten Kernteilungsfiguren oft eine ganz erstaunliche Höhe, wie die Fig. 14, 15 und 16 (Taf. VI—VIII) versinnlichen. Uebrigens sind dieselben nicht immer in gleichmässiger Verteilung durch die epitheliale Wucherung verbreitet; oft findet man auch bei massiger Entwicklung der Krebskörper grössere Bezirke fast völlig frei von Kernteilungsfiguren, während an anderen, namentlich in der Peripherie gelegenen Stellen, dieselben in sehr reichlicher Anzahl vorhanden sein können. Relativ spärlich sind sie in den schmalen, strangförmigen Wucherungen enthalten. Stets findet man auch ziemlich zahlreiche karyokinetische Figuren im Epithelbelag der an die krebsige Wucherung unmittelbar angrenzenden, noch nicht krebsig entarteten Schleimhautdrüsen.

b) Carcinoma solidum scirrhosum.

Scirrhös veränderte Stellen finden sich sehr häufig in mehr oder weniger grosser Ausdehnung im Anschluss an die einfache und medullare Form des Carcinoma solidum, namentlich in jenen Fällen, wo die Schleimhautveränderungen den unter 3) und 4) beschriebenen Charakter tragen, wo es also von vornherein weniger zur Entwicklung massiger Krebskörper, als vielmehr ziemlich schmaler, wenn auch dicht gedrängter Epithelstränge kommt.

Als vollkommen selbstständig auftretende Krebsform ist dagegen der solide Scirrhus eine seltene Erkrankung, welche ausschliesslich auf den Magen beschränkt zu sein scheint. Hier hat sie ihren Sitz, im Gegensatz zum adenomatösen Scirrhus, nicht an der Pars pylorica, sondern an der hinteren Magenwand, wo sie zunächst als eine ausgebreitete, diffus begrenzte, auf sämmtliche Schichten der Magenwand sich erstreckende mächtige Verdickung sich kennzeichnet. Die Schleimhaut ist über dem erkrankten Bezirke blass, unverschieblich und meistens glatt, wenn auch die Oberfläche bisweilen von ausserordentlich tiefen, engen Furchen durchzogen ist, gerade als ob mächtig verdickte, wulstige, starre Schleimhautfalten eng an einander gepresst wären. Allein auf dem senkrechten Durchschnitt zeigt sich die Schleimhaut, welche selbst bei sehr ausgedehnter Erkrankung in grossem Umfange noch erhalten sein kann, äusserst dünn und atrophisch, während die mächtige Verdickung fast ausschliesslich die Submucosa und Muscularis betrifft. Nur in der Peripherie des krebsig erkrankten Bezirkes befindet sich eine meist schmale Zone verdickter, auf dem Durchschnitt etwas markig aussehender Schleimhaut; die Submucosa ist derb und dicht und zeigt ein sehnig-glänzendes Ansehen; auch die verdickte, blasse Muscularis ist überall von teils feineren, teils breiteren Bindegewebszügen durchsetzt und an manchen Stellen scheinen die Muskelbündel völlig durch Bindegewebe substituirt zu sein.

Es giebt Fälle von Carcinoma solidum scirrhosum, wo die krebsige Erkrankung eine so mächtige Ausdehnung erreicht, dass schliesslich fast der ganze Magen von derselben ergriffen wird; es kann dann eine so enorme Schrumpfung des ganzen Magens eintreten, dass der eines Erwachsenen kaum mehr die Grösse eines Kindermagens besitzt; dabei ist in Folge der mächtigen Verdickung der Magenwand das ganze Lumen des Magens im höchsten Grade verkleinert und das ganze Organ fühlt sich steif und hart an und scheint seine Ausdehnungs- bezw. Contractionsfähigkeit vollkommen verloren zu haben.

Metastasen in inneren Organen konnte ich bei dieser merkwürdigen und wie es scheint seltenen Form des Cylinderzellenkrebses niemals beobachten; dagegen fand ich in einem Falle krebsige Infiltration der Lymphdrüsen, welche bei Schwellung bis zu Haselnussgrösse eine ziemlich derbe Beschaffenheit zeigten.

Bei der mikroskopischen Untersuchung findet man in der peripheren, leicht verdickten Schleimhautzone des krebsigen Bezirkes eine leichte adenomatöse Entartung der Drüsen; sehr bald gehen aber die Drüsen in solide, verzweigte und netzförmig anastomosirende Zellenstränge über, welche an verschiedenen Stellen in die Submucosa durchbrechen. Das interglanduläre Gewebe ist sehr reich an lymphoiden Elementen und jungen Bindegewebszellen; entfernt man sich von der Peripherie des krebsigen Erkrankungsherdes nach einwärts von demselben, so nimmt das kern- und zellenreiche Schleimhautbindegewebe sehr bald mächtig überhand, während gleichzeitig die epithelialen Stränge der entarteten

Drüsen immer spärlicher werden und ein ganz atrophisches Ansehen erhalten, so dass sie von den zelligen Elementen des neugebildeten Bindegewebes oft schwer zu unterscheiden sind.

Schliesslich ist in der allmählich immer dünner werdenden Schleimhaut überhaupt nichts mehr von epithelialen Wucherungen zu erkennen: die ganze Schleimhaut ist, ähnlich wie es auch für den adenomatösen Scirrhus beschrieben wurde (cf. S. 33), in ein kernreiches, oft reichlich von jungen neugebildeten Capillaren durchsetztes Bindegewebslager umgewandelt, in welchem alle epithelialen Elemente untergegangen sind; nur bisweilen findet man noch in den unteren Abschnitten der Schleimhaut einen atrophischen, die Muscularis mucosae durchbrechenden kurzen Epithelstrang.

Das Gewebe der Submucosa und der Muscularis zeigt sich ziemlich spärlich von meistens schmalen, sehr weitläufig netzförmig verzweigten epithelialen Zellensträngen und Zellenreihen durchsetzt, welche aus polyedrisch geformten, sich gegenseitig abplattenden, häufig atrophischen Zellen bestehen; in der Muscularis dringen dieselben in die Faserbündel selbst ein, wobei sie, einzelne Fasergruppen förmlich umspinnend, ein dichteres Netzwerk bilden; doch findet man nicht selten, namentlich in der Peripherie des Krebsherdes, auch umfangreichere teils rundliche, teils wurstförmige epitheliale Zellennester, welche häufig das Lumen kleiner Venenstämmchen ausfüllen.

Das mächtig verdickte submuköse Bindegewebe ist sehr dicht, stellenweise ziemlich kernreich und enthält zahlreiche, oft sehr stark erweiterte Venenstämmchen; in der Umgebung der epithelialen Wucherungen findet sich häufig eine dichte, keinzellige Infiltration. Die von der krebsigen Neubildung infiltrirten Muskelbündel zeigen ein atrophisches Ansehen und sind zum Teil völlig durch neugebildetes Bindegewebe substituirt; schliesslich findet man an der Stelle der ursprünglichen Muskelbündel nur dichtes, mehr oder weniger kernreiches, von einem Netzwerk atrophischer epithelialer Zellen durchsetztes Bindegewebe.

Der histologische Bau der krebsig infiltrirten Lymphdrüsen entspricht beim soliden Scirrhus vollkommen den primären krebsigen Veränderungen, wenn auch die epithelialen Wucherungen nicht selten eine etwas stärkere Entwicklung zeigen.

Ueber die indirecte Kernteilung vermag ich bei dieser Form des Cylinderzellenkrebses keine genauen Angaben zu machen, da mir ausschliesslich nur 2—3 Tage altes Leichenmaterial zur Verfügung stand; nur in einem Falle waren in den epithelialen Wucherungen, namentlich in solchen von grösserem Umfang, noch zerstreute Mitosen deutlich zu erkennen.

IV. Allgemeine Histogenese des Cylinderepithel-Carcinoms, des Magens und des Dickdarms.

1. Histogenese der primären Geschwulst.

Nach den vorliegenden Untersuchungen, deren Ergebniss im Wesentlichen vollkommen mit den den gleichen Gegenstand behandelnden Untersuchungen von WALDEYER [1]), PEREWERSEFF [2]) und anderen Autoren übereinstimmt, findet die erste Entwicklung des Cylinderepithelcarcinoms, bezw. des Carcinoms des Magens und des Darms, fast ausschliesslich in der Schleimhaut statt, indem die epitheliale Wucherung ausnahmslos von dem präexistirenden Drüsenepithel ihren Ursprung nimmt [*]).

Weitaus in den meisten Fällen von Magenkrebs, namentlich aber Dickdarmkrebs beruhen die ersten wahrnehmbaren Veränderungen der Schleimhautdrüsen, wie man bei der Untersuchung noch nicht ulcerirter Carcinome oder geeigneter Stellen des Geschwürsrandes bereits ulcerirter Krebse beobachten kann, auf einer mehr oder weniger hochgradigen adenomatösen Entartung, welche durch bestimmte Veränderungen des Epithelbelags eingeleitet wird.

An den Epithelien der in der Entartung begriffenen Drüsen erscheint nämlich das Protoplasma des Zellenleibes förmlich dichter und gesättigter als an normalen Zellen; bei starker Vergrösserung nimmt man eine sehr zarte, aber dichte Granulirung wahr. Vor allem aber färbt sich das Protoplasma bei der Tinction mit verschiedenen Farbstoffen, namentlich mit Alaunkarmin, auffallend dunkler, als man dies bei normalen Zellen findet, wobei es einen sehr charakteristischen blassbräunlichroten Farbenton annimmt; ebenso erscheinen die Kerne in der

---

[1]) l. c.

[2]) l. c.

[*]) Will man nicht eine Entstehung von Carcinomen aus abgeschnürten embryonalen Keimen annehmen, so könnten nur Duodenalkrebse eine Ausnahme bilden, wenn die primäre Wucherung ihren Ursprung von den tiefer gelegenen BRUNNER'schen Drüsen nimmt; ebenso wäre bei secundärer Krebsentwicklung auf Narben ein Ausgang der epithelialen Wucherung von den in die Tiefe gewucherten Drüsenschläuchen denkbar.

Regel dunkler gefärbt als normal. Dieses veränderte Verhalten des Epithelbelags der entarteten Drüsen in der Aufnahme von Farbstoffen, welches offenbar durch eine wesentliche Vermehrung des Chromatingehaltes in den Krebszellen bedingt ist, wurde in der gleichen Weise auch von WALDEYER [1]) bei Magenkrebs beobachtet.

Eine wesentliche Veränderung der Form der Zellen ist mit diesem veränderten Verhalten des Zellprotoplasmas wenigstens bei solchen Drüsen, deren Epithelbelag normaler Weise schon von Cylinderepithel gebildet wird, zunächst nicht verbunden; nur vermisst man an allen jenen Stellen, wo die geschilderte Entartung Platz gegriffen hat, die besonders für die Rectaldrüsen so charakteristischen Becherzellen, indem in dem veränderten Drüsenepithel die normale Schleimproduction vollständig aufgehört hat (vergl. besonders Taf. I, Fig. 1 und Taf. II, Fig. 4). Dagegen ist es eine sehr auffällige Erscheinung, dass bei den meisten Magencarcinomen, auch wenn sich dieselben in den mittleren Partien der Magenwand oder selbst nahe dem Fundus entwickeln, also in Bezirken, welche normaler Weise ausschliesslich Labdrüsen enthalten, an den entarteten Drüsen die so charakteristischen Labzellen ebenfalls vollkommen durch sehr schön entwickeltes Cylinderepithel ersetzt werden, welches in seinem Ansehen und in seinem Verhalten bei der Färbung die beschriebene Veränderung in der gleichen Weise erkennen lässt.

Diese charakteristische Entartung des Drüsenepithels beginnt sowohl bei den Drüsen des Magens als auch bei denen des Dickdarms stets im Fundus; sehr häufig findet man, namentlich etwas entfernter von der eigentlichen krebsigen Wucherung, zahlreiche Drüsen, an welchen die Veränderung des Epithelbelags zunächst nur auf den Fundus beschränkt ist, welcher dann meistens leicht kolbig aufgetrieben erscheint und durch die dunkle Färbung der Zellen sehr in die Augen fällt. In der Regel schreitet aber die Entartung des Epithels, noch bevor wesentliche Formveränderungen der Drüsen eintreten oder ein Durchbruch derselben durch die Muscularis mucosae stattfindet, weiter nach aufwärts, bis sich dieselbe schliesslich über den Epithelbelag des ganzen Drüsenschlauches vom Fundus bis zur Mündung erstreckt. Doch ist diese totale Entartung des ganzen Drüsenepithels nicht notwendig; namentlich bei verzweigten Drüsen können einzelne Ausläufer noch ein völlig normales Verhalten zeigen, während von dem erkrankten Teile aus bereits ein Durchbruch durch die Muscularis mucosae stattgefunden hat; und selbst an den einfachen tubulösen Drüsen des Dickdarms beobachtet man nicht selten, dass eine entartete Drüse schon weitgehende Formveränderungen erlitten und mächtige, massige Ausläufer in die tieferen Gewebsschichten geschickt hat, während der Drüsenhals noch völlig normalen, auch Becherzellen enthaltenden Epithelbelag aufweist. Dabei

---

[1]) l. c. VIRCHOW's Archiv, Bd. 50, S. 119.

besteht zwischen den noch normalen und den entarteten Zellen bald ein allmählicher Uebergang, bald sind dieselben unmittelbar und scharf von einander abgegrenzt. Mitunter scheint die Entartung der Zellen auch Sprünge zu machen und kleine Strecken des Epithelbelags frei zu lassen, oder es findet wenigstens ein sehr ungleichmässiges Fortschreiten der Entartung statt, wodurch es kommt, dass man bisweilen kleine wie ausgesparte, scharf begrenzte Inseln völlig normaler Becherzellen all-seitig von entarteten Zellen umgeben sieht (vergl. Taf. VII, Fig. 15 e).

Mit der geschilderten Entartung des Drüsenepithels ist gleichzeitig eine mehr oder weniger hochgradige Wucherung desselben verbunden, welche in dem Auftreten sehr zahlreicher karyokinetischer Figuren ihren Ausdruck findet. Verfolgt man einen Drüsenschlauch in seiner ganzen Dicke durch eine Schnittserie, so kann man z. B. in einer ein-zigen einfachen tubulösen Drüse des Rectums sehr häufig 30—40 Kern-teilungsfiguren in den verschiedenen Stadien der Entwicklung zählen, von welchen jedoch weitaus die Mehrzahl auf die unteren Drüsenab-schnitte, namentlich den Fundus, verteilt ist (vergl. Taf. I, Fig. 1).

Da die mächtige Wucherung des Drüsenepithels keineswegs durch einen entsprechenden Verbrauch oder eine ausgiebige Desquamation der Zellen compensirt wird, so müssen durch dieselbe sehr bald bestimmte Formveränderungen des Epithels und der äusseren Drüsenform hervor-gerufen werden. In den meisten Fällen findet zunächst eine deutliche Dehnung der Membrana propria statt, wodurch kolbige Auftreibungen des Fundus, eventuell auch eine mehr oder weniger hochgradige Streck-ung des ganzen Drüsenschlauches (flaches Adenom) bedingt wird (Taf. I, Fig. 1); sehr häufig ist diese Dehnung der Membr. propr. nur auf bestimmte Stellen des Drüsenschlauches beschränkt oder erreicht dort einen höheren Grad, als an den übrigen Teilen der Drüse; dann kommt es sowohl im Fundus als auch an anderen Abschnitten des Drüsenschlauches zu blindsackähnlichen Ausstülpungen, welche mitunter dicht gedrängt sich über die ganze Länge des Drüsenschlauches er-strecken, so dass die Drüsenwand förmlich ein papilläres Ansehen erhält. Bei weiterem Wachsthum können solche Ausbuchtungen sich all-mählich zu längeren Ausläufern entwickeln; da aber letztere gar nicht selten selbst wieder in der gleichen Weise secundäre Ausbuchtungen und Ausläufer treiben, so kann schliesslich aus einer ursprünglich ein-fachen tubulösen Drüse ein ganz complicirter Drüsenkörper entstehen. Dabei beobachtet man gar nicht selten eine Verschmelzung von den neugebildeten Ausläufern benachbarter Drüsen, so dass also letztere unter einander in Communication treten (vergl. Taf. II, Fig. 4 und Taf. X, Fig. 20); ja in manchen Fällen sieht man ganze Gruppen ent-arteter Drüsenschläuche fast in ihrer ganzen Ausdehnung mit einander verschmelzen, welche dann gemeinschaftlich die Muscularis mucosae durchbrechen.

Die bisher geschilderten Veränderungen des Drüsenepithels und
der Form der Drüsen sind übrigens für die krebsige Erkrankung der
Magen- und Darmschleimhaut keineswegs specifisch; vielmehr findet
man dieselben in ganz ähnlicher Weise, wenn auch nicht in so hochgradiger Entwicklung, bei der sogenannten atypischen Drüsenwucherung,
welche sich sehr häufig an nicht krebsige Geschwürsprocesse namentlich von chronischem Verlauf anschliesst. So zeigen z. B. die Drüsen
in der Umgebung tuberkulöser Dickdarmgeschwüre gar nicht selten
kolbige Anschwellungen des Fundus oder leichte Ausbuchtungen und
der Epithelbelag färbt sich in der nämlichen Weise bedeutend dunkler
als bei andern Drüsen und enthält gleichzeitig oft zahlreiche karyokinetische Figuren.

In noch höherem Masse konnte ich diese Drüsenwucherung wiederholt in den Rändern chronischer Magengeschwüre, vor allem auch in
Narben des chronischen Magengeschwüres beobachten, wo gleichzeitig,
gerade so wie bei der krebsigen Entartung der Drüsen, ein Ersatz der
Labzellen durch Cylinderepithel stattfindet und oft ausserordentlich umfangreiche, reich verzweigte Drüsencomplexe sich entwickeln können.
Selbst ein Durchbruch der wuchernden Drüsen durch die Muscularis
mucosae ist nicht so selten, doch sind es dann stets nur einzelne
wenige Drüsen und die Ausbreitung der neugebildeten Drüsenschläuche
bleibt stets auf ganz kleine, eng begrenzte Bezirke in den obersten
Schichten der Submucosa beschränkt; nur in einem Falle konnte ich
bei einer Magennarbe bis in die Muscularis vorgedrungene Drüsenschläuche finden [1]). Eine sehr auffallende Erscheinung, auf welche später
noch zurückzukommen ist, ist es aber, dass auch in Magennarben oft
zahlreiche, in der geschilderten Weise veränderte Drüsen vorkommen,
in deren Epithelbelag, namentlich in den unteren Drüsenabschnitten,
nicht selten sehr reichliche karyokinetische Figuren zu erkennen sind.

In sehr vielen Fällen namentlich von Carcinom des Dickdarms erfährt der bisher geschilderte Charakter der Drüsenwucherung, welcher
sich von der bei nicht krebsigen Geschwürsprocessen beobachteten
atypischen Drüsenwucherung höchstens durch seine Intensität unterscheidet, innerhalb der Schleimhaut bis zum Durchbruch der entarteten
Drüsen in die tieferen Gewebsschichten keine weiteren Veränderungen;
immerhin erreicht in der Mehrzahl der Magen- und Darmcarcinome die
Epithelwucherung noch innerhalb der Schleimhaut einen so hohen Grad,
dass dadurch so tiefgreifende Veränderungen in dem Epithelbelag und
in der Form der Drüsen bedingt werden, wie man sie bei der einfachen
atypischen Drüsenwucherung niemals zu sehen bekommt. Die Epithelwucherung kann nämlich so mächtig werden, dass die Dehnung der
Membr. propria mit der rasch fortschreitenden Vermehrung der wuchern-

---

[1]) l. c. Taf. I, Fig. 6 und Taf. III, Fig. 9.

den Epithelien nicht mehr gleichen Schritt hält; in Folge der dadurch
bedingten Raumbeengung kommen die Zellen des Epithelbelags allmählich ausserordentlich dicht zu stehen, so dass sie durch den von allen
Seiten wirkenden Druck oft auffallend lang und schmal werden. Schliesslich wird die Raumbeengung so gross, dass dadurch an einzelnen Stellen
sich die Epithelien gegenseitig über das ursprüngliche Niveau des
Epithelbelags hervorpressen, wodurch dann jene in das Drüsenlumen
vorspringenden knospenförmigen Auswüchse und papillären Erhebungen
des Epithelbelags entstehen, oder derselbe in grösserer Ausdehnung
mehrschichtig werden kann (vergl. Taf. VI, Fig. 14 und Taf. VII, Fig. 15).
Letzteres kommt oft auch dadurch zu Stande, dass die papillären Erhebungen des Epithelbelags bei fortschreitender Wucherung wieder untereinander verschmelzen (vergl. Taf. V, Fig. 12); damit sind dann gleichzeitig sehr weitgehende Formveränderungen der Epithelien verbunden,
indem nun der durch das weitere Wachsthum des Epithelbelags auf die
Zellen ausgeübte Druck diese an den Verschmelzungsstellen der papillären
Erhebungen nicht mehr nur von der Seite, sondern von den verschiedensten Richtungen treffen muss. Die ursprünglich cylindrischen Zellen
werden daher an solchen Stellen vollkommen polymorph und zeigen
kurz ovale oder fast völlig runde Kerne; karyokinetische Figuren finden
sich in solchen Fällen oft in unglaublicher Menge; dabei kommt es
nicht selten vor, dass die Teilungsebene des sich teilenden Kernes,
welche unter normalen Verhältnissen ausschliesslich senkrecht zur Wand
des Drüsenschlauches steht, aus ihrer ursprünglichen Lage verrückt ist,
eventuell selbst parallel mit der Achse des Drüsenschlauches verläuft.

Ist der Epithelbelag einmal mehrschichtig geworden und dabei die
ursprünglich cylindrische Form der Zellen verloren gegangen, so tritt
bald an verschiedenen Stellen durch vollkommene Verschmelzung des
ganzen Epithelbelags eine Unterbrechung des Drüsenlumens ein; schliesslich kann letzteres völlig verschwinden und der ganze Drüsenschlauch
erscheint nun in einen soliden, breiten, säulenförmigen, aus polymorphen
Zellen bestehenden Körper umgewandelt. Auf diese Weise kommt es,
unter Bildung der mannigfaltigsten Uebergangsformen, zur Entstehung
der als Carcinoma solidum beschriebenen Krebsformen. Durch Bildung
von secundären, unter einander anastomosirenden Ausläufern an den
entarteten Drüsen oder durch völligen Schwund des interglandulären
Gewebes und teilweise Verschmelzung der entarteten Drüsen können
sich fernerhin so hochgradige Veränderungen in der Schleimhaut entwickeln, dass deren ursprüngliche Structur gar nicht mehr zu erkennen ist.

So lassen sich alle die so überaus mannigfaltigen Formen des
Cylinderepithelcarcinoms aus der ursprünglich einfachen adenomatösen
Drüsenwucherung ableiten; denn auch jene merkwürdige Form des Car-
cinoma solidum, bei welcher die Schleimhautdrüsen in auffallend lange

und schmale, lumenlose Zellenstränge umgewandelt werden (Taf. X, Fig. 20), geht zunächst aus einer einfachen, durch die Epithelwucherung bedingten Streckung des ganzen Drüsenschlauches, also aus der als flaches Adenom bezeichneten Form des Cylinderzellenkrebses hervor. Die verschiedenen Formen des Carcinoma gelatinosum aber sind gerade so wie die als Carcinoma adenomatosum microcysticum bezeichnete Form nur durch charakteristische regressive Metamorphosen des Epithelbelags, eventuell auch der bindegewebigen Elemente bedingt, auf welche Vorgänge später noch zurückzukommen ist.

Mit den bisher geschilderten Veränderungen der Schleimhautdrüsen pflegen bei der krebsigen Erkrankung stets auch mehr oder weniger hochgradige Veränderungen des interglandulären Bindegewebes verbunden zu sein. Meistens findet eine Vermehrung der Lymphzellen des Gewebes statt und oft kommt es zu einer sehr beträchtlichen Anhäufung farbloser Blutkörperchen, wodurch die entarteten Drüsenschläuche weiter auseinandergedrängt werden können. In sehr vielen Fällen tritt eine Stauung im Capillargebiete ein, welche zu oft mächtiger Erweiterung einzelner Capillaren und kleiner Venenstämmchen, nicht selten auch zu kleinen Hämorrhagien in dem Schleimhautgewebe führt. Karyokinetische Figuren kann man im Schleimhautbindegewebe nur äusserst selten beobachten; selbst bei den scirrhösen Formen, wo häufig die epitheliale Wucherung in der Schleimhaut gleichzeitig mit einer so hochgradigen Bindegewebsneubildung verbunden ist, dass die epithelialen Elemente der Schleimhaut in dem neugebildeten Bindegewebe durch Atrophie fast völlig zu Grunde gehen, findet man nur sehr selten indirecte Kernteilungsfiguren im Bindegewebe.

In allen Fällen von krebsiger Erkrankung der Magenoder Darmschleimhaut durchbricht im weiteren Verlaufe das Epithel der entarteten Schleimhautdrüsen ausnahmslos zunächst die Membrana propria des Drüsenschlauches und dann die Muscularis mucosae, um sich in der Submucosa und den tieferen Gewebsschichten weiter auszubreiten.

Bei sämmtlichen adenomatösen Formen erfolgt der Durchbruch der einzelnen entarteten Drüsen in der Regel gruppenweise, oft aber auch völlig getrennt, ja gar nicht selten sind zwischen den einzelnen perforirenden Drüsen noch solche gelegen, bei welchen die Entartung überhaupt noch weniger weit vorgeschritten ist (vergl. Taf. VI, Fig. 14 und Taf. VII, Fig. 15). Meistens durchsetzen die entarteten Drüsenschläuche die Muscularis mucosae auf dem kürzesten Wege in senkrechter oder schräger Richtung, sehr häufig den Lymphbahnen der in die Schleimhaut ein- und austretenden Gefässe folgend. Häufig biegt aber auch der Drüsenschlauch sich an der Oberfläche der Muscularis mucosae zunächst um, schiebt sich dann allmählich in schräger Richtung zwischen die

Muskelfasern herein und kriecht oft eine Strecke weit zwischen diesen hin, um dann vielleicht plötzlich eine neue Biegung zu machen und in senkrechter Richtung in die Submucosa einzudringen.

Auch bei den soliden Formen des Cylinderzellenkrebses durchbrechen die entarteten Drüsenschläuche sehr häufig isolirt die Muscularis mucosae; nur dann, wenn schon innerhalb der Schleimhaut eine partielle oder ausgedehntere Verschmelzung der entarteten Drüsen eingetreten ist, ergiessen sich in breitem Strom mächtige Epithelmassen in das submuköse Bindegewebe, wobei die Muscularis mucosae, nachdem ihre Fasern weit auseinandergedrängt wurden, in der epithelialen Wucherung bald völlig verschwindet. Eine eigentliche Infiltration der Muscularis mucosae kommt nur bei jenen Krebsformen zu Stande, wo die Schleimhautdrüsen in lange schmale Epithelstränge umgewandelt werden, wie es für gewisse Formen des Carcinoma solidum und den Gallertkrebs beschrieben wurde; hier werden nicht selten von den in die Muscularis mucosae eindringenden Epithelien kleinere Gruppen von Muskelfasern förmlich umsponnen, so dass man auf dem senkrechten Durchschnitt die Fasern der Muscularis mucosae durch horizontal verlaufende schmale Epithelzüge auseinandergedrängt sieht.

Bei dem weiteren Fortschreiten des Cylinderzellenkrebses in die tieferen Gewebsschichten hat man, wie bei dem Carcinom überhaupt, zwischen der weiteren Entwicklung der epithelialen Wucherung und der Ausbildung des bindegewebigen Gerüstes, des sogenannten Krebs-Stroma, zu unterscheiden. Allein diese beiden, das Carcinom constituirenden Formationen stehen in ihrer Entwicklung zu einander in so innigen Beziehungen und in einem so ausgesprochenen Abhängigkeitsverhältniss, dass es unmöglich ist, die Histogenese einer jeden einzelnen Formation getrennt zu besprechen.

Der Typus der die tieferen Gewebsschichten durchsetzenden epithelialen Neubildung entspricht im Allgemeinen der jeweiligen Form der primären krebsigen Drüsenwucherung in der Schleimhaut. Trägt diese rein adenomatösen Charakter, so werden in sehr vielen Fällen auch die späteren Wucherungen von durchaus drüsenähnlichen, aus sehr regelmässigem Cylinderepithel bestehenden Zellenschläuchen (Carcinoma adenomatosum) gebildet, während bei Umwandlung der Schleimhautdrüsen in solide Epithelcylinder und Bildung massiger Epithelkörper in der Schleimhaut es auch in den tieferen Gewebsschichten zur Entwicklung umfangreicher, massiger, epithelialer Krebskörper kommt; in diesen sind dann die Zellen sehr unregelmässig gestaltet und durch gegenseitigen Druck polyedrisch abgeplattet, so dass derartige Wucherungen in vieler Hinsicht an Krebsformen erinnern, welche von mit Pflasterepithel versehenen Schleimhäuten oder von acinösen Drüsen ihren Ursprung nehmen (Carcinoma solidum; vergl. Taf. X, Fig. 21).

Sehr häufig treten aber in der weiteren Entwicklung der epithelialen Wucherung gewisse Abweichungen von dem ursprünglichen Typus ein, welche teils auf progressive, teils auf regressive Veränderungen der krebsigen Wucherung zurückzuführen sind.

In ersterem Falle deutet das ganze histologische Bild der in den tieferen Gewebsschichten gelegenen Wucherungen auf ein viel üppigeres und energischeres Wachstum der epithelialen Neubildung hin, als man es in den krebsig entarteten Schleimhautdrüsen findet. So sieht man gar nicht selten krebsige Wucherungen von ursprünglich rein adenomatösem Charakter allmählich in solide, massige Krebskörper übergehen, indem die früher einschichtigen Epithellagen zunächst mehrschichtig werden und schliesslich durch die üppige Zellproliferation das Lumen der Wucherungen völlig verloren geht (Mischformen zwischen Carcinoma adenomatosum und solidum). Dabei werden sehr häufig die einzelnen Zellen grösser, oft auch mehrkernig und vielgestaltig. Vor allem aber findet die gesteigerte Zellenneubildung in dem Auftreten noch zahlreicherer indirecter Kernteilungsfiguren, unter welchen nun auch sehr häufig einer Dreiteilung des Kerns entsprechende Figuren gefunden werden, einen sehr sprechenden Ausdruck (vergl. Taf. VIII, Fig. 16 und Taf. II, Fig. 3).

Ebenso bedeutende Abweichungen von dem ursprünglichen Charakter der krebsigen Drüsenwucherung können früher oder später durch regressive Metamorphose in der epithelialen Neubildung bedingt werden. So findet man nicht selten bei den adenomatösen Formen des Cylinderzellenkrebses eine sehr ausgiebige Ansammlung schleimiger Flüssigkeit in den neugebildeten Epithelschläuchen, welche zu einer mächtigen cystischen Erweiterung derselben führt und durch den starken Druck die Epithellage der krebsigen Zellenschläuche zur völligen Atrophie bringen kann. Dadurch wird nicht allein der histologische Charakter, sondern vor allem auch das äussere Ansehen solcher Krebse in hohem Grade verändert (Carcinoma adenomatosum microcysticum, Taf. V, Fig. 11). Diese Schleimproduction in den krebsigen Wucherungen geht zweifellos vom Epithel aus; doch scheint dieselbe nicht wie die physiologische Schleimproduction in normalen Schleimdrüsen in der Weise zu erfolgen, dass sich innerhalb des lebenden Zellenleibes ein Schleimtropfen bildet, welcher von der Zelle ausgestossen wird und worauf dann eine Regeneration der Epithelzelle zu erfolgen pflegt[1]. Vielmehr scheint bei dem Carcinoma microcysticum die Schleimbildung von Zellen auszugehen, welche in das Lumen der drüsenschlauchähnlichen Wucherungen abgestossen wurden und nun hier eine schleimige Metamorphose erleiden, welche mit dem völligen Untergang der schleimbildenden Zellen

---

[1] HERMANN, Ueber regressive Metamorphosen des Zellkerns. Anatomischer Anzeiger, III. Jahrg. 1888, S. 58.

verbunden ist. Wenigstens findet man weder in Wucherungen, wo die Schleimproduction eben begonnen hat, noch in solchen, welche durch Ansammlung der schleimigen Masse schon mächtig ausgedehnt sind, die für die normalen, in Thätigkeit befindlichen Schleimdrüsen so charakteristischen Becherzellen, während andererseits innerhalb der schleimähnlichen Massen zahlreiche aufgeblähte Zellen und Kernreste angetroffen werden.

Die hochgradigste, durch regressive Zellmetamorphose bedingte Abweichung von der gewöhnlichen primären krebsigen Schleimhauterkrankung findet sich bei dem eigentlichen Gallertkrebs (Carcinoma gelatinosum, Taf. IX, Fig. 17—19), welcher trotz der grossen äusserlichen Aehnlichkeit mit dem Carcinoma microcysticum in seinem histologischen Bilde (vergl. oben) und auch in histogenetischer Hinsicht sehr wesentlich von letzterem abweicht. Denn bei der gallertigen Metamorphose der ursprünglich ebenfalls zum grossen Teil drüsenschlauchähnlichen Wucherungen des Gallertkrebses kommt es zur Bildung wirklicher Becherzellen, welche sich von den normalen Becherzellen der Schleimdrüsen im Wesentlichen durch ihre abnorme Kleinheit unterscheiden. Es bildet sich in dem Zellprotoplasma ein Schleimtröpfchen, welches an Grösse zunehmend, allmählich den ganzen Zellenleib erfüllt, denselben gleichmässig zu einem rundlichen, kugelförmigen Gebilde aufbläht und den Zellkern wie ein flaches Hohlschüsselchen an die Zellenwand andrückt. Durch die mächtige Aufblähung des Zellenleibes und die dadurch hervorgerufene Formumwandlung der ursprünglich cubisch oder cylindrisch gestalteten Zelle in einen rundlichen Körper ist es bedingt, dass beim Gallertkrebs die Epithelien unter sich nicht mehr in diesem festen Verband liegen, wie es sonst bei Epithelien zu sein pflegt, und dass sie bei vorgeschrittener Gallertbildung in den (scheinbar) alveolären Hohlräumen durch die Gallertmasse von ihrer Unterlage leicht abgetrennt werden. So kommt es wohl, dass man beim Gallertkrebs unregelmässige Haufen jener kleinen Becherzellen ringsum von Gallertmasse umgeben und in derselben wie suspendirt sieht. Von der physiologischen Schleimproduction unterscheidet sich die Gallertbildung beim Gallertkrebs sehr wesentlich dadurch, dass die kleinen Becherzellen nach der Entleerung der in ihnen gebildeten Gallertmasse, welche offenbar durch Platzen der Zellmembran erfolgt, sehr bald völlig untergehen scheinen, indem der Kern in eine körnige Detritusmasse zerfällt; daher findet man sehr häufig auch Hohlräume, in welchen die epithelialen Elemente völlig untergegangen sind und welche nur noch Gallertmasse und etwas körnigen Detritus enthalten. Mit der gallertigen Entartung der epithelialen Wucherungen ist beim Gallertkrebs gar nicht selten gleichzeitig eine myxomatöse Entartung des Bindegewebes verbunden.

Von hoher Bedeutung nicht allein für die histologische Form des Carcinoms, sondern auch für dessen ganzen anatomischen und biologischen Charakter ist die jeweilige Reaction des Bindegewebes gegenüber der in dasselbe eindringenden epithelialen Wucherung. Diese Reaction fehlt bei keinem Carcinom vollständig und besteht in einer mehr oder weniger stark entwickelten entzündlichen Infiltration des Gewebes und einer entzündlichen Bindegewebsneubildung, welche WALDEYER im Allgemeinen als „begleitende“ (im Gegensatz zu der einleitenden) Bindegewebsneubildung [1]), speciell für das Mamma-Carcinom als „periacinöse Wucherung“ [2]) bezeichnet hat.

Fast ausnahmslos pflegt bei der Entwicklung des Cylinderepithelkrebses des Magens und des Darmes der beschriebene Durchbruch der entarteten Drüsen durch die Muscularis mucosae von einer kleinzelligen entzündlichen Infiltration des submukösen Bindegewebes begleitet zu sein, so dass oft die in das Bindegewebe einbrechenden epithelialen Zellenschläuche oder die soliden Krebskörper von derselben vollkommen eingehüllt erscheinen; die gleiche kleinzellige entzündliche Infiltration findet sich auch sehr häufig in der Umgebung der in den tieferen Gewebsschichten gelegenen Wucherungen und besonders ist die Peripherie des ganzen krebsigen Erkrankungsherdes meistens von einer derartigen entzündlichen Infiltrationszone wie von einem Leukocytenwall umsäumt. Weitaus in den meisten Fällen ist aber diese kleinzellige entzündliche Infiltration gleichzeitig mit einer Bindegewebsneubildung verbunden, welche zunächst zur Bildung eines sehr kernreichen Granulationsgewebes führt. Es gibt Fälle von Magen- und Darmkrebsen, bei welchen die Bindegewebsneubildung fast nirgends über das Stadium dieses kern- und zellreichen Granulationsgewebes hinausgeht; letzteres kann sich aber in der Umgebung der epithelialen Wucherungen in überaus reichlichem Masse entwickeln, so dass fast der grössere Teil der Neubildung aus diesem Granulationsgewebe besteht. Die epitheliale Wucherung, welche in dem weichen, saftigen, kern- und zellenreichen Gewebe offenbar nur sehr geringe Widerstände findet, pflegt sich in solchen Fällen in der Regel sehr üppig zu entwickeln, so dass auf diese Weise überaus weiche Krebse von exquisit medullarem Charakter entstehen.

Meistens aber bleibt die Bindegewebsneubildung nicht bei der Bildung des weichen und kernreichen Granulationsgewebes stehen, sondern es kommt vielmehr in dem ganzen Bezirke der epithelialen Infiltration zur Entwicklung von mehr oder weniger kernreichem, festem Bindegewebe (Taf. I, Fig. 1 und Taf. II, Fig. 4); dann findet man meistens nur in der Peripherie des krebsigen Erkrankungsbezirkes, wo die epitheliale Wucherung im Fortschreiten begriffen ist, oder an Stellen, wo

1) l. c. Bd. 41, S. 478.
2) l. c. S. 489.

ein rascher Zerfall der Krebskörper im Gange ist, umfangreichere, aber
umschriebene kleinzellige entzündliche Infiltrationsherde. Bei einem
derartigen Verhalten des Bindegewebes kommen meistens diejenigen
Krebsformen zu Stande, welche zwischen der medullaren und der scirrhösen Form in der Mitte stehen und welche man nach dem Vorgange
WALDEYER's passend als Carcinoma simplex bezeichnen kann. Die epitheliale Neubildung lässt dabei im weiteren Verlaufe der Wucherung keine besonderen Veränderungen, weder progressiver noch regressiver
Natur, erkennen, sondern behält fast überall ihren ursprünglichen, bereits
in der Entartung der Schleimhautdrüsen ausgeprägten Charakter bei.

Die entzündliche Bindegewebsneubildung kann aber auch einen so
hohen Grad erreichen, dass im Vergleiche zu ihr die epitheliale Wucherung ganz in den Hintergrund zu treten scheint; auch hier bildet sich
zunächst ein ziemlich kernreiches Bindegewebe, welches namentlich an
Stellen, wo die epitheliale Wucherung im Fortschreiten begriffen ist,
auch umschriebene Anhäufungen weisser Blutkörperchen enthält. Aber
das neugebildete Bindegewebe verwandelt sich sehr bald in ein ziemlich
kernarmes, sehr dichtes und derbes Gewebe, welches oft grosse Neigung
zu narbiger Schrumpfung besitzt. Die epitheliale Wucherung bekommt
in diesem Gewebe allmählich ein kümmerliches Ansehen; die Zellen
desselben werden kleiner und unansehnlicher, ursprünglich drüsenschlauchähnliche Wucherungen verlieren unter dem Drucke des schrumpfenden Bindegewebes ihr Lumen und werden zu schmalen Zellsträngen
zusammengepresst; und so kann schliesslich in den älteren Bezirken
des krebsigen Erkrankungsherdes, und zwar nicht allein in den tieferen
Gewebsschichten, sondern auch in der krebsig erkrankten Schleimhaut,
die epitheloide Neubildung durch Atrophie völlig untergehen, während
sie in der Peripherie in der Form des ursprünglichen Charakters weiter
fortschreitet (Carcinoma scirrhosum).

Endlich gibt es aber auch Fälle von Magen- oder Darmkrebs, wo
fast gar keine Bindegewebsneubildung zu erfolgen, überhaupt fast jegliche entzündliche Reaction von Seiten des Bindegewebes gegenüber der
eindringenden epithelialen Wucherung zu fehlen scheint. Nur an wenigen
Stellen kommt es zu einer kleinzelligen entzündlichen Infiltration in
der nächsten Umgebung der die Muscularis mucosae durchbrechenden
Drüsen und in der Peripherie der epithelialen Neubildung. In solchen
Fällen pflegt letztere einen exquisit medullaren Charakter anzunehmen
und sich durch die Entwicklung massiger Epithelkörper auszuzeichnen,
welche das völlig reactionslose Gewebe der Submucosa und der tieferen
Gewebsschichten mehr oder weniger dicht durchsetzen.

Schon am Eingange dieses Kapitels wurde hervorgehoben, dass die
epitheliale Wucherung bei dem Cylinderepithelcarcinom des Magens und
das Darms ihren Ursprung ausschliesslich von den krebsig entarteten
Schleimhautdrüsen nimmt, deren in Wucherung geratenes Epithel in

der oben ausführlich geschilderten Weise die Muscularis mucosae durchbricht und dann in die tieferen Gewebsschichten unaufhaltsam eindringt. Wie der Durchbruch durch die Muscularis mucosae in vielen Fällen hauptsächlich auf dem Wege der Lymphbahnen erfolgt, namentlich entlang den ein- und austretenden Schleimhautgefässen, so findet auch die weitere Ausbreitung der epithelialen Neubildung in den tieferen Gewebsschichten zunächst hauptsächlich auf dem Wege der Lymphbahnen statt; die epithelialen Zellenstränge oder Zellenschläuche verbreiten sich innerhalb der Lymphwege in continuirlichem Wachstum immer weiter und füllen dieselben vollkommen aus, so dass schliesslich im Bereiche des krebsigen Erkrankungsbezirkes der grösste Teil des Lymphbahnnetzes von der epithelialen Wucherung eingenommen wird.

Dabei verhalten sich die Lymphräume meistens scheinbar völlig passiv, wenigstens sind an dem Endothel derselben keine Wucherungserscheinungen wahrzunehmen; dasselbe scheint vielmehr durch Druckatrophie unterzugehen oder sich in Bindegewebe umzuwandeln. Nur selten findet man, am häufigsten noch bei Magenkrebsen, in der nächsten Umgebung der krebsigen epithelialen Wucherungen, aber von diesen scharf abgegrenzt, Anhäufungen epitheloider Zellen, welche vielleicht als gewucherte Lymphgefässendothelien gedeutet werden können.

So repräsentirt also die epitheliale Wucherung in den einfachsten Fällen einen förmlichen Ausguss der ursprünglichen Lymphräume; allein diese dem normalen Lymphgefässnetze entsprechende Form bleibt vielleicht niemals oder gewiss nur in den seltensten Fällen erhalten. Sehr bald werden die Lymphräume da und dort durchbrochen und die epithelialen Massen erfüllen nun die sogenannten Maschenräume des Bindegewebes, ja sehr häufig wird von den in das lockere submuköse Bindegewebe einbrechenden entarteten Drüsenschläuchen sofort dieser Weg betreten. In vielen Fällen dringt die epitheliale Neubildung in der Form schmaler Zellenstränge auch zwischen die feinsten Gewebsspalten ein; am schönsten lässt sich dieses Verhältniss in solchen Fällen an Querschnitten der von der krebsigen Wucherung durchsetzten Muscularis erkennen; man sieht hier, wie kleine Faserbündel von dem eindringenden Epithel förmlich umsponnen werden, ja selbst zwischen die einzelnen Fasern sich Epithelreihen hineinschieben. Damit ist dann stets eine Atrophie und schliesslich völliger Untergang der Muskelelemente verbunden, welche durch neugebildetes Bindegewebe substituirt werden. Auf diese Weise werden jene bei der Beschreibung der verschiedenen Formen des Cylinderepithelkrebses schon erwähnten netzförmigen, aus schmalen Zellenreihen und Zellensträngen bestehenden krebsigen Infiltrate gebildet. Dieselben können aber auch dadurch zu Stande kommen, dass die epithelialen Wucherungen auch in die Spalträume des durch entzündliche Reaction neugebildeten Bindegewebes eindringen. Dieser letztere Vorgang kommt am ausgesprochensten beim

Gallertkrebs und bei manchen Formen des Carcinoma solidum zur Geltung (conf. S. 41 und 47); die epitheliale Wucherung entwickelt sich dann stets in der Form schmaler Zellenstränge oder Zellenreihen, welche in die feinsten Gewebsspalten sowohl des ursprünglichen normalen als auch des neugebildeten Gewebes eindringen. überall die einzelnen Bindegewebsfasern auseinanderdrängend.

So entstehen jene merkwürdigen histologischen Bilder, bei welchen man das ganze Gewebe förmlich wie diffus von der epithelialen Wucherung infiltrirt sieht und an vielen Stellen, wo die Zellenreihen im Querschnitt getroffen wurden, scheinbar einzelne Epithelzellen von einer dünnen Bindegewebshülle umgeben sind.

Endlich wird bei den medullaren Formen des Cylinderzellenkrebses, bei welchen es zur Entwicklung sehr umfangreicher Krebskörper kommt, die ursprüngliche, dem infiltrirten Lymphgefässnetze entsprechende Anordnung der krebsigen Wucherung sehr bald dadurch fast bis zur Unkenntlichkeit verwischt, dass durch die grossen, massigen epithelialen Wucherungen die Lymphbahnen mächtig ausgedehnt werden und schliesslich an verschiedenen Stellen, nach völligem Schwund der Wandungen der Lymphräume und des dazwischen liegenden Bindegewebes, eine Verschmelzung der epithelialen Wucherungen eintritt.

In allen Fällen aber entspricht die ursprüngliche Form der epithelialen Infiltration bei dem Cylinderzellenkrebs, von der Schleimhaut an bis in die äusserste Peripherie der krebsigen Wucherung, einem Netzwerk, welches in continuirlichem Zusammenhang sämmtliche Gewebsschichten durchsetzt.

Die epithelialen Wucherungen liegen nicht, wie VIRCHOW[1]) erst jüngst wieder betont hat, in allseitig abgeschlossenen Hohlräumen (Alveolen), sondern vielmehr in einem das ganze Gewebe durchsetzenden, anastomosirenden Canalsystem, welches zum Teil durch die normalen Lymphbahnen oder durch die Bindegewebsspalträume präformirt ist, zum Teil durch die das Bindegewebe auseinanderdrängenden Krebskörper erst neu gebildet wird. Die scheinbar abgeschlossenen, von der epithelialen Neubildung ausgefüllten Alveolen, welche man an jedem mikroskopischen Schnitte zu sehen bekommt, sind nichts als der Ausdruck von optischen Durchschnitten durch die einzelnen Verzweigungen dieses Canalsystems, bezw. der sie ausfüllenden epithelialen Wucherung (vergl. Taf. II, Fig. 4 und Taf. III und IV, Fig. 5—8).

Das epitheliale Netzwerk wird je nach der Form des Cylinderzellenkrebses bald von lumenhaltigen Zellenschläuchen, bald von soliden Zellensträngen und Zellenbalken von verschiedener Dicke, ja eventuell

1) VIRCHOW, Zur Diagnose und Prognose des Carcinomes. VIRCHOW's Archiv, Bd. 111, 1888, S. 6.

nur von Reihen dicht aufgeschlossener, einzeluer Zellen gebildet; bald
ist das Netzwerk so weitmaschig, dass die einzelnen Zellenschläuche,
bezw. Zellenbalken durch mehr oder weniger breite Bindegewebslager
von einander getrennt sind, bald ist dasselbe so dicht, dass nur wenige
Faserzüge oder selbst nur einzelne Bindegewebsfasern die epithelialen
Wucherungen trennen. Im letzteren Falle tritt dann, wie oben schon
besprochen wurde, häufig nach völligem Schwund der trennenden Bindegewebssepta Confluenz der epithelialen Wucherungen ein, wodurch dann
Unregelmässigkeiten und Knotenpunkte in dem epithelialen Netzwerk
entstehen; ebenso können solche Knotenpunkte durch besonders dichte
und massige Entwicklung der epithelialen Neubildung oder durch mächtige cystische Erweiterung der Epithelschläuche an einzelnen Stellen
sich entwickeln. Betrifft diese massige Entwicklung der Krebskörper,
oder die cystische Erweiterung derselben die ganze epitheliale Neubildung und ist die epitheliale Durchsetzung des Gewebes gleichzeitig eine
sehr dichte, so macht es geradezu den Eindruck, als ob umgekehrt in
einem epithelialen Stratum ein Netzwerk von Gefässe führendem Bindegewebe verlaufe.

Am schönsten und am klarsten lässt sich dieses Verhältniss von
der netzförmigen Anordnung der krebsigen Wucherung an solchen Fällen
von Carcinoma adenomatosum simplex erkennen, bei welchen die neugebildeten, die tieferen Gewebsschichten durchsetzenden Epithelschläuche
durch ziemlich weite Bindegewebsinterstitien getrennt sind.

Die krebsig entarteten Drüsenschläuche teilen sich nach Durchbrechung der Muscularis mucosae in dem submukösen Bindegewebe
alsbald in mehr oder weniger zahlreiche Verzweigungen, welche wiederum
secundäre und tertiäre Ausläufer entsenden; so entwickelt sich von
jeder einzelnen entarteten Drüse aus ein derartiges netzförmig verzweigtes System von drüsenschlauchähnlichen Wucherungen, deren
Lumina in continuirlichem Zusammenhange mit dem Drüsenlumen stehen;
schon sehr frühzeitig entstehen aber durch Verschmelzung der sich vielfach begegnenden und durch einander wachsenden Zellenschläuche so
zahlreiche Anastomosen unter diesen von den Schleimhautdrüsen ausgehenden Einzelsystemen, dass man an tiefer gelegenen Wucherungen
meistens gar nicht mehr entscheiden kann, von welcher der einzelnen
entarteten Drüsen dieselben abstammen.

Die sämmtlichen, das Gewebe durchsetzenden krebsigen Wucherungen bilden dann eben ein reich verzweigtes, vielfach anastomosirendes und mit zahlreichen
blind endigenden Ausläufern versehenes, aus lumenhaltigen Epithelschläuchen bestehendes Netzwerk,
bezw. Canalsystem, welches mit den entarteten Drüsen
in continuirlichem Zusammenhange steht und daher bei
nicht ulcerirten Krebsen nach der Schleimhautober-

fläche ebenso viele Ausführungsgänge besitzt, als die
Anzahl der noch erhaltenen entarteten Drüsen beträgt,
von welchen die ganze krebsige Wucherung ihren Ursprung genommen hat (vergl. Taf. II, Fig. 4 und Taf. III und IV,
Fig. 5—8).

Ist bereits Geschwürsbildung eingetreten und die Schleimhaut zum
Teil zerstört, so wird man diese Verhältnisse an dem Geschwürsrande,
wo die krebsige Entartung der Schleimhautdrüsen im Fortschreiten begriffen ist, stets constatiren können; im Geschwürsgrunde aber münden
nun die krebsigen Zellenschläuche des ursprünglich tiefer gelegenen
Netzwerkes direct an die Oberfläche. Dadurch können Bilder entstehen,
welche auf den ersten Anblick zu einer Veswechslung mit noch erhaltenen entarteten Schleimhautdrüsen Anlass geben können; untersucht
man aber genau die Beziehungen des Geschwürsgrundes zu den topographischen Verhältnissen der Schleimhaut des Geschwürsrandes und
achtet man namentlich auf das Vorhandensein, bezw. Fehlen der Muscularis mucosae, so kann man sich schnell und sicher orientiren; bei
tieferen Geschwüren, wo bereits die Muscularis im Geschwürsgrunde
freiliegt, ist eine Täuschung an und für sich ausgeschlossen.

Der continuirliche Zusammenhang der krebsig entarteten Schleimhautdrüsen mit den bereits bis in die tiefsten Gewebsschichten vorgedrungenen krebsigen Wucherungen, sowie die zusammenhängende netzförmige Anordnung der letzteren lässt sich an Schnittserien sehr leicht
erkennen und nachweisen.

Ja es gelingt sehr leicht, die krebsige Wucherung in ihrem Zusammenhang mit den Schleimhautdrüsen in plastischer Form wiederzu-
geben, wenn man sich jenes sinnreichen Verfahrens bedient, welches die
Embryologen schon seit längerer Zeit für die plastische Darstellung von
Embryonen in Anwendung bringen. Dasselbe besteht darin, dass man
das mikroskopische Bild der einzelnen, gleich dicken Serienschnitte bei
schwacher Vergrösserung mittelst des Prismas auf Wachsplatten ent-
wirft, welche in einer der Dicke der Serienschnitte proportionalen Stärke
angefertigt werden. Die auf die Wachsplatten gezeichneten Drüsen und
krebsigen Wucherungen werden dann mit der Laubsäge ausgeschnitten,
wobei man zunächst zwischen scheinbar getrennten Krebskörpern schmale
Brücken stehen lässt, um erstere genau in ihrer ursprünglichen Lage
zu erhalten. Die ausgeschnittenen Platten werden hierauf in der Reihenfolge der Schnittserie und in exacter Aufeinanderpassung zusammen-
gefügt.

So kann man sich Platte für Platte überzeugen, wie ursprünglich
scheinbar isolirte Krebskörper eines mikroskopischen Schnittes mit
solchen des folgenden, bezw. vorhergehenden Serienschnittes in unmittelbarem Zusammenhange stehen und schliesslich zu einem zusammenhängenden Ganzen zusammenfliessen, so dass die Verbindungsbrücken,

welche zwischen den einzelnen scheinbaren Krebsinseln stehen gelassen wurden, überflüssig werden und ausgelöst werden können*).

Man erhält auf diese Weise äusserst klare und instructive Wachsmodelle, an welchen man die netzförmige Anordnung und den continuirlichen Zusammenhang der krebsigen Wucherungen mit den Schleimhautdrüsen in sehr anschaulicher Weise demonstriren kann.

Auch graphisch lassen sich diese Verhältnisse darstellen, wie aus den Figuren 5—8, Taf. II und III zu ersehen ist; freilich erreicht man bei dieser Darstellungsmethode nicht entfernt jene Uebersichtlichkeit, wie sie ein Wachsmodell gewährt, und was man an letzterem auf den ersten Blick sieht, kann man an den Zeichnungen nur durch genaues Studium erkennen. Immerhin ist es auch an den Zeichnungen nicht schwer, sich zu orientiren (vergl. die Tafelerklärung); so kann man sich leicht überzeugen, dass man z. B. von der Drüse 1 über a, b, c, d, e bis zur Wucherung f, oder über a, b, c, d, g, h, i, k, l zu m gelangen und von hier aus den Rückweg über n und zur Drüse 5, oder über c, q, v zu Drüse 4 umschlagen kann. Man sieht auch sofort, wie alle übrigen Wucherungen mit Ausnahme weniger unter einander in continuirlichem Zusammenhange stehen*).

In dem hiemit unwiderleglich nachgewiesenen continuirlichen Zusammenhang der epithelialen Wucherungen mit den Schleimhautdrüsen erblicke ich einen der stringentesten Beweise für deren epithelialen Ursprung.

Denn der Einwand, dass die epithelialen Wucherungen in den tieferen Gewebsschichten ihren Ursprung im Bindegewebe genommen hätten und erst secundär mit dem Epithel der Schleimhautdrüsen verschmolzen wären, erscheint nicht allein äusserst gezwungen, sondern entbehrt auch jeglichen Beweises und ist mit einer Reihe von Tatsachen geradezu unvereinbar. So würde z. B. die fast bei jedem Carcinom des Magens und des Dickdarms zu constatirende Erscheinung von dem allmählichen Uebergang noch normaler Drüsenschläuche bis zu den höchsten Graden krebsiger Entartung mit Durchbruch der Muscularis mucosae ganz unverständlich sein; ebenso unerklärlich wäre die histologische Uebereinstimmung krebsig entarteter Drüsen, welche die Schleimhaut noch nicht durchbrochen haben, mit dem Charakter der in den tieferen Gewebsschichten gelegenen epithelialen Wucherungen.

*. Da fast mit jedem Schnitte immer wieder von Neuem die blinden Enden oder Tangentialabschnitte benachbarter Verzweigungen des epithelialen Netzwerkes auftreten werden, so ist es selbstverständlich, dass stets einzelne von den isolirten Wucherungen der letzten zur Verwendung gelangenden Serienschnitte keine Verbindung mehr finden werden; dies liesse sich nur dann vermeiden, wenn man die ganze krebsige Wucherung in der geschilderten Weise zur plastischen Darstellung bringen wollte, was aber vielleicht eine Arbeitszeit von einigen Jahren erfordern dürfte.

Auch müsste man, wenn man eine selbstständige Entstehung der epithelialen Neubildung im Bindegewebe annehmen wollte, viel häufiger isolirte und vor allem im Entstehen begriffene Krebskörper finden. Es ist ja allerdings richtig, dass namentlich bei den scirrhösen Krebsformen der Zusammenhang krebsiger Wucherungen mit den Schleimhautdrüsen nach völliger Atrophie der letzteren sich an vielen Stellen nicht mehr nachweisen lässt; ebenso kommen beim Scirrhus entschieden durch Schrumpfung des Bindegewebes und partielle Atrophie der epithelialen Wucherungen secundäre Abschnürungen vor, und auch bei anderen Formen des Cylinderzellenkrebses findet man bisweilen in der weiteren Peripherie isolirte, weder mit der Hauptmasse der epithelialen Neubildung, noch mit entarteten Schleimhautdrüsen im Zusammenhang stehende Krebskörper.

Allein derartige isolirte Krebskörper können aus verschiedenen Gründen gar nicht anders als auf metastatischem Wege entstanden aufgefasst werden. Denn ebensowenig wie an den zusammenhängenden epithelialen Wucherungen lassen sich an jenen isolirten Krebskörpern irgend welche Uebergangsformen nachweisen, welche auch nur entfernt auf eine Entstehung aus bindegewebigen Elementen hindeuten könnten; stets sind dieselben, gerade so wie die übrigen krebsigen Wucherungen, scharf gegen das umgebende Bindegewebe abgegrenzt und haben stets durchaus den gleichen histologischen Charakter wie die übrige epitheliale Neubildung. Wohl beobachtet man bei manchen Fällen, namentlich von Magencarcinom, die Entwicklung zahlreicher epithelioider Zellen im Bindegewebe, welche hauptsächlich in der Umgebung von Gefässen sich oft in grösserer Menge anhäufen; aber eine Umwandlung dieser epithelioiden Bindegewebszellen in Epithelien oder einen Zusammenhang derselben mit den epithelialen Krebskörpern konnte ich in keinem Falle beobachten.

Ebenso lässt es sich nicht leugnen, dass gerade bei Magencarcinomen nicht selten gleichzeitig auch endotheliale Wucherungen beobachtet werden, welche eine gewisse Aehnlichkeit mit epithelialen Wucherungen gewinnen können und namentlich bei manchen Formen von Carcinoma solidum von den eigentlichen epithelialen Krebskörpern an vielen Stellen oft kaum zu unterscheiden sind.

Möglicher Weise handelt es sich in derartigen Fällen um eine Combination von eigentlichem Carcinom mit sogenanntem Endothelkrebs, welcher übrigens im Magen auch als primäre und völlig selbstständige Erkrankungsform vorzukommen scheint.

Welche Bedeutung aber jenen Endothelwucherungen in complicirten Fällen für die Histogenese des Carcinoms zukommt, lässt sich am besten dann erkennen, wenn die primäre Krebsgeschwulst des Magens zu Metastasen in der Leber geführt hat. In letzteren vermisst man die endothelialen Wucherungen ausnahmslos, stets findet sich hier die epitheliale

Wucherung in ihrer reinen Form vor; das ist der beste Beweis, dass die epithelähnlichen Zellen der endothelialen Wucherungen am primären Krebsherd von der epithelialen Wucherung, trotz ihrer oft weitgehenden morphologischen Aehnlichkeit mit dieser, streng zu trennen sind, indem ihnen offenbar die biologischen Eigenschaften der eigentlichen epithelialen Krebszellen völlig fehlen.

Ein weiterer, ebenso zwingender Beweis für den epithelialen Ursprung des Cylinderepithelcarcinoms liegt in dem quantitativen Verhältniss der im Bindegewebe und in den epithelialen Wucherungen auftretenden Karyomitosen.

Im Bindegewebe scheinen solche bei den Carcinomen des Magens und des Darms im Allgemeinen ausserordentlich selten zu sein, denn selbst bei Krebsformen mit sehr reichlicher Bindegewebsentwicklung findet man nur selten karyokinetische Figuren in Bindegewebszellen; relativ am häufigsten trifft man sie noch in solchen Fällen, wo das neugebildete Bindegewebe sehr kern- und zellenreich ist und einem weichen Granulationsgewebe gleicht; aber selbst hier sind karyokinetische Figuren immerhin noch eine seltene Erscheinung (vergl. die Abbildungen).

Um so zahlreicher ja massenhafter findet man solche in allen rechtzeitig zur Untersuchung gelangten und gut conservirten Fällen im Epithel der entarteten Schleimhautdrüsen und der in den tieferen Gewebsschichten gelegenen Wucherungen; und zwar kann man sagen, dass im Allgemeinen das numerische Verhältniss im Auftreten karyokinetischer Figuren vollkommen dem Charakter der einzelnen Krebsformen entspricht, d. h., dass man um so zahlreichere Karyomitosen findet, je mehr sich die epitheliale Wucherung dem medullaren Charakter nähert, dagegen relativ um so weniger, je mehr bei dem Krebse der scirrhöse Charakter ausgesprochen ist. Immerhin werden selbst bei den scirrhösen Formen noch sehr zahlreiche indirecte Kerntheilungsfiguren getroffen, so dass im mikroskopischen Präparat oft in den meisten der scheinbar isolirten krebsigen Wucherungen einzelne zu sehen sind; allein bei den medullaren Formen steigt die Zahl der karyokinetischen Figuren oft geradezu ins Unglaubliche, wie an den Figuren 14, 15, 16, Taf. VI—VIII auf den ersten Blick zu erkennen ist. In diesem letzteren Falle kommen bei einer Schnittdicke von 0,03 mm auf einen Flächenraum von nicht ganz 4 □mm über **500** indirecte Kerntheilungsfiguren im Epithel gegen nur 8 im Bindegewebe; in einem kmm der Geschwulst sind demnach bei dieser Geschwulst über 4000 indirecte Kerntheilungsfiguren in der epithelialen Wucherung enthalten.

Die im Epithel auftretenden Kerntheilungsfiguren finden sich bei den meisten Fällen von Magen- und Darmcarcinomen, namentlich bei den adenomatösen Formen, gleichmässig über die ganze epitheliale Wucherung verbreitet; in Fällen von Carcinoma solidum sind sie in der Regel am zahlreichsten in der peripheren Zone der einzelnen krebsigen Wucherungen nahe den Gefässbahnen enthalten. Doch treten häufig auch sehr auffallende Unregelmässigkeiten in der numerischen Verteilung der karyokinetischen Figuren auf, indem man gerade bei medullaren Formen des Carcinoma solidum dieselben oft an einzelnen Stellen fast völlig vermisst, während sie an anderen, namentlich in der Peripherie des krebsigen Bezirkes gelegenen Stellen in sehr reichlicher Anzahl vorhanden sind. Diese Unregelmässigkeiten sind zum Teil wohl auf Wachstumsverhältnisse, von welchen im nächsten Kapitel die Rede sein soll, zurückzuführen, zum Teil mögen dieselben aber auch auf etwas verspäteter Conservirung der Präparate beruhen.

Die Mehrzahl der Kernteilungsfiguren, welche man in allen Fällen von Cylinderepithelcarcinom beobachtet, entspricht vollkommen dem bekannten für die indirecte Kernteilung im Allgemeinen giltigen Schema, wie es erst vor kurzem wieder von WALDEYER [1]) in sehr übersichtlicher und klarer Weise dargestellt wurde. Weitaus am häufigsten sieht man das Stadium des einfachen Muttersterns (Monaster) und dasjenige der bereits vollzogenen Teilung in die beiden Tochtersterne (Dyaster) (Taf. II, Fig. 2); häufig ist auch der Mutterknäuel (Spirem A II nach WALDEYER) und auch die Bildung von Tochterknäueln (Dispirem, C VII nach WALDEYER) ist nicht selten; die übrigen Phasen sind jedoch trotz der Massenhaftigkeit der auftretenden Kernteilungsfiguren nur selten zu beobachten.

Die Teilungsebene ist bei den adenomatösen Formen des Cylinderzellenkrebses in den verschiedensten Richtungen zur Wand der Zellenschläuche gelagert; vorherrschend steht dieselbe senkrecht oder schräg zu derselben, häufig aber, namentlich bei mehrschichtigem Epithelbelag, verläuft die Teilungsebene der in Teilung begriffenen Zellen auch vollkommen parallel zur Wand des Zellenschlauches. Man sieht daher sehr häufig Gruppen von Kernteilungsfiguren, in welchen die verschiedenen Phasen (namentlich Monaster und Dyaster) sich teils in seitlicher, teils in Polansicht oder in schräg gelagerten Stellungen unmittelbar nebeneinander repräsentiren.

Die gleichen Verhältnisse gelten auch für diejenigen Fälle von Carcinoma solidum, wo es zur Bildung massiger Epithelkörper kommt; doch erscheinen dieselben hier wohl als selbstverständlich.

Die indirecten Kernteilungsfiguren erscheinen in den meisten Fällen von Cylinderzellenkrebs, entsprechend der beträchtlicheren Grösse der Zellen, durchschnittlich grösser als die am normalen Cylinderepithel beobachteten Mitosen; eine Ausnahme bilden natürlich jene Fälle, welche

---

1) WALDEYER, Ueber Karyokinese und ihre Beziehungen zu den Befruchtungsvorgängen. Archiv f. mikrosk. Anatomie, 32. Bd., 1. Heft.

sich an und für sich durch die Entwicklung auffallend kleiner Zellen auszeichnen, wie z. B. der Gallertkrebs des Rectums und manche Formen von Magencarcinom. Uebrigens ist auch bei den einzelnen Fällen die Grösse der Kernteilungsfiguren ebenso wie die Grösse der ruhenden Zellkerne oft beträchtlichen Schwankungen unterworfen, so dass man neben sehr kleinen Muttersternen solche von ganz erstaunlicher Grösse erblicken kann; mit dieser wechselnden Grösse scheinen auch Differenzen in der Anzahl der Chromatinschleifen verbunden zu sein, welche beim einfachen Monaster zwischen 8 und 12 schwanken dürfte.

Neben den einfachen Mitosen findet man sowohl bei Magenkrebsen als auch bei Krebsen des Dickdarms, namentlich aber bei letzteren, oft ausserordentlih zahlreiche hyperplastische Formen, welche einer mehrfachen Kernteilung entsprechen. Am häufigsten werden Dreiteilungen des Kerns beobachtet, aber auch Vierteilungen sind nicht selten (Taf. II, Fig. 3); alle diese hyperplastischen Kernteilungsformen entsprechen meistens dem Stadium des einfachen Muttersterns (Monaster, Aequatorialplatte) oder der eben vollzogenen Teilung in die Tochtersterne.

Es kann hier nicht der Ort sein, auf theoretische Erörterungen über das Zustandekommen und den Verlauf dieser hyperplastischen Kernteilungsformen näher einzugehen und ich möchte in dieser Hinsicht auf die bekannten Arbeiten von Arnold [1]) und Schottländer [2]) verweisen, deren diesbezüglichen Anschauungen ich mich im Wesentlichen anschliesse. Ich möchte nur noch hervorheben, dass in Cylinderzellenkrebsen bei diesen hyperplastischen Kernteilungsformen sehr häufig gewisse Unregelmässigkeiten auftreten, indem die Muttersterne nicht selten in Tochtersterne von durchaus ungleicher Grösse zerfallen oder die bereits auseinandergetretenen Tochtersterne noch längere Zeit durch einzelne Tochterschleifen mit einander in Verbindung bleiben. Häufig treten auch Abortiverscheinungen auf, welche oft noch vor der Metakinese den mehrteiligen Mutterstern befallen, oder aber nach bereits vollzogener Teilung in die Tochtersterne an einem der letzteren sich einstellen, noch bevor derselbe in das Ruhestadium übergegangen ist. Die Chromatinschleifen fliessen in diesem Falle zu Tropfen von verschiedener Grösse zusammen, welche sich sehr dunkel tingiren und in unregelmässiger Gruppirung, ähnlich wie die normalen Kernteilungsfiguren, von einem hellen Hof umgeben erscheinen.

Nicht selten findet man in den Krebsepithelien, namentlich in Fällen mit sehr kernreichem, einem Granulationsgewebe gleichenden Stroma, auch fragmentirte Leukocytenkerne und einzelne Teilstücke von

---

1) Arnold, Ueber Kernteilung und vielkernige Zellen Virchow's Archiv, Bd. 98, S. 501.

2 Schottländer, Ueber Kern- und Zellteilungsvorgänge im Endothel der entzündeten Hornhaut. Archiv f. mikrosk. Anatomie, 31. Bd., Heft 3.

solchen eingeschlossen, welche teils von einem hellen Hof umgeben, teils völlig frei im Protoplasma des Zellenleibes liegen. Auch innerhalb der karyokinetischen Figuren werden bisweilen solche, wahrscheinlich von Leukocyten herrührende Kernfragmente gefunden. KLEBS[1]), welcher diese Erscheinung kürzlich ausführlich geschildert hat, glaubt derselben eine hohe Bedeutung für die Geschwulstbildung im Allgemeinen beilegen zu müssen, indem er annimmt, dass das Chromatin dieser Kernfragmente sich direct mit den Chromatinschleifen des sich teilenden Kernes vereinigt und so einen wesentlichen Anteil an dem ganzen Teilungsvorgange nimmt: er ist geneigt, diesen Vorgang als eine Art von Befruchtung aufzufassen und vergleicht ihn mit der Copulation des Spermatozoons mit der Eizelle. Ich konnte bei meinen Untersuchungen niemals einen Anschluss oder eine Verschmelzung dieser Kernfragmente mit der gesetzmässig entwickelten Kernteilungsfigur beobachten, vielmehr war mit der Anwesenheit solcher Chromatinkörner stets eine Unregelmässigkeit in der Entwicklung der Kernfigur verbunden, welche in völlig unregelmässiger Lagerung, häufig auch in teilweiser Conglutination der Chromatinschleifen zu unförmlichen Gebilden ihren Ausdruck findet. Aus diesem Verhalten der Kernteilungsfiguren eher auf eine Störung als auf eine Förderung des Kernteilungsprozesses zu schliessen, ist man um so eher berechtigt, als man die Anwesenheit jener Chromatinkörner immer nur in den Anfangsstadien des Kernteilungsprozesses beobachten kann, in den vorgerückteren Stadien aber (Dyaster) stets vermisst. Daraus kann man wohl entnehmen, dass jene unregelmässigen Bilder, wie man sie bei der Anwesenheit der Chromatinkörner in der Kernteilungsfigur findet, in der Tat Abortivformen bedeuten.

Uebrigens vermag auch KLEBS für seine Theorie keine andere Tatsache als Stütze anzuführen, als eben lediglich das Vorhandensein der Chromatinkörner in einer unregelmässigen Sternfigur; eine wirkliche Vereinigung derselben mit der Kernfigur hat auch er niemals beobachtet.

Will man daher der Leukocyteneinwanderung in die Krebsepithelien überhaupt irgendwelche Bedeutung beimessen, so wäre doch wohl nur die Annahme gerechtfertigt, dass die in die Epithelien eingewanderten und dort zerfallenden Leukocyten lediglich als Nährmaterial Verwendung finden, indem sie auf dem Wege einer Art von intracellularer Verdauung in einen für die Epithelzelle assimilirbaren Zustand übergeführt werden. KLEBS[2]) selbst scheint übrigens geneigt, einer solchen Auffassung grössere Wahrscheinlichkeit beizumessen, wie aus folgenden Worten hervorgeht: „Vielleicht ist es indess richtiger, vorläufig diesen Vorgang als eine

---

1) KLEBS, Die allgemeine Pathologie u. s. w., II. Teil. Jena 1889 S. 399, 400 und 524 ff.

2) l. c. S. 527.

Zufuhr von Rohmaterial, dem biologische Eigenschaften abgehen, aufzufassen."

2. Histogenese der Metastasen.

Nachdem für die epitheliale Wucherung des primären krebsigen
Erkrankungsherdes sich in allen Fällen die netzförmige Anordnung und
der directe Zusammenhang mit den Schleimhautdrüsen in der im vorigen
Abschnitt ausführlich geschilderten Weise nachweisen lässt, so haben
wir als Metastasen alle diejenigen krebsigen Wucherungen aufzufassen,
für welche weder ein Zusammenhang mit den Schleimhautdrüsen noch
ein solcher mit der übrigen epithelialen Wucherung existirt [1]). Gerade
dieser mangelnde Zusammenhang ist es, welcher den directen Beweis
für den epithelialen Ursprung der Metastasen, bezw. deren Abstammung
von der primären krebsigen Wucherung unmöglich macht; es ist daher
nicht zu verwundern, wenn noch in der neuesten Zeit eine Anzahl von
Autoren eine doppelte Genese des Carcinoms annimmt, indem sie zwar
die primäre Krebsgeschwulst aus einer Wucherung des präexistirenden
Epithels ableiten, aber die Entstehung der Metastasen ganz oder wenigstens teilweise auf eine Metaplasie von Bindegewebselementen zurück-
führen.

Allein diese Annahme von dem bindegewebigen Ursprung der Metastasen kann angesichts der nunmehr unerschütterlich feststehenden Tatsache von dem epithelialen Ursprung der primären krebsigen Wucherung
doch nur auf einen höchst zweifelhaften hypothetischen Wert Anspruch
erheben, indem eine Doppelgenese des Carcinoms, an und für sich in
hohem Grade unwahrscheinlich, durchaus gezwungen erscheint und zum
Mindesten für die Erklärung des Zustandekommens der Metastasen
völlig überflüssig ist. Denn es ist gar nicht einzusehen, warum vom
primären Krebsherd abgelöste Keime an den Orten, wohin sie durch
den Lymph- oder Blutstrom verschleppt worden sind, nicht weiter
wachsen sollten, nachdem doch die primäre krebsige Wucherung die
erwiesene Fähigkeit besitzt, in continuirlichem Zusammenhang von der
Schleimhaut selbst bis zur Serosa vorzudringen. Dass aber in der Tat
vom primären Krebsherd epitheliale Zellen abgelöst und verschleppt, ja
dass eventuell ganze Epithelpfröpfe vom Blutstrom abgerissen und fort-

---

1) Eine Ausnahme bilden nur die durch Bindegewebswucherung und
partielle Atrophie der epithelialen Neubildung abgeschnürten krebsigen
Wucherungen, wie sie beim Scirrhus zweifellos vorkommen; solche Herde
kann man trotz des fehlenden Zusammenhanges mit den Schleimhautdrüsen und der primären krebsigen Wucherung nicht zu den eigentlichen
Metastasen rechnen; dass die sichere Entscheidung, ob in solchen Fällen
Abschnürung oder metastatische Entwicklung zu Grunde liegt, oft unüber-
windlichen Schwierigkeiten begegnet, ist übrigens selbstverständlich.

geschwemmt werden, um da oder dort als Emboli stecken zu bleiben, das
ist eine häufig genug beobachtete Tatsache und ist ebenso fest und
sicher begründet als wie die Lehre von der Thrombose und Embolie
überhaupt. Aber ganz abgesehen davon existirt keine einzige sichere
Beobachtung, welche der Hypothese von der Entstehung der Krebsmetastasen aus einer metaplastischen Wucherung des Bindegewebes als
Stütze dienen könnte; denn nirgends, weder in der primären Krebsgeschwulst noch in den Metastasen, findet man Uebergänge von Bindegewebszellen zu Epithelien, nirgends etwa unfertige Herde von jungen
Zellen, welche sich vielleicht im Uebergangsstadium befänden.

Vielmehr sind stets in reinen Fällen Epithel und
Bindegewebe scharf von einander abgegrenzt und vor
allem ist auch in den Metastasen ausnahmslos eine selbstständige, vom Bindegewebe völlig unabhängige, lebhafte
Wucherung der epithelialen Elemente an dem massenhaften Auftreten karyokinetischer Figuren direct nachzuweisen, während das spärliche Vorkommen derselben
im Bindegewebe mehr auf ein passives Verhalten des
letzteren oder doch auf eine Wucherung weit geringeren
Grades hindeutet*) (vergl. Taf. X, Fig. 22 und Taf. XI, Fig. 23
und 24).

Auch die in den meisten Fällen vorhandene Uebereinstimmung der
Metastasen mit der primären Krebsgeschwulst hinsichtlich ihres histologischen Charakters würde eine Doppelgenese überaus schwer verständlich machen; denn diese Uebereinstimmung geht oft so weit, dass selbst
die individuellen Eigenschaften des einzelnen Falles, wie Grösse der
Zellen, Bildung besonderer Epithelformen, eigenartige Wachstumsverhältnisse in der epithelialen Wucherung, cystische Entartung derselben
u. s. w., in den Metastasen genau in der nämlichen Weise wiederkehren,

---

*) Die gleichen Verhältnisse konnten kürzlich von KONRAD ZEN-
KER [1]) auch für die Entwicklung der Sarkommetastasen in einem Falle
constatirt werden; ZENKER konnte in allen Metastasen, ebenso selbst in
abgerissenen, an den Sehnenfäden der Mitralis hängen gebliebenen Ge-
schwulstthromben, zahlreiche indirecte Kernteilungsfiguren nachweisen.
Will man bei der Krebsentwicklung die in manchen Fällen ziemlich
häufig auftretenden sogenannten directen Kernteilungsfiguren auf ein ver-
mehrtes Wachstum der bindegewebigen Elemente beziehen, so könnte
man diesen Umstand doch keinesfalls als einen Beweis für den bindegewebigen Ursprung der epithelialen Elemente heranziehen. Im Gegenteil, es würde dadurch erst recht noch ein neuer principieller Gegensatz
zwischen der bindegewebigen und epithelialen Wucherung gegeben, indem
bei letzterer dieser Teilungsmodus so gut wie gar nicht in Betracht zu
kommen scheint.

---

1) KONR. ZENKER, Zur Lehre von der Metastasenbildung der Sarkome.
VIRCHOW's Archiv, Bd. 120, 1890.

so dass z. B. einzelne von verschiedenen Fällen stammende mikroskopische Präparate, selbst wenn sie in ihrem allgemeinen histologischen
Charakter völlig übereinstimmen, dennoch oft gar nicht mit einander
zu verwechseln sind. Wie wollte man für solche Verhältnisse eine
natürliche und ungezwungene Erklärung finden, wenn die primäre
krebsige Wucherung und die Metastasen den heterogensten Elementen
ihren Ursprung verdanken sollten?

Untersucht man die in der Umgebung des primären Krebsherdes
selbst gelegenen, isolirten epithelialen Wucherungen, welche man als
regionäre Metastasen bezeichnen kann, so findet man an ihnen nicht
das geringste Merkmal, welches sie histologisch von den unter sich und
mit den Schleimhautdrüsen im Zusammenhang stehenden Wucherungen
unterscheidet; sie sind ebenso scharf gegen das sie umgebende Bindegewebe abgegrenzt und die Epithelien sind auch hier, wie man aus dem
Auftreten der indirecten Kernteilungsfiguren schliessen kann, in selbst-
ständiger, mehr oder weniger lebhafter Proliferation begriffen. Es
können daher diese isolirten Herde keine andere Entstehungsweise
haben als die übrigen (primären) Wucherungen und man muss annehmen,
dass sie von Zellen aus sich entwickeln, welche von den primären
Wucherungen bei deren Hereinwachsen in die Lymphbahnen abgelöst,
vom Lymphstrome erfasst und nun an verschiedenen Stellen in der
näheren oder ferneren Umgebung abgelagert werden. Hier mögen besonders junge, eben erst aus dem Teilungsacte hervorgegangene Zellen,
wie solche gerade am Rande der Ausläufer der epithelialen Wucherungen
häufig zu finden sind, eine wichtige Rolle spielen, indem diese jungen
Zellen unmittelbar nach der Teilung wahrscheinlich noch nicht so fest
in den Verband mit den übrigen Zellen eingefügt sind; auch dürften es
gerade solche Zellen sein, bei welchen von verschiedenen Autoren amö-
boide Bewegungen constatirt worden sind.

In der gleichen Weise ist auch die Entwicklung der krebsigen Infiltration der Lymphdrüsen aufzufassen; von der primären krebsigen
Wucherung abgelöste Zellen werden vom Lymphstrome gelegentlich bis
zu den Lymphdrüsen getrieben, wo sie in der gleichen Weise wie Bak-
terien oder tote Fremdkörper abgelagert werden und wo sie dann, wenn
die Zellen in lebensfähigem Zustande sich befinden, den Keim für die
Entwicklung eines metastatischen Krebsknotens bilden. Offenbar bleiben
diese verschleppten epithelialen Zellen in der Regel in den die Follikel
umgebenden Hohlräumen der Rindensubstanz stecken, indem die krebsige Infiltration, wie man sich an noch nicht völlig von der epithelialen
Neubildung durchwachsenen Drüsen überzeugen kann, meistens von
einer Stelle der Rindensubstanz aus sich über die Lymphdrüse ausbreitet. Die in der Drüse sich entwickelnde epitheliale Wucherung,
welche sehr bald die natürlichen Lymphräume der Drüse völlig ausfüllt,

entspricht in ihrem histologischen Bau, wie schon hervorgehoben wurde, in den meisten Fällen vollkommen der primären krebsigen Wucherung; auch das Lymphdrüsengewebe pflegt sich in der Regel in der gleichen Weise zu verhalten, als wie das Organgewebe, in welches die primäre krebsige Wucherung eingedrungen ist. So verhält sich z. B. in Fällen, wo man in der primären Krebsgeschwulst fast jegliche entzündliche Reaction von Seiten des Bindegewebes vermisst und eine entzündliche Neubildung von Bindegewebe fast völlig unterblieben ist, auch das Lymphdrüsengewebe gegenüber der um sich greifenden epithelialen Infiltration scheinbar völlig passiv, während bei scirrhösem Charakter des primären krebsigen Erkrankungsherdes sehr häufig auch in den krebsig infiltrirten Lymphdrüsen eine mächtige Bindegewebsneubildung stattfindet und mit dem Fortschreiten der epithelialen Wucherung gleichzeitig eine förmliche bindegewebige Induration des Lymphdrüsengewebes erfolgt.

Dabei ist die epitheliale Wucherung von dem, gleichviel ob fast sich normal verhaltenden oder in entzündlicher Reaction befindlichen Lymphdrüsengewebe fast in allen Fällen scharf abgegrenzt. vor allem kann man nirgends Uebergänge von letzterem zur epithelialen Einlagerung constatiren. Gleichzeitig beweist auch hier das reichliche Auftreten karyokinetischer Figuren im Epithel und der fast absolute Mangel derselben im Lymphdrüsengewebe eine durchaus selbstständige, von den Elementen der Lymphdrüse völlig unabhängige Proliferation der epithelialen Neubildung.

Allerdings ist in einer Anzahl von Fällen die epitheliale Infiltration der Lymphdrüsen mit einer grosszelligen Hyperplasie des Lymphdrüsengewebes verbunden, wie sie übrigens auch bei anderen chronisch-entzündlichen Prozessen, so z. B. bei vielen Fällen von Tuberkulose der Lymphdrüsen beobachtet wird; dabei entwickeln sich im Lymphdrüsengewebe sehr zahlreiche grosse epithelioide Zellen, welche in der Form nicht scharf begrenzter kleiner Inseln und breiterer Züge das Gewebe der Lymphdrüse durchsetzen und schliesslich auch zu grösseren Herden confluiren. Combinirt sich diese grosszellige Hyperplasie des Drüsengewebes mit gewissen Formen des Carcinoma solidum, namentlich solchen, bei welchen es weniger zur Entwicklung massiger Krebskörper, als vielmehr zur Bildung schmälerer, das Gewebe dicht durchsetzender Zellenstränge oder Zellenreihen kommt, so können wohl, gerade so wie mitunter in der primären Krebsgeschwulst, histologische Bilder entstehen, welche auf den ersten Blick einen Uebergang jener epithelioiden Zellen in die eigentlichen epithelialen Krebszellen vermuten lassen. Allein es wäre durchaus unrichtig, wollte man aus solchen Befunden tatsächlich eine Metaplasie des Lymphdrüsengewebes ableiten, wie man überhaupt stets auf Irrwege geraten muss, wenn man die Histogenese eines bestimmten pathologischen Processes an complicirten Fällen studiren will. Denn bei den einfacheren Formen des Cylinderepithelcarcinoms und damit also gleichzeitig weitaus in der Mehrzahl der Fälle, wird man stets in der oben geschilderten Weise die Gegensätze und die scharfe Abgrenzung zwischen epithelialer Neubildung und Lymphdrüsengewebe wahrnehmen, selbst wenn sie mit einer grosszelligen Hyperplasie des letzteren combinirt sein sollten.

Von grosser Bedeutung für die ganze Metastasenlehre ist der Durchbruch der epithelialen Wucherungen in die Gefässbahn und das Zustandekommen der krebsigen Venenthrombose. Dieselbe beginnt fast immer zunächst mit einer epithelialen Infiltration der die Venenstämmchen begleitenden Lymphbahnen, so dass man kleinere im Querschnitt getroffene Venenstämmchen oft wie von einem unterbrochenen oder selbst ringförmig geschlossenen Kranz epithelialer Wucherung direct eingehüllt sieht. Das wuchernde Epithel schiebt sich nun an einzelnen Stellen zwischen die Faserlagen der Venenwand ein, so dass bald umschriebene krebsige Infiltrationsherde der Gefässwand selbst sich ausbilden. Von solchen Punkten aus erfolgt nunmehr der Durchbruch der krebsigen Wucherung in das Gefässlumen, indem dieselbe schliesslich auch die Intima durchbricht, so dass nun die epithelialen Zellen in directe Berührung mit dem Blutstrom gelangen. Dadurch mag in manchen Fällen schon jetzt Veranlassung zur Bildung von thrombotischen Niederschlägen an der Durchbruchsstelle gegeben sein, welche bald zum thrombotischen Verschluss des Gefässes führt. In der Regel scheinen jedoch zunächst keinerlei zur Thrombose führenden Circulationsstörungen einzutreten; vielmehr breitet sich die epitheliale Wucherung sowohl unterhalb als auch an der Oberfläche der Intima aus, bis sie schliesslich, die Intima gewissermassen substituirend, das ganze Gefässlumen auskleidet, wobei das Blut noch ungehindert über die Oberfläche der epithelialen Neubildung hinströmt. Bei dem fortschreitenden Wachsthum der letzteren wird jedoch das Gefässlumen immer mehr eingeengt, bis es endlich durch die von allen Seiten her zusammenwachsenden epithelialen Wucherungen und zum Teil auch durch thrombotische Niederschläge, welche bei der zunehmenden Verengerung des Strombettes entstehen, vollständig ausgefüllt wird. Mit der epithelialen Wucherung innerhalb des Gefässlumens ist gleichzeitig eine Proliferation der bindegewebigen Elemente der Intima verbunden, welche vollkommen den bei der Organisation eines gewöhnlichen Thrombus stattfindenden Vorgängen entspricht und zur Entwicklung eines bindegewebigen Gerüstes des krebsigen Thrombus führt. Es scheint mir unzweifelhaft, dass an dem Aufbau dieses bindegewebigen Gerüstes im krebsigen Thrombus die Endothelien der Intima einen wesentlichen Antheil nehmen, wie es ja auch für die

Organisation des Fibrinthrombus von verschiedenen Autoren[1]) sicher constatirt worden ist. Auf keinen Fall aber hat die epitheliale Wucherung irgend etwas mit dem Endothel der Gefässwand zu schaffen in dem Sinne, dass etwa ein Uebergang des Endothels in Epithel stattfände; denn die Grenzen zwischen Endothel und Epithel sind in den Fällen, wo ersteres noch erhalten ist, vollkommen scharfe und während man im Endothel und in den übrigen bindegewebigen Elementen der Gefässwand indirecte Kerntheilungsfiguren fast völlig vermisst, finden sich solche in den epithelialen Elementen des krebsigen Thrombus, welcher stets den gleichen histologischen Charakter zeigt, als wie die primäre Krebsgeschwulst, in sehr reichlicher Anzahl (Taf. X, Fig. 22, Taf. XI, Fig. 23 und 24).

Findet der Durchbruch der krebsigen Wucherung in grössere Venenstämme statt, so dürfte wohl kaum eine völlige Obturation des Venenlumens zu Stande kommen; es entwickeln sich dann in der Regel umfangreichere, aber nur auf eine Seite des Gefässes beschränkte krebsige Infiltrationen der Venenwand, an welche sich continuirlich die Bildung eines wandständigen krebsigen Thrombus anschliesst.

Einfacher gestalteten sich die Vorgänge bei der krebsigen Thrombose von feinsten Gefässstämmchen und Capillaren; hier wird das Gefässlumen von den epithelialen Thromben einfach ausgefüllt, ohne dass zunächst an der Gefässwand weitere Veränderungen zu beobachten wären; erst später erfährt das Endothelrohr eine bindegewebige Umwandlung.

Nicht selten geht die am häufigsten vorkommende krebsige Thrombose mittlerer Venenstämmchen, wie sie eben ausführlich geschildert wurde, aus solchen Capillarthrombosen durch continuirlich fortschreitendes Wachstum der krebsigen Wucherung innerhalb der Gefässbahn hervor; in den Venenästen mittlerer Grösse erstreckt sich die krebsige Thrombose gewöhnlich in ganzer Ausdehnung bis zur Einmündungsstelle in einen grösseren Venenstamm, in dessen Lumen der epitheliale Thrombus zapfenförmig hereinragt.

Es kann keinem Zweifel unterliegen, dass überall da, wo die krebsigen Thromben in directe Berührung mit dem Blutstrome sich befinden, fortwährend die Möglichkeit geboten ist, dass durch das vorbeiströmende Blut einzelne Zellen, oder selbst grössere Partikel des krebsigen Thrombus abgelöst und in das nächstgelegene Capillargebiet verschleppt werden. Wandständige Thromben grösserer Gefässe und namentlich die zapfenförmig in das Lumen grösserer Venen herein-

---

1) Vergl. die Arbeiten: HEINEKE, Blutung, Blutstillung und Transfusion, Deutsche Chirurgie, Lief. 18, S. 52. THIERSCH, PITHA - BILLROTH I, 2, S. 550, 556 ff. BAUMGARTEN, Die Organisation d. Thrombus, Leipzig 1877. WALDEYER, VIRCH. Arch., Bd. 40, S. 391. RAAB, VIRCH. Arch., Bd. 75, S. 451.

ragenden krebsigen Thromben mittlerer Venenstämme liefern reichlich embolisches Material. welches für die Entwicklung von Metastasen um so günstiger sein muss, als die Ablösung stets in der äussersten Peripherie, d. h. in den jüngsten Zonen der krebsigen Thrombusmasse erfolgt, wo stets eine lebhafte Proliferation der epithelialen Elemente stattfindet und daher reichlich junge, lebenskräftige Zellen vorhanden sind. Dass aber aus solchen verschleppten, lebensfähigen Krebszellen in der Tat am Orte der Ablagerung neue Krebsgeschwülste entstehen können, das wird in unanfechtbarer Weise durch die schönen Versuche Hanau's [1]) bewiesen, welchem es gelungen ist, von krebskranken Ratten Krebsgewebe auf gesunde Tiere der gleichen Art mit Erfolg zu transplantiren. Wenn aber eine solche Transplantation selbst auf einem zweiten Organismus zu einer unbegrenzten Wucherung des Krebsepithels führt, so ist die Annahme, dass verschleppte Krebszellen im Körper des krebskranken Individuums selbst in der gleichen Weise wuchern und zu secundären Geschwülsten heranwachsen können, doch wohl selbstverständlich.

Entsprechend diesen Verhältnissen findet man daher bei der Untersuchung der Histogenese von Metastasen innerer Organe, wie z. B. der Leber, dass dieselben in der Tat stets aus embolischen Verstopfungen von Capillaren oder kleinen Gefässstämmchen ihren Ursprung nehmen (Taf. XI, Fig. 24).

In der Leber findet man als erste Anfangsstadien metastatischer Herde bei Cylinderepithelcarcinom des Magens oder des Darms eine embolische Ausfüllung der Leberläppchencapillaren oder kleinerer Pfortaderäste mit Krebszellen. In der Regel ist es eine Gruppe von anastomosirenden Capillaren, deren Lumen von dicht aufgeschlossenen epithelialen Zellen eingenommen wird, welche in ihrem Charakter den epithelialen Elementen der primären Krebsgeschwulst entsprechen und sich von den Leberzellen sofort durch ihre Form und auch durch ihre in hohem Grade abweichende Tinction unterscheiden. Die verstopften Capillaren sind stark erweitert, verhalten sich aber vorläufig völlig passiv, indem an den Endothelien keinerlei Veränderungen wahrzunehmen sind; das Gleiche gilt auch von den angrenzenden Leberzellen, an welchen in diesem Stadium niemals irgend welche Erscheinungen, sei es regressiver oder progressiver Natur, zu bemerken sind. Dagegen findet man an gut und rechtzeitig conservirten Präparaten in den Krebszellen sehr häufig indirecte Kernteilungsfiguren, welche mit Sicherheit eine Proliferation der embolisch verschleppten krebsigen Elemente beweisen (vergl. Taf. XI, Fig. 24).

Die weitere Ausbreitung der krebsigen Wucherung erfolgt nun

---

1 Hanau, Erfolgreiche experimentelle Uebertragung von Carcinom, Fortschr. d. Med. 1889, Bd. VII, S. 321.

zunächst auf dem Wege des noch offenen Capillargebietes der Leber, so dass zwischen den Leberzellenbalken anastomosirende Reihen und Stränge von Krebszellen verlaufen. Dabei verliert aber die Capillarwandung ihre ursprüngliche Beschaffenheit, indem sich das Endothelrohr in Faserzüge von Bindegewebe umwandelt und so direct sich an der ersten Anlage des bindegewebigen Stromas des metastatischen Krebsknotens beteiligt[1]); sehr bald gehen auch die zwischen den krebsig verstopften Capillaren gelegenen Leberzellenbalken unter dem Druck der sich immer weiter vermehrenden Krebszellen durch Atrophie zu Grunde. Die Leberzellen erscheinen stark comprimirt, sehr klein und unansehnlich, wie geschrumpft, enthalten sehr häufig gelbbräunliches, körniges Pigment und das Kernchromatin ist oft zu kleineren und grösseren runden Tropfen zusammengeflossen. Schliesslich tritt innerhalb des sich entwickelnden Krebsknotens ein völliger Schwund der Leberzellen ein, während gleichzeitig an der epithelialen Wucherung immer mehr der histologische Charakter der primären Krebsgeschwulst zur Geltung kommt und das bindegewebige Stroma sich stärker entwickelt.

Da das weitere Wachstum des metastatischen Knotens nicht allein durch Apposition, d. h. durch Fortschreiten der Wucherung in der Peripherie, sondern auch, wie man aus der topographischen Verbreitung der in sehr reichlicher Anzahl auftretenden karyokinetischen Figuren im Epithel der krebsigen Wucherung ersehen kann, durch Intussusception erfolgt, so lassen etwas grössere Krebsknoten die eben geschilderten histogenetischen Verhältnisse in ihrem Innern nicht mehr erkennen; wohl aber sieht man in der Peripherie vieler Knoten oft an zahlreichen Stellen, wie die epitheliale Wucherung innerhalb des Capillargebietes der Leber in der geschilderten Weise weiter fortschreitet.

Bei sehr umfangreichen Knoten wird durch den Druck, welchen deren Wachstum nach allen Seiten hin ausübt, gleichzeitig das angrenzende Lebergewebe auf eine beträchtliche Strecke hin (bis zu mehreren mm) so stark comprimirt, dass die Leberzellen in diesem Bezirke durch Druckatrophie zu Grunde gehen, so dass also in diesem Falle der fortschreitenden Wucherung der epithelialen Krebselemente eine Atrophie der epithelialen Elemente des Lebergewebes vorausgeht. Schon makroskopisch lässt sich der Untergang des Lebergewebes in der Peripherie grösserer Krebsknoten als eine dunkelbraune, etwas eingesunkene Zone erkennen, welche sich deutlich von dem übrigen Lebergewebe abhebt und den Krebsknoten ringförmig umgibt; oft sieht man einzelne Knoten in der Leber nur noch durch schmale Streifen solchen comprimirten Lebergewebes von einander getrennt, woraus zu entnehmen ist, dass die oft apfel-,

---

1) Vergl. ZIEGLER, Lehrbuch d. allg. u. spec. patholog. Anatomie. 1885, Bd. I, S. 238, Fig. 111 und 112.

ja faustgrossen Knoten, welche man nicht selten in der Leber findet,
durch Confluenz einer Anzahl kleinerer Knoten entstehen. Es liegt
also bei der Entstehung der grossen Krebsknoten in der Leber offenbar
ein ganz ähnliches Verhältniss vor, wie bei der Entstehung der sogenannten primären Leberabscesse; ebenso wie letztere durch Confluenz
zahlreicher, auf embolischem Wege entstandener miliarer Abscesse sich
entwickeln, so gehen auch die grossen metastatischen Krebsknoten
der Leber wohl in den meisten Fällen aus einer grösseren Anzahl con-
fluirender Einzelherde hervor, welche ihrerseits ebenfalls aus Capillarembolien ihren Ursprung genommen haben.

Ausser den krebsigen Capillarembolien findet man aber auch nicht
selten eine embolische Verstopfung kleinerer bis mittelgrosser Pfortaderästchen mit Krebszellen (Taf. X, Fig. 22 und Taf. XI, Fig. 24), welche
offenbar grösseren, von einem krebsigen Venenthrombus abgelösten Par-
tikeln ihre Entstehung verdanken. Es kann sich in solchen Fällen,
gerade so wie bei der oben ausführlich geschilderten primären krebsigen
Venenthrombose, eine oft weit verbreitete krebsige Thrombose im Pfortadergebiet entwickeln, indem die vom krebsigen Embolus ausgehende
epitheliale Wucherung innerhalb der Gefässbahn nicht allein nach vorwärts in die feineren Pfortaderverzweigungen vordringt, sondern auch
in rückläufiger Richtung sich ausbreitet; nur so ist es erklärlich, dass
man selbst die grössten Pfortaderstämme bisweilen von der krebsigen
Wucherung ausgefüllt findet, ja eventuell selbst in dem Hauptstamm
der Pfortader einen fast völlig obturirenden krebsigen Thrombus antreffen kann, während das embolische Material doch aus kaum feder-
kieldicken krebsig thrombosirten Venen stammt (vergl. Anhang Nr. 42).

Auch bei dieser secundären krebsigen Pfortaderthrombose bildet
sich innerhalb der epithelialen Wucherung ein bindegewebiges, zartes
Gerüst, welches vom Endothel und den übrigen Elementen der Gefäss-
Intima seinen Ursprung nimmt: nur kleinere Pfortaderästchen sieht
man häufig bei völlig intacter Gefässwand von der krebsigen Wucherung, welche dann eines bindegewebigen Gerüstes entbehrt, ausgefüllt.
Stets finden sich an gut conservirten Präparaten zahlreiche indirecte
Kerntheilungsfiguren in der krebsigen Wucherung, so dass man dieselben
kaum an einer Stelle in dem krebsig thrombosirten Pfortaderbezirke
vermisst (vergl. Taf. X, Fig. 22 und Taf. XI, Fig. 24).

Diese krebsige Thrombose im Pfortadergebiet scheint oft längere
Zeit zu bestehen, ohne dass die krebsige Wucherung die Gefässwand
durchbricht: wenigstens findet man in den betreffenden Fällen stets
zahlreiche Stellen, wo die krebsige Thrombose eines Pfortaderastes vorhanden ist, ohne dass an der Gefässwand oder in der weiteren Umgebung irgend welche Veränderungen zu bemerken wären. Insbesondere
findet man die Gallengänge stets völlig normal und sind an dem Epithel

derselben keinerlei Wucherungserscheinungen wahrzunehmen (vergl. Taf. X, Fig. 22).

Späterhin durchbricht wohl die krebsige Wucherung bisweilen auch die Gefässwand und verbreitet sich zunächst innerhalb des bindegewebigen Stromas der Capsula Glisoni; für gewöhnlich aber scheint sie fast ausschliesslich innerhalb des Gefässsystems fortzuschreiten und auf diesem Wege auch auf das Capillargebiet der Leberläppchen überzugreifen, wo sie sich dann in der bereits geschilderten Weise weiterentwickelt (vergl. Taf. XI, Fig. 24).

Auffallend ist es, dass man bei Krebsmetastasen der Leber umfangreichere kleinzellige, entzündliche Infiltrationsherde, wie man sie sehr gewöhnlich namentlich in der Peripherie der primären Krebsgeschwulst antrifft, fast ausnahmslos vermisst.

Die Histogenese metastatischer Knoten in der Lunge zeigt im Allgemeinen die gleichen Verhältnisse wie die der Lebermetastasen. Auch in der Lunge geht die Entwicklung der secundären Krebsknoten meistens aus auf embolischem Wege entstandenen krebsigen Thrombosen der Lungencapillaren, bisweilen auch kleinerer oder mittelgrosser Aestchen der Pulmonalarterie hervor. Dabei werden die Lungencapillaren durch das wuchernde Epithel mächtig ausgedehnt, während gleichzeitig das Endothel der Capillarwand in Bindegewebe übergeht und im Verein mit einer von den bindegewebigen Elementen der Alveolenwand ausgehenden Wucherung das bindegewebige Stroma des Krebsknotens bildet. Das Lumen der Alveolen wird unter der zunehmenden interstitiellen krebsigen Wucherung immer mehr eingeengt und verschwindet schliesslich völlig; einen Durchbruch der krebsigen Wucherung in das Alveolarlumen habe ich an den von mir untersuchten Fällen nicht mit Sicherheit beobachtet, obwohl ich nicht daran zweifle, dass ein solcher vorkommen kann. Das Alveolarepithel verhält sich bei der Entwicklung des Krebsknotens völlig passiv und scheint durch Atrophie und Desquamation sehr bald zu Grunde zu gehen; im Epithel der Krebsknoten konnte ich übrigens nur sehr spärliche karyokinetische Figuren auffinden, da mir von Metastasen in der Lunge leider kein ganz frisches Material zur Verfügung stand.

Bei dem weiteren Wachstum der Krebsknoten in der Lunge schreitet die krebsige Infiltration in der Peripherie innerhalb der Alveolenwandungen und im interstitiellen Bindegewebe weiter; gleichzeitig findet aber, geradeso wie bei den Lebermetastasen, ein Wachstum durch Intussusception statt, so dass durch den auf diese Weise nach allen Seiten wirkenden Druck eine Compression des Lungengewebes in der nächsten Umgebung des Krebsknotens erfolgt.

Sehr interessant ist die bisweilen sich entwickelnde krebsige Peribronchitis. Die krebsige Wucherung schreitet innerhalb der die grösseren Bronchien und Gefässstämme begleitenden Lymphbahnen fort, so dass das die Lungengefässe und die Bronchialäste umgebende Bindegewebe schliesslich vollkommen krebsig infiltrirt erscheint. Die krebsige Infiltration kann die Knorpelplättchen der Bronchialäste umfassen, die Bronchialschleimhaut völlig durchsetzen und bis unmittelbar unter das Flimmerepithel der letzteren vordringen, bis schliesslich ein Durchbruch in das Bronchiallumen erfolgt. Dabei ist hervorzuheben, dass die Schleimdrüsen des betreffenden Bronchialastes, obwohl von der krebsigen Wucherung ganz eingehüllt und in unmittelbare Berührung mit derselben tretend, keinerlei Wucherungserscheinungen erkennen lassen, sondern im Gegenteil der Atrophie verfallen; ebenso verhält sich das Flimmerepithel völlig passiv, geht zu Grunde und wird in das Bronchiallumen abgestossen.

Die flachen, insel- oder beetförmigen krebsigen Infiltrationen des Peritoneums, welche besonders in manchen Fällen von Magencarcinom oft in reichlicher Anzahl und weiter Verbreitung auftreten, entwickeln sich, wie man an der Form und Art der Ausbreitung der Wucherungen oft schon makroskopisch erkennen kann, zunächst in den Lymphbahnen des subserösen Bindegewebes. Speciell an der Aussenfläche des Magens lässt sich sehr häufig der continuirliche Zusammenhang dieser Wucherungen mit der primären krebsigen Neubildung nachweisen; dagegen muss man die Entwicklung isolirter Infiltrationen an anderen Stellen des Peritoneums wohl grösstenteils von auf dem Wege der Lymphbahnen verschleppten Zellen ableiten.

Die epithelialen Wucherungen reichen an sehr vielen Stellen bis unmittelbar an die homogene Schicht der Serosa heran, so dass sie nur von dieser und dem Endothelbelag von der Bauchhöhle getrennt sind; auch kann ein völliger Durchbruch der krebsigen Wucherungen stattfinden, so dass dieselben frei in den Bauchraum hereinragen. Es ist sehr wahrscheinlich, dass in diesem Falle, wohl hauptsächlich durch die peristaltischen Bewegungen des Darms, einzelne lebensfähige Krebszellen oder zusammenhängende Gruppen von solchen abgelöst und innerhalb der Bauchhöhle verbreitet werden, welche sich dann an den verschiedensten Stellen der Peritonealhöhle niederlassen und den Keim zu neuen metastatischen Herden (Implantationsmetastasen) bilden können. In einigen Fällen hatte ich Gelegenheit, bis über hirsekorngrosse Krebsknötchen zu beobachten, welche nur durch zarte Fibrinfäden mit dem Peritoneum (einmal an dem Scheitel der Harnblase) verklebt waren, während letzteres in der Umgebung des angelöteten Krebsknötchens eine sehr lebhafte entzündliche Gefässinjection zeigte; bei der mikroskopischen Untersuchung konnte man stark injicirte, in die Fibrinfäden vorspringende Capillarschlingen erkennen. Es scheint also die Entwicklung solcher Implantationsmetastasen in manchen Fällen in der Weise vor sich zu gehen, dass die abgelösten Krebszellen zunächst durch das in Folge der entzündlichen Reizung ausgeschwitzte Fibrin fixirt werden, worauf dann von der Serosa aus in bekannter Weise die Organisation der fibrinösen Pseudomembranen erfolgt und damit das Krebsknötchen in eine dauernde organische Verbindung mit derselben tritt. Doch ist es wahrscheinlich, dass auch ohne eine derartige auf entzündlichen Vorgängen beruhende Fixirung die verschleppten Zellen auf der Serosa sich festsetzen können. Ganz ähnlich gestalten sich die Verhältnisse bei der zur Verwachsung einzelner Organe führenden krebsigen Peritonitis. Die durch den Durchbruch der krebsigen Wucherungen durch die Serosa bedingte Entzündung erstreckt sich auch auf die correspondirende Stelle des gegenüberliegenden serösen Blattes und führt schliesslich, oft unter Bildung von Pseudomembranen, zur völligen Verwachsung der einander zugekehrten Peritonealflächen. Sehr bald wird die Verwachsungsstelle von der vordringenden krebsigen Wucherung eingenommen und es kann letztere auf diese Weise in continuirlichem Zusammenhang z. B. vom Magen auf die angelötete Leber oder das mit dem Magen verwachsene Zwerchfell übergreifen.

Unter allen den geschilderten Verhältnissen findet man bei der Entwicklung der metastatischen Krebsherde in, bezw. auf der Serosa eine scharfe Trennung der epithelialen Krebszellen von den bindegewebigen Elementen der Serosa; namentlich konnte ich niemals eine Beteiligung des Endothels an der krebsigen Wucherung, d. h. einen Uebergang der Endothelien in epitheliale Krebselemente beobachten. Vielmehr scheint das Endothel der Serosa teils abgestossen zu werden oder durch Atrophie zu Grunde zu gehen, teils aber auch in der erst jüngst von GRASER[1]) und MARCHAND[2]) geschilderten Weise direct in Bindegewebe überzugehen und so zur Bildung des Krebsstromas, bindegewebiger Verwachsungen und Pseudomembranen beizutragen.

Damit soll keineswegs in Abrede gestellt werden, dass das Endothel der Lymphbahnen der Serosa und vielleicht auch das Oberflächenendothel derselben überhaupt in Wucherung geraten und letztere zur Bildung massenhafter epithelähnlicher Zellen führen kann, welche zum Teil gleich epithelialen Krebszellen die Lymphräume erfüllen und so in der Tat dem epithelialen Carcinom ähnliche histologische Bilder bedingen. Bei dem sogenannten Endothelkrebs tritt diese Wucherungsform des Serosa-Endothels als eine selbstständige Erscheinung auf und es ist wohl möglich, dass sich dieselbe auch mit metastatischen Herden des Cylinderzellenkrebses combinirt, oder dass sie neben einem gleichzeitig bestehenden Magencarcinom in reiner Form besteht. In ersterem Falle müsste man dann die metastatischen Krebsknoten als Mischgeschwülste

1) GRASER, Untersuchungen über die feineren Vorgänge bei der Verwachsung peritonealer Blätter. Deutsche Zeitschr. f. Chirurgie. Bd. XXVII.

2) MARCHAND, Untersuchungen über die Einheilung von Fremdkörpern. Arbeiten aus d. path. Inst. zu Marburg, Jena 1888.

auffassen, während es sich im zweiten um ein einfaches Nebeneinander-
vorkommen zweier völlig heterogener Geschwulstformen handeln würde,
wie ein solches auch bei anderen Geschwülsten nicht selten beobachtet
wird. Solche Fälle sind jedoch für das Studium der Histogenese metastatischer Knoten des Cylinderepithelcarcinoms entschieden ungeeignet
und jedenfalls hat man sich die gesetzmässig wiederkehrenden Erscheinungen bei der Histogenese der Metastasen aus einfachen und nicht
aus·complicirten Fällen abzuleiten, zumal erstere auch die häufigste
Form bilden, letztere dagegen nur ausnahmsweise auftreten.

Keinesfalls ist man aber berechtigt, aus den complicirten Formen
auf eine metastatische Umwandlung des wuchernden Endothels in epitheliale Krebszellen zu schliessen. Das wäre ebenso unrichtig, als wollte
man etwa bei einem Adeno-Chondrom des Hodens das Drüsenepithel
aus den Knorpelzellen ableiten, oder in Fällen von Uteruscarcinom bei
gleichzeitig vorhandenem Fibromyom diese beiden differenten Geschwulstformen histogenetisch auf eine Stufe stellen.

Ist es doch an und für sich höchst unwahrscheinlich, dass die
Metastasen auf den serösen Häuten eine andere Entstehungsweise haben,
als wie die in inneren Organen, z. B. der Leber und der Lunge, oder
dass dieselben das eine Mal aus einer Metaplasie der Serosa-Elemente,
das andere Mal aus einer Wucherung verschleppter epithelialer Krebszellen hervorgehen sollten. Uebrigens sind auch jene Endothelwucherungen, wie sie in der charakteristischsten Weise beim Endothelkrebs
beobachtet werden, trotz ihrer oft weitgehenden morphologischen
Aehnlichkeit mit epithelialen Krebszellennestern in ihren biologischen
Eigenschaften doch sehr wesentlich verschieden von der epithelialen
Wucherung. NEELSEN[1]) hebt mit Recht hervor, dass beim sogenannten
Endothelkrebs die Neubildung nicht wie bei den Epithelial-Carcinomen
von einem begrenzten, primären Herd aus ihren Ursprung nimmt, sondern
dass die Wucherung des Lymphgefässendothels von Anfang an eine
ganz diffuse Verbreitung zeigt, so dass also das Lymphgefässsystem der
Serosa gleichzeitig in grösserer Ausdehnung von der Entartung befallen
wird. Auch findet man bei den Endothelkrebsen der Serosa niemals
jenes schrankenlose Eindringen der Wucherung in das Nachbargewebe,
welches die krebsige Wucherung in so hohem Grade auszeichnet. Endlich kommen metastatische Geschwülste beim Endothelkrebs weit seltener
vor als beim Epithelialcarcinom, und wenn solche beobachtet werden,
so pflegen sie nicht, wie bei diesem, geschwulstförmige, umschriebene
Knoten zu bilden, sondern scheinbar ebenfalls nur diffuse Wucherungen
des Lymphgefässendothels der betreffenden Localität. Aber ganz abgesehen von diesen Verhältnissen existirt kein einziger Beweis für die
metaplastische Umwandlung des Serosa-Endothels in epitheliale Krebszellen, während anderseits das Auftreten zahlreicher indirecter Kern-

---

1) Deutsches Archiv f. klin. Med. Bd. XXXI, S. 1.

teilungsfiguren in letzteren auch bei den auf der Serosa zur Entwicklung gelangenden Krebsmetastasen jedenfalls auf eine selbstständige, von den Serosa-Elementen völlig unabhängige Proliferation der krebsigen Wucherung hindeutet.

Noch möchte ich die Histogenese der in der quergestreiften Muskulatur auftretenden Metastasen einer kurzen Besprechung unterziehen, indem gerade für die auf den Muskel übergreifenden Plattenepithelcarcinome früher schon von Weber [1]), Weil [2]), dann von Stricker [3]) und anderen Autoren, neuerdings auch von Klebs [4]) behauptet wurde, dass hier die epithelialen Krebszellen zweifellos aus einer Metaplasie der Muskelelemente hervorgehen sollten.

Bei dem Cylinderepithelcarcinom des Magens und des Darms sind Metastasen im quergestreiften Muskel eine seltene Erscheinung; am häufigsten beobachtet man noch bei Rectumcarcinomen ein Uebergreifen der krebsigen Wucherung auf den Sphincter ani, auch kann dieselbe bei Magenkrebsen nach eingetretener Verwachsung mit dem Zwerchfell in continuirlich fortschreitender Ausbreitung auf dieses sich erstrecken und in mehr oder weniger grosser Ausdehnung durchsetzen.

Niemals konnte ich in solchen Fällen eine Metaplasie der Muskelelemente beobachten. Die krebsige Wucherung verbreitet sich im Muskel, wo sie bald umschriebene Knoten bildet, bald denselben in grösserer Ausdehnung förmlich infiltrirt, wie auch in anderen Gewebsformationen hauptsächlich auf dem Wege der Lymphbahnen. Man findet daher gewöhnlich zunächst die Lymphwege und Spalträume des Perimysium internum von der epithelialen Wucherung massig infiltrirt, wobei letztere oft an einzelnen Stellen auch grössere knotige Herde bildet. Die angrenzenden, in der Regel kleinzellig infiltrirten Muskelbündel sind von der krebsigen Wucherung scharf abgegrenzt und werden von letzterer zur Seite gedrängt und comprimirt; sehr häufig zeigen die Muskelfasern sehr ausgesprochene wachsartige Degeneration. Meistens durchbricht aber die krebsige Wucherung das Perimysium internum und dringt in die primären Muskelbündel selbst ein, indem sie sich zwischen die einzelnen Muskelfasern hereinschiebt und diese weit auseinanderdrängt.

Die durch die epitheliale und gleichzeitig auch entzündliche Infiltration mächtig comprimirten Muskelfasern verfallen dann der wachsartigen Degeneration oder gehen, was noch häufiger der Fall zu sein scheint, durch einfache Atrophie zu Grunde; sie werden ausserordentlich dünn, verlieren ihre Querstreifung und schliesslich tritt an ihre Stelle nach völligem Untergang der contractilen Substanz fibrilläres Bindegewebe.

1) Virchow's Archiv, Bd. 39, S. 254, 1867.
2) Stricker's med. Jahrb., 1873, S. 285.
3) l. c.
4) l. c.

In keinem Falle konnte ich eine Wucherung der Muskelkerne constatiren, obwohl ich nicht zweifle, dass eine solche als regeneratorische
Erscheinung bisweilen vorkommen mag; dagegen zeichnet sich die epitheliale Wucherung wie immer durch das Auftreten sehr zahlreicher
indirecter Kernteilungsfiguren aus.

Uebrigens konnte ich auch an Zungenkrebsen und anderen auf den
quergestreiften Muskel übergreifenden Carcinomen niemals die von
Weber[1]), Stricker[2]) und anderen Autoren gemachten Angaben be-
stätigen; die Verhältnisse scheinen vielmehr hier sich ganz ebenso zu
gestalten, wie bei den im quergestreiften Muskel auftretenden Metastasen des Cylinderepithelcarcinoms.

Nach diesen Untersuchungen kann es nach meinem
Dafürhalten gar keinem Zweifel mehr unterliegen, dass
beim Cylinderepithelcarcinom des Magens und des
Darms nicht allein die primäre Krebsgeschwulst aus
einer Wucherung des präexistirenden Drüsenepithels
hervorgeht, sondern dass auch die in den Lymphdrüsen,
in der Leber und an anderen Orten auftretenden Metastasen ausschliesslich auf eine selbstständige Wucherung der vom primären Krebsherd abgelösten und auf
dem Wege der Lymph- oder Blutbahn verschleppten
lebensfähigen epithelialen Krebszellen zurückzuführen
sind. Das reichliche und fast ausschliessliche Auftreten karyokinetischer Figuren im Epithel der metastatischen Krebsherde, der fast völlige Mangel derselben
im betreffenden Organgewebe bei gleichzeitig vorhandenen degenerativen Erscheinungen in letzterem liefern
dafür einen unumstösslichen Beweis.

Die Thiersch-Waldeyer'sche Theorie vom epithelialen
Ursprung des Carcinoms überhaupt findet daher in
diesen Untersuchungen eine ganz wesentliche Stütze;
denn die Annahme ist gewiss gerechtfertigt, dass die
für die Histogenese des Cylinderepithelcarcinoms des
Magens und des Darms bestehenden Entwicklungsge-
setze auch für die übrigen Arten des Carcinoms Giltigkeit haben.

1) l. c.
2) l. c.

V. Allgemeine Bemerkungen über erste Entstehung, weiteres Wachstum und Generalisirung des Cylinderepithel-carcinoms des Magens und des Darms.

Die ersten Anfänge des Cylinderepithelcarcinoms des Magens und des Dickdarms sind, wie bereits am Eingang des vorigen Kapitels hervorgehoben und bei der weiteren Besprechung der Histogenese ausführlich erörtert wurde, ausnahmslos in der Schleimhaut des Magens oder des Dickdarms zu suchen.

Es ist im Allgemeinen ein seltener und glücklicher Zufall, dass man Magen- und Darmkrebse in den ersten Entwicklungsstadien, wo noch keine Ulceration der Neubildung eingetreten ist, zu Gesicht bekommt. Auch muss man bedenken, dass in vielen Fällen die allerersten Anfänge der krebsigen Entartung von einfacher atypischer Drüsenwucherung kaum zu unterscheiden sind und dass es daher nicht zulässig ist, eine jede auf Drüsenwucherung beruhende Schleimhautveränderung ohne Weiteres als beginnendes Carcinom zu erklären.

Nach meinen Beobachtungen, welche sich nur auf Fälle von bereits ausgesprochen krebsigem Charakter beziehen, ist es gewöhnlich ein einzelner umschriebener, vielleicht 1—3 cm im Durchmesser haltender, rundlicher Bezirk in der Schleimhaut, welcher zunächst der krebsigen Erkrankung verfällt. Bei mikroskopischer Untersuchung kann man sich aber überzeugen, dass dieser scheinbar einheitliche Erkrankungsherd sich häufig aus einer grösseren Anzahl einzelner Gruppen krebsig entarteter Drüsen zusammensetzt, welche in ihrer Entartung nicht allein oft grosse graduelle Unterschiede aufweisen, sondern auch Gruppen noch normaler Drüsen zwischen sich fassen. Es geht also in vielen Fällen die erste Anlage des grösseren Krebsherdes aus multiplen, aber dicht gedrängt liegenden, mikroskopisch kleinen primären Erkrankungsherden hervor.

Immerhin mag es als allgemeine Regel gelten, dass das Carcinom des Magens und des Dickdarms solitär aufzutreten pflegt, wenn auch zweifellos Ausnahmen von dieser Regel stattfinden. Denn in nicht so seltenen Fällen kann man in der Tat beobachten, dass sowohl in der Schleimhaut des Magens als auch des Dickdarms sich multiple, von einander mehr oder weniger weit abgelegene und durch völlig normale Schleimhaut geschiedene, grössere primäre krebsige Erkrankungsherde entwickeln können. Namentlich ist diese Erscheinung im Dickdarm nicht so selten, wenn die krebsige Erkrankung aus polypösen Wucherungen der Dickdarmschleimhaut hervorgeht, wobei die einzelnen Polypen gleichzeitig oder successive der krebsigen Entartung verfallen können; aber auch im Magen findet man gelegentlich gleichzeitig mehrere primäre, von einander völlig getrennte Krebsherde, welche selbst histologisch unter einander ganz differente Formen darstellen können (vergl. Anhang Nr. 39, 40, 41, 42 und Taf. XII, Fig. 26). Aus der verschiedenen Grösse solcher multipler Krebsherde ist zu schliessen, dass dieselben kaum gleichzeitig, sondern in Intervallen sich entwickelt haben. Dass es sich aber tatsächlich um ein multiples primäres Auftreten der krebsigen Erkrankung handelt und nicht etwa um Schleimhautmetastasen, geht mit Bestimmtheit aus dem histologischen Befund hervor, welcher zeigt, dass in jedem der von einander getrennten Herde die epitheliale Wucherung von den entarteten Drüsen des Standortes ausgeht.

Ebenso findet man in seltenen Fällen eine Combination von primärem Magencarcinom mit primärem Carcinom des Dickdarms, wobei ebenfalls die beiden Carcinome und die von ihnen abstammenden Metastasen in ihrem histologischen Bau sehr weitgehende Unterschiede aufweisen können (vergl. Anhang Nr. 43 und 44). Auch ein combinirtes Auftreten von Cylinderepithelcarcinom mit anderen Krebsformen wurde schon wiederholt von verschiedenen Autoren beobachtet; ich selbst konnte bei einem alten Manne, welcher wegen Plattenepithelcarcinom des Ohres operirt worden war, ein gleichzeitig vorhandenes Cylinderepithelcarcinom des Magens constatiren (vergl. Anhang Nr. 45).

Der primäre selbstständig auftretende krebsige Erkrankungsherd kann ein sehr mannigfaltiges Ansehen besitzen; meistens dürfte sich derselbe als eine umschriebene beetförmige Infiltration der Schleimhaut darstellen, welche, zunächst wohl auf die Schleimhaut beschränkt, doch sehr bald ihren krebsigen Charakter dadurch bezeugt, dass die entarteten Drüsen die Muscularis mucosae durchbrechen und damit die starre Infiltration auch auf die sonst lockere Submucosa übergreift.

Doch ist es zweifellos, dass jenes erste Stadium, wo die Epithelwucherung noch ausschliesslich auf die Schleimhaut beschränkt ist, oft ziemlich lange andauern kann; da jedoch die Epithelwucherung gleichwohl keinen Stillstand erfährt und die Entartung der Drüsen auch in der Peripherie langsam fortschreitet, so kann es in solchen Fällen zu sehr ausgebreiteten Verdickungen der Schleimhaut (sogenanntes flaches Adenom) oder zur Bildung umfangreicher polypöser Wucherungen oder mehr mit breiter Basis aufsitzender grösserer Tumoren kommen, welche allerdings zunächst oft rein adenomatösen Charakter tragen und sich anatomisch von eigentlichen Adenomen kaum unterscheiden lassen dürften; allein dieser adenomatöse Charakter bildet in diesen Fällen nur ein relativ kurzdauerndes Durchgangsstadium, an welches der destruirende krebsige Charakter der Neubildung sich unmittelbar anschliesst *). Bei der mikroskopischen Untersuchung zeigen sich auch bei rein adenomatösem Bau solcher Geschwülste (Carcinoma adenomat.) die Zellen stets viel chromatinreicher als in den eigentlichen Adenomen, auch findet man, entsprechend dem lebhaften Wucherungsprozess, eine ungleich grössere Anzahl indirecter Kernteilungsfiguren; entsprechen derartige Tumoren in ihrem histologischen Verhalten den unter Carcinoma solidum beschriebenen Formen, so können sie an ihrer krebsigen Natur an und für sich keinen Zweifel lassen.

Während so nicht selten der epitheliale Wucherungsprozess längere Zeit auf die Schleimhaut beschränkt bleiben und zunächst zur Bildung von Schleimhauttumoren führen kann, erfolgt immerhin wohl in der Mehrzahl der Fälle von Carcinom des Magens und des Dickdarms der Durchbruch der wuchernden Drüsen in die tieferen Gewebsschichten schon sehr frühzeitig, ohne dass es überhaupt zu einer eigentlichen Geschwulstbildung von grösserem Umfang in der Schleimhaut käme. Wenigstens kann man sich gelegentlich bei sehr kleinen und unansehnlichen Magen- oder Darmcarcinomen, welche lediglich als beetförmige, markige Verdickung der Schleimhaut erscheinen, bei genauer Untersuchung überzeugen, dass die epitheliale Wucherung eventuell schon bis zur Muscularis vorgedrungen ist [1]. Hat die Wucherung einmal die Schleimhaut durchbrochen und die Submucosa oder auch die Muscularis in grösserer Ausdehnung durchsetzt, so ist dadurch eine Unverschieblichkeit der Schleimhaut und eine Starrheit der Darm- bezw. Magenwand an der betreffenden Stelle bedingt.

Das weitere Wachstum des primären Krebsherdes pflegt nun meistens in der Weise vor sich zu gehen, dass einerseits die in das submuköse Gewebe durchgebrochene epitheliale Wucherung nach allen Seiten hin immer weiter um sich greift und immer tiefer in das Gewebe vordringt, anderseits die krebsige Entartung der Schleimhautdrüsen in der Peripherie des krebsigen Erkrankungsherdes continuirlich weiterschreitet, so dass immer wieder von Neuem krebsig entartete Drüsen in die

---

*) Bezüglich der sehr häufig vorkommenden secundären krebsigen Degeneration von Papillomen, Schleimhautpolypen und wahren Adenomen des Magens und des Dickdarms sei auf Kapitel VI verwiesen.

1) Vergl. auch den von ZAHN beschriebenen Fall von beginnendem Cylinderepithelkrebs des Pylorus. VIRCHOW's Archiv, Bd. 117, 1889, S. 238.

Submucosa einbrechen (vergl. Taf. I, Fig. 1, Taf. VI und VII, Fig. 14, 15, Taf. IX, Fig. 17 und Taf. X, Fig. 20). Dieses centrifugale, durch Apposition erfolgende Wachstum der krebsigen Neubildung ist in vielen Fällen von Carcinom des Magens und des Darms, namentlich bei den einfachen und scirrhösen Formen vorherrschend; doch fehlt eine Zunahme der krebsigen Wucherung durch Intussusception niemals vollständig und in vielen Fällen kann sogar letztere einen so hohen Grad erreichen, dass die epitheliale Wucherung das Organgewebe nicht allein infiltrirt, sondern innerhalb desselben mächtige, ziemlich umschriebene Tumoren bildet. Namentlich in der Submucosa kommt es nicht selten zur Entwicklung grosser medullarer, die Schleimhaut empordrängender Geschwülste.

Die in der Peripherie des primären Krebsherdes continuirlich fortschreitende krebsige Entartung der Schleimhautdrüsen scheint in den meisten Fällen unaufhaltsam bis zum Abschluss der krebsigen Erkrankung, d. h. bis zum Tode des Individuums anzudauern. Denn es wäre sonst nicht erklärlich, dass man in der Peripherie der Carcinome, mögen dieselben gross oder klein, ulcerirt sein oder nicht, fast ausnahmslos Drüsen findet, welche die verschiedensten Stadien der krebsigen Entartung bis zum Durchbruch in die tieferen Gewebsschichten aufweisen. In vielen Fällen scheint sogar diese fortschreitende Drüsenerkrankung eine auf allen Punkten der Peripherie ziemlich gleichmässige zu sein, indem man bei der mikroskopischen Untersuchung zahlreicher und beliebiger Stellen des Carcinomrandes überall die gleichen Verhältnisse zu sehen bekommt. Immerhin findet man häufig auch eine mehr oder weniger grosse Unregelmässigkeit in dem Fortschreiten der krebsigen Drüsenerkrankung; während dieselbe an einzelnen Stellen des Krebsherdes lebhaft um sich greift, scheint sie an anderen Stellen völlig oder wenigstens zeitweise zu sistiren. Ja in seltenen Fällen scheint selbst ein völliger Stillstand in dem weiteren Umsichgreifen der primären Drüsenerkrankung einzutreten; bei der mikroskopischen Untersuchung der Ränder des Krebsgeschwüres sieht man dann vergeblich nach krebsig entarteten Schleimhautdrüsen, vielmehr sieht man dasselbe überall von völlig normalen oder doch nur wenig veränderten Drüsen begrenzt. Dagegen lehrt sowohl die mikroskopische Untersuchung als auch die klinische Erfahrung, dass die in die tieferen Gewebsschichten eingedrungene Wucherung in allen Fällen unaufhaltsam weiterschreitet, obwohl auch hier, wie die topographische Verbreitung und das numerische Verhalten der indirecten Kernteilungsfiguren andeutet, die Wachstumsenergie an verschiedenen Punkten beträchtliche Unterschiede aufweisen kann.

Das neugebildete Krebsgewebe besitzt im Allgemeinen wenig Stabilität; da durch die epitheliale Wucherung die Lymphbahnen bis in ihre feinsten Verzweigungen und selbst die feinsten Spalträume des Bindegewebes ausgefüllt und verlegt werden, auch die Gefässneubildung im Verhältniss zur Zunahme des Geschwulstgewebes in der Regel weit zurückbleibt, so können schwere Ernährungsstörungen, welche früher oder später zum Zerfall des Krebsgewebes führen, nicht ausbleiben. Immerhin kommt auch dem Krebsgewebe eine gewisse Beständigkeit und Dauer der Lebensfähigkeit zu, welche um so grösser ist, je weniger die epitheliale Wucherung einen medullaren Charakter besitzt. Jedenfalls sind die oft in geradezu erstaunlicher Menge auftretenden indirecten Kernteilungsfiguren nicht immer als eine ausschliesslich zu einer Volumszunahme der Neubildung führende Wachstumserscheinung aufzufassen; vielmehr muss man einen Teil dieser Zellteilungen als eine Art von Regenerationsvorgang betrachten, indem ein Teil von den neugebildeten epithelialen Krebszellen, wie die mikroskopische Untersuchung lehrt, beständig durch Atrophie oder regressive Metamorphose wieder zu Grunde geht, aber zweifellos durch nachrückende Zellen wenigstens teilweise wieder ersetzt wird. Der enorme Unterschied in dem quantitativen Verhältnisse der im Epithel und im Bindegewebe auftretenden Kernteilungsfiguren mag wohl zum Teil auf diese Umstände und auf die hierzu im Gegensatz stehende ausserordentliche Beständigkeit des Bindegewebes zurückzuführen sein, wenn auch derselbe in erster Linie durch die an und für sich geringere Beteiligung des Bindegewebes an dem Wucherungsprozesse bedingt wird.

Allein diese dem Krebsgewebe bis zu einem gewissen Grade zukommende Stabilität und Regenerationsfähigkeit sind nicht ausreichend, um den durch die oben angeführten inneren Ursachen bedingten Zerfall aufzuhalten. Wir sehen daher auch an solchen Orten, wo äussere Veranlassungen, wie traumatische Läsionen, gar nicht in Betracht kommen, wie z. B. bei den Krebsmetastasen der Leber, gleichwohl das Krebsgewebe durch Ernährungsstörungen und dadurch bedingte regressive Metamorphose zu Grunde gehen.

Es ist daher leicht begreiflich, dass beim Cylinderepithelcarcinom des Magens und des Dickdarms die primäre Neubildung meistens schon sehr frühzeitig der Ulceration verfällt, indem gerade bei diesem Sitze der Neubildung chemische und mechanische Insulte unausgesetzt auf letztere einwirken müssen. Die gleichen Momente werden aber auch wesentlich dazu beitragen, dass der einmal eingeleitete Geschwürsprozess rasch um sich greift, da ihnen gegenüber der geringe Grad von Regenerationsfähigkeit des Krebsgewebes gar nicht in Betracht kommen kann. Wir sehen daher selbst ansehnliche Tumoren allmählich völlig in ein weiches brandiges Gewebe zerfallen und an ihre Stelle umfangreiche, tiefgreifende Krebsgeschwüre mit buchtigen, wallförmig aufgeworfenen Rändern treten, welche da und dort noch mit nekrotischen Fetzen des ursprünglichen Tumors besetzt sind; sind auch diese abgestossen, so lässt es sich, wenn nicht klinische Anhaltspunkte vorliegen, gar nicht mehr bestimmen, ob das Krebsgeschwür aus einem Tumor oder aus einer einfachen beetförmigen Infiltration hervorgegangen ist. Entsprechend der continuirlich fortschreitenden krebsigen Entartung der Schleimhaut können die krebsigen Geschwürsprozesse des Magens und des Darms ungeheuere Dimensionen annehmen, so dass z. B. mehr als $^2/_3$ der Mageninnenfläche von einem einzigen grossen Krebsgeschwüre eingenommen werden.

Nur bei den ausgesprochen scirrhösen Formen des Magenkrebses kann der ulceröse Zerfall des Krebsgewebes offenbar sehr lange Zeit oder vielleicht selbst völlig ausbleiben und es tritt an die Stelle der Geschwürsbildung eine fortschreitende Verödung und bindebewebige Induration der entarteten Schleimhaut. Kommt es aber zur Geschwürsbildung, so erreicht dieselbe nur selten einen hohen Grad; es entwickeln sich meistens nur ganz oberflächliche, unscheinbare Ulcerationen, welche makroskopisch oft gar nicht leicht als solche zu unterscheiden sind. Das die epitheliale Wucherung an Masse weitaus übertreffende sehr dichte Bindegewebe des Scirrhus scheint allen mechanischen und chemischen Einflüssen gegenüber ausserordentlich widerstandsfähig zu sein, wie man es in ganz ähnlicher Weise bei jenen grossen, ohrförmigen chronischen Magengeschwüren findet, deren Grund von schwieligem Bindegewebe oder dem indurirten Pankreas gebildet wird. Es haben auch die scirrhösen Formen des Cylinderzellenkrebses, namentlich des Magens, eine in hohem Grade ausgesprochene Neigung zur Schrumpfung und Vernarbung, obwohl dadurch bei ihnen ein definitiver Abschluss der Neubildung und damit eine Heilung ebensowenig zu Stande kommt, als bei den scirrhösen Formen anderer Krebsarten; denn wenn auch grosse Bezirke der epithelialen Neubildung durch das schrumpfende Bindegewebe völlig verödet werden, so schreitet dieselbe an zahlreichen Punkten der Peripherie doch unaufhaltsam vorwärts.

So trägt also die krebsige Wucherung unter allen Umständen einen fortschreitenden destruirenden Charakter, indem einerseits schon durch die primäre locale Wucherung das Organgewebe in eine atypische Geschwulstmasse umgewandelt wird, andererseits durch die Hinfälligkeit dieses Geschwulstgewebes in den meisten Fällen mehr oder weniger ausgedehnte Geschwürsprozesse bedingt sind.

Werden durch die rein localen Veränderungen im Bereiche des primären Krebsherdes allein schon oft die schwersten Functionsstörungen des krebsig erkrankten Organes verursacht, so werden diese in vielen Fällen noch dadurch in hohem Maasse gesteigert, dass mit der krebsigen Schleimhauterkrankung gleichzeitig auch anderweitige pathologische Veränderungen des nicht krebsig entarteten Schleimhautbezirkes verbunden sind. So findet man namentlich bei Magencarcinomen von selbst unbedeutender Grösse oft einen grossen Teil der Magenschleimhaut im Zustande chronischen Katarrhs; das Oberflächenepithel ist grossenteils abgestossen, die Drüsen sind vielfach cystisch erweitert oder zeigen ein atrophisches Ansehen und an vielen Stellen, besonders in der nächsten Umgebung des Krebsherdes, sind die Labzellen untergegangen und durch cubisches oder cylindrisches Epithel ersetzt; viele solche Drüsen zeigen auch unverkennbare atypische Wucherungserscheinungen, welche von den Anfangsstadien der eigentlich krebsigen Wucherung, wenn letztere einen rein adenomatösen Charakter trägt, oft kaum zu unterscheiden sind.

In manchen Fällen von Magenkrebs findet man die an das Carcinom angrenzende Schleimhaut in grosser Ausdehnung bis zu 10 cm und dar- über schon makroskopisch deutlich verdickt und von warzigem An- sehen; bei der mikroskopischen Untersuchung zeigen in diesem Bezirke sämmtliche Drüsen Erscheinungen atypischer Wucherung und enthalten ausschliesslich cubisches oder cylindrisch geformtes Epithel, in welchem oft zahlreiche karyokinetische Figuren auch im Fundus der Drüsen auffallen.

In anderen Fällen, namentlich auch bei Rectumcarcinomen, ist die nicht krebsig entartete Schleimhaut in hohem Grade atrophisch und bei der mikroskopischen Untersuchung findet man die Drüsen nicht allein sehr verkürzt, sondern auch in ihrer Anzahl beträchtlich reducirt, so dass sie durch breite Räume lymphoiden Gewebes von einander getrennt sind. Die im Beginne krebsiger Entartung befindlichen Drüsen bilden dann einen ausserordentlichen Gegensatz, indem sie die übrigen Drüsen um das 5—6fache an Länge übertreffen können.

Wie weit alle diese Veränderungen der noch nicht krebsig entarte- ten Schleimhaut als secundäre Erscheinungen, welche sich erst an die krebsige Erkrankung des Organs angeschlossen haben, aufzufassen sind, lässt sich schwer entscheiden. Während es einerseits zweifellos ist, dass durch ein jauchendes Krebsgeschwür chronisch katarrhalische Zustände der Schleimhaut verursacht werden können, ist es andererseits sehr leicht denkbar, dass die bei chronischen Katarrhen so häufig beobachteten atypischen Drüsenwucherungen eine gewisse Disposition zur krebsigen Schleimhautentartung bedingen.

Auf die anderweitigen so überaus mannigfaltigen pathologischen Erscheinungen, welche sowohl durch den primären Krebsherd als auch durch die metastatischen Geschwülste an dem primär krebsig erkrankten Organe sowie in anderen Organen und Organsystemen, teils direct, teils indirect verursacht werden, soll hier nicht näher eingegangen werden, nachdem diese Verhältnisse in jedem Lehrbuche der pathologischen Anatomie in ausführlichster Weise dargestellt sind.

Die Art und Weise des Zustandekommens der metastatischen Krebs- herde durch embolische Verschleppung von der primären Krebsge- schwulst abgelöster Zellen auf dem Wege der Lymphbahnen und der Blutgefässe wurde bereits im vorigen Kapitel eingehend besprochen, da die Histogenese der Metastasen sich so eng an diese Vorgänge anschliesst, dass beide notwendig einer gemeinsamen Besprechung unterworfen werden mussten.

Eine merkwürdige Erscheinung ist es, dass die verschiedenen Formen des Cylinderepithelcarcinoms des Magens und des Dickdarms gewisse Eigentümlichkeiten und Unterschiede in der Art der Metastasenbildung aufweisen. So ist es für das Carcinoma gelatinosum ganz charakteristisch, dass sich dasselbe hauptsächlich auf der Serosa ausbreitet und nur sehr selten Metastasen in inneren Organen verursacht; aber auch die solide Form des Magenkrebses zeigt nicht selten in ihren Metastasen hauptsächlich diese Art der Verbreitung. Ferner ist es auffallend, dass man besonders bei solchen Krebsen des Magens und des Dickdarms, welche grosse medullare Tumoren bilden, oft ausser einer krebsigen Infiltration der regionären Lymphdrüsen gar keine weiteren Metastasen in inneren Organen findet, während anderseits bei einfachen und scirrhösen Krebsen von selbst unbedeutendster Grösse gar nicht selten gewaltige metastatische Tumoren in der Leber angetroffen werden. Ein wesentlicher Unterschied in der Häufigkeit der Metastasen ist zwischen den adenomatösen und soliden Formen des Cylinderzellenkrebses nicht zu bemerken; nur scheinen im Allgemeinen bei Rectumcarcinomen, welche ja fast ausschliesslich der adenomatösen Form angehören, Metastasen in der Leber seltener zu sein, als bei Magenkrebsen. Doch dürfte diese scheinbare Differenz hauptsächlich darauf zurückzuführen sein, dass bei Rectumcarcinomen der primäre Krebsherd in der Regel ziemlich frühzeitig auf operativem Wege beseitigt wird, während die meisten Magencarcinome bis zum Lebensende bestehen bleiben; auch ist zu bedenken, dass doch die Mehrzahl der mit Rectumcarcinom behafteten Individuen sich der späteren Obduction entzieht, indem nach günstigem Ausgang der ersten Operation die Patienten selbst bei eintretendem Recidiv in den seltensten Fällen zum zweiten Male das Krankenhaus aufsuchen, sondern in ihrer Heimat sterben. Die Lymphdrüsen im periproctalen Zellgewebe findet man in sehr vielen Fällen, auch bei frühzeitiger Vornahme der Exstirpation, krebsig infiltrirt; und in nicht operirten Fällen von Rectumcarcinom findet man neben den oft ganz colossalen Zerstörungen im Dickdarm fast ausnahmslos auch zahlreiche metastatische Herde in der Leber bei gleichzeitiger ausgebreiteter krebsiger Infiltration der retroperitonealen Lymphdrüsen.

Bei den Magenkrebsen sind, abgesehen von der in vielen Fällen sehr frühzeitig eintretenden krebsigen Infiltration der regionären Lymphdrüsen an der grossen und kleinen Curvatur sowie der hinter dem Magen oberhalb des Pankreas gelegenen Lymphdrüsen, Metastasen in der Leber eine ausserordentlich häufige Erscheinung. Das embolische Material liefern meistens krebsig thrombosirte kleinere Magenvenen, welche man bei der mikroskopischen Untersuchung in allen mit Metastasen in der Leber complicirten Fällen nachweisen kann; aber auch grössere Venenstämme, wie die Venae coronariae, findet man gelegentlich krebsig thrombosirt.

Sowohl bei Magen- als auch bei Rectumcarcinomen können neben Metastasen in der Leber auch metastatische Herde in der Lunge sich entwickeln, wenn in der Leber ein Hereinwuchern der Krebsknoten in Aeste der Lebervene stattfindet, oder aber krebsig infiltrirte Lymphdrüsenpaquete in Körpervenen oder in die Hohlvene selbst durchbrechen. In einem Falle sah ich zahlreiche Venen des krebsig infiltrirten Zwerchfells von epithelialen Thromben ausgefüllt; gleichzeitig fanden sich Krebsmetastasen in der Lunge und im Anschluss daran wieder krebsige Infiltration der Bifurcationsdrüsen (vergl. Anhang Nr. 24). Metastasen in anderen Organen des Körpers, wie sie durch Durchbruch von Lungenmetastasen in Aeste der Lungenvenen entstehen, werden ebenfalls bisweilen beobachtet, doch sind sie immer eine seltene Erscheinung. Auch ein Durchbruch des primären Krebsherdes durch die Bauchwand findet, nachdem zuvor eine Verwachsung der letzteren mit dem krebsig erkrankten Organe eingetreten ist, bisweilen statt.

Nicht allein von theoretischem, sondern auch von hohem praktischem Interesse ist die Art des Zustandekommens der Recidive, welche leider auch beim Cylinderepithelcarcinom des Magens und des Darms sehr häufig beobachtet werden.

THIERSCH [1] unterscheidet in seiner Monographie über den Epithelialkrebs der Haut bekanntlich 3 verschiedene Formen von Recidiv, nämlich ein continuirliches, ein regionäres und ein Infectionsrecidiv. Das continuirliche Recidiv entsteht „durch Fortentwicklung zurückgebliebener Ausläufer" der exstirpirten Geschwülste. Nach dem histologischen Bau des Cylinderepithelcarcinoms, welches ein zusammenhängendes, in die Tiefe greifendes epitheliales Netzwerk bildet, kann es gar keinem Zweifel unterliegen, dass namentlich bei sehr weit vorgeschrittenen Rectumcarcinomen, welche das periproctale Zellgewebe bereits tief infiltrirt haben, solche continuirliche Recidive eine nicht seltene Erscheinung sind. Aber auch in Fällen, wo die epitheliale Wucherung vielleicht weniger in die Tiefe gedrungen ist und bei der Operation die in das periproctale Zellgewebe vorgeschobenen Ausläufer der Neubildung alle entfernt wurden, können gleichwohl continuirliche Recidive auftreten, wenn die krebsige Wucherung eine sehr ausgedehnte horizontale Verbreitung unmittelbar unter der Schleimhaut besitzt. Sowohl bei einem Rectumcarcinom als auch bei einem Magencarcinom konnte ich eine derartige horizontale Verbreitung der krebsigen Wucherung finden; bei ersterem (vergl. Anhang Nr. 14) waren einzelne Ausläufer der krebsigen Wucherung bis zu einer Entfernung von über $1\frac{1}{2}$ cm vom Geschwürs-

---

1) l. c.

rande in dem ganz lockeren submukösen Gewebe in die Peripherie vor-
geschoben, während bei dem Magencarcinom ein 8 cm im Durchmesser
haltender Bezirk krebsige Durchsetzung der Submucosa mit secundärer
krebsiger Schleimhautinfiltration zeigte (Anhang Nr. 24).

Das regionäre Recidiv beruht nach THIERSCH auf Zurückbleiben
oder Wiederauftreten der ursprünglich vorhandenen Disposition zur krebsigen Erkrankung:

„Denn rührt das Recidiv nicht von zurückgebliebenen Keimen her,
entwickelt es sich vollständig neu in der nächsten Umgebung des primären Sitzes, so kann dies nicht anders geschehen, als indem die
gleichen anatomischen Veränderungen, welche der Krankheit am ursprünglichen Sitze disponirend vorhergingen, nun in einem späteren Zeitraum
auch in seiner Umgebung zu Stande gekommen sind. Man hat es demnach mit einer regionären Ausbreitung der anatomischen Disposition
zu thun, welche vom primären Sitze ausgehend nach und nach in immer
weiteren Zonen sich entwickelt.

Dass auf diese Art Recidive, die ich regionäre Recidive nennen
will, zu Stande kommen, ist nicht zu bezweifeln. Taf. V stellt eine
solche fortschreitende Neuentwicklung des Krebses dar. Ich glaube aber,
dass sie beim Lippenkrebs meist mehrere Jahre zu ihrer Entwicklung
nötig haben, und in der Regel von dem continuirlichen Recidiv überholt werden" [1]).

Auch beim Cylinderepithelcarcinom des Magens und des Darms
kann das Vorkommen derartiger regionärer Recidive nach meinen Beobachtungen nicht bestritten werden. Wohl hatte ich nur in 2 Fällen
von Rectumcarcinom (Anhang Nr. 1, 8 und 9; Taf. II Fig. 4) Gelegenheit, zu constatiren, dass das Recidiv, wenigstens zum Teil, sich in
der Tat genau wieder in der nämlichen Weise wie der zuerst operirte
Tumor aus einer primären Wucherung der Schleimhautdrüsen entwickelt
hatte. Allein der Umstand, dass man fast bei jedem Carcinom des
Magens und des Dickdarms, mag dasselbe in der ersten Entstehung
begriffen oder bereits zu einem noch so grossen Krebsgeschwür sich entwickelt haben, in der Peripherie des krebsigen Erkrankungsbezirkes eine
continuirlich fortschreitende krebsige Entartung der Schleimhautdrüsen
beobachten kann, macht es nach meiner Meinung sehr wahrscheinlich,
dass die regionären Recidive auch beim Cylinderepithelcarcinom keineswegs selten sein dürften. Allerdings geht gerade aus der mikroskopischen Untersuchung wiederum hervor, dass in den meisten Fällen in
etwas grösserer Entfernung (2—3 cm) vom Rande des Krebsherdes diese
Disposition zur krebsigen Drüsenentartung, wenigstens zur Zeit der Operation, noch nicht vorhanden war, soweit es gestattet ist, aus dem völlig
normalen histologischen Ansehen der Drüsen auf ein normales physio-

---

[1] l. c. S. 235.

logisches Verhalten derselben zu schliessen. Allein abgesehen davon, dass man immerhin in zahlreichen Fällen (namentlich bei Magenkrebsen) noch sehr weit jenseits der üblichen Operationsgrenze (6—12 cm und mehr vom Rande des Carcinoms entfernt) bereits sämmtliche Drüsen tatsächlich in atypischer Weise verändert sieht und nicht so selten auch in Operationsobjecten die Drüsen bis an die äusserste Grenze des die Neubildung umgebenden Schleimhautsaumes die gleichen Veränderungen aufweisen, muss man doch immer mit der Möglichkeit rechnen, dass früher oder später in den jenseits der Operationsgrenze gelegenen, scheinbar völlig normalen Drüsen sich gleichwohl aus uns unbekannten Ursachen die Disposition zur krebsigen Entartung ausbildet, gerade so wie diese Disposition zweifellos eingetreten und die Drüsen der fortschreitenden krebsigen Entartung verfallen wären, wenn man das Carcinom sich selbst überlassen hätte. Auch das multiple Auftreten krebsiger Erkrankungsherde an dem gleichen Organ spricht sehr für die Möglichkeit des regionären Recidives; denn nach der verschiedenen Grösse und dem verschiedenen anatomischen Verhalten solcher multipler Carcinome muss man schliessen, dass diese keineswegs gleichzeitig, sondern in gewissen Zeiträumen nacheinander sich entwickeln (s. Anhang Nr. 42 und Taf. XII Fig. 26); unter solchen Verhältnissen ist es aber sehr leicht denkbar, dass z. B. in dem angeführten Falle der krebsige Tumor A durch Operation zu einer Zeit hätte entfernt werden können, wo an der Stelle der benachbarten, völlig selbständigen Krebsherde C und D noch völlig normale Schleimhaut zu sehen war.

Freilich muss man auch anderseits die Möglichkeit zugeben, dass mit der Exstirpation des primären krebsigen Erkrankungsbezirkes, zumal wenn die Operationsgrenze sehr weit in die gesunde Schleimhaut hinausgeschoben wird, auch die Disposition zu einer neuen (primären) krebsigen Schleimhauterkrankung erlischt oder die zu einer solchen Disposition führenden Ursachen dauernd oder wenigstens auf längere Zeit beseitigt werden. Dafür spricht der Umstand, dass doch in zahlreichen Fällen nach der Operation Jahre vergehen, ohne dass ein weiteres Recidiv sich entwickelt. Tritt aber erst nach Ablauf von 2—3 Jahren oder noch später ein Recidiv ein, dann dürfte es sich wohl in allen Fällen um ein regionäres Recidiv handeln; denn bei der Operation zurückgebliebene Krebskeime würden sicher viel schneller zur Entwicklung eines Recidives geführt haben. Die Möglichkeit, dass auch beim Cylinderepithelcarcinom das regionäre Recidiv von einem continuirlichen Recidiv überholt wird, ist nicht zu bestreiten.

Die 3. Form von Recidiven endlich, die Infections- oder Transplantationsrecidive Thiersch's, entwickeln sich aus zurückgebliebenen Lymphdrüsen, welche zur Zeit der Operation bereits krebsig infiltrirt waren oder doch schon verschleppte lebensfähige Krebszellen enthielten, wenn auch äusserlich an diesen Drüsen noch keine Veränderungen zu erkennen waren. Die Gefahr des Eintretens solcher Recidive ist beim Cylinderepithelcarcinom des Magens und des Dickdarms zweifellos eine noch weit grössere als beim Krebs der äusseren Haut, indem namentlich die weiter entfernten Lymphdrüsen für die Operation völlig unzugänglich sein können. Ebenso muss man, namentlich bei vorgeschritteneren Fällen, natürlich stets mit der Möglichkeit rechnen, dass auch in der Leber oder in anderen inneren Organen zur Zeit der Operation bereits Keime zu metastatischen Krebsherden abgelagert sind.

VI. Anatomische Diagnose des Cylinderepithelcarcinoms des Magens und des Dickdarms.

Es liegt in der Natur der Sache, dass bei der Diagnose des Magen-
und des Dickdarmkrebses der klinischen Beobachtung eine viel höhere
Bedeutung zukommen muss als der anatomischen Untersuchung. Gelangen doch die meisten Fälle von Carcinom des Magens und des Dickdarms erst zu einer Zeit zur klinischen Beobachtung, wo der krebsige
Erkrankungsprozess bereits ein so vorgeschrittenes Entwicklungsstadium
erreicht hat, dass die klinischen Anhaltspunkte allein in den meisten
Fällen vollkommen schon genügen, um die Diagnose auf Carcinom mit
Sicherheit stellen zu können. Dazu kommt noch, dass wenigstens beim
Magencarcinom und bei höher gelegenen, vom Rectum aus unzugäng-
lichen Dickdarmkrebsen eine directe anatomische Untersuchung der Geschwulst vor der Operation an und für sich gar nicht in Betracht
kommen kann; nur die mikroskopische Untersuchung erbrochener, bezw.
mit dem Stuhl entleerter Geschwulstpartikelchen kann eventuell neue
Anhaltspunkte für die Diagnose liefern und, wenn noch Zweifel herrschten,
unter Umständen allerdings sogar ausschlaggebend werden.

Ein gewisses praktisches Interesse für die Diagnose gewinnt dagegen
die anatomische Untersuchung bei den leicht zugänglichen, tiefer gelegenen Mastdarmkrebsen, namentlich wenn dieselben sehr frühzeitig,
besonders in noch nicht ulcerirtem Zustande zur Beobachtung gelangen,
wo der destruirende Charakter der Neubildung klinisch noch nicht so
sehr ausgeprägt ist.

Hauptsächlich aber wird jedem Kliniker daran gelegen sein, auch
nach vollzogener Operation das Resultat einer genauen mikroskopischen
Untersuchung des entfernten krankhaften Organteiles zu erfahren. Denn
nicht allein die histologische Form des Carcinoms, sondern vor allem
auch die Art der topographischen Ausbreitung der Neubildung und der
Grad der Durchsetzung des angrenzenden Gewebes, sowie das Verhalten
der Schleimhaut und der tieferen Gewebsschichten im Bereiche der
Operationsgrenze vermögen oft wichtige Anhaltspunkte für die weitere

Prognose des Falles, ob eventuell schon in nächster Zeit mit Sicherheit Recidive zu erwarten sind, zu geben.

Virchow [1]) hat sich nun in seinem Aufsatze „Zur Diagnose und Prognose des Carcinoms" hinsichtlich der Diagnose des Krebses im Allgemeinen folgendermassen ausgesprochen:

„Ist meine Auffassung richtig — und ich habe im Laufe einer langen Erfahrung keinen Grund gefunden, daran zu zweifeln — so gehört also zum Nachweise einer carcinomatösen Bildung zweierlei: das Vorhandensein von Alveolen und die Erfüllung derselben mit epithelioiden Zellen. Eine solche Einrichtung kann selbstverständlich nur im Innern der Gewebe, nicht auf ihrer Oberfläche, stattfinden. Es mag geschehen und es geschieht nicht selten, dass sich Theile der Geschwulst an die Oberfläche hervordrängen und endlich über die Oberfläche hervorragen, aber es ist oft eine schwere Aufgabe, dieses Verhältniss in seiner wahren Bedeutung zu erkennen. Die Existenz abgeschlossener Alveolen ist jedoch nur unter der Oberfläche oder in der Tiefe der Gewebe möglich. Daher ist die praktische Frage für die Diagnose jedesmal dahin zu richten, ob der eigentliche Sitz der Neubildung unter der Oberfläche oder gar in der Tiefe des Gewebes angenommen werden muss. Das ist jene Heterologie des Krebses, die ich im Gegensatze zu den früheren Lehren über das Wesen der Heterologie aufgestellt habe (Die Cellularpathologie, Berlin 1858, S. 57, 393). Mit der Entwicklung von Epithel an ungehörigem Orte beginnt die Krebsbildung, und daher ist der Nachweis der Ungehörigkeit des Ortes (Heterotopie) der erste Schritt zur Diagnose. Beendigt ist sie damit noch nicht, denn auch andere Geschwülste, wie die Perlgeschwulst und das Dermoid, bringen heterologe Epidermisbildung und sind trotzdem keine Krebse. Erst das Auffinden des alveolären Baues, also eines besonderen Gerüstes oder Stromas, und somit die Analogie mit der Einrichtung einer Drüse ergibt die weiteren Anhaltspunkte, zu deren voller Bedeutung noch die Geschlossenheit der scheinbaren Drüse, der Mangel eines Ausführungsganges hinzutreten muss."

Aus den vorliegenden Untersuchungen geht nun mit aller Bestimmtheit hervor, dass diese von Virchow für die Diagnose des Carcinoms im Allgemeinen aufgestellten Sätze in Anwendung auf das Cylinderepithelcarcinom des Magens und des Dickdarms zum Teil sehr wesentliche Modificationen zu erfahren haben, welchen nicht allein theoretisches, sondern bis zu einem gewissen Grade auch praktisches Interesse zukommen dürfte.

Zunächst ist hervorzuheben, dass gar kein Zweifel weiter darüber existiren kann, dass die in den Scheinalveolen der Krebsgeschwulst gelegenen eigentlichen Krebszellen nicht epithelioide Zellen, sondern

---

1) Virchow's Archiv, Bd. 111, 1888, S. 6.

wirkliche Epithelien sind, welche von dem in Wucherung geratenen präexistirenden Drüsenepithel abstammen. Man kann daher das Carcinom des Magens und des Dickdarms auch nicht im Sinne Virchow's als eine heterologe Geschwulst auffassen; wie bei den übrigen Carcinomen, so handelt es sich auch hier nur um ein heterotopes Auftreten von Epithel, welches niemals durch Metaplasie anderer Gewebstypen, sondern stets durch eine unbegrenzte, die physiologischen Grenzen überschreitende Wucherung des präexistirenden Epithels bedingt ist. Wie wichtig diese Verhältnisse für die Diagnose des Carcinoms sind, d. h. zu welchen Irrtümern die Nichtbeachtung derselben führen kann, das beweisen die bekannten Untersuchungen Scheuerlen's [1]), welcher sich durch das Auffinden von „epithelioiden" Zellen in einer durch Bacterienverimpfung erzeugten Geschwulst zu dem Glauben, ein wirkliches Carcinom erzeugt zu haben, verleiten liess.

Weniger Gewicht ist dagegen bei der Diagnose des Magen- und Dickdarmkrebses auf die alveoläre Structur der Krebsgeschwulst und auf die Anwesenheit eines besonderen Gerüstes zu legen. Ein besonderes, neugebildetes Bindegewebsgerüst existirt in vielen Fällen, welche ohne entzündliche Reaction des Bindegewebes verlaufen, überhaupt nicht; die epithelialen Zellenmassen erfüllen hier einfach die Lymphbahnen und Maschenräume des schon vor der krebsigen Wucherung vorhandenen Gewebes; aber auch in Fällen, welche von mächtiger Bindegewebswucherung begleitet sind, ist letztere stets nur eine secundäre Erscheinung, welche der epithelialen Neubildung onkologisch nicht als gleichwertig zu betrachten ist; es ist das vermutlich die gleiche Bindegewebswucherung, welche sich eventuell um einen in das Gewebe eingedrungenen Fremdkörper entwickeln würde. Niemals besitzt das bindegewebige Gerüst des Cylinderepithelcarcinoms des Magens und des Dickdarms einen eigentlichen alveolären Bau in dem Sinne, wie wir z. B. von einer alveolären Structur des Lungengewebes sprechen; besonders in jenen Fällen, wo die epithelialen Wucherungen fast ausschliesslich auf dem Wege der präformirten Lymphbahnen fortschreiten und daher in ihrer Ausbreitungsform die Form des Lymphgefässnetzes wiedergeben, ist die Bezeichnung „alveoläre Structur" gewiss nicht glücklich gewählt: wenigstens denkt doch sonst niemand daran, von einer alveolären Structur des Lymphgefässnetzes zu sprechen.

Auf keinen Fall aber liegen die epithelialen Wucherungen beim Carcinom des Magens und des Darms in abgeschlossenen Alveolen; unter allen Umständen bilden die epithelialen Wucherungen an dem primären Krebsherd ein von dem Drüsenepithel in die Tiefe greifendes zusammenhängendes Netzwerk, und diesem Verhältnisse entsprechend haben die von der Wucherung erfüllten Hohlräume die Form

---

1) l. c.

eines netzförmig verzweigten Canalsystems. Dieser Grundtypus der krebsigen Wucherung pflegt bei den rein adenomatösen Formen am deutlichsten ausgeprägt zu sein. Dass durch massige Wucherung des Epithels, durch die Bildung grosser Knotenpunkte, Confluenz und cystische Erweiterung der Wucherungen u. s. w. das Bild der einfachen Netzform sehr wesentlich complicirt und verändert werden kann, ist selbstverständlich, und es wurde darauf bereits in den vorigen Kapiteln hingewiesen; immerhin bleibt aber auch in solchen Fällen der netzförmige Grundtypus nicht zu verkennen.

Niemals findet die erste Anlage der krebsigen Wucherung in abgeschlossenen, in der Tiefe des Gewebes gelegenen Hohlräumen statt; vielmehr erfolgt dieselbe ausnahmslos in der Weise, dass das in Wucherung geratene, präexistirende Drüsenepithel in continuirlichem Zusammenhang in die Tiefe dringt.

Aber auch für die weitere Ausbreitung der primären Krebsgeschwulst in der Tiefe der Gewebe ist die Bildung „accessorischer", in allseitig abgeschlossenen Hohlräumen gelegener Knoten kaum in Betracht kommend. Es kann keinem Zweifel unterliegen, dass solche accessorische Herde auf metastatischem Wege zur Entwicklung gelangen können, und in der Tat findet man solche nicht selten in etwas grösserer Entfernung von dem primären Krebsherd. Aber in unmittelbarer Nähe desselben, in der Nähe der eigentlichen Wachstumsgrenze, konnte ich niemals solche accessorische Herde auffinden; so oft ich die am einzelnen Schnitt isolirten und daher scheinbar selbstständigen Epithelnester in der Peripherie der krebsigen Wucherung an Schnittserien vermittelst der Methode plastischer oder graphischer Darstellung verfolgte, stets konnte ich mich nur von dem Zusammenhang dieser Wucherungen mit der übrigen krebsigen Wucherung überzeugen, so dass also die scheinbar allseitig abgeschlossenen Herde sich immer nur als Durchschnitte oder Tangentialschnitte der peripheren Ausläufer des krebsig-epithelialen Netzwerkes erwiesen.

Auch der Mangel eines Ausführungsganges der krebsigen Wucherung ist in der Mehrzahl der Fälle von Carcinom des Magens und des Darms für die Diagnose nicht massgebend; im Gegenteil, die vorliegenden Untersuchungen haben gezeigt, dass bei den adenomatösen Formen des Magen und- Darmkrebses die netzförmig verzweigten Epithelschläuche der selbst in den tiefsten Gewebsschichten gelegenen krebsigen Wucherung stets im directen Zusammenhang mit den entarteten Schleimhautdrüsen stehen, so dass also die krebsige Wucherung in allen diesen Fällen stets mit ebenso vielen Ausführungsgängen an die Schleimhautoberfläche mündet, als noch krebsig entartete Drüsen in der Schleimhaut erhalten sind.

Freilich kann man in alle diese Verhältnisse nur durch das genaue

Studium von Schnittserien, wobei die in der oben geschilderten Weise auszuführende plastische oder graphische Darstellung der krebsigen Wucherung ganz unerlässlich ist, einen sicheren Einblick erhalten. An einzelnen, zusammenhangslosen Schnitten lässt sich nie entscheiden, ob ein scheinbar isolirtes Zellennest tatsächlich von der übrigen Wucherung getrennt, als ein sogenannter accessorischer Herd aufzufassen ist. Mit Recht macht THIERSCH auf die ganz ähnlichen Verhältnisse in der Haut aufmerksam, wo man auch an senkrecht geführten Schnitten in den tieferen Schichten die knäuelförmig aufgewundenen Schweissdrüsen, tangential oder quer getroffene Talgdrüsen und Haarbälge als scheinbar isolirte, ohne Zusammenhang mit der Oberfläche stehende epitheliale Gebilde sieht, während gleichwohl noch niemand auf den Gedanken gekommen ist, deren wirklichen Zusammenhang mit der Oberfläche zu bestreiten.

Dass aber beim Cylinderepithelcarcinom des Magens und des Dickdarms die Verhältnisse ganz ebenso liegen, davon sich zu überzeugen ist nicht schwer, wenn man die graphische Darstellung der selbst nur 5 Schnitte umfassenden Serie auf Taf. III und IV aufmerksam betrachtet.

Aus alledem geht hervor, dass die von VIRCHOW für die Diagnose des Carcinoms im Allgemeinen hervorgehobenen Momente: Heterotopie der epithelialen Neubildung, alveoläre Structur derselben und Geschlossenheit, bezw. Mangel eines Ausführungsganges der Wucherungen, für die Diagnose des Cylinderepithelcarcinoms des Magens und des Darms teils nicht zutreffen, teils nicht genügen; aber auch im Allgemeinen dürfte eine derartige Präcision der Diagnose nicht für alle Fälle Anwendung finden können, indem man sonst z. B. das Fibro-Adenom der Mamma als ein Carcinom bezeichnen müsste, da es alle die von VIRCHOW angeführten Bedingungen erfüllt, ja selbst ein „besonderes", onkologisch der epithelialen Neubildung wahrscheinlich völlig gleichwertiges Bindegewebsgerüst besitzt.

Die Entwicklung des Carcinoms beruht auf einer die physiologischen Grenzen überschreitenden, schrankenlosen, das Organgewebe destruirenden Wucherung des präexistirenden Epithels.

In dieser Definition des krebsigen Prozesses, wie sie von THIERSCH für den Epithelkrebs der Haut und von WALDEYER für alle übrigen Krebsformen festgestellt wurde, ist nach meiner Auffassung alles gelegen, was für die anatomische, bezw. histologische Diagnose der primären Krebsgeschwulst im Allgemeinen erforderlich ist. Es ergibt sich daraus von selbst, dass wir von vorne herein ein Carcinom nur da erwarten können, wo sich der Ausgang der Neubildung vom präexistirenden Epithel entweder noch direct durch die mikroskopische Untersuchung nachweisen lässt, oder wo wenigstens dieser Ursprung durch die Sachlage der äusseren anatomischen Verhältnisse nicht geradezu auszuschliessen ist. Mit dieser Forderung stimmt ja auch die Tatsache überein, dass eine primäre Krebsgeschwulst sich so gut wie ausschliesslich nur da entwickelt, wo schon normaler Weise präexistirendes Epithel sich vorfindet. Die relativ sehr seltenen Fälle primärer Krebsentwicklung an Localitäten, an welchen sich unter normalen Verhältnissen gar kein Epithel vorfindet, können nicht als ein Beweis gegen das Gesetz von dem epithelialen Ursprung des Carcinoms verwendet werden; denn in allen diesen Fällen handelt es sich zum Teil um eine ungenügende Beobachtung, zum Teil aber kann in denselben, wie z. B. bei den sogenannten branchiogenen und den aus Dermoidcysten sich entwickelnden Krebsen, die epitheliale Wucherung sehr wohl ihren Ursprung von heterotopen Epithelanlagen genommen haben, welche auf embryonale Entwicklungsstörungen im Sinne von REMAK und COHNHEIM zurückzuführen sind (vergl. S. 109). Auch können endotheliale Geschwülste gelegentlich zur Verwechslung mit Epithelcarcinomen führen; so beschrieb kürzlich ZAHN [1]) einen sehr interessanten Fall einer von den Schädelknochen ausgehenden endothelialen Geschwulst, welche in ihrem histologischen Bilde eine weitgehende Aehnlichkeit mit einem adenomatösen Carcinom besitzt; nach den Untersuchungen ZAHN's hatte sich die primäre Geschwulst wahrscheinlich aus einer Wucherung der Gefässendothelien des Knochenmarkes entwickelt.

Jedenfalls ist der Nachweis des epithelialen Charakters der Neubildung die erste und notwendigste Bedingung für die Krebsdiagnose.

Bei den Carcinomen des Magens und besonders des Dickdarms lässt sich dieser Zusammenhang der krebsigen Wucherung mit dem präexistirenden Epithel, d. h. also mit den Schleimhautdrüsen in weitaus den meisten Fällen nachweisen; wo aber ein solcher Zusammenhang nicht mehr aufzufinden ist, da ist gewiss keine intacte Schleimhaut mehr vorhanden, sondern in allen Fällen ein mehr oder weniger umfangreiches Krebsgeschwür, welches durch Analogieschluss die Annahme rechtfertigt, dass die epitheliale Neubildung ebenfalls ursprünglich von den Schleimhautdrüsen aus sich entwickelt hat.

Von grösster Bedeutung für die Diagnose ist die schrankenlose Wucherung der Neubildung, durch welche der destruirende Charakter derselben bedingt wird und welche histologisch in dem Durchbruch der entarteten Drüsenschläuche in die Submucosa und in einer Durchsetzung dieser letzteren und der tieferen Gewebsschichten von der epithelialen Wucherung ihren Ausdruck findet.

Allerdings beobachtet man ja auch bei der sogenannten atypischen Drüsenwucherung, wie sie sich gar nicht selten in den Rändern chronischer Magengeschwüre, tuberculöser Geschwüre des Dickdarms und anderen Geschwüren nicht krebsigen Charakters, besonders auch in

1. VIRCHOW's Archiv, Bd. 117, S. 189.

Magennarben u. s. w. vorfindet, eine oft recht erhebliche Wucherung der Schleimhautdrüsen, welche selbst zu einer Perforation der Muscularis mucosae und Vordringen der neugebildeten Drüsenschläuche sogar bis in die Muscularis führen kann. Allein ein so tiefes Eindringen der atypischen, nicht krebsigen Drüsenwucherung gehört doch zu den Seltenheiten, und wo es stattfindet, da sind es stets nur ganz vereinzelte Drüsenschläuche, welche niemals, wie ganz regelmässig beim Carcinom, zu einer wirklichen Durchsetzung des Gewebes mit der epithelialen Neubildung führen. Namentlich wird man bei der nicht krebsigen atypischen Drüsenwucherung im Anschluss an chronische Geschwürsprozesse das Gewebe des Geschwürsgrundes stets frei von epithelialen Wucherungen finden, während bei einem Krebsgeschwür wohl ausnahmslos auch das Gewebe des Geschwürsgrundes von der epithelialen Neubildung mehr oder weniger dicht durchsetzt ist. Eine Ausnahme können hier nur ursprünglich nicht krebsige Geschwüre bilden, welche sich im Anfangsstadium krebsiger Entartung befinden, zu einer Zeit, wo die krebsige Wucherung noch auf das Gebiet des Geschwürsrandes beschränkt ist. Hier kann allerdings die Differentialdiagnose eventuell Schwierigkeiten bieten, und namentlich lässt sich aus einzelnen kleinen Schleimhautstückchen die Diagnose, wenigstens im negativen Sinne, nicht mit Sicherheit stellen, indem die krebsige Entartung des Geschwürsrandes eben nur an vereinzelten Stellen und nicht überall gleichmässig zu beginnen pflegt. Ist aber erst einmal eine tiefgreifende und ausgedehntere Entartung und Durchsetzung des Geschwürsrandes mit der epithelialen Wucherung eingetreten, dann allerdings ist an der krebsigen Natur der Wucherung nicht mehr zu zweifeln, selbst wenn im Geschwürsgrunde keine epitheliale Neubildung nachzuweisen ist.

Auch erleiden bei der nicht krebsigen atypischen Wucherung die Schleimhautdrüsen des Magens und des Dickdarms niemals jene weitgehenden Veränderungen wie bei der krebsigen Entartung; namentlich wird der stets einschichtige Epithelbelag bei der einfachen atypischen Drüsenwucherung ausnahmslos von sehr regelmässigen cylindrischen oder cubisch geformten Zellen gebildet, während bei der krebsigen Entartung sehr häufig schon die Schleimhautdrüsen sich durch wenigstens stellenweise mehrschichtigen Epithelbelag, ja selbst Verlust des Drüsenlumens und Polymorphie der Zellen auszeichnen. Derartige Veränderungen des Drüsenepithels, ebenso jene eigentümlichen, mit einer mächtigen Streckung des Drüsenschlauches verbundenen Formveränderungen der Drüsen, wie sie für manche Fälle von Carcinoma solidum und gelatinosum beschrieben wurden (vergl. S. 41 und 47, ferner Taf. VI und VII, Fig. 14 und 15, Taf. IX, Fig. 17, und Taf. X, Fig. 20), kommen bei einfacher atypischer Drüsenwucherung niemals vor, sondern ausschliesslich bei der krebsigen Entartung der Schleimhaut.

In allen diesen Fällen ist daher auch die Möglichkeit vorhanden, lediglich aus dem histologischen Befunde, welchen die Untersuchung selbst kleiner excidirter Schleimhautstückchen bietet, die Diagnose auf Krebs zu stellen, auch dann, wenn noch keine Ulceration der Neubildung eingetreten ist und der klinische Befund allein eine sichere Diagnose noch nicht ermöglicht.

Dieser Umstand ist nicht ohne Bedeutung, wenn es sich um die Entscheidung handelt, ob eine polypöse oder papillomatöse Geschwulst des Magens oder des Dickdarms krebsigen Charakter trägt, zumal gerade diese Geschwülste gar nicht selten secundärer krebsiger Entartung verfallen. Finden sich bei der mikroskopischen Untersuchung die erwähnten Formveränderungen der Schleimhautdrüsen und ihres Epithelbelags, so liegt zweifellos eine krebsige Erkrankung, sei es primärer oder secundärer Natur, vor, selbst in solchen Fällen, wo die Geschwulst noch vollkommen gestielt oder wenigstens, bei breiter Basis, noch nicht mit den tieferen Gewebsschichten verwachsen erscheint.

Für die Diagnose des Magencarcinoms haben freilich alle diese Verhältnisse bei der Unzugänglichkeit des Organes wenig praktische Bedeutung; wohl aber können sie eine solche bei in den allerersten Anfangsstadien befindlichen Carcinomen, sowie bei klinisch verdächtigen polypösen oder papillomatösen Geschwülsten in den unteren Abschnitten des Dickdarms erlangen.

VII. Kritische Bemerkungen zur Aetiologie des Carcinoms.

Sind auch anatomisch-histologische Untersuchungen nicht geeignet, die letzten Ursachen eines Krankheitsprozesses aufzuklären, so sind doch solche Untersuchungen auch für die Lösung der ätiologischen Frage insofern nicht ganz ohne Bedeutung, als die für die Aetiologie aufgestellten Lehren unter allen Umständen sich mit den bei der anatomisch-histologischen Untersuchung beobachteten Vorgängen und histologischen Gewebsveränderungen in logischer Weise vereinbaren lassen und den allgemeinen, auch für die pathologische Neubildung giltigen, entwicklungsgeschichtlichen Gesetzen entsprechen müssen. Es können daher die anatomisch-histologischen Untersuchungen eventuell gewissermassen als ein Prüfstein für die über die Ursache eines Krankheitsprozesses aufgestellten Theorien angesehen werden.

Unterzieht man von diesem Gesichtspunkte aus, gestützt auf die für die Histogenese des Cylinderepithelcarcinoms festgestellten Tatsachen, welche zweifellos auch bei den übrigen Krebsformen in gesetzmässiger Weise wiederkehren, die verschiedenen für die Aetiologie des Carcinoms aufgestellten Theorien einer kritischen Betrachtung, so ist es vor allen die Cohnheim'sche Theorie von der embryonalen Anlage des Carcinoms, deren Unhaltbarkeit ohne weiteres in die Augen fällt.

Zunächst von der Ansicht ausgehend, dass nach den physiologischen Gesetzen des Wachstums den Geweben des vollendeten Organismus auch unter pathologischen Verhältnissen nicht die für die meisten Geschwülste charakteristische unbegrenzte Wucherungsfähigkeit zukommen könne, stellte Cohnheim[1]) bekanntlich die Hypothese auf, dass alle echten Geschwülste als „atypische Gewebsneubildungen von embryonaler Anlage" aufzufassen seien: während des frühesten embryonalen Lebens, wahrscheinlich in der zwischen der Differenzirung der Keimblätter und der Anlage der

---

1) Cohnheim, Vorlesungen über allgem. Pathologie, II. Aufl. 1882, Bd. 1, Vorles. VII.

einzelnen Organe gelegenen Periode, sollte eventuell ein grösseres Zellenquantum, als zum Aufbau der Organe erforderlich ist, producirt werden, so dass ein Teil dieser Zellen nicht zur Verwendung kommt und daher unter Beibehaltnng des embryonalen Charakters mitten in dem sich weiter entwickelnden Gewebe als überschüssiges Zellenmaterial liegen bleibe, welches selbst bis in das späte Lebensalter als ein „latenter embryonaler Keim" erhalten bleiben könne. Da aber dem embryonalen Gewebe, wie es insbesondere für den embryonalen Knorpel durch die experimentellen Untersuchungen von ZAHN [1]) und LEOPOLD [2]) festgestellt sei, eine unbegrenzte Wachstumsfähigkeit zukomme, so sollen derartige embryonale Gewebskeime unter günstigen Umständen, wie sie durch gesteigerte Blutzufuhr oder Schwächung der physiologischen Widerstände des Nachbargewebes in Folge von Traumen, Entzündungen und anderen Schädlichkeiten hervorgerufen werden, in Wucherung geraten und so zur Bildung einer echten Geschwulst führen können.

Als weitere Stützen dieser Hypothese, welche für alle echten Geschwülste, namentlich auch für das Carcinom in Anwendung kommen soll, führt COHNHEIM die bisweilen constatirte Erblichkeit von Geschwülsten an, sowie die Tatsache, dass manche Geschwulstformen nicht selten congenital auftreten oder wenigstens schon in den frühesten Lebensjahren zur Entwicklung gelangen, so dass ihre erste Anlage zweifellos auf das intrauterine Leben zurückzuverlegen ist.

Grosses Gewicht legt ferner COHNHEIM auf den unfertigen, embryonalen Charakter der zelligen Elemente vieler Geschwülste und auf ihren atypischen Bau, namentlich aber auf den heterologen Charakter mancher Geschwulstformen, wie z. B. der Rhabdomyome der Niere, der Enchondrome des Hodens, für welche ja in der Tat eine ungezwungenere und natürlichere Erklärung, als die, dass sie „verirrten" embryonalen Keimen ihre Entstehung verdanken, kaum erbracht werden dürfte.

Speciell bezüglich der Carcinome hebt COHNHEIM noch das Auftreten dieser Geschwulstform an den bekannten Prädilectionsstellen hervor, was COHNHEIM in dem Sinne deutet, dass gerade an diesen Orten während der embryonalen Entwicklung gewisse Complicationen stattfänden, welche ganz besonders geeignet wären, Störungen in dem angegebenen Sinne herbeizuführen.

Es liegt auf der Hand, dass nach dieser Theorie die erste Anlage einer Geschwulst nur im Innern der Gewebe und Organe erfolgen und dass sie ihren Ursprung keinesfalls von der Oberfläche (im ausgedehntesten Sinne des Wortes) nehmen kann. Die primäre Krebsgeschwulst müsste daher in ihrer Entstehung und ihren Beziehungen zum Organ-

1 ZAHN, Sur le sort des tissus implantés dans l'organisme. Protokolle des Congrès méd. internat. de Genève 1878.

2 VIRCH. Arch., Bd. 85, S. 283.

gewebe anatomisch und histologisch in gewissem Sinne die gleichen Verhältnisse erkennen lassen, wie sie bei Entwicklung der Metastasen tatsächlich beobachtet werden. Bei zahlreichen Geschwülsten aus der bindegewebigen Gruppe, wie z. B. vielen Sarkomen, Enchondromen u. s. w., ist ja eine derartige Uebereinstimmung hinsichtlich der Entwicklung des primären Tumors und der secundären Metastasen wenigstens scheinbar vorhanden.

Nun war aber schon von Thiersch[1]) in der überzeugendsten Weise nachgewiesen worden, dass die Carcinome der äusseren Haut einer Wucherung der in der Haut präexistirenden epithelialen Elemente ihren Ursprung verdanken. Dieser Tatsache gegenüber konnte sich auch Cohnheim nicht verschliessen; allein er liess den Thiersch'schen und den späteren zum Teil das gleiche Thema behandelnden Untersuchungen Waldeyer's[2]) nur insoweit Anerkennung zukommen, als er zwar für die flachen, vom Deckepithel ausgehenden Hautkrebse die von Thiersch und Waldeyer festgestellte Entstehungsweise zugab, nicht aber für die tiefgreifenden Hautkrebse, welche nach Thiersch und Waldeyer zum Teil aus einer Wucherung der drüsigen Elemente der Haut hervorgehen sollten. Jenes Zugeständniss glaubte Cohnheim um so mehr machen zu können, als ja die Deckepithelien schon physiologischer Weise in fortdauernder Regeneration begriffen seien und bei ihnen im Gegensatze zum Drüsenepithel eine atypische Proliferation auch ohne Nerveneinfluss bei gesteigerter Ernährung oder Wegfall der physiologischen Widerstände erfolgen könne.

Aber eben aus diesem Grunde trennt Cohnheim das Ulcus rodens und ähnliche Prozesse von den eigentlichen Geschwülsten vollständig ab und stellt sie unter dem alten Namen der Cancroide den wahren Carcinomen gegenüber, mit welchen sie zwar den bösartigen „krebsigen" Charakter gemein hätten, von welchen sie sich aber in ätiologischer Hinsicht unterscheiden; denn diese Cancroide ständen ätiologisch auf gleicher Stufe mit den von Friedländer[3]) und anderen bei entzündlichen Prozessen beobachteten sogenannten atypischen Epithelwucherungen, während das wahre Carcinom stets von embryonaler Anlage sein müsse.

Einfacher gestaltete sich für Cohnheim die Frage bei den Drüsenkrebsen: „denn in den Drüsen geschieht nach dem Abschluss der Wachstumsperiode keine Zellenneubildung als bei der Secretion, also unter Nerveneinfluss, und dafür wird es zweifellos ganz gleichgiltig sein, wie es mit den physiologischen Widerständen im interacinösen Bindegewebe steht. Darum kann es auch keinen Drüsenkrebs geben, der nicht zugleich eine echte Geschwulst ist; aber gerade die Drüsenkrebse bieten auch die schönsten Beispiele dafür,

---

1) l. c.
2) l. c.
3) Friedländer, Ueber Epithelwucherung und Krebs. Strassburg 1877.

dass dem krebsigen Stadium das eines gutartigen Adenoms von
oft sehr langer Dauer vorangeht"[1]). Um auch hier den histologischen
Untersuchungen von Waldeyer[2]), Perewerseff[3]) und anderen, welche
auch bei den Drüsenkrebsen den continuirlichen Uebergang des ursprünglichen Drüsenepithels in die krebsige Wucherung nachgewiesen haben,
gerecht zu werden, lässt Cohnheim schon von Anfang an die Zellenschläuche oder Bläschen des dem Krebse vorausgehenden Adenom-
knotens „in mehr oder weniger deutlichem Zusammenhange mit den
normalen Drüsentubuli oder Acini stehen".

Es kann nicht geleugnet werden, dass gegen diese Theorie von
der Entstehung des Carcinoms, welche übrigens, da sie die Gründe
für jene embryonalen Entwicklungsstörungen völlig unerörtert lässt, die
letzten Ursachen der Krebskrankheit nicht einmal klarlegen würde,
eine ganze Anzahl schwerwiegender Einwände erhoben werden kann,
welche dieselbe bezüglich ihrer Wahrscheinlichkeit von vorne herein in
einem ungünstigen Lichte erscheinen lassen.

So ist die von Cohnheim geforderte Trennung der Hautcarcinome
in Cancroide und echte Carcinome weder anatomisch noch klinisch
gerechtfertigt und muss daher auch für die Diagnose die grössten
Schwierigkeiten herbeiführen. Denn die von Cohnheim erwähnten dia-
gnostischen Anhaltspunkte: dass beim echten Krebs das Umsichgreifen
der Epithelmassen stärker und lebhafter sei und daher, im Gegensatze
zum Ulcus rodens, über die Oberfläche der Haut prominirende Knoten
bilde, und dass ferner „das krebsartige Geschwür nicht wohl zu Metastasen führe", können weder für eine principielle Trennung von Ulcus
rodens und Carcinom noch für die Differentialdiagnose beider ausschlaggebend sein, da einerseits die hervorgehobenen Unterschiede doch nur
graduell sind, andererseits auch beim typischen Ulcus rodens, auch beim
Paraffinkrebs und ähnlichen Prozessen eine krebsige Infiltration der
regionären Lymphdrüsen häufig genug beobachtet wird.

Auch erscheint die den Waldeyer'schen Untersuchungen angepasste
Anschauung, dass das schon im embryonalen Leben angelegte Adenom
mit den normalen Drüsenschläuchen und Drüsenacini in directem Zusammenhange stehe, in hohem Grade unwahrscheinlich. Einen den
organoplastischen Kräften des embryonalen Wachstums entrückten Zellencomplex kann man sich bei der fortschreitenden Entwicklung des Gewebes nicht gut auf die Dauer in einem derartigen organischen Verbande mit diesem letzteren vorstellen, dass wie in dem gegebenen Falle die
Epithelien der erwachsenen Drüse in unmittelbarer Aneinanderfügung mit
den Epithelien embryonalen Charakters in directem Zusammenhange
bleiben. Wenigstens ist gar nicht einzusehen, warum bei dem Erhalten-

1) l. c. S. 780.
2) l. c.
3) l. c.

bleiben eines solchen organischen Verbandes der eine Teil der Drüsenzellen embryonalen Charakter beibehalten sollte, während der übrige
Teil den normalen Entwicklungsgang vollendet. Man sollte vielmehr
glauben, dass unter solchen Verhältnissen, wenn bei der embryonalen
Anlage einer Drüse überschüssiges Zellmaterial producirt wird, aber dieses
gleichwohl mit dem ganzen für den Aufbau der Drüse bestimmten
Zellencomplex in dauerndem Zusammenhange verbleibt, höchstens ein
Riesenwuchs der betreffenden Drüse erfolgt, nicht aber eine atypische
mit der typisch entwickelten Drüse unmittelbar verbundene Geschwulst.
Letztere kann auf diesem Wege doch wohl nur dann entstehen, wenn
jenes überschüssige Zellmaterial frühzeitig den organischen Zusammenhang mit dem übrigen embryonalen Drüsenepithel verliert und dadurch
eben der Einwirkung der die typische Entwicklung der Drüse bestim-
menden Kräfte entzogen wird.

Und in der Tat gibt es ja auch epitheliale Geschwülste, deren Entstehung wohl gar keine andere Deutung zulässt, wie z. B. das Fibro-
Adenom der Mamma, die Adenome der Nieren und ähnliche Geschwülste.
Aber gerade für alle diese Geschwulstformen ist es charakteristisch,
dass dieselben keine Ausführungsgänge besitzen und dass ihr Epithel
mit dem der normalen Drüsen in keinerlei Zusammenhang steht, selbst
wenn sie, wie z. B. die Nierenadenome, allseitig von dem Gewebe des
normal entwickelten Organes eingeschlossen sind.

Eine secundäre krebsige Entartung solcher offenbar auf embryonale
Entwicklungsstörungen zurückzuführender Adenome kommt zweifellos
vor; aber gleichwohl können für gewöhnlich solche abgeschlossene adenomatöse Geschwülste nicht als eine Vorstufe der Krebsentwicklung nachgewiesen werden.

Wohl aber haben eine Reihe von späteren Untersuchungen dar-
getan, dass auch das normale Drüsengewebe nach Abschluss der physiologischen Wachstumsperiode einer atypischen Wucherung fähig ist, und
zwar unter den gleichen Umständen, unter welchen die atypische Wucherung der Deckepithelien erfolgt. Ich möchte hier namentlich auf meine
eigenen Untersuchungen über den Vernarbungsprozess des chronischen
Magengeschwüres [1]) hinweisen, welche zeigen, dass die Magendrüsen
bei Wegfall der physiologischen Widerstände selbst bis in die Muscularis vorzudringen vermögen.

Der Nachweis, dass solche atypische Wucherungen auch beim normalen Drüsenepithel keineswegs selten vorkommen, berechtigt aber zu
der Annahme, dass auch bei den Drüsen ähnliche Prozesse wie das
Cancroid der äussern Haut im Sinne Cohnheim's sich entwickeln
können; dadurch müssen aber für die Drüsenkrebse die gleichen
Schwierigkeiten in der Abgrenzung entstehen, wie sie bei einer Tren-

---

1) l. c.

nung der Hautkrebse in wahre Carcinome und Cancroide sich ergeben. Namentlich gilt dies für die sich flächenhaft ausbreitenden Magen- und Darmkrebse, welche in ihrem ganzen Verlauf gar nicht selten eine grosse Aehnlichkeit mit dem Ulcus rodens der äussern Haut besitzen, sowohl hinsichtlich der langsam fortschreitenden localen Ausbreitung, als auch wegen der oft geringen Tendenz zur Metastasenbildung.

Nun muss man allerdings zugestehen, dass bei den acinösen Drüsen der unanfechtbare Nachweis, ob ein Carcinom wirklich aus einer Wucherung des präexistirenden Drüsenepithels hervorgegangen ist, auf erhebliche Schwierigkeiten stossen kann, indem bei dem complicirten Bau der acinösen Drüsen und der damit verbundenen schwierigeren Beurteilung der topographischen Verhältnisse im einzelnen mikroskopischen Schnitt der continuirliche Uebergang des normalen Drüsenepithels in die krebsige Wucherung nicht immer in klarer, überzeugender und leicht demonstrirbarer Weise aufgefunden werden kann.

Ja selbst bei Plattenepithelcarcinomen lässt sich in vielen Fällen, und zwar gerade in solchen, wo die Epithelwucherung eine massigere ist und welche daher von CONHEIM zu den echten Krebsen gerechnet werden, auf Grund der mikroskopischen Untersuchung nicht mit Bestimmtheit die Annahme zurückweisen, dass die eigentliche epitheliale Geschwulstmasse sich im Sinne CONHEIM's primär unterhalb des Deckepithels und von diesem unabhängig entwickelt habe und erst secundär mit der ebenfalls in Wucherung geratenen ursprünglichen Epithellage in Verbindung getreten sei.

Wesentlich günstiger liegen dagegen die Verhältnisse bei den tubulösen Drüsen des Magens, namentlich aber des Dickdarms. Der einfache Bau, der gerade Verlauf dieser Drüsen gestattet es, dass dieselben in ihrer ganzen Ausdehnung in den Schnitt fallen können und man in der klarsten und übersichtlichsten Weise alle vom Drüsenepithel ausgehenden Prozesse auf den ersten Blick übersehen und richtig beurteilen kann. Dazu sind durch die Muscularis mucosae die physiologischen Grenzen der Drüsenschicht in unverkennbarer Weise vorgezeichnet.

Auf diese überaus günstigen Verhältnisse für die Beurteilung der Histogenese der Carcinome hat CONHEIM, welcher in seinen letzten Jahren nicht mehr so ausschliesslich an dem embryonalen Ursprung der Carcinome festhielt, selbst im Privatgespräche und in seinen Vorlesungen gelegentlich hingewiesen.

Freilich könnte man ja auch für die Magen- und Darmkrebse den Einwand geltend machen wollen, dass auch hier der eigentliche Krebs sich primär in der Submucosa entwickelt habe und dass die in einfache atypische Wucherung geratenen Drüsen erst secundär mit der krebsigen Wucherung in Verbindung getreten seien.

Allein dieser Einwand muss deshalb zurückgewiesen werden, weil trotz der histologischen Mannigfaltigkeit des Magen-

und Darmkrebses die in den Drüsen auftretenden
Wucherungserscheinungen und Veränderungen in den
meisten Fällen mit dem histologischen Charakter der
krebsigen Neubildung in den tieferen Gewebsschichten
harmoniren und zwar auch bei solchen entarteten Drüsen, welche die Muscularis mucosae noch gar nicht durchbrochen haben, mit der krebsigen Wucherung also noch
gar nicht in Zusammenhang getreten sind.

Besonders ist dieses Verhältniss für solche Veränderungen der Drüsen
hervorzuheben, welche, wie oben gezeigt wurde, ausschliesslich krebsiger
Natur sind und bei der einfachen atypischen Drüsenwucherung gar nicht
beobachtet werden. Ist aber zwischen dem histologischen Charakter der
Drüsenwucherung und demjenigen der krebsigen Neubildung in den
tieferen Gewebsschichten ein grösserer Unterschied vorhanden, so lässt
sich leicht erkennen, dass dieser Unterschied sich ganz allmählich voll-
zieht, indem eben die krebsige Wucherung bei ihrer weiteren Entwicklung Veränderungen progressiver oder regressiver Natur erleiden kann.

Ferner lässt die topographische Ausbreitung der krebsigen Wucherung bei secundär krebsig entarteten Geschwüren, bei welchen die von
den randständigen Drüsen ausgehende Wucherung den noch völlig
intacten Geschwürsgrund ringförmig oder halbmondförmig umfasst, die
Annahme, dass das Carcinom aus einem embryonalen Keim sich entwickelt habe, äusserst gezwungen und unwahrscheinlich erscheinen; eine
derartige Ausbreitung des Carcinoms ist nur mit der Tatsache ver-
einbar, dass die krebsige Wucherung, ganz entsprechend dem mikroskopischen Befunde, lediglich von den randständigen Drüsen ihren Ursprung genommen hat.

Die übrigen von COHNHEIM angeführten Gründe für die embryonale
Anlage der Geschwülste, wie embryonaler Charakter der Geschwulstzellen, congenitales Auftreten und Erblichkeit der Geschwülste kommen
speciell für das Carcinom wenig oder gar nicht in Betracht oder können,
wie das von COHNHEIM ebenfalls zu Gunsten seiner Theorie herangezogene
Auftreten des Carcinoms an den bekannten Prädilectionsstellen, entschieden auch in anderem Sinne gedeutet werden.

Aus diesen Gründen kann die COHNHEIM'sche
Theorie von der embryonalen Anlage der Geschwülste
nicht in dem Masse verallgemeinert werden, dass dieselbe auch für die Carcinome ausschliesslich in Verwendung kommen könnte. Im Gegenteil, für die Mehrzahl der Carcinome wird wohl eine embryonale Anlage
im Sinne COHNHEIM's ausgeschlossen werden müssen,
wenn es auch gar nicht von der Hand zu weisen ist, dass
auf diese Weise gelegentlich ein Carcinom entstehen
kann.

Warum sollte z. B. ein Fibro-Adenom der Mamma, dessen Bildung doch sehr wahrscheinlich auf eine embryonale Entwicklungsstörung zurückzuführen ist, nicht der krebsigen Entartung verfallen können?

Freilich ist die krebsige Entartung, nachdem einmal die unbegrenzte Wucherungsfähigkeit des Deck- und Drüsenepithels auch nach Abschluss der physiologischen Wachstumsperiode zweifellos festgestellt ist, auch in diesem Falle keineswegs unbedingt davon abhängig, dass die ursprünglichen epithelialen Elemente des Fibro-Adenoms ihren embryonalen Charakter bewahrt haben. Aber gleichwohl kann man hier insofern von einer auf embryonalen Entwicklungsstörungen beruhenden Anlage des Carcinoms sprechen, als eine schon während des embryonalen Lebens angelegte Geschwulst den Ausgangspunkt für die Krebsentwicklung darbot, ähnlich wie wenn etwa aus einem angeborenen Naevus pigmentosus im späteren Leben ein Melanosarcom hervorgeht.

Eine ähnliche Entstehungsweise des Carcinoms müssen wir, nachdem eine Bildung von Epithelien durch Metaplasie des Bindegewebes als völlig ausgeschlossen zu betrachten ist, für alle diejenigen, allerdings seltenen Fälle annehmen, wo die Krebsentwicklung von einem Orte ausgeht, an welchem normaler Weise kein Epithel sich vorfindet. Solche Fälle sind wohl unter allen Umständen, wie schon REMAK hervorgehoben hat, auf einen „verirrten" embryonalen Keim oder sonstige embryonale Entwicklungsstörungen zurückzuführen, mag nun dem später sich entwickelnden Carcinom das Stadium einer nachweisbaren gutartigen Geschwulst vorausgegangen sein oder nicht. Hierher gehören besonders die sogenannten branchogenen Carcinome THIERSCH's [1]) und vielleicht auch ein Teil der in der Literatur beschriebenen primären Knochenkrebse; dass natürlich auch an anderen Orten eine derartige Entstehungsweise des Carcinoms möglich ist, kann nicht bestritten werden, aber sie ist jedenfalls überall da auszuschliessen, wo der Ausgang der krebsigen Wucherung vom normalen Deck- oder Drüsenepithel nachgewiesen werden kann.

In keiner Weise lassen sich die in den vorliegenden Untersuchungen für die Histogenese des Carcinoms festgestellten Tatsachen mit der besonders in neuester Zeit wieder zur Sprache gekommenen Infectionstheorie des Carcinoms vereinbaren.

Die Krebsgeschwülste als das Product einer Infectionskrankheit zu erklären und daher die krebsige Erkrankung der Tuberculose und der Syphilis an die Seite zu stellen, ist bereits von früheren Autoren mehrfach versucht worden. Der erste aber, welcher das Carcinom als eine Infectionskrankheit im modernen Sinne, verursacht durch einen speci-

[1] Vergl. THIERSCH, Der Epithelialkrebs u. s. w. S. 67.

fischen Mikroorganismus, bezeichnete, war NÉDOPIL[1]); er betrachtete das Carcinom als einen specifischen Entzündungsprozess und diese Auffassung glaubte er durch den Befund nicht näher charakterisirter Bacterien im Krebsgewebe stützen zu können.

In den letzten Jahren, wo die Krebsfrage aus bekannten Gründen wieder auf die Tagesordnung gestellt worden ist, war es SCHEUERLEN[2]), welcher durch die Entdeckung seines vermeintlichen Krebsbacillus die grosse Frage von der Aetiologie des Carcinoms gelöst zu haben glaubte.

SCHEUERLEN züchtete unter Anwendung der KOCH'schen Culturmethode aus Carcinomen verschiedener Organe eine bis dahin unbekannt gewesene, sporenbildende Bacillenform; es gelang ihm nicht, diese Bacillen etwa auch im Krebsgewebe in charakteristischer Lagerung nachzuweisen, nur auf mit Krebssaft angefertigten Deckglaspräparaten konnte er die Sporen und in einer Anzahl von Fällen auch die Bacillen wiederfinden. Mit den in Reinculturen dargestellten Bacillen machte SCHEUERLEN Injectionen in die Brustdrüse von Hündinnen; es entwickelte sich in den nächsten Wochen an der Injectionsstelle eine anfangs weiche, diffus begrenzte, etwa wallnussgrosse Geschwulst, welche bald bis zu Haselnuss- oder Bohnengrösse zusammenschrumpfte und sich derb und hart anfühlte.

Als Obductionsbefund von 2 getöteten Tieren führt SCHEUERLEN an: „einen haselnussgrossen derben Tumor im Fettgewebe der Mamma, von dem es zweifelhaft war, ob er aus einer Lymphdrüse (!) oder aus dem Gewebe der Milchdrüse hervorgegangen war; die mikroskopische Untersuchung zeigte starke Zellwucherung, vergrösserte stark granulirte Zellen, die stellenweise gewiss den Namen epithelioider (!) verdienten und in denen man ganz wie im Carcinom die glänzenden Sporen bemerken konnte. Mikroskopisch wie in Cultur konnte der Carcinombacillus nachgewiesen werden."

Und aus einem solchen Befunde wagt SCHEUERLEN den kühnen Schluss zu ziehen, dass der von ihm entdeckte Bacillus „zum Carcinom in ursächlicher Beziehung steht, dass er die Aetiologie (!), wie SCHEUERLEN sich ausdrückt, des Carcinoms ist".

Es ist wohl kaum nötig, die Beweiskraft der SCHEUERLEN'schen Untersuchungen, überhaupt den Wert dieser ganzen Arbeit näher zu beleuchten; jedenfalls kann dieselbe, da sie auch nicht einer einzigen der bei der Entscheidung einer solchen Frage zu stellenden Forderungen entspricht, nicht scharf genug zurückgewiesen werden. Und doch hatte es den Anschein, als ob sich um diese Errungenschaft SCHEUERLEN's gleich

1) Anzeiger der k. k. Gesellsch. der Aerzte in Wien, No. 8, S. 32, 1881.

2) SCHEUERLEN. Die Aetiologie des Carcinoms, Deutsche med. Wochenschrift, 1887, No. 48, S. 1033.

in nächster Zeit ein Prioritätsstreit erheben sollte, indem SCHILL [1]) und FREIRE [2]) die Entdeckung dieses Carcinombacillus schon vor SCHEUERLEN gemacht haben wollten.

Allein der bald erbrachte Nachweis, dass der SCHEUERLEN'sche Carcinombacillus nichts als ein harmloser, gelegentlich auf der Haut des Menschen schmarotzender und auch auf Kartoffeln vorkommender Saprophyt ist [3]), liess denselben bei den sonstigen Mängeln der SCHEUERLEN-schen Arbeit in kürzester Zeit wieder der Vergessenheit anheimfallen. Ebensowenig vermochten einige andere Arbeiten aus der letzten Zeit, in welchen über Bacterienbefunde teils bei Krebsen, teils bei anderen malignen Geschwülsten berichtet wird, ernste Beachtung zu erlangen, indem sie in keiner Weise die ätiologische Frage des Carcinoms zu fördern im Stande waren.

Wenn man sich nun, ganz abgesehen von den Misserfolgen, welche bis jetzt das Fahnden nach einem specifischen organisirten Krebsvirus aufzuweisen hatte, auf den Standpunkt der Infectionstheorie stellt, in welcher Weise müsste man sich dann wohl die Wirkung etwa eines specifischen Krebsbacillus auf das Gewebe zurechtlegen, um die bei der Entwicklung des Krebses tatsächlich auftretenden Gewebsveränderungen mit dieser Wirkung logisch zu vereinbaren?

Nach meiner Meinung kämen hier hauptsächlich folgende Arten der Auffassung in Betracht:

Die einfachste Erklärung wäre wohl die, dass man mit VIRCHOW

---

1) Deutsche med. Wochenschr., 1887, No. 48, S. 1031.

2) Deutsche med. Wochenschr., 1888, No. 1, S. 11.

3) SENGER, E., Studien zur Aetiologie des Carcinoms. Berl. klin. Wochenschr., 1888, No. 10.

BAUMGARTEN, P., Ueber SCHEUERLEN's Carcinombacillus. Bacteriolog. Mittheilungen: Centralbl. f. Bacteriologie u. Parasitenkunde, Bd. III, 1888, No. 13.

ROSENTHAL, J., Untersuchungen über das Vorkommen von Mikroorganismen in Geschwülsten, namentlich Carcinomen, mit besonderer Berücksichtigung des SCHEUERLEN'schen Carcinombacillus. Zeitschr. f. Hygiene, Bd. V, 1888, S. 161.

VAN ERMENGEM, Étiologie du cancer. — Le bacille de SCHEUERLEN. Extrait de Bulletin des Séances de la Société belge de microscopie: Séance du 28. I. 1888 et du 31. III. 1888.

SANGUIRICO, C., Sul cosi detto bacillo del cancro. Estratto dal Bolletino della sezione delle scienze mediche nella R. Università dei fisiocritici di Siena; Anno VI, fasc. VIII.

SANARELLI, G., Altre ricerche bacteriologiche sul Carcinoma. Estratto dal Bolletino della sezione dei cultori delle scienze mediche nella R. Accademia dei fisiocritici di Siena: Anno VI, fasc. VII.

PFEIFFER, A., Der SCHEUERLEN'sche Krebsbacillus ein Saprophyt. Deutsche med. Wochenschr., 1888, No. 11. (PFEIFFER hält den SCHEUERLEN-schen Krebsbacillus für einen Wurzelbacillus oder für identisch mit dem vom Verfasser beschriebenen Proteus mirabilis.)

die Entstehung der primären und secundären Krebsgeschwülste ins
Bindegewebe verlegte und dieselben aus einer, eben durch den Krebsbacillus veranlassten, metaplastischen Umwandlung des Bindegewebes
hervorgehen liesse. Der Krebsbacillus würde also in diesem Falle eine
Art von formativer Entzündung erregen, welche aber nicht zur Bildung
von homologem Gewebe, d. h. von Bindegewebe, führt, sondern vielmehr unter der specifischen Einwirkung des Bacillus, die Bildung heterologen Gewebes, nämlich epithelialer Zellenmassen, zur Folge hat.

Eine derartige Auffassung würde sich vollkommen mit der von
Virchow vertretenen Anschauung über die Entstehung des Krebses
decken. Denn die aus einer Wucherung der Bindegewebskörperchen
hervorgegangenen „indifferenten Bildungszellen" sollten zwar unter normalen Verhältnissen ein für die betreffende Localität homologes Gewebe
produciren, aber unter der Einwirkung irgend welcher „specifischer
Reize unbekannter Art" ebensogut die Bildung von Knorpelzellen oder
Muskelfasern, wie die von epithelialen Zellen oder noch anderen Gewebsformen eingehen können [1]. Auf die Einwirkung dieses „specifischen
Reizes" führt Virchow sowohl die erste Anlage und das weitere Wachstum der primären Geschwülste, als auch die Infiltration der Lymphdrüsen und die Metastasenbildung in entfernteren Organen zurück: „In
allen 3 Fällen haben wir eine Ansteckung, eine Art von Contagion, wo
eine Art von Ansteckungsstoff, eine infectiöse Substanz, ein „Miasma"
von dem Orte der ersten Bildung aus sich verbreitete, theils auf dem
Wege der directen Imbibition, der einfachen Endosmose in die Nachbarschaft, theils auf dem Wege der Lymphströmung zu den nächsten Lymphdrüsen, theils auf dem Wege der Blutcirculation durch die Venen" [2].

Freilich konnte Virchow die Tatsache nicht entgehen, dass Geschwülste, insbesondere Krebse, in die Venen durchbrechen, dass dann
Krebszellen vom Blutstrome mit fortgerissen und in entferntere Organe
verschleppt, dort krebsige Thromben und Bildung neuer Krebsgeschwülste
veranlassen. Allein er betrachtet hier die zelligen Elemente lediglich
als die Träger des specifischen Krebsvirus: „Da die zelligen Elemente
innerhalb der Geschwülste selbst als diejenigen betrachtet werden müssen,
welche die schädlichen Säfte produciren, so werden sie freilich auch
Träger sein können, welche diese Säfte fortführen an entferntere Punkte.
Das kann man durch Beobachtung sicher feststellen, dass nicht etwa
ein solches ausgestreutes Zellen-Seminium aus sich selbst die neuen
Geschwülste hervorbringt, dass nicht etwa die neuen Knoten aus den
versetzten Zellen selbst hervorwachsen, sondern dass an Ort und Stelle
wieder die vorhandenen Gewebe erkranken und aus ihnen selbst durch

[1] Virchow, Die krankhaften Geschwülste, 1863, Bd. I, 5. Vorlesung
und l. c. S. 94.
[2] l. c. S. 52.

örtliche Wucherung die sogenannten Metastasen, die Tochterknoten erzeugt werden. Es handelt sich also immer um eine Infection, die von dem abgelösten Teil auf das Localgewebe ausgeübt wird und selbst die Dissemination durch Geschwulstelemente führt und auf die Notwendigkeit, diese Elemente nur als Träger und Erzeuger eines Ansteckungsstoffes zu betrachten, der seinerseits nicht an die Elemente gebunden ist" [1]).

In der Tat bedürfte diese Auffassung von der Entstehung der Krebse nur geringer Modificationen, um vollkommen der modernen Infectionstheorie zu entsprechen; betrachtet man nicht die Zellen selbst als die Erzeuger des Ansteckungsstoffes, sondern nimmt man an, dass dieser erst von aussen zu denselben gelangt und sich dann unabhängig von den Krebszellen vermehrt, so könnte man statt des unbekannten Virus ohne Weiteres einen Krebsbacillus setzen und statt des „specifischen Reizes unbekannter Art" vielleicht die Wirkung der Stoffwechselproducte eines solchen Mikroorganismus.

Freilich müsste man wohl verschiedene Arten von solchen Krebs erzeugenden Mikroorganismen annehmen, um wenigstens die verschiedenen Grundformen des Plattenepithel-, des Cylinderzellen- und des Drüsenkrebses zu erklären.

Doch damit würden schon auch die Schwierigkeiten für diese Theorie beginnen. Denn diese Grundtypen des Carcinoms schliessen wieder eine Reihe sehr differenter Unterarten in sich und selbst innerhalb der einzelnen Fälle tritt eine so ausgeprägte Individualität hervor, dass diese Unterschiede schwer in anderer Weise zu deuten wären, als dass man auch wieder physiologische Abarten der verschiedenen Krebsmikroorganismen annähme. Ganz rätselhaft bliebe aber dabei immer noch die auffallende Erscheinung, dass der Plattenepithelkrebs nur da entsteht, wo sich normaler Weise schon Plattenepithel vorfindet, der primäre Cylinderepithelkrebs nur in Cylinderepithel führenden Organen sich entwickelt u. s. w. Warum siedelt sich denn der Bacillus des Plattenepithelkrebses nicht gelegentlich auch primär im Magen oder im Darm an und umgekehrt der Bacillus des Cylinderzellenkrebses primär an der äusseren Haut?

Ferner aber steht eine solche Theorie, welche die epithelialen Krebselemente auf metaplastischem Wege aus dem Bindegewebe entstehen lässt, im Widerspruch mit den allgemeinen Gesetzen der Entwicklungsgeschichte.

Remak und His [2]) haben, worauf schon in der Einleitung (cf. S. 2) hingewiesen wurde, bereits gezeigt, dass mit der Anlage

---

[1]) l. c. S. 55.
[2]) l. c.

der Keimblätter eine dauernde Differenzirung der embryonalen Zellen eingetreten ist, indem die Entwicklung der verschiedenen Organanlagen und Gewebsformationen in gesetzmässiger Weise an die einzelnen Keimblätter gebunden ist und nicht alle beliebigen Gewebstypen aus einem Keimblatte hervorgehen können. Und zwar sollten nach diesem Gesetze das Epithel dem äusseren und inneren Keimblatte, die Gruppe der Bindesubstanzen aber dem mittleren Keimblatte entstammen.

Während man nun früher die 3 Keimblätter in ihrer Entstehung als einander gleichwertig betrachtete und dieselben direct aus der Furchung hervorgehen liess, haben allerdings spätere Untersuchungen über die Herkunft des mittleren Keimblattes gezeigt, dass dasselbe erst secundär durch Abspaltung von dem inneren Keimblatte entsteht.

O. HERTWIG [1]) gibt in folgender Tabelle einen Ueberblick über die embryonalen Fundamentalorgane und ihre weiteren Bildungsproducte:

I. Aeusseres Keimblatt.

Epidermis, Haar, Nägel, Epithel der Hautdrüsen, centrales Nervensystem, peripheres Nervensystem, Epithel der Sinnesorgane, die Linse.

II. Primäres inneres Keimblatt.

1) Darmdrüsenblatt oder secundäres inneres Keimblatt.

Epithel des Darmkanals und seiner Drüsen, Epithel der Harnblase.

2) Die mittleren Keimblätter.

A. Ursegmente.

Quergestreifte, willkürliche Muskulatur des Körpers.

B. Seitenplatten.

Epithel der Pleuroperitonealhöhle, die Geschlechtszellen und epithelialen Bestandtheile der Geschlechtsdrüsen und ihrer Ausführungswege, Epithel der Niere (?) und Harnleiter (?).

3) Chordaanlage.

4) Mesenchymkeim oder Zwischenblatt.

Gruppe der Bindesubstanzen, Gefässe und Blut, lymphoide Organe, glatte und quergestreifte nicht willkürliche Muskulatur (?).

Wie man aus dieser Darstellung der embryonalen Entwicklungsvorgänge, wie WINIWARTER [2]) es tut, den Schluss ziehen kann, dass damit das Bindegewebe in genetischer Beziehung nicht mehr so absolut vom Epithel

---

1) O. HERTWIG, Lehrbuch der Entwicklungsgeschichte des Menschen und der Wirbelthiere, 1886, I. Abtheil, S. 138.

2) BILLROTH, Allg. chir. Pathologie u. Therapie, 11. Aufl., 1883, p. 795.

zu trennen und daher auch später ein Uebergang beider in einander möglich sei, ist mir unverständlich. Die Möglichkeit oder Unmöglichkeit einer Entstehung von Epithel aus Bindegewebe und umgekehrt kann doch nicht davon abhängen, in welcher Weise die Anlage der embryonalen Fundamentalorgane erfolgt, sondern wird doch zweifellos davon abhängig sein, ob mit dieser Anlage eine dauernde Differenzirung der embryonalen Zellen verbunden ist. Darin stimmen aber wohl alle Embryologen überein, dass diese Differenzirung nach der Anlage der embryonalen Fundamentalorgane in der Tat eingetreten ist und nicht leicht dürfte es daher einen Embryologen geben, welcher in den neuen Errungenschaften der embryologischen Forschung eine Concession gegenüber den Anhängern der Theorie von der metaplastischen Umwandlung des Bindegewebes in Epithel erblicken könnte.

Im Gegenteil, eine dauernde Differenzirung der Gewebe findet auch noch bei der weiteren Entwicklung innerhalb der fundamentalen Embryonalorgane statt; denn obwohl z. B. Epidermis und Centralnervensystem beide vom äussern Keimblatte, die Drüsensubstanz der Leber und die Drüsen des Darms vom secundären inneren Keimblatte abstammen, werden doch niemals aus den Abkömmlingen von Talgdrüsenzellen Nervenfasern oder Ganglienzellen oder aus Leberzellen Schleimzellen hervorgehen können.

Es kann gar kein Zweifel darüber bestehen, dass die allgemeinen Vererbungsgesetze für die Elementarteile des Organismus in der gleichen Weise giltig sind, als wie für diesen selbst; wenn aber vererbte Eigenschaften um so fester fixirt sind, eine je längere Reihe von Generationen sie sich erhalten haben, dann muss die Fixirung dieser Eigenschaften gerade bei den Elementarbestandteilen des Organismus eine ganz besonders feste sein, indem die morphologische und physiologische Abgrenzung derselben älter zu sein pflegt als die Abgrenzung der Arten, ja selbst älter als die der Gattungen, Familien und ganzer Ordnungen. In der Tat finden wir auch bei den Elementarbestandteilen der verschiedenen Organismen nur eine sehr geringe Variationsbreite, so dass z. B. die quergestreifte Muskelfaser eines niederen Tieres in Princip die gleichen Eigenschaften erkennen lässt, wie die der hochentwickelten Wirbeltiere.

Von diesen Gesichtspunkten aus erscheint die Möglichkeit einer Entstehung von Epithel aus Bindegewebe mehr als unwahrscheinlich, indem durch die erwähnten Verhältnisse das Zurückkehren der Gewebselemente zu einem völlig indifferenten Stadium, welches der Bildung des neuen Gewebes vorausgehen soll, zweifellos auszuschliessen ist.

Tatsächlich wird auch bei der normalen Entwicklung niemals eine derartige Entstehung von Epithel aus Bindegewebe oder überhaupt aus anderen Gewebstypen beobachtet und es liegt kein Grund für die Annahme vor, dass von diesem allgemein giltigen Naturgesetz die patho-

logische Gewebsneubildung eine Ausnahme mache. Denn in Wirklich-
keit liegt nicht eine einzige Beobachtung vor, welche Anspruch erheben
könnte, als ein ernster und zwingender Beweis für die Entstehung von
Epithel auf metaplastischem Wege zu gelten. Andererseits wurde durch
zahlreiche ältere und neuere Untersuchungen über die Vorgänge bei
der Regeneration in unzweideutigster Weise konstatirt, dass die Regeneration von Epithel ausschliesslich von diesem selbst erfolgt, und für die
bei entzündlichen Prozessen häufig beobachtete atypische Epithel- und
Drüsenwucherung wurde ebenfalls der Ausgang vom präexistirenden
Epithel nachgewiesen.

Die Annahme aber, dass vollends Bacterien, überhaupt Mikroorganismen, eine derartige Metaplasie auszulösen im Stande wären, entbehrt schon deshalb jeglicher Wahrscheinlichkeit, weil bei keiner
anderen Infectionskrankheit eine solche Wirkung der
Infectionserreger beobachtet wird. Vielmehr finden wir,
dass bei jeder durch Infection hervorgerufenen Gewebswucherung ausnahmslos nur ein dem Mutterboden homologes Gewebe erzeugt wird,
niemals aber ein heterologes Gewebe, wie es bei dieser Theorie für das
Carcinom angenommen werden müsste. Daher ist es auch in keiner
Weise gerechtfertigt, in der Metastasenbildung eine Analogie zwischen
der Tuberkulose und manchen Formen des Krebses zu finden; gemeinsam
ist den beiden Prozessen nur die von einem primären Erkrankungsherde abhängige Entwicklung secundärer Metastasen; die Art des Zustandekommens und der Bildung der Metastasen ist aber bei beiden
Prozessen so grundverschieden, dass von einer sich auf das Wesen derselben beziehenden Analogie gar keine Rede sein kann.

Aber ganz abgesehen von diesen aus den Gesetzen der normalen
Entwicklungsgeschichte abgeleiteten Gründen ist die besprochene
Theorie vor allem deshalb durchaus unhaltbar, weil
sie auch der tatsächlichen Histogenese des Carcinoms
widerspricht.

Denn nach den vorliegenden Untersuchungen kann kein Zweifel darüber
bestehen, dass wenigstens das Cylinderepithelcarcinom des Magens und
des Dickdarms seinen Ursprung vom präexistirenden Epithel nimmt
und dass auch die Metastasen der Magen- und Darmkrebse lediglich
aus einer Wucherung vom primären Herde aus verschleppter Zellen,
nicht aber aus einer metaplastischen Wucherung des Localgewebes
hervorgehen. Man mag sich daher zu der Frage, ob Epithel auf dem
Wege der Metaplasie entstehen kann oder nicht, stellen wie man will,
für die Aetiologie des Carcinoms kann diese Frage ebensowenig in
Betracht kommen, als wie für dessen Histogenese.

Will man somit an der Infectionstheorie des Carcinoms festhalten
und den Ort der Infection gleichwohl ins Bindegewebe verlegen, so bleibt
nur die Annahme übrig, dass der betreffende Mikroorganismus, sei es

durch Hervorrufen von Entzündungen, sei es in irgend einer anderen uns unbekannten Weise, einerseits schwächend auf das Bindegewebe einwirkt, die physiologische Widerstandsfähigkeit desselben vermindert und damit das Eindringen von Epithel ermöglicht, andererseits aber dieses letztere vielleicht durch besondere Stoffwechselproducte zu mächtiger und unbegrenzter Wucherung anregt.

Auf den ersten Blick erscheint eine solche Theorie, welche der tatsächlichen epithelialen Genese des Carcinoms Rechnung trägt, keineswegs als unmöglich, ja sie würde selbst in manchen Fällen wenigstens die Entstehung der primären Krebsgeschwulst unserem Verständniss vielleicht näher rücken.

Unterzieht man aber die Vorgänge bei dem Wachstum der primären Krebsgeschwulst und namentlich bei der Entwicklung der Metastasen einer genaueren Prüfung, so wird man Erscheinungen finden, welche sich auch mit dieser Theorie in keiner Weise vereinbaren lassen.

Schon bei dem Wachstum der primären Krebsgeschwulst findet man nämlich sehr häufig, dass die krebsig-epitheliale Wucherung bei ihrer weiteren Ausbreitung mit normalem Epithel in Berührung kommt. So ist es z. B. eine sehr häufige Erscheinung, dass Mamma-Carcinome die äussere Haut durchbrechen und auch Rectum-Carcinome greifen nicht so selten so tief herab, dass sie bis unmittelbar an die Epidermislagen der Analöffnung heranreichen, oder sie brechen in die Blase oder Vagina durch, so dass sie mit dem Blasen- oder Vaginalepithel in directe Berührung gelangen; ferner sehen wir nicht selten Oesophaguskrebse auf die Schleimhaut der Trachea übergreifen und Magenkrebse in die Drüsensubstanz des Pankreas eindringen u. s. w.

In allen diesen Fällen wurde noch niemals die Beobachtung gemacht, dass das Epithel jenes Organes, auf welches das Uebergreifen des primären Krebses stattgefunden hat, nun ebenfalls in krebsige Wucherung geraten wäre, was man doch füglich erwarten müsste, wenn die krebsig-epitheliale Wucherung durch einen bestimmten Mikroorganismus bedingt wäre. Denn es ist gar nicht einzusehen, warum das Epithel der secundär befallenen Organe, welches doch unter solchen Verhältnissen ganz notwendig in directe Berührung mit den specifischen Infectionserregern kommen muss, sich der infectiösen Wirkung dieser letzteren gegenüber nun auf einmal immun verhalten sollte. Man sieht aber in allen den angeführten Fällen gerade im Gegenteil das Epithel des secundär ergriffenen Organes im Bereiche der krebsig-epithelialen Wucherung durch Atrophie zu Grunde gehen, wovon man sich besonders bei den gegen die äussere Haut vordrängenden Mammakrebsen leicht überzeugen kann.

Man könnte ja nun allerdings den Einwand erheben, dass in den angeführten Fällen eine Infection des secundär von der krebsigen Wucherung ergriffenen Organes deshalb nicht möglich sei, weil letzteres

stets einer anderen Epithelformation angehöre, als das primär krebsig
erkrankte Organ und weil für jede der verschiedenen Epithelformationen
auch eine besondere Art oder Abart des krebserzeugenden Mikroorganismus angenommen werden müsse. Allein ganz abgesehen von der
grossen Unwahrscheinlichkeit einer solchen Annahme, macht man die
erwähnte Beobachtung auch dann, wenn die primäre krebsige Wucherung mit einem ihr völlig gleichartigen Epithel in Berührung kommt.
So ist es eine ziemlich häufige Erscheinung, dass Carcinome der äusseren
Haut, der Mundschleimhaut, des Magens und des Darms u. s. w. sich
subcutan, bezw. submukös, weithin in die Peripherie erstrecken und
allenthalben bis unmittelbar an das über ihnen gelegene Haut- oder
Schleimhautepithel heranreichen; aber auch in solchen Fällen kann man
niemals eine krebsige Entartung des von der krebsigen Wucherung be-
rührten Epithels beobachten.

Grosse Schwierigkeiten ergeben sich für die besprochene Theorie
auch für die Erklärung der Metastasen. Da es nach der histologischen
Untersuchung gar keinem Zweifel unterliegen kann, dass die in den
verschiedenen Organen zur Entwicklung gelangenden Metastasen aus
einer Wucherung vom primären Krebsherde aus auf dem Wege der
Lymph- oder Blutbahnen verschleppter Zellen hervorgehen, so bleiben
nur folgende zwei Möglichkeiten übrig: entweder waren der von den
Mikroorganismen am primären Infectionsherd auf das Epithel ausgeübte Reiz und die dadurch bewirkte Steigerung der Proliferationsfähigkeit des Epithels so mächtig, dass die von dem primären Krebsherde abgelösten und verschleppten Epithelien nunmehr auch ohne
weitere Beeinflussung von Seiten der Infectionserreger fortzuwuchern
vermögen; oder es werden mit den Zellen gleichzeitig Mikroorganismen
verschleppt, welche am Orte der Metastasenbildung auf das Localgewebe
und auf die verschleppten Zellen in der gleichen Weise einwirken, wie
am primären Infectionsherde.

Die erstere Annahme erweist sich desbalb als mehr als unwahrscheinlich, weil bekanntlich die Proliferationsfähigkeit des Krebsepithels
in den Metastasen sehr häufig noch eine sehr augenfällige Steigerung
erfährt; dass aber ein von Mikroorganismen einmal ausgeübter specifischer Reiz in den späteren Zellengenerationen unabhängig von den
Mikroorganismen nicht allein fortbestehen, sondern sogar noch eine
stetige Steigerung erfahren soll, dafür existirt nirgends in der Parasitologie
irgend welche Analogie. Uebrigens würde mit dieser Annahme das
grosse Rätsel, welches immer noch die Aetiologie des Carcinoms für
uns enthält, keine befriedigende Lösung finden können; denn dieses
Rätsel besteht ja eben darin, dass das Epithel zu unbegrenzter Wucherungsfähigkeit angeregt wird. Kann aber überhaupt ein einmal gesetzter
Reiz in dieser Weise auch noch in späteren Zellengenerationen in sich
fortwährend steigerndem Masse fortwirken, dann würde die längst schon

bestehende Irritationslehre für die Aetiologie des Carcinoms doch völlig genügen, da es doch gleichgiltig sein muss, ob der Reiz, welcher den ersten Anstoss zu einer erhöhten Proliferation des Epithels gegeben hat, von Mikroorganismen ausgegangen oder irgend welcher anderer Art gewesen ist.

Wir werden daher notwendig zu der letzteren Annahme gedrängt, dass mit den Zellen gleichzeitig die specifischen Mikroorganismen verschleppt werden, durch deren Wucherung auch am Orte der Metastasenbildung einerseits das Bindegewebe in seiner physiologischen Widerstandsfähigkeit geschwächt, andererseits die verschleppten Krebsepithelien zu erhöhter Proliferation angeregt werden.

Allein bei dieser Annahme machen sich für die Entwicklung der Metastasen durchaus die gleichen Widersprüche geltend, wie sie soeben für das Wachstum der primären Krebsgeschwulst hervorgehoben wurden.

Welche Gründe sind es dann, dass bei Metastasen in epithelialen Organen, wie z. B. der Leber, das Epithel dieser letzteren von den Mikroorganismen nicht ebenfalls zur Wucherung angeregt wird, sondern im Gegenteil durch Atrophie zu Grunde geht? Wie kommt es, dass eine von einem primären Hautkrebs aus krebsig infiltrirte Lymphdrüse, wenn sie nach aussen durchbricht, an der Durchbruchsstelle keine krebsige Wucherung der epithelialen Elemente der Haut hervorruft? Man kann nicht bestreiten, dass solche Erscheinungen mit der Infectionstheorie überhaupt unvereinbar sind.

Endlich könnte man sich die Infectionstheorie des Carcinoms noch in der Weise zurecht legen, dass man eine Art von Symbiose zwischen dem Infectionserreger und dem inficirten Epithel annähme. Man müsste sich denken, dass die specifischen Mikroorganismen vielleicht in die Epithelzellen selbst eindringen, um von diesen zwar die für ihren Aufbau und ihre Vermehrung erforderlichen Nährstoffe zu beziehen, aber ohne das Epithel in seiner vitalen Energie irgendwie zu schädigen, sondern um im Gegenteil vielleicht durch Erzeugung bestimmter Stoffwechselproducte direct oder indirect dasselbe zu erhöhter, ja unbegrenzter Proliferationsfähigkeit anzuregen.

Da bei einem derartigen symbiotischen Zusammenleben von Mikroorganismus und Krebszelle bei der Verschleppung zelliger Elemente auf dem Wege der Blut- oder Lymphbahnen die verschleppten Zellen gleichzeitig auch die Träger der specifischen Infectionserreger sein müssen, so kann es nicht Wunder nehmen, wenn die verschleppten Krebszellen eben unter der Einwirkung des mit ihnen symbiotisch lebenden Mikroorganismus am Orte der Ablagerung weiter wuchern und die Bildung eines secundären Geschwulstknotens veranlassen.

Es liegt auf der Hand, dass gegen eine solche Theorie fast die gleichen Gründe sich vorbringen lassen, welche für die soeben besprochene Auffassung der Infectionstheorie ausführlich erörtert wurden:

Da bei der Berührung krebsiger Wucherungen mit normalem Epithel, wie sie namentlich auch bei der Entwicklung von Metastasen in epithelialen Organen zu Stande kommt, auf die Dauer notwendig auch die specifischen Mikroorganismen mit diesem in Berührung kommen müssen, so ist nicht einzusehen, warum an solchen Stellen nicht ebenfalls eine krebsige Infection des bis dahin normalen Epithels eintreten sollte.

Eine solche Infection normalen Epithels durch Berührung mit Krebsepithel wird aber, wie gesagt, in der Tat niemals beobachtet.

So sehen wir also, dass die bei der Histogenese des Carcinoms zu beobachtenden Vorgänge einer Infectionstheorie des Carcinoms überaus ungünstig sind, ja sich überhaupt nicht mit einer solchen vereinbaren lassen, wenn man nicht Hypothese auf Hypothese häufen will.

Aber auch die klinischen Erfahrungen lassen eine Auffassung des Carcinoms als Infectionskrankheit als äusserst unwahrscheinlich erscheinen. Wenigstens ist uns sonst keine Infectionskrankheit bekannt, welche in dieser Weise an die spätere Altersperiode gebunden wäre, als wie gerade das Carcinom. Dieser Umstand scheint mir noch mehr ins Gewicht zu fallen, als die Tatsache, dass von einem Krebskranken noch niemals eine Ansteckung anderer Personen erfolgt ist; denn schliesslich gibt es ja auch Infectionskrankheiten, welche in diesem Sinne nicht übertragbar sind.

Welche Gründe sind es denn aber überhaupt, welche dazu Veranlassung bieten könnten, das Carcinom als eine Infectionskrankheit auffassen zu wollen? Leitet man diese Gründe lediglich aus der Analogie, welche scheinbar zwischen der Krebskrankheit und manchen, ebenfalls mit Geschwulstentwicklung und Metastasenbildung verbundenen, wirklichen Infectionskrankheiten besteht, so befindet man sich von vornherein in einem Irrtum. Denn tatsächlich existirt keinerlei solche Analogie. Sowohl die Bildung des primären Krebsherdes, als auch die Art des Zustandekommens der Metastasen sind so grundverschieden von den gleichen Vorgängen bei Infectionskrankheiten, dass gerade dadurch die Auffassung des Carcinoms als Infectionskrankheit in hohem Grade unwahrscheinlich erscheinen muss.

BAUMGARTEN [1]) sagt bei Besprechung der SCHEUERLEN'schen Versuche, „dass wir es beim Carcinom mit einer schrankenlos in die Tiefe dringenden Epithelneubildung zu tun haben, ist eine allgemein anerkannte Tatsache. Nun kennen wir im Gesammtgebiete der pathologischen Mykologie, ja der Parasitologie überhaupt, keinen einzigen pathogenen Organismus, der ähnlich zu wirken befähigt wäre. Wohl

---

1) BAUMGARTEN, Jahresbericht über die Fortschritte in der Lehre von den pathologischen Mikroorganismen. 3. Jahrg., 1887, S. 273.

bei der Mehrzahl parasitärer Krankheiten, welche überhaupt mit histologisch wahrnehmbaren Veränderungen verbunden sind, sehen wir gar nichts von primären Zell- und Gewebsneubildungen, sondern nur die Erscheinungen der exsudativen Entzündung mit oder ohne primäre Gewebsnekrose; die später sich anschliessenden Zell- und Gewebs-Wucherungen halten sich im Rahmen von Ersatzwucherungen für die durch Entzündung und Nekrose zu Grunde gegangenen Gewebsbestandteile. Bei anderen parasitären Prozessen sehen wir allerdings primäre Zell- resp. Gewebs-Wucherungen Platz greifen, aber diese gehen, wie das bereits A. Fränkel hervorgehoben, in keiner Weise über die Erscheinungen der entzündlichen Zell- und Gewebs-Neubildung hinaus. Eine schrankenlos fortschreitende, alle übrigen Gewebe in geschlossenem Wachstum durchbrechende und vernichtende Proliferation eines einzelnen Gewebes, wie sie das Carcinom uns vor Augen führt, steht ausserhalb des Bereiches dessen, was uns die pathologische Mykologie und die Parasitologie bisher kennen gelehrt hat".

In der Tat handelt es sich bei sämmtlichen von Mikroorganismen hervorgerufenen sogenannten Infectionsgeschwülsten, sowie bei allen anderen durch Parasiten bewirkten Gewebsneubildungen nur um Wucherungen des Localgewebes in der nächsten Umgebung der Parasiten und niemals machen wir die Wahrnehmung, dass die bei solchen Infectionsgeschwülsten beobachteten Metastasen, wie beim Carcinom, aus einer Wucherung vom primären Herde aus verschleppter Zellen hervorgehen; vielmehr kommen solche ausnahmslos nur dadurch zu Stande, dass die verschleppten Mikroorganismen am Orte ihrer Ablagerung auf das Localgewebe in der gleichen Weise einwirken wie am Orte des primären Erkrankungsherdes.

Daher besteht auch zwischen den durch Parasiten erzeugten pflanzlichen Geschwülsten und der Krebsentwicklung durchaus nicht jene Analogie, wie man auf den ersten Blick vermuten könnte. Wohl bilden gerade diese merkwürdigen Geschwülste ein ausserordentlich lehrreiches Beispiel für die Tatsache, dass ein Gewebe auf verschiedenartige specifische Reize mit ebenso verschiedenen Wucherungserscheinungen antworten kann; man vergleiche doch nur die oft an ein und dem nämlichen Rosenstock sich vorfindenden Gallen der Cynips rosae L. und anderer Gallwespenarten, wie z. B. von Rhodites centifoliae Hrt. u. s. w. untereinander, welche Mannigfaltigkeit und doch wiederum welche gesetzmässig wiederkehrende Gleichmässigkeit liegt in diesen durch verschiedenartige Parasiten hervorgerufenen Wucherungen des Pflanzengewebes!

Allein bei sämmtlichen derartigen im Pflanzenreich beobachteten

Geschwülsten parasitären Ursprungs handelt es sich ausnahmslos
nur um locale Gewebswucherungen in der nächsten Umgebung des Parasiten, welche innerhalb absolut feststehender
Grenzen ihren typischen Abschluss finden. Niemals wird dabei die Beobachtung gemacht, dass irgend eine bestimmte Gewebsformation, also
etwa die Epidermiszellen, zu schrankenloser Wucherung angeregt würde,
welche zerstörend in das normale Pflanzengewebe eindränge; der histologische Bau einer solchen Pflanzengalle zeigt uns vielmehr, dass die
physiologischen Beziehungen der verschiedenen Gewebsformationen zu
einander nicht die geringste Störung erfahren haben.

Wucherungserscheinungen, wie sie das Carcinom
sowohl in seiner primären Entwicklung als auch bei
der Bildung der Metastasen darbietet, sind im ganzen
Pflanzenreich überhaupt völlig unbekannt.

Wohl liegen ja zahlreiche Bacterienbefunde bei Carcinomen vor,
aber keinem derselben kann auch nur ein Schein von Bedeutung für
die Aetiologie des Carcinoms beigemessen werden. In der Tat ist es
überaus leicht, durch alle gebräuchlichen Färbungsmethoden die verschiedensten Bacterienarten in Carcinomen nachzuweisen. Man findet
dieselben bei Ulceration der Oberfläche oft nicht allein in den dieser
zunächst gelegenen Bezirken, sondern auch in den tieferen Gewebsschichten, ja selbst in den Lebermetastasen konnte ich in einem Falle von
Magencarcinom verschiedene Stäbchenformen und Pilzfäden beobachten.
Bei manchen Carcinomen, wie z. B. papillomatösen und adenomatösen
Cylinderzellenkrebsen sieht man selbst bei fehlender Ulceration innerhalb der Zellenschläuche und von hier aus gelegentlich auch in das
Gewebe selbst vordringend ziemlich zahlreiche Kokken- und Stäbchen-
bacterien; auch kleine Ketten von Streptokokken, Pilzfäden und Hefe-
zellen sind kein seltenes Vorkommniss.

Ganz entsprechend diesen Befunden lassen sich aus ulcerirten
Krebsgeschwülsten (und nicht selten auch aus deren Metastasen), selbst
bei sorgfältigster Vermeidung der ulcerirten Partien und sorgfältigster
Beschränkung auf die tieferen Gewebsschichten bei der Entnahme des zu
untersuchenden Materials, auch durch das Culturverfahren die mannigfaltigsten Bacterienarten gewinnen, von welchen ja wohl die eine oder
andere sich als bisher unbekannt erweisen und durch besonders charak-
teristisches Wachstum u. s. w. unser Interesse beanspruchen mag.

Allein für die Aetiologie des Carcinoms können solche durch die
mikroskopische Untersuchung oder durch ein noch so peinliches Culturverfahren gewonnenen Bacterienbefunde an und für sich nicht die geringste Bedeutung beanspruchen; denn das Vorkommen von Bacterien
und anderen schmarotzenden Mikroorganismen bei ulcerirten Krebsen
ist eine so selbstverständliche, ja notwendige Erscheinung, dass man
sich nur wundern könnte, wenn man bei Untersuchung des Krebsgewebes

auf Mikroorganismen auf einen negativen Befund stossen würde. Die an der Oberfläche des ulcerirten Carcinoms in ungeheurer Menge und in zahlreichen Arten schmarotzenden Mikroorganismen werden auch in das tiefer gelegene Krebsgewebe um so leichter vordringen können, als in demselben ausserordentlich häufig schwere Ernährungsstörungen Platz greifen, welche die Ansiedlung auch nicht pathogener, saprophytisch lebender Mikroorganismen in hohem Masse begünstigen müssen. Bei papillomatösen und adenomatösen Carcinomen namentlich des Magens und des Darms, bei Mammakrebsen u. s. w. finden die an der Oberfläche stets angesiedelten Mikroorganismen auch bei fehlender Ulceration in den in die Tiefe gehenden Spalträumen sowie in den noch erhaltenen Drüsenausführungsgängen, welche auch mit den tiefer gelegenen krebsigen Wucherungen in directer Verbindung stehen, stets präformirte, offene Eingangspforten, von welchen aus sie leicht in die tieferen Gewebsschichten der Krebsgeschwulst vordringen können. Dass dann solche Mikroorganismen bei dem Hereinwuchern der krebsigen Massen in die Lymphbahnen oder deren Durchbruch in die Venen mit den Krebszellen verschleppt werden und daher gelegentlich auch in den Metastasen wieder zu finden sind, kann nichts Befremdendes an sich haben. Findet man doch im Anschluss an den ulcerösen Zerfall einer Krebsgeschwulst selbst Abscessbildungen nicht allein in der Umgebung der primären Geschwulst, sondern auch in inneren Organen, ein sicherer Beweis dafür, dass nicht allein das primäre Krebsgeschwür der Sitz einer Bacterienwucherung zu sein vermag, sondern dass von demselben auch eine Verschleppung von Bacterien erfolgen kann.

Es ist wohl selbstverständlich, dass in der gleichen Weise wie Bacterien, Schimmelpilze u. s. w. auch andere Mikroorganismen sich secundär in dem Krebsgewebe niederlassen und vermehren, eventuell auch in die Krebsepithelien selbst eindringen können. Daher können auch die jüngst von Thoma [1]) in den Epithelzellen von Magen-, Darm- und Mammakrebsen beobachteten coccidienähnlichen Parasiten vorläufig durchaus keine andere Bedeutung beanspruchen als die harmloser Schmarotzer, welche zur Aetiologie des Carcinoms um so weniger in Beziehung zu stehen scheinen, als an den von ihnen bewohnten Zellen anstatt Proliferationserscheinungen nur degenerative Vorgänge wahrzunehmen sind. Das Vorkommen solcher Parasiten in den Epithelzellen von Krebsen kann schon deshalb nichts besonders Auffallendes an sich haben, als ja bei Tieren, wie Thoma selbst hervorhebt, auch im normalen Epithel gelegentlich Coccidien gefunden werden. Ebensowenig sind die neueren Untersuchungen Neisser's [2]) über Molluscum contagiosum, sowie die von

1) Thoma, Ueber eigenartige parasitäre Organismen in den Epithelzellen der Carcinome. Fortschr. d. Medicin, Bd. VII, 1889, S. 413.

2) A. Neisser, Ueber das Epithelioma (s. Molluscum) contagiosum. Zeitschr. f. Dermatologie u. Syphilis. 1888. Bd. IV.

PFEIFFER [1]) über das ansteckende Epitheliom der Hühner und Tauben geeignet, der Vermutung THOMA's, die von ihm bei verschiedenen Krebsen gemachten Coccidienbefunde könnten vielleicht noch eine ätiologische Bedeutung für die Entwicklung des Carcinoms gewinnen, irgend welche Stütze zu verleihen. Denn die bei diesen Prozessen beobachteten Epithelwucherungen besitzen in keiner Weise jene Eigenschaften, welche für die krebsige epitheliale Wucherung charakteristisch sind. Weder beim Molluscum contagiosum, noch beim ansteckenden Epitheliom der Vögel finden wir, dass die wuchernden Epithelien schrankenlos und unaufhaltsam in die Tiefe der Gewebe vordringen, oder dass es vollends zur Entwicklung metastatischer Epithelherde käme; bei beiden Prozessen bleibt vielmehr die epitheliale Wucherung stets rein local und unterscheidet sich in nichts von den Wucherungen, wie sie auch bei anderen chronisch entzündlichen Prozessen, wie z. B. gelegentlich bei Lupus, bei der Entwicklung breiter oder spitzer Condylome u. s. w. beobachtet wird*).

---

1) L. PFEIFFER, Beiträge zur Kenntniss d. pathog. Gregarinen. Zeitschrift f. Hygiene, 5. Bd.. 1889.
*) Das Manuscript der vorliegenden Abhandlung war bereits abgeschlossen und dem Druck übergeben, als gerade noch in der letzten Zeit mehrere wichtige Arbeiten über jene protozoenähnlichen Gebilde in den Epithelzellen erschienen. Ist auch eine ausführliche Besprechung dieser Arbeiten leider nicht mehr möglich, so möchte ich doch deren wesentliche Resultate noch kurz erwähnen.
Zunächst beschreibt NILS-SJÖBRING (Fortschr. d. Med., Bd. VIII, 1890, No. 14) aus einem Mamma-Carcinom verschiedene Plasmodien-Formen, aus welchen er einen, freilich nicht lückenlosen, noch auch durch fortlaufende Beobachtung bewiesenen Entwicklungscyklus des betreffenden Parasiten construirt. Derselbe gehört nach NILS-SJÖBRING zu den Sporozoen und zwar wahrscheinlich in die Gruppe der Mikrosporidien; auf das Geschwulstgewebe, insbesondere die Epithelzellen, deren Kerne er aufzehrt, soll dieser Mikroorganismus einen zerstörenden Einfluss ausüben.
Im Gegensatz zu THOMA und NILS-SJÖBRING bestreiten KLEBS (Deutsche med. Wochenschr., 1890, No. 32) und SCHÜTZ (Münchener med. Wochenschr., 1890, No. 35), dass es sich bei den in Carcinomen zu beobachtenden hyalinen Körpern überhaupt um Lebewesen handle. KLEBS erklärt dieselben als eigentümliche Exsudations- bezw. Zellproducte, während sie SCHÜTZ als in die Epithelien eingewanderte, zum Teil hyalin entartete und zusammengeflossene rote Blutkörperchen betrachtet.
Ebenso warnt EBERTH (Fortschr. der Med., Bd. VIII, 1890, No. 17) davor, die fraglichen Gebilde als Parasiten aufzufassen; wenigstens dürften die in den Pankreaszellen der Kaltblüter vorkommenden, ganz ähnlichen Gebilde, welche von STEINHAUS ebenfalls als Parasiten angesprochen wurden, ganz gewiss nicht als solche aufgefasst werden; vielmehr seien diese sogenannten „Nebenkerne" wahrscheinlich auf eine Art Verquellung und Verklumpung der Zellgerüstfäden zurückzuführen.
Noch möchte ich bemerken, dass es mir ebenfalls nicht gelungen ist, in den von mir untersuchten Carcinomen Gebilde aufzufinden, welche man

Auch die Beobachtung des constanten Vorkommens eines bestimmten Mikroorganismus bei allen Krebsformen könnte noch nicht dazu berechtigen, diesen Mikroorganismus in ursächlichen Zusammenhang mit der Krebsentwicklung zu bringen. So sind z. B. die sogenannten „Xerosisbacillen" ein constanter Begleiter der als Xerosis conjunctivae bekannten Bindehauterkrankung; es werden diese Bacillen in den pathologischen Producten dieser Krankheit in förmlichen natürlichen Reinculturen angetroffen, und doch haben sie, wie spätere sorgfältige Untersuchungen ergaben, mit der Aetiologie dieses Krankheitsprozesses nichts zu tun.

Ja selbst erfolgreiche Uebertragungen des Carcinoms von einem Tier auf das andere, wie sie vor Kurzem Hanau [1]) in ganz unanfechtbarer Weise gelungen sind, können für die Infectionstheorie nicht verwertet werden und es zeigt von dem kritischen und nüchternen Urteil Hanau's, dass er selbst seinen Versuchsresultaten jede Bedeutung in dieser Hinsicht abspricht. Denn wenn schon normales Epithel, selbst auf verschiedene Tierspecies übertragen, weiterzuwachsen vermag, dann ist es eigentlich ein notwendiges Postulat, dass auch Krebsepithelien, deren Proliferationsfähigkeit doch als erheblich gesteigert zu betrachten ist, nach Uebertragung auf einen anderen Organismus dort weiter zu wuchern vermögen. Bei diesen Versuchen handelt es sich also um eine einfache Transplantation und um ein Weiterwuchern des transplantirten Gewebes in der gleichen Weise, wie auch transplantirte Stückchen embryonalen Knorpels in der vorderen Augenkammer von Kaninchen fortzuwuchern vermögen.

Von einer Uebertragung des Carcinoms im Sinne der Infectionstheorie könnte nur dann die Rede sein, wenn durch die Uebertragung eines bestimmten Mikroorganismus oder auch, falls dessen Reincultivirung aus biologischen Gründen auf unüberwindliche Schwierigkeiten stossen sollte, durch Implantation von Krebsgewebe, welches diesen Mikroorganismus in lebensfähigem Zustande enthalten soll, das Gewebe des Versuchstieres selbst zur krebsigen Wucherung angeregt

mit Sicherheit als Protozoen hätte erklären können. Wohl findet man ja auch bei Magen- und Darmkrebsen in den Epithelzellen sehr häufig solche Nebenkerne und ähnliche Körper, wie sie von Thoma und Nils-Sjöbring beschrieben wurden; allein die richtige Deutung all dieser Gebilde stösst oft auf unüberwindliche Schwierigkeiten. Dieselben als Parasiten, d. h. als selbstständige Lebewesen zu erklären, ist man aber jedenfalls erst dann berechtigt, wenn man die Zusammengehörigkeit der Formen und deren Entwicklung in continuirlicher Beobachtung festgestellt hat.

1) Hanau, Erfolgreiche experimentelle Uebertragung von Carcinom. Fortschr. d. Medicin, 1889, Bd. VII, S. 321.

würde, wenn wir also z. B. nach Verbringung des infectiösen Materials unter die Rectalschleimhaut die Darmdrüsen, oder nach Application in das subcutane Zellgewebe die epithelialen Elemente der Haut des Versuchstieres in krebsige Wucherung geraten sähen.

Und dabei darf nicht, wie es von Scheuerlen geschehen ist, die Bildung
irgend welcher „epithelioider" Zellen als Krebsentwicklung angesprochen
werden, sondern es muss vielmehr eine vom präexistirenden
Epithel des Versuchstieres ausgehende schrankenlose
Wucherung zur Entwicklung typischen Krebsgewebes
führen.

Ist das Carcinom eine Infectionskrankheit, so
müssen solche Uebertragungsversuche unbedingt zu
einem positiven Resultate führen; denn da das Carcinom
eine auch bei Ratten und Hunden nicht so selten spon-
tan auftretende Krankheit ist, so müssen diese Tierspecies auch für das Krebsvirus empfänglich sein und
ein Mangel an geeigneten Versuchstieren kann daher
für die Lösung der Frage nicht in Betracht kommen.

Aus diesem Grunde können nur in dem angeführten Sinne gelun-
gene Uebertragungsversuche des Carcinoms von Mensch zu Tier oder
Tier zu Tier für die Infectionstheorie beweisend sein.

Zu dieser Forderung des experimentellen Beweises sind wir um so
mehr berechtigt, ja verpflichtet, als die klinische Erfahrung und das
pathologisch-anatomische Verhalten des Carcinoms dessen Auffassung
als Infectionskrankheit nicht etwa begünstigen, sondern geradezu aus-
schliessen.

Aber gerade der letztere Grund ist es, welcher mit grösster Wahrscheinlichkeit voraussagen lässt, dass dieser Nachweis niemals erbracht
werden wird und dass der Krebsbacillus, so oft derselbe in der Ge-
schichte von der Aetiologie des Carcinoms in Erscheinung tritt, auch
ebenso oft wieder als unhaltbar verschwinden wird.

Während somit die Cohnheim'sche Geschwulsthypothese in ihrer
allgemeinen Anwendung auf das Carcinom, sowie die Infectionstheorie
sich mit der epithelialen Genese des Carcinoms nicht vereinbaren lassen,
muss der Thiersch'schen Hypothese über die Aetiologie des Krebses
und der am meisten verbreiteten Irritationslehre gegenüber wenigstens
zugestanden werden, dass diese Lehren nicht allein den tatsächlichen
histogenetischen Vorgängen bei der Krebsentwicklung durchaus ange-
passt sind, sondern auch dem allgemeinen pathologisch-anatomischen
und klinischen Verhalten des Carcinoms entsprechen.

Nach THIERSCH [1]) beruht bekanntlich die Entwicklung des Epithelkrebses auf einer Störung des histogenetischen Gleichgewichtes zwischen Epithel und Stroma zu Ungunsten des Stromas und zwar soll diese Störung durch senile Veränderungen des Bindegewebes bei Fortbestand der histogenetischen Energie des Epithels bedingt sein.

THIERSCH lässt daher bei der primären Krebsentwicklung die Initiative wohl auch vom Epithel ausgehen, aber dieselbe wird nach seiner Auffassung weniger durch eine abnorme Steigerung der Proliferationsfähigkeit des Epithels, als vielmehr durch eine Verminderung der physiologischen Widerstände des Bindegewebes veranlasst.

Letzteres verfalle im Alter früher als das Epithelgewebe der Atrophie und erleide eine deutliche Rarefaction, indem eine Abnahme der parenchymatösen Feuchtigkeit, verbunden mit einer Abschwächung der histogenetischen Tätigkeit des Gewebes eintrete. Diese senilen Veränderungen geben sich schon äusserlich durch ein Welkwerden und schlaffes Aussehen der Haut und durch Trockenheit des Gewebes zu erkennen, während man sich von der Herabsetzung der histogenetischen Tätigkeit des Bindegewebes im Alter nach THIERSCH am besten dadurch überzeugen kann, dass die Wundheilung bei alten Leuten viel langsamer von statten gebe als im jugendlichen Alter.

„Wenn in einem Stroma", sagt THIERSCH, „welches sich in diesem Zustande von Atrophie befindet, organische Bestandtheile vorhanden sind, deren histogenetische Fähigkeit noch nicht abgeschwächt ist, so werden diese bei dem verminderten Widerstand ihrer Umgebung zu wuchern anfangen (THIERSCH vergleicht diesen Vorgang mit dem vermehrten Wachstum des Condylus internus femoris bei Genu valgum) und auf diese Art entstehen, wie ich glaube, im höheren Alter jene Hypertrophien epithelialer Bestandteile der Haut, welche zur Entwicklung des Epithelkrebses disponiren" [2]).

Das Bindegewebe verhält sich nach THIERSCH bei der Krebsentwicklung völlig passiv und es wird zu diesem passiven Verhalten gegenüber den eindringenden Epithelien ausschliesslich durch die erwähnten senilen Veränderungen bestimmt.

Chronische Reize und Entzündungsprozesse, sowie traumatische Einflüsse sollen daher nur als Gelegenheitsursachen den letzten Anstoss zur Krebsentwicklung geben können, niemals aber durch sich selbst eine krebsige Wucherung des Epithels bedingen; denn wenn auch eine beschränkte, von einem passiven Verhalten des Bindegewebes unabhängige epitheliale Wucherung bei solchen Prozessen zugegeben werden müsse, so komme es dabei doch niemals zur Krebsentwicklung, wenn

1) l. c. S. 78.
2) l. c. S. 84.

nicht die auf einer Störung des histogenetischen Gleichgewichtes zwischen Epithel und Bindegewebe beruhende senile Prädisposition bereits bestehe oder später erst hinzutrete.

Es lässt sich nicht leugnen, dass die THIERSCH'sche Hypothese gerade darin, dass das Carcinom in so ausgesprochener Weise eine Krankheit des höheren Lebensalters ist, eine wesentliche Stütze findet, um so mehr, als es gar keinem Zweifel unterliegen kann, dass die Lebensenergie der verschiedenen Gewebsformationen nicht allein von Anfang an eine verschiedene ist, sondern dass bei den verschiedenen Geweben auch das Nachlassen, bezw. Erlöschen dieser Lebensenergie in verschiedenen Zeiträumen erfolgt.

Und dabei scheint allerdings die Annahme vollauf berechtigt, dass das Epithel im Allgemeinen und als histologisches System betrachtet, abgesehen von den physiologisch hochdifferenzirten Drüsenzellen, eine höhere Lebenskraft und eine längere Lebensdauer besitzt als alle übrigen Gewebsformationen.

So ist es nicht möglich, Nerven- oder Muskelgewebe, Knochen, Knorpel oder andere Gewebe aus der Gruppe der Bindesubstanzen von einem Organismus auf den anderen zu transplantiren, ohne dass das übertragene Gewebe in kürzester Zeit unterginge und der Resorption verfiele; nur in den frühesten Perioden des Fötallebens ist, wie ZAHN [1] zuerst gezeigt hat, bei einigen dieser Gewebsformationen die Lebensenergie so gross, dass das Leben der transplantirten Stücke noch längere Zeit erhalten bleibt und selbst die Proliferationsfähigkeit nicht erlischt.

Ganz anders liegen dagegen die Verhältnisse beim Epithel! In jeder Altersperiode, selbst im Greisenalter, lassen sich Epidermis- und Schleimhautstückchen von einem Individuum auf das andere, ja selbst von einer Species auf die andere transplantiren, ohne dass die Lebenskraft und Proliferationsfähigkeit des übertragenen Epithels auch nur die geringste Einbusse erlitte, so dass wir grosse Wundflächen von solchen transplantirten Hautstückchen aus sich allmählich überhäuten sehen.

Ferner ist es eine bekannte Tatsache, dass bei eintretendem Tode das Leben der verschiedenen histologischen Systeme nicht gleichzeitig, sondern in verschiedenen, wenn auch kurz getrennten Zeiträumen erlischt. So kann man z. B. peristaltische Bewegungen des Darms noch lange nach erfolgtem Herzstillstand beobachten und die willkürliche Muskulatur zeigt sich oft noch eine Stunde nach dem Tode contractionsfähig. Am längsten aber wird der Gesammtorganismus zweifellos von den physiologisch weniger hoch differenzirten Epithelien, besonders dem Deckepithel der äusseren Haut überlebt, welches sich noch nach vielen Stunden als lebens- und transplantationsfähig erweist; in einer flimmer-

---

1) l. c.

epithelhaltigen Ovarialcyste, welche nach der Exstirpation auf Eis aufbewahrt wurde, konnte ich selbst noch nach 5 Tagen lebhafte Bewegungen des Flimmerepithels beobachten.

Auch finden wir, dass bei den Epithelien schon physiologischer Weise das ganze Leben hindurch ein fortwährender Verbrauch und dementsprechend eine stetige Regeneration stattfindet, während die Mehrzahl der Bindesubstanzen unter normalen Verhältnissen äusserst stabil zu sein und nur unter besonderen Umständen, wie unter dem Einflusse pathologischer Reize, eine stärkere Proliferation einzugehen scheint.

Daher mag es kommen, dass zwar das Leben der Einzelzelle bei den sich regenerirenden Epithelien ein kürzeres ist, dass aber das Epithel als histologisches System selbst im vorgerückten Alter noch von relativ jugendlichen und lebenskräftigen Zellengenerationen gebildet wird, während die Gruppe der Bindesubstanzen zwar eine weit längere Lebensdauer der Einzelzelle aufweist, aber eben deshalb, in Folge der dadurch mangelnden oder doch sehr beschränkten Regeneration, früher senile Veränderungen und eine Abschwächung der Lebenskraft erleiden muss.

Aus allen diesen Erscheinungen sind wir zu dem Schlusse berechtigt, dass dem Epithel in der Tat eine gewisse Ueberlegenheit und ein hoher Grad von Selbstständigkeit gegenüber den übrigen histologischen Systemen zukommt, Eigenschaften, welche allerdings um so mehr zur Geltung kommen müssen, je mehr die Widerstandsfähigkeit der übrigen Gewebsformationen in Folge des Alters nachlässt.

Man muss zugestehen, dass diese Verhältnisse der THIERSCH'schen Hypothese, dass das Carcinom auf einer durch senile Veränderungen des Bindegewebes bedingten Störung des histogenetischen Gleichgewichtes beruhe, einen hohen Grad von Wahrscheinlichkeit zu verleihen geeignet sind.

WALDEYER[1]) erhebt freilich gegen die THIERSCH'sche Hypothese den Einwand, dass im Gegenteil die epithelialen Productionen im Alter gegenüber dem interstitiellen Bindegewebe abnehmen; er erinnert an die Altersatrophie der Drüsen, in welchen an die Stelle des zu Grunde gehenden Epithels eine indurative Bindegewebswucherung tritt.

Allein dieser Einwand WALDEYER's scheint mir doch nur teilweise berechtigt zu sein, nämlich insofern, als sich derselbe auf das physiologisch hochdifferenzirte Drüsenepithel bezieht, wie wir es z. B. in der Leber, im Pankreas, den Nieren und anderen drüsigen Organen antreffen.

Diese Organe verfallen allerdings im späteren Alter einer mehr

---

1) l. c. S. 520.

oder weniger hochgradigen Atrophie, welche zweifellos auf einen Schwund der epithelialen Elemente zurückzuführen ist; wenn aber hier das Epithel relativ frühzeitig seine Lebensenergie verliert, so muss man bedenken, dass die den höher differenzirten Drüsenepithelien immanente Regenerationsfähigkeit schon von Anfang an eine äusserst geringe zu sein scheint. Eine Neubildung solcher Epithelien findet in jenen drüsigen Organen, wie uns das Studium über das Vorkommen der indirecten Kernteilung lehrt, nach Abschluss der Wachstumsperiode so gut wie gar nicht mehr statt und selbst unter pathologischen Verhältnissen, wie bei dem Anlegen künstlicher Defecte, ist die Regenerationsfähigkeit der specifischen Drüsensubstanz nur eine äusserst beschränkte, welche sich auch nicht entfernt mit der Regenerationsfähigkeit der übrigen Epithelien vergleichen lässt.

Es findet also während des Lebens nicht, wie z. B. bei den Deckepithelien, ein fortwährender Verbrauch und Wiederersatz der functionirenden Drüsenepithelien statt, so dass während des Lebens eine Zellengeneration der anderen folgte, vielmehr scheinen die während der Wachstumsperiode gebildeten Zellen bis zum Tode des Individuums fortzubestehen oder wenigstens doch nur äusserst selten und dann nur in grösseren Zeiträumen durch jüngere Generationen abgelöst zu werden.

Bei solchen Verhältnissen kann es dann aber nicht Wunder nehmen, wenn das Epithel der höher differenzirten Drüsen im späteren Alter senilen Veränderungen mehr unterworfen ist als die anderen sich stets regenerirenden Epithelformationen, und so ist es auch erklärlich, warum diese Organe früher oder später der Altersatrophie verfallen.

Dabei kann es, wie auch THIERSCH [1]) mit Recht betont, wohl kaum einem Zweifel unterliegen, dass bei dieser Altersatrophie der drüsigen Organe der Schwund des eigentlichen Drüsenparenchyms das Primäre ist, die denselben begleitende Bindegewebswucherung aber eine secundäre Erscheinung; übrigens ist diese letztere bei der Altersatrophie nie in besonders hohem Masse vorhanden, vielmehr wird dieselbe durch Verödung und Obliteration der Gefässe, sowie durch den Fortbestand des ursprünglichen Zwischengewebes oft nur vorgetäuscht.

Aber selbst bei der Altersatrophie der höher differenzirten Drüsen finden wir, dass die Proliferationsfähigkeit des physiologisch weniger differenzirten Epithels im Alter keine Einbusse erleidet. Das schönste Beispiel bietet in dieser Hinsicht die Altersatrophie der Leber, welche gar nicht selten von einer Wucherung des Epithels der feineren Gallengänge begleitet ist; namentlich findet man in dem atrophischen Randsaum einer solchen atrophischen Leber bei totalem Schwund des

---

1) l. c.

Parenchyms sehr häufig mächtig erweiterte und von ganz besonders schönem und kräftigem Cylinderepithel ausgekleidete Gallengänge.

Vor allem aber muss dem Einwande WALDEYER's gegenüber darauf hingewiesen werden, dass bei denjenigen Epithelformationen, bei welchen ein fortwährender Verbrauch der Zellen und daher auch nach Abschluss der Wachstumsperiode eine stetige Neubildung von Zellen erfolgt, die Proliferationsfähigkeit bis in das späteste Lebensalter erhalten bleibt, selbst dann, wenn die physiologische Functionsfähigkeit der Zellen erlischt. Es macht daher auch, wie BIZZOZERO und VASALE [1]) sagen, in der Tat „einen gewissen Eindruck, dass (wenn man von der Epidermis und dem geschichteten Epithel der Schleimhäute absieht, die übrigens reichlich mit Mitosen versehen sind) dass die grösste Häufigkeit des primären Krebses sich in denjenigen Organen bemerkbar macht, welche mit Drüsen versehen sind, deren Elemente auch im ausgewachsenen Organe die grössere Fähigkeit behalten, sich zu vermehren (Uterus, Mamma, Magen-Darmkanal), während die geringere Frequenz sich in den Organen bemerkbar macht, welche sich in den entgegengesetzten Verhältnissen befinden (Pankreas, Nieren, Leber, Speicheldrüsen, Thränendrüsen u. s. w.).

Aber dennoch kann die THIERSCH'sche Hypothese von der Aetiologie des Krebses nicht völlig befriedigen, wenn man auch zugeben muss, dass die in derselben herangezogenen Momente zweifellos geeignet sind, bei der Entwicklung des Krebses eine hervorragende Rolle zu spielen.

So kann man sich bei der THIERSCH'schen Theorie nicht gut erklären, worauf die namentlich viele Cylinderepithelkrebse auszeichnende, mächtige Steigerung der Proliferationsfähigkeit des Epithels zurückzuführen ist. Man kann sich ja sehr wohl vorstellen, dass bei dem Nachlassen der histogenetischen Tätigkeit und dem damit verbundenen Wegfall der physiologischen Widerstände des Bindegewebes das in seiner Lebenskraft ungeschwächte Epithel anfängt, in die Spalträume des Bindegewebes hereinzuwachsen, aber es ist nicht einzusehen, dass dieses Wachstum in das Gewebe herein mit höherer Energie von statten gehen soll als die ursprüngliche, durch die normalen Regenerationsvorgänge bedingte Vermehrung des Epithels; ja man sollte sogar glauben, dass die Proliferationsfähigkeit des Epithels, welche doch in hohem Masse auch von dem qualitativen und quantitativen Verhalten der Nahrungszufuhr abhängig ist, trotz des Wegfalls der physiologischen Widerstände eher bis zu einem gewissen Grade herabgesetzt werde, in-

---

1 BIZZOZERO und VASALE, Ueber die Erzeugung und die physiologische Regeneration der Drüsenzellen bei den Säugethieren. VIRCHOW's Archiv, Bd. 110, 1887, S. 155.

dem das Bindegewebe in Folge der senilen Veränderungen auch in seiner Eigenschaft als Nährboden des Epithels verlieren muss.

Tatsächlich findet aber bei der Entwicklung des Carcinoms, und zwar sehr häufig schon vom allerersten Anfang an, offenbar eine Ueberernährung des Epithels statt, denn die krebsig entarteten Zellen sind sehr häufig grösser, besitzen grössere Kerne, dabei erscheint das Protoplasma des Kernes und des Zellenleibes gesättigter und ausserordentlich viel chromatinreicher als bei normalen Epithelien; ebenso ist die Proliferationsfähigkeit, wie man sich durch das oft überaus massenhafte Auftreten von Mitosen leicht überzeugen kann, zweifellos häufig schon beim allerersten Beginn der Krebentwicklung ganz enorm gesteigert.

Diese, mit einer Ueberernährung verbundene, erhöhte Proliferationsfähigkeit des Epithels lässt sich nach meiner Ansicht unmöglich allein durch eine Herabsetzung der physiologischen Widerstände erklären, sondern kann nur auf einer eminenten Steigerung des Assimilationsvermögens des Epithels, vielleicht verbunden mit erhöhter Nahrungszufuhr, beruhen.

Ferner sollte man glauben, dass das Carcinom, wenn es ausschliesslich auf die durch die senilen Veränderungen des Bindegewebes bedingte Störung des histogenetischen Gleichgewichtes zurückzuführen ist, häufiger primär multipel auftreten würde, indem derartige senile Veränderungen, wenn auch nicht den ganzen Organismus, so doch ganze einzelne Organe und Organsysteme betreffen. Der Einwand, dass die meisten Krebskranken ihrem Leiden zu früh erliegen, als dass die Zeit für die Entwicklung eines zweiten primären Krebses an einer andern Stelle des Körpers noch ausreichen würde, ist nicht wohl stichhaltig, indem die Krankheit nicht selten eine Dauer von mehreren Jahren aufweist. Vor allem sehen wir aber nach glücklicher und gründlicher operativer Entfernung eines primären Krebses nicht so selten viele Jahre hindurch, ja selbst bis zum Tode des betreffenden Individums, trotz seiner zweifellos bestehenden Disposition für die krebsige Erkrankung, weder an dem ursprünglichen Sitze des exstirpirten Carcinoms ein Recidiv, noch an einer andern Localität des Körpers etwa ein anderes primäres Carcinom entstehen; wir sind daher, wenn auch ein Recidiv selbst nach scheinbar radicaler Operation die häufigere Erscheinung ist, immerhin genötigt, das Carcinom in seiner ersten Entstehung als ein wesentlich locales Uebel zu betrachten, welches auf ein einzelnes Organ, ja sehr häufig nur auf einen Teil eines Organes beschränkt zu sein pflegt. Es ist aber nicht wahrscheinlich, dass die senile Prädisposition im Sinne THIERSCH's in so ausgesprochener Weise nur auf ein einziges Organ oder gar nur einen einzelnen Organteil sich erstreckt, und vollends ist es unwahrscheinlich, dass dieselbe in so hervorragendem Masse an die bekannten Prädilectionsstellen des Carcinoms gebunden sein soll.

Uebrigens scheint auch die histogenetische Tätigkeit des Bindegewebes in sehr vielen Fällen von Carcinom durchaus nicht in der Weise abgeschwächt zu sein, als man es nach der Thiersch'schen Hypothese erwarten sollte. Namentlich bei den scirrhösen Formen des Krebses erreicht ja die Bindegewebsneubildung oft einen so ausserordentlich hohen Grad, dass sie die epitheliale Wucherung quantitativ sogar weit übertrifft.

Diese Beobachtung allein schon macht es unwahrscheinlich, dass dem Bindegewebe bei der Krebsentwicklung ausschliesslich jene passive Rolle zukomme, welche ihm von Thiersch zugewiesen wird, oder zeigt wenigstens, dass die Herabsetzung der physiologischen Widerstandsfähigkeit des Bindegewebes nicht notwendig mit einer Verminderung der histogenetischen Fähigkeit desselben verbunden sein muss.

Aus allen diesen Gründen muss man annehmen, dass die senilen Veränderungen des Organismus und die damit verbundenen histogenetischen Gleichgewichtsstörungen für sich allein kaum ausreichend sein dürften, um unter dem einmaligen Einflusse von Gelegenheitsursachen, als welche Thiersch die Einwirkung von Traumen, entzündlichen Zuständen u. s. w. betrachtet, die Entwicklung eines Carcinoms zu veranlassen.

Aber eben deshalb sind wir auch berechtigt, ja förmlich darauf angewiesen, sogenannten chronischen Reizen und chronisch entzündlichen Prozessen, deren Beziehung zur Krebsentwicklung gar keinem Zweifel mehr unterliegen kann, eine grössere Bedeutung beizumessen als die von einfachen Gelegenheitsursachen.

Mit Recht bezeichnet Zahn [1]) den von Volkmann [2]) zuerst beobachteten sogenannten Paraffinkrebs, welcher sich nach lang dauernder Einwirkung von Paraffindämpfen an der Haut der in Paraffinfabriken beschäftigten Arbeiter entwickelt, als das schlagendste und beweisendste Beispiel von Reizwirkung; das Gleiche gilt aber auch für den an den Armen der Theerarbeiter häufig beobachteten flachen Hautkrebs, sowie für den Scrotalkrebs der Schornsteinfeger, welcher unter der anhaltenden Einwirkung des Steinkohlenrusses auf die Scrotalhaut sich entwickelt [3]). Derartige Beobachtungen haben gewissermassen die Bedeutung eines erfolgreichen Experimentes, und ich halte es für zu weit

---

1) Zahn, Beiträge zur Aetiologie der Epithelkrebse. Virchow's Arch., 1889, Bd. 117, S. 218.

2) R. Volkmann, Beiträge zur Chirurgie. Leipzig 1875.

3) Tillmanns, Ueber Theer-, Russ- und Tabakkrebs. Deutsche Zeitschr. f. Chirurgie, 1880, Bd. 13, S. 519.

gegangen, wenn man auch hier, wie es Thiersch[1]) bei der Erklärung des Scrotalkrebses der Schornsteinfeger tut, die chemische Reizwirkung lediglich als eine Gelegenheitsursache bei der Entstehung des Krebses betrachtet.

Ferner ist es eine nicht zu bestreitende Tatsache, dass sich an chronische Geschwürsprozesse, welche viele Jahre lang einen völlig gutartigen Charakter zeigten, secundär eine krebsige Entartung des angrenzenden Epithels anschliesst, und ebenso wird nicht selten in alten Narben die Entwicklung eines Carcinoms beobachtet. Ich verweise in dieser Hinsicht auf die Untersuchungen von Boegehold[2]), Schuchardt[3]), Heitler[4]), Zahn[5]), Zenker[6]) und anderer Autoren, sowie auf meine eigenen diesbezüglichen Beobachtungen über secundäre krebsige Entartung des chronischen Magengeschwürs[7]).

Seit der Mitteilung jenes von mir zuerst untersuchten Falles wurde am hiesigen pathologischen Institut wieder eine ganze Reihe von Fällen beobachtet, in welchen durch die anatomische Untersuchung mit Sicherheit festgestellt werden konnte, dass das Carcinom erst secundär im Anschluss an Ulcus simplex sich entwickelt hat. Besonders instructiv sind in dieser Hinsicht einige in dieser Arbeit mitgeteilte Fälle, in welchen durch die klinische Beobachtung das Bestehen eines chronischen Magengeschwüres schon seit Jahren vor Entwicklung des Carcinoms festgestellt werden konnte (vergl. Anhang No. 35—38 und Taf, XII, Fig. 25).

Man kann aber wohl mit Recht annehmen, dass das Magencarcinom sich aus einem ursprünglich nicht krebsigen, einfachen Magengeschwür noch viel häufiger entwickelt, als es anatomisch nachweisbar ist. Denn es liegt auf der Hand, dass bei der krebsigen Entartung kleinerer Geschwüre, wie sie z. B. den erwähnten Fällen zu Grunde liegen, dieser Zusammenhang in den späteren Stadien der Krebsentwicklung, wenn erst einmal der ganze Geschwürsgrund von der krebsigen Wucherung durchsetzt ist und die krebsige Neubildung selbst anfängt an der Oberfläche zu ulceriren, anatomisch nicht mehr zu erkennen ist. Noch

---

1) l. c. S. 193.

2) Boegehold, Ueber die Entwicklung von malignen Tumoren aus Narben. Virchow's Archiv, Bd. 88, S. 229.

3) Schuchardt, Beitr. zur Entstehung der Carcinome aus chronisch-entzündlichen Zuständen der Schleimhaut und Hautdecken. 8. Leipzig 1885.

4) Die Entwicklung von Krebs auf narbigem Grunde im Magen und in der Gallenblase. Wiener med. Wochenschrift, 1883, No. 31 und 32.

5) Zahn, Beiträge zur Aetiologie der Epithelialkrebse. Virchow's Archiv, Bd. 117, 1889, S. 217.

6) Heinrich Zenker, Der primäre Krebs der Gallenblase und seine Beziehungen zu Gallensteinen und Gallenblasennarben. Deutsches Archiv f. klin. Med., Bd. 44, S. 159.

7) l. c.

mehr gilt dies natürlich für Narben, deren ursprüngliche Structur bei Eintreten krebsiger Entartung sehr bald verwischt werden muss.

Dass aber dennoch das Magencarcinom wahrscheinlich ziemlich häufig aus einem einfachen Magengeschwür oder einer Magennarbe hervorgeht, dafür spricht auch die Tatsache, dass neben dem Carcinom nicht selten gleichzeitig die bekannten sternförmigen Magennarben gefunden werden oder dass der ganze Magen narbige Verunstaltung zeigt und mit den Nachbarorganen durch alte Verwachsungen fest verlötet ist, welche unmöglich, wie sonst in vielen Fällen, auf eine erst durch das Carcinom bedingte chronische Peritonitis zurückgeführt werden können.

Endlich lässt auch der Umstand, dass sowohl das chronische Magengeschwür als auch das Magencarcinom am häufigsten ihren Sitz an der hinteren Magenwand, nahe dem Pylorus oder an diesem selbst, haben, einen innigeren Zusammenhang zwischen den beiden Prozessen vermuten.

Auch die so auffallende Erscheinung, dass das Carcinom mit so grosser Vorliebe an den sogenannten Prädilectionsstellen aufzutreten pflegt, würde bei der Irritationslehre eine befriedigende und völlig ungezwungene Erklärung finden; denn gerade diese Stellen des Körpers sind es, welche am meisten häufig wiederkehrenden Verletzungen und chronischen Reizwirkungen ausgesetzt sind. Ferner ist es gewiss eine bemerkenswerte, sehr zu Gunsten dieser Theorie ins Gewicht fallende Tatsache, dass das Uterus- und Mammacarcinom, trotz ihrer Häufigkeit, bei Frauen, welche nie geboren bezw. gestillt haben, relativ selten beobachtet werden und dass das Penis-Carcinom weitaus in der Mehrzahl der Fälle mit Phimose verbunden ist.

Endlich lässt sich auch die Beobachtung, das Warzen und polypöse Schleimhautwucherungen nicht selten einer secundären krebsigen Entartung verfallen, sehr wohl im Sinne der Irritationslehre verwerten. Abgesehen davon, dass derartige Wucherungen sehr häufig selbst aus chronisch-entzündlichen Zuständen der Haut und der Schleimhäute hervorgehen, muss man auch annehmen, dass dieselben, da sie in besonders hohem Grade häufig wiederkehrenden Verletzungen und anderen mechanischen Insulten ausgesetzt sind, selbst wieder geradezu Prädilectionsstellen für die Entstehung chronisch-entzündlicher Prozesse bilden.

Unterzieht man nun die Frage, ob bei chronisch-entzündlichen Zuständen epithelialer Organe auch sonst Vorgänge zu beobachten sind, welche überhaupt zu der Krebsentwicklung in Beziehung gebracht werden könnten, einer näheren Prüfung, so ist diese Frage entschieden zu bejahen.

Insbesondere ist es die bei chronischen Geschwürsprozessen und bei den durch chronische Reizwirkung hervorgerufenen chronisch-entzündlichen Zuständen sehr häufig auftretende sogenannte atypische Epithelwucherung, welche unser höchstes Interesse beansprucht.

So findet man, dass in der Umgebung chronischer Hautgeschwüre die Zellen des Rete Malpighii nicht selten in der Form von Zapfen und netzförmig verbundenen Ausläufern in die Tiefe dringen und Friedländer[1] konnte in einem Falle von Lepra eine hochgradige Wucherung der Schweissdrüsenausführungsgänge constatiren, welche in der Form eines epithelialen Netzwerkes einen Teil des subcutanen Zellgewebes durchsetzte. Eine sehr häufige Erscheinung ist die Wucherung der feineren Gallengänge bei Lebercirrhose, ebenso die von Weigert[2] zuerst beschriebene Wucherung des Harnkanälchenepithels bei der Schrumpfniere. In der Umgebung chronischer Magengeschwüre und in den Narben von solchen habe ich selbst eine sehr hochgradige, bis in die Muscularis vordringende Wucherung der Magendrüsen nachgewiesen und inzwischen hatte ich noch oft Gelegenheit, die atypische Epithel und Drüsenwucherung nicht allein an Magennarben, sondern auch bei anderen chronisch entzündlichen Zuständen und Geschwürsprozessen zu beobachten. Namentlich konnte ich öfters in der Umgebung tuberkulöser Dickdarmgeschwüre atypische Drüsenwucherung constatiren; in einem Falle von sehr ausgebreiteter Tuberkulose des Dickdarms waren die Drüsen des Coecums, dessen Wand in Folge der mächtigen chronischentzündlichen Bindegewebswucherung bis zu 1 cm verdickt war, an einzelnen Stellen selbst bis in die Spalträume der Muscularis vorgedrungen, so dass die etwas verzweigten gewucherten Drüsenschläuche zum Teil eine Länge von 4—5 mm erreichten.

Nicht selten scheinen bei dieser atypischen Epithel und Drüsenwucherung auch Abschnürungen von kleinen Epithelinseln und kurzen Abschnitten der gewucherten Drüsenschläuche zu Stande zu kommen, von welchen letztere leicht einer cystischen Entartung verfallen.

Vor allem aber sehen wir, dass bei der atypischen Drüsenwucherung das Drüsenepithel seine physiologische Function verliert und durch physiologisch indifferente Zellen ersetzt wird.

Am schönsten lassen sich diese Verhältnisse bei der atypischen Drüsenwucherung des Magens und des Dickdarms erkennen; das Epithel der gewucherten Magendrüsen enthält nicht mehr die charakteristischen Labzellen, sondern wird ausschliesslich von cubischen oder regelmässig cylindrischen, oft sehr hohen Zellen gebildet und ebenso findet man in den gewucherten Dickdarmdrüsen keine Becherzellen mehr, sondern ebenfalls ausschliesslich physiologisch indifferente

1) Friedländer, Ueber Epithelwucherung und Krebs, Strassburg 1877.
2) Weigert, Die Bright'sche Nierenerkrankung vom path.-anat. Standpunkte aus. Volkmann, Sammlung klin. Vortr. No. 102 und 103. S. 1441.

Cylinderzellen mit meist langen ovalen Kernen, in welchen die Schleimproduction völlig aufgehört hat. Stets zeichnet sich das Epithel der
gewucherten Magen- und Darmdrüsen durch ein offenbar sehr concen-
trirtes, an Chromatinsubstanzen reiches Protoplasma des Zellenleibes
aus und auch das Kernplasma erscheint gesättigt und sehr chromatin-
reich, so dass die Zellen bei der Tinction in allen Teilen eine dunklere
Färbung annehmen, als normale Cylinderepithelien.

Da nun, wie uns die Entwicklungsgeschichte lehrt[1]), protoplasma-
reiche Zellen sich rascher teilen als protoplasmaärmere, so ist man wohl
zu der Annahme berechtigt, dass die bei der atypischen Drüsenwucherung auftretenden physiologisch indifferenten
Zellen ein viel höheres Proliferationsvermögen besitzen
müssen, als es dem normalen Drüsenepithel zukommt;
in der Tat finden wir auch in den gewucherten Drüsenschläuchen in
der Regel so ausserordentlich zahlreiche Mitosen, wie sie an den normalen Drüsen des Magens und des Dickdarms niemals beobachtet
werden.

Wodurch die Drüsenzellen bei der atypischen Epithelwucherung
ihre Functionsfähigkeit dauernd verlieren, lässt sich schwer entscheiden;
aber es ist wohl anzunehmen, dass dabei eine Störung des Nervenein-
flusses im Spiele ist. Die physiologisch indifferenten Zellen sind wenigstens im Rectum sicher als Nachkommen der ursprünglichen functionirenden Drüsenzellen zu betrachten, doch scheint bereits bei der ersten
neuen Zellengeneration die physiologische Functionsfähigkeit nicht mehr
einzutreten; das Gleiche gilt für die Schleimdrüsen des Magens, während
bei den Labdrüsen die specifischen Drüsenzellen wahrscheinlich zu Grunde
gehen und durch von den oberen Drüsenabschnitten nachrückende Zellen
ersetzt werden.

Die zweifellos vorhandene Steigerung der Proliferationsfähigkeit
des gewucherten Drüsenepithels ist zum Teil wohl auf eine Ueberernährung zurückzuführen, welche bei der chronisch-entzündliche
Zustände stets begleitenden Hyperämie und entzündlich serösen Durch-
tränkung des Gewebes wohl erklärlich ist[2]); zum Teil muss dieselbe aber auch auf einem gesteigerten und zwar dauernd gesteigerten Assimilationsvermögen der neuge-

---

1) Vergl. HERTWIG. Lehrbuch d. Entwicklungsgeschichte d. Menschen
u. d. Wirbelthiere. Jena 1886, S. 43.

2) Es ist wohl möglich, dass auch in die Epithelien einwandernde
Leukocyten in dem oben (S. 73) erörterten Sinne zu dieser Ueberernährung beitragen. Keinesfalls aber scheint mir dieser Art der
Nahrungszufuhr die ihr von KLEBS beigelegte Bedeutung zuzukommen,
dass nämlich durch dieselbe jene unbegrenzte Proliferationsfähigkeit des
Epithels bedingt werde, welche die Krebszelle wie überhaupt die Ge-
schwulstzelle auszeichnet. Für eine solche Annahme fehlt jeder Anhalts-

bildeten Zellen beruhen, denn wir begegnen auch noch in der gefässarmen und wenig saftreichen Narbe durchaus den gleichen Verhältnissen. An gut conservirten sternförmigen Magennarben, an welchen keine Spur von Entzündung mehr nachzuweisen war, konnte ich wiederholt constatiren, dass das Epithel der gewucherten Drüsen ausschliesslich von physiologisch indifferentem Cylinderepithel gebildet wird, welches in der ausgesprochensten Weise die eben geschilderten Veränderungen erkennen lässt; dabei finden sich in demselben bis in den Drüsenfundus herab ausserordentlich zahlreiche Mitosen, während ausserhalb des Narbenbezirkes, wo die Drüsen normales Verhalten zeigen, höchstens im Oberflächenepithel der Magenschleimhaut ganz vereinzelte Teilungsfiguren zu erkennen sind.

Endlich müssen wir annehmen, dass bei den von atypischer Epithelwucherung begleiteten chronischen Geschwürs- und Entzündungsprozessen eine, wenn auch vorübergehende Schwächung der physiologischen Widerstände des Bindegewebes eintritt.

Denn ohne eine solche wäre es schwer verständlich, warum die epitheliale Wucherung, anstatt in einer verstärkten Desquamation nach der Oberfläche oder in das Drüsenlumen sich zu äussern, in die Tiefe des Gewebes eindringt. Dabei ist es eine sehr bemerkenswerte Tatsache, dass auch die atypische Epithelwucherung, gerade so wie bei manchen Krebsformen, mit einer sehr lebhaften Wucherung des Bindegewebes verbunden sein kann, jedenfalls ein Beweis dafür, dass der Begriff der physiologischen Widerstandsfähigkeit des Bindegewebes nicht ausschliesslich an dessen histogenetische Tätigkeit gebunden ist.

So finden wir also in der Tat bei chronisch-entzündlichen Prozessen nicht selten Vorgänge, welche denjenigen bei der Krebsentwicklung durchaus ähnlich sind; darin liegt auch der Grund, warum in vielen Fällen die ersten Anfangsstadien der Krebsentwicklung und die einfache

---

punkt. Denn wenn es gestattet ist aus dem Chromatinreichtum der Zellen auf den Grad ihrer Proliferationsfähigkeit zu schliessen, so kann der Leukocyteneinwanderung in die Epithelien für die Steigerung der Proliferationsfähigkeit der letzteren überhaupt nur eine sehr bescheidene Rolle zugeschrieben werden. Die krebsig entarteten Epithelien zeichnen sich, wie oben gezeigt wurde, in allen Stadien, sowohl bei Beginn, als auch im späteren Verlauf der Wucherung, durch einen ausserordentlich hohen Reichtum an Chromatin aus und zwar auch in solchen Fällen, wo in den Krebsepithelien eingewanderte Leukocyten oder Reste von solchen nur in äusserst spärlicher Anzahl oder selbst gar nicht zu finden sind. Für die andere von KLEBS aufgestellte Hypothese aber, dass dem Leukocytenchromatin biologische Eigenschaften zukämen, welche eine Steigerung der Proliferationsfähigkeit bedingen, fehlt, wie oben ausgeführt wurde, jede Berechtigung.

atypische Epithelwucherung geradezu diagnostische Schwierigkeiten bereiten können.

Bei der Häufigkeit, mit welcher das Carcinom nachweisbar sich secundär an chronisch-entzündliche Prozesse anschliesst, und bei dem vorzugsweisen Auftreten des Carcinoms an den sogenannten Prädilectionsstellen, also an Orten, welche zweifellos in höherem Grade stetig wiederkehrenden Reizwirkungen ausgesetzt sind, sind wir auch wohl zu der Annahme berechtigt, dass zwischen den geschilderten Erscheinungen der bei chronisch-entzündlichen Prozessen so häufig beobachteten atypischen Epithelwucherung und der Krebsentwicklung doch ein gewisser Zusammenhang besteht.

Dabei scheint der Umstand, dass bei der atypischen Epithelwucherung das Epithel seine physiologische Function einbüsst, aber gleichzeitig eine dauernde Steigerung seines Assimilations- und Proliferationsvermögens erfährt, von besonderer Bedeutung zu sein.

Denn darin liegt tatsächlich gewissermassen eine Emancipation des Epithels vom übrigen Organismus, wie wir sie eben nur beim Carcinom wiederfinden; die physiologisch indifferenten Zellen scheinen zum Organismus keine weiteren Beziehungen mehr zu haben, als die, dass sie auf demselben vegetiren und die für ihre Existenz und ihre Fortpflanzung nötigen Nährstoffe von ihm beziehen.

Nachdem aber die einmal eingetretene Steigerung des Assimilations- und Proliferationsvermögens der Epithelien auch nach Ablauf der Bedingungen, unter welchen sie erfolgt ist, fortbestehen bleibt, so ist auch die Annahme nicht ausgeschlossen, dass bei einem Wiedereintreten dieser Bedingungen von Neuem eine weitere Erhöhung dieser Eigenschaften einzutreten vermag. Ist damit gleichzeitig jedesmal eine erneute Herabsetzung der physiologischen Widerstände des Bindegewebes verbunden, so müsste dadurch allerdings allmählich ein Zustand herbeigeführt werden können, welcher die Entwicklung eines Carcinoms uns begreiflicher erscheinen lassen würde, als irgend eine der über die Aetiologie des Carcinoms sonst aufgestellten Hypothesen.

Es lässt sich somit nicht leugnen, dass die Irritationslehre nicht allein in dem klinischen und anatomischen Verhalten des Carcinoms, sondern auch in den bei chronischen Entzündungsprozessen zu beobachtenden Vorgängen eine wesentliche Stütze findet.

Und doch kann auch die Irritationstheorie, wenigstens für sich allein, nicht genügen, um die Frage von der Aetiologie des Carcinoms in befriedigender Weise zu lösen.

Denn würden chronische Reizeinwirkungen und Entzündungsprozesse allein schon ausreichen, um eine krebsige Wucherung des Epithels zu veranlassen, so wäre es schwer verständlich, warum sich das Carcinom nicht noch viel häufiger an solche Vorgänge anschliesst.

Es ist aber nicht einmal die einfache atypische Epithelwucherung eine diese Prozesse constant begleitende Erscheinung; wir vermissen dieselbe mitunter bei schon viele Jahre hindurch bestehenden chronischen Entzündungs- und Geschwürsprozessen fast vollständig und gar nicht selten werden solche Zustände selbst Jahrzehnte hindurch bis ans Lebensende ertragen, ohne dass eine Krebsentwicklung zu Stande käme. Das deutet darauf hin, dass die Krebsentwicklung auch noch eine andere Ursache, vielleicht eine, in ihrem Wesen uns freilich völlig unbekannte, individuelle Disposition erfordert; für das Bestehen einer solchen Disposition scheint übrigens auch die bisweilen beobachtete Vererbung des Carcinoms zu sprechen. Die Hypothese BENEKE's [1]), dass eine solche Disposition zur Krebsentwicklung durch Ueberernährung des Organismus und durch zu reichliche Zufuhr eiweissreicher Nahrung erzeugt oder befördert werden könne, entbehrt aller Wahrscheinlichkeit; so entfällt z. B. von den 102 von THIERSCH beschriebenen Fällen von Epithelialkrebs der Haut weitaus der grösste Teil auf Leute aus den weniger bemittelten Ständen oder auf die Landbevölkerung, wo Fleisch durchaus nicht immer zu den täglichen Speisen gehört und gewiss nicht von einer zu üppigen, an Proteïnsubstanzen allzu reichen Nahrung gesprochen werden kann.

Vor allem aber lässt die Irritationslehre den Umstand, dass das Carcinom eine exquisite Alterskrankheit ist, völlig unberührt und un- erklärt. Will man aber die der Irritationslehre zu Grunde liegenden Tatsachen für die Aetiologie des Carcinoms verwerten, so könnte dies nur unter Berücksichtigung dieses Umstandes geschehen. Wir würden daher zu einer Art von Verschmelzung der Irritationslehre mit der THIERSCH'schen Theorie geführt und man kann nicht leugnen, dass durch die Vereinigung beider Hypothesen das Wesen der Krebsentwick- lung bis zu einem gewissen Grade unserem Verständniss näher ge- rückt wird.

Denn das Zustandekommen eines Carcinoms scheint eben durch das gleichzeitige Zusammenwirken ver- schiedener Momente bedingt zu sein, unter welchen chronische Reizwirkung und die Altersdisposition im Sinne THIERSCH's offenbar eine wichtige Rolle spielen.

Ob aber die genannten Momente wirklich schon ausreichen, um unter Umständen eine Krebsentwicklung zu veranlassen, oder ob hierzu

---

1) BENEKE, Pathologie des Stoffwechsels. Vorl. 24.

die Mitwirkung noch anderer, uns völlig unbekannter Ursachen erforderlich ist, lässt sich vorerst nicht entscheiden.

Jedenfalls kann bei dem Fehlen jeglichen experimentellen Beweises auch die mit der THIERSCH'schen Hypothese vereinigte Irritationslehre keinen höheren Wert,
als eben den einer Hypothese beanspruchen, welche
sich vor den anderen besprochenen Theorien allerdings
dadurch sehr vorteilhaft auszeichnet, dass sie den bei
der Krebsentwicklung beobachteten klinischen und
pathologisch - anatomischen Tatsachen nicht widerspricht, sondern denselben vollkommen Rechnung trägt.

VIII. Anatomische und histologische Beschreibung der wichtigsten der Arbeit zu Grunde gelegten Fälle.

A. Carcinome des Dickdarms.

1) Carcinoma recti, Recidiv, J.-N. 21, 1884. Mann, 54 Jahre (aus der chirurgischen Klinik des Herrn Prof. HEINEKE), Taf. II—IV, Fig. 4—8.

Kleines, 6—7 mm langes und etwa $\frac{1}{2}$ cm breites excidirtes Gewebsstückchen von wenig verschieblicher, dunkelgrauroter Schleimhaut überkleidet; auf dem senkrechten Durchschnitt erscheint die Submucosa ziemlich derb, etwas sehnig glänzend und gegen die Muscularis wenig scharf abgegrenzt. Von der Schleimhaut herab erstrecken sich in dieselbe zarte, weissliche Streifen.

An einem senkrecht geführten Schnitte zeigen sämmtliche Drüsen der etwas entzündlich infiltrirten und von erweiterten Venenstämmchen durchsetzten Schleimhaut im Bereiche des ganzen Gewebsstückchens normale Länge, nur wenige sind in der oberen Hälfte mehrfach gewunden und mit leichten Ausbuchtungen versehen; hingegen sind sehr zahlreiche Drüsen in ihrem ganzen Verlaufe ziemlich gleichmässig erweitert oder gegen den Fundus hin plötzlich und oft stark bauchig aufgetrieben und ausgebuchtet.

Das Epithel der entarteten Drüsen ist unregelmässig; meistens sind die Zellen cylindrisch, ziemlich schmal und eher etwas niedriger als normale Drüsenzellen; gewöhnlich sind sie in regelmässiger, einschichtiger Lage dicht aneinandergedrängt. Oft aber erscheinen sie wie in Unordnung geraten, indem sich in dem Belag kleine Lücken finden und die Zellen mehr unregelmässig gelagert sind; dabei zeigen dann die einzelnen Zellen oft sehr verschiedene Grösse und sind nicht mehr so schön cylindrisch geformt. Häufig findet man übrigens, insbesondere an den stark erweiterten Drüsen und an den ausgebuchteten Stellen, auch sehr schönes und regelmässiges Cylinderepithel, welches in der Höhe normalen Zellen gleichkommt oder dieselben etwas übertrifft. Ueberall aber zeigt das Epithel der entarteten Drüsen in mehr oder weniger hohem Grade die veränderte Reaction bei der Färbung mit Alaunkarmin und enthält ziemlich zahlreiche Kerntheilungsfiguren.

Ausserordentlich zahlreiche Drüsen, sowohl solche, welche am Fundus stärker ausgebuchtet oder in ihrem ganzen Verlaufe erweitert sind, als auch solche, welche keine wesentlichen Formveränderungen erkennen lassen, durchbrechen in meist senkrechter Richtung die Muscularis mucosae und häufig lassen sich solche durchgebrochene Schläuche in continuirlichem Zusammenhang mit der Schleimhautdrüse bis tief in die beträchtlich verdickte Submucosa herein verfolgen. Der Durchbruch findet stets in der Form von sehr wohl entwickelten Cylinderepithelschläuchen statt, welche zunächst als einfache Verlängerungen der ursprünglichen Schleimhautdrüsen erscheinen.

Nicht selten sieht man, wie in der Schleimhaut zwei entartete Drüsen mit einander verschmelzen und dann gemeinschaftlich in die Submucosa hereinbrechen; seltener teilt sich eine Drüse noch innerhalb der Schleimhaut in zwei Aeste, welche dann getrennt die Musc. mucosae durchbrechen und in der Submucosa noch eine Strecke weit parallel neben einander herlaufen oder sofort divergirend sich weiterhin verästeln.

Die Mehrzahl der durchgebrochenen Drüsenschläuche erstreckt sich unterhalb der Muscularis mucosae zunächst eine kurze Strecke weit senkrecht in die Tiefe; dann aber schlagen sie die verschiedensten Richtungen ein und bilden zahlreiche Verzweigungen, welche unter einander in Verbindung treten und so in der Submucosa ein ziemlich dichtes Netzwerk meistens von sehr schönem und hohem Cylinderepithel gebildeter Zellenschläuche darstellen. Ueberall finden sich in dem Epithel der Wucherungen mässig zahlreiche Kernteilungsfiguren.

Eine cystische Auftreibung dieser Wucherungen findet sich nur selten; in der Regel sind dieselben nur an Teilungsstellen stärker erweitert, während sie sonst überall als einfache drüsenschlauchförmige, durchschnittlich 0,1 mm im Durchmesser haltende Gebilde erscheinen. Sie bieten daher in ihren Formen nirgends jene Mannigfaltigkeit wie in den beiden obigen Fällen, besonders aber vermisst man fast völlig jene in das Lumen der Schläuche hereinragenden Epithelsprossen. Die bis zu nahezu 3 mm verdickte Submucosa besteht aus sehr dichtem, kernreichem, aber sehr gefässarmem Bindegewebe, welches gegen die Schleimhaut zu, besonders aber gegen die Muscularis hin, sehr stark entzündlich infiltrirt erscheint. An letzterer Stelle werden auch die adenomatösen Wucherungen, welche nur wenig in die hier ebenfalls sehr stark entzündlich infiltrirte Muscularis hereindringen, ziemlich rasch sehr unansehnlich und scheinbar ganz atrophisch. Die Zellenschläuche werden nicht allein ausserordentlich schmal, sondern auch die Zellen selbst werden sehr klein und unscheinbar und verlieren häufig ihre cylindrische Form; auch geraten sie in Unordnung, indem dazwischen Lücken entstehen und Zellen in das Lumen der Schläuche hereinfallen. Schliesslich gewahrt man in dem derben, entzündlich infiltrirten Gewebe nur kleine Lücken, in welche ganz atrophische Zellen eingelagert sind.

Histologische Diagnose: Carcinoma adenomatosum simplex.

2) Carcinoma recti eines 64-jährigen Mannes, 1888 (aus der chirurgischen Klinik des Herrn Prof. HEINEKE).

Resecirtes Stück des Mastdarms, an dessen Innenfläche sich ein umfangreiches, 4—5 cm im Durchmesser haltendes, unregelmässig ausgezacktes Krebsgeschwür befindet. Die Geschwürsränder werden von der verdickten und sehr stark wallartig aufgeworfenen, dunkelgraurot injicirten Schleimhaut gebildet; an einzelnen Stellen sind die Ränder ziemlich flach und gleichzeitig leicht unterminirt. Geschwürsgrund ziemlich uneben und derb. Auf dem Durchschnitt zeigt sich die Schleimhaut über den wallartig aufgeworfenen Geschwürsrändern beträchtlich verdickt und verliert sich schliesslich in der die Submucosa infiltrirenden Geschwulstmasse; die angrenzende normale Schleimhaut geht ganz allmählich in die entartete Partie über. Der Geschwürsgrund wird von der freiliegenden, sehr stark krebsig infiltrirten und verdickten Muscularis gebildet; in der Mitte des Geschwürsgrundes scheint sie fast völlig durch derbes Krebsgewebe substituirt zu sein. Auch in das dem Darmstück anhaftende periproctale Zellgewebe dringt die krebsige Wucherung ein: dasselbe ist in deren Umgebung stark verdichtet und von strahlig auslaufenden derben Bindegewebszügen durchsetzt.

Bei der mikroskopischen Untersuchung zeigt sich die Schleimhaut in der Umgebung des Krebsgeschwüres völlig normal. Erst unmittelbar an dessen Rande, auf der Höhe des mächtig aufgeworfenen Schleimhautwalles, sind die Drüsen krebsig entartet. Dieselben sind stark verbreitert, mit zahlreichen, oft dichtgedrängten Ausbuchtungen versehen und gegen den Fundus hin oft mehrfach verzweigt. Im Epithel der entarteten Drüsen sind nirgends mehr Becherzellen zu sehen; fast überall ist dasselbe mehrschichtig und wird von sich dunkler tingirenden, schmalen cylindrischen Zellen mit lang-ovalen Kernen gebildet: auch findet man zahlreiche Mitosen in dem Drüsenepithel. Das interglanduläre Schleimhautgewebe ist ziemlich stark kleinzellig infiltrirt.

Die entarteten Drüsen durchbrechen in grosser Anzahl die Muscularis mucosae und gehen continuirlich in die die Submucosa durchsetzenden Geschwulstmassen über. Diese werden ausschliesslich von ausgesprochen adenomatösen Wucherungen gebildet. Dieselben bestehen aus ziemlich dicht gelagerten, reich verzweigten und unter einander anastomosirenden, vielfach stark ausgebuchteten Epithelschläuchen, welche meistens ein sehr weites Lumen besitzen. Das Epithel dieser schlauchförmigen Wucherungen ist fast stets mehrschichtig; die Zellen sind teils polymorph, meistens aber annähernd cylindrisch, oft sehr lang und schmal. Sehr häufig bildet das Epithel in das Lumen der Zellenschläuche vorspringende Wucherungen oder dicht gedrängte papilläre Erhebungen, welche nicht selten an ihrem freien Ende unter einander verschmelzen (vergl. Taf. V, Fig. 12), so dass innerhalb des Epithelbelages selbst wieder Lumina entstehen. Das submuköse Bindegewebe ist im Bereiche der krebsigen Wucherung stark verdichtet, kernreich und kleinzellig infiltrirt. Auch in die Spalträume der Muscularis dringen die Wucherungen ein und innerhalb des Geschwürsgrundes zeigt sich die Muscularis vollständig durch krebsige Geschwulstmasse substituirt, indem die weit auseinandergedrängten Muskelfaserzüge ein atrophisches Ansehen besitzen oder völlig durch neugebildetes, mässig kernreiches Bindegewebe ersetzt sind. Die krebsigen Wucherungen in der Muscularis und im Geschwürsgrunde besitzen durchaus die gleichen histologischen Eigenschaften wie in der Submucosa; an manchen Stellen des Geschwürsgrundes, namentlich in der Peripherie desselben und an der inneren Seite des wallartig aufgeworfenen Geschwürsrandes, bilden die krebsigen Wucherungen sehr dicht gedrängte, unter einander völlig parallel und zur Oberfläche senkrecht verlaufende und nach dieser hin frei mündende, lange, durchaus drüsenähnliche Schläuche, welche den oberen Schichten des Geschwürsgrundes eine geradezu täuschende Aehnlichkeit mit einer entarteten Schleimhaut verleihen. Aber auch hier kann man sich durch den Verlauf der Muscularis mucosae und das topographische

Verhalten der übrigen Darmschichten leicht überzeugen, dass die Schleimhaut selbst durch den krebsigen Geschwürsprozess tatsächlich zerstört ist.

Auch in das periproctale Zellgewebe dringt die epitheliale Wucherung ein, überall den bisher geschilderten rein adenomatösen Charakter bewahrend.

In der ganzen Peripherie der krebsigen Neubildung ist eine deutliche, wenn auch vielfach unterbrochene kleinzellig-entzündliche Infiltrationszone zu erkennen.

Histologische Diagnose: Carcinoma adenomatosum simplex.

3) Carcinoma recti eines 56-jährigen Mannes (aus der Geschwulstsammlung von Herrn Prof. Thiersch, 1866).

Ueber 10 cm langes Stück des Mastdarms, den ganzen unteren Teil desselben sammt der Analöffnung umfassend. Das ganze Darmstück ist in ein starres Rohr umgewandelt, dessen Innenfläche von einem grossen circulären Geschwüre mit zackigen Rändern und sehr unebenem Geschwürsgrunde eingenommen wird, welches nach oben und unten zu von einer nur etwa 2—3 cm breiten Strecke normaler Schleimhaut begrenzt wird. Auf dem senkrechten Durchschnitt sieht man die Geschwulstmassen überall tief in das periproctale Zellgewebe hereingreifen und vielfach umschriebene rundliche Knoten bilden; die Muscularis scheint im Geschwürsgrunde völlig zerstört zu sein.

Bei der mikroskopischen Untersuchung des sehr gut conservirten Präparates zeigt sich die das krebsige Geschwür begrenzende, anscheinend normale Schleimhaut grösstenteils leicht atrophisch. Gegen den Geschwürsrand zu, am oberen Darmende, bereits 1½ cm vor demselben beginnend, nehmen aber die Drüsen beträchtlich an Länge zu, so dass sie schliesslich das Mass normaler Drüsen selbst übertreffen, und haben nicht selten am unteren Ende leichte Ausstülpungen. Doch liess sich auch in diesem Falle bei der sorgfältigsten Untersuchung nur an einer einzigen, etwa 1 cm breiten Stelle des oberen Geschwürsrandes ein directer Zusammenhang krebsig entarteter Schleimhautdrüsen mit den tiefer gelegenen Geschwulstmassen nachweisen, während sonst die Schleimhaut von der Geschwulstmasse wohl emporgedrängt wird, die Drüsen aber bis dicht zum Geschwürsrande stets nur ganz leichte Veränderungen oder selbst ganz normales Verhalten zeigen. An jener Stelle aber sieht man kleinere, dicht gedrängte, von annähernd normalen Drüsen unterbrochene Gruppen entarteter Schleimhautdrüsen die Muscularis mucosae durchbrechen und unmittelbar in die tiefer gelegene Geschwulstmasse übergehen. Diese Drüsen sind sehr vielfach und stark gewunden und mit zahlreichen Sprossen und Ausläufern versehen, welche unter einander und mit denen der angrenzenden Drüsen oft anastomosiren, so dass schon innerhalb der Schleimhaut eine äusserst atypische Wucherung entsteht. Das Epithel zeigt die schon oben geschilderten Veränderungen in schönster Weise; nicht selten ist es auch mehrschichtig oder bildet in das Lumen vorspringende Knospen. Ueberall sind in demselben Kernteilungsfiguren zu sehen.

Der Durchbruch der Drüsen erfolgt in dichten Garben, welche sich dann in der Submucosa nach verschiedenen Richtungen verbreiten. Die benachbarten Drüsen sind deutlich vergrössert, ebenfalls häufig gewunden und nicht selten zur Hälfte geteilt oder mit kleineren Ausbuchtungen und Ausläufern versehen.

Die epitheliale Wucherung in den tieferen Gewebsschichten zeigt in diesem Falle ein sehr eigentümliches, von den bisher beschriebenen Fällen abweichendes Verhalten. Dieselbe besitzt überall ganz exquisit adenomatösen Charakter, doch bildet sie weniger ein weit verzweigtes Netzwerk, sondern vielmehr kleinere und grössere rundliche, scharf begrenzte, knotenförmige Herde, welche stellenweise allerdings zu unregelmässiger gestalteten Körpern confluiren. Diese einzelnen Geschwulstknoten bestehen aus sehr schönen, mannigfaltig gewundenen, oft stark wellenförmig geschlängelten und reich verzweigten, unter einander communicirenden Zellenschläuchen, welche so dicht gedrängt sind, dass zwischen den einzelnen Schläuchen oft nur ganz schmale Züge von Bindegewebsfasern verlaufen.

Alle diese Wucherungen bestehen aus prachtvoll entwickeltem Cylinderepithel, welches am senkrechten Durchschnitt nicht selten eine leicht wellenförmige oder papilläre Oberfläche bildet, indem die dicht stehenden Zellen sich gegenseitig nach dem Lumen des Zellenschlauches hereindrängen. Ueberall findet man in den Wucherungen teils zerstreute, teils zu kleinen Gruppen vereinigte, sehr schön conservirte Kernteilungsfiguren.

Sehr häufig ist das Lumen der Epithelschläuche mehr oder weniger erweitert, ja bisweilen zu mächtigen Hohlräumen ausgedehnt, welche dann mit körnigen und scholligen Resten abgestorbener Zellen angefüllt sind; dabei erscheint das Cylinderepithel streckenweise sehr stark abgeplattet, so dass die Zellen cubische Formen annehmen, ja selbst breiter als lang werden, oder sie sind auf kürzere Strecken vollständig abgestossen.

Die Submucosa und das periproctale Zellgewebe sind im Bereiche der epithelialen Neubildung stark verdickt und verdichtet, stellenweise, besonders in den oberen Partien, wo die entarteten Drüsen die Muscularis mucosae durchbrechen, sowie nach der Geschwürsfläche zu, mehr oder weniger von farblosen Blutkörperchen durchsetzt; auch in der Muscularis ist in der Umgebung der krebsigen Wucherung das interstitielle Bindegewebe vermehrt und teilweise leicht kleinzellig infiltrirt. Ebenso ist die Peripherie der epithelialen Wucherung von einer entzündlichen Infiltrationszone umgeben, welche jedoch mehrfach unterbrochen und etwas weniger stark entwickelt ist als bei den bisher beschriebenen Fällen.

Histologische Diagnose: Carcinoma adenomatosum simplex.

4) Carcinoma recti einer 47-jährigen Frau. J.-N. 48, 1881 (aus der chirurgischen Klinik des Herrn Prof. Heineke), Taf. I, Fig. 1, Taf. V, Fig. 9 und 10.

Resecirtes Stück des Mastdarms, aufgeschnitten 5—6 cm hoch und 7 cm breit. An der Oberfläche befindet sich ein durchschnittlich 3 cm im Durchmesser haltendes Geschwür mit ziemlich glattem, schwieligem Grunde und unregelmässig ausgebuchtetem, wulstigem, meist steil abfallendem Schleimhautrande, welcher an einzelnen Stellen sich zu einem 6—8 mm hohen Wall über den Geschwürsgrund erhebt. An einem senkrecht gelegten Schnitt erscheint die normale äussere Zone der Schleimhaut deutlich verdünnt, wie atrophisch; etwa $\frac{1}{2}$—1 cm vor dem Geschwürsrand wird dieselbe allmählich dicker und zugleich von einer ziemlich weichen, blass graurötlichen Geschwulstmasse emporgedrängt, in welche sie auf der Höhe des Geschwürswalles continuirlich übergeht. Von jener Geschwulstmasse zeigt sich die ganze Submucosa um den Geschwürsrand herum in einer peripheren Ausdehnung von etwa 1 cm durchsetzt und es dringt dieselbe in der Form von weisslichen Streifen auch in die Spalträume der Muscularis herein. Der Geschwürsgrund wird an den meisten Stellen von der Muscularis gebildet, nur gegen die Peripherie hin ist noch von Geschwulstmassen durchsetztes submuköses Bindegewebe vorhanden. Das Gewebe der Muscularis zeigt sich im Geschwürsgrund sehr stark fibrös verdichtet und sehnig glänzend, an einzelnen Stellen hat es den Anschein, als wäre sie völlig durch Narbengewebe ersetzt. Dazwischen befinden sich wieder weichere, ganz blass graurötliche Stellen, welche aus Geschwulstmasse bestehen. Im periproctalen Zellgewebe mehrere, fast erbsengrosse, in der Peripherie narbig ausstrahlende Geschwulstknötchen. Eine etwa kleinkirschkerngrosse Lymphdrüse ist ziemlich derb, auf dem Durchschnitt aus blassem, teils weicherem, teils derbem, sehnig glänzendem Gewebe bestehend.

Bei der mikroskopischen Untersuchung zeigen sich die Drüsen der schon makroskopisch deutlich atrophischen Schleimhaut sowohl an Zahl als auch an Umfang sehr auffallend reducirt. Das interglanduläre Gewebe ist beträchtlich vermehrt, so dass die Drüsen grössere Abstände unter einander haben; zugleich erreichen sie meist nur die Hälfte der durchschnittlichen Länge normaler Rectaldrüsen; hingegen sind sie fast alle leicht erweitert, manche selbst stark bauchig aufgetrieben und häufig sieht man, namentlich gegen den Fundus zu, kleine blindsackähnliche Ausstülpungen oder ein Umbiegen des Drüsenendes.

Muscularis mucosae und Muscularis sind deutlich hypertrophisch und ihre Spalträume durch junges, kernreiches Bindegewebe und kleinzellige Infiltration wesentlich verbreitert. Das Gewebe der Submucosa ist ebenfalls verdichtet, etwas kleinzellig infiltrirt und von zahlreichen erweiterten Venenstämmchen durchzogen.

Etwa 6 mm vor dem Geschwürsrande beginnend stehen die Drüsen dichter und werden schmäler, nehmen aber ziemlich rasch so bedeutend an Länge zu, dass sie die vorhergehenden Drüsenschläuche oft mehr als um das Vierfache übertreffen; sie erreichen eine Länge bis zu 1,75 mm bei einer durchschnittlichen Breite von 0,07 mm (Taf. I, Fig. 1).

Diese mächtig verlängerten Drüsen zeigen zunächst keine wesentlichen Formveränderungen, höchstens ist an einzelnen der Hals etwas trichterförmig erweitert, oder es finden sich gegen den Fundus hin kleine blindsackähnliche oder mehr diffuse Ausbuchtungen. Dagegen zeigt das Epithel, obwohl überall sehr gleichmässig und einschichtig, bei der Tinction mit Alaunkarmin eine sehr deutliche blass-bräunlichrote Färbung des Zellprotoplasmas und dunklere Tinction der Kerne; auch sind in dem Epithel ziemlich zahlreiche Kernteilungsfiguren enthalten. Nähert man sich dem Geschwürsrande um einige mm, so sieht man, wie diese verlängerten Drüsen besonders gegen den Fundus zu Sprossen treiben, welche die Muscularis mucosae sofort durchbrechen (Taf. I, Fig. 1); zugleich ist das Drüsenepithel in stärkerer Wucherung begriffen, wie sich schon aus der Anwesenheit noch zahlreicherer Kernteilungsfiguren deutlich erkennen lässt. An manchen Stellen der Drüsenwand bilden sich knospenähnliche, in das Lumen der Drüse hereinragende Auswüchse, welche dadurch entstehen, dass die lebhaft wuchernden, aber in ihrer räumlichen Ausdehnung beschränkten Epithelien sich gegenseitig über das ursprüngliche Niveau des Epithelbelags hervordrängen. Auf die gleiche Weise wird mitunter das Epithel auf grössere Strecken hin mehrschichtig.

In den nur stark verlängerten Drüsenschläuchen sind die Zellen des Epithelbelags meist kurz cylindrisch, oft fast cubisch, der völlig an die Basis gerückte Kern von rundlicher Form; nur an stärkeren Ausbuchtungen des Drüsenschlauches sind die Zellen gestreckt cylindrisch, in ihrer Länge normalen Drüsenzellen entsprechend. In den stärker entarteten Drüsen aber sind die Zellen, namentlich in den unteren Drüsenabschnitten, meist länger als normal; sie erreichen eine Höhe bis zu 0,04 mm und der Kern ist länglich oval, oft fast bandförmig. An Stellen, wo der Epithelbelag mehrschichtig geworden ist, haben die Zellen nicht selten ihre cylindrische Form völlig verloren und sind unregelmässig gestaltet.

Die die Muscularis mucosae durchbrechenden Drüsenschläuche gehen unmittelbar in die die Submucosa durchsetzenden krebsigen Wucherungen über. Diese bilden ein reich verzweigtes und vielfach anastomosirendes Netzwerk ziemlich breiter und an manchen Stellen fast cystisch erweiterter Epithelschläuche, welche meistens aus sehr schön entwickeltem Cylinderepithel bestehen; häufig aber bietet das Epithel dieser drüsenähnlichen Wucherungen auch grosse Mannigfaltigkeit in der Art des Wachstums und Verschiedenheit der Zellformen, wenn auch eine mehrschichtige Auskleidung der Hohlräume mit oft sehr regelmässigem, hohem Cylinderepithel den vorwiegenden Charakter der Wucherungen bedingt.

Sehr häufig findet man Stellen, wo eine ganz ausserordentliche Differenz in der Grösse der Zellen besteht und nicht selten sieht man ohne jeglichen Uebergang mässig hohes Epithel von etwa 0,02 mm Höhe sich plötzlich zu der excessiven Höhe von 0,06 mm erheben (Fig. V, Taf. 9). Zugleich scheint dabei auch eine Veränderung in der Beschaffenheit des Zellprotoplasmas einzutreten; denn während das niedrigere Epithel die bereits geschilderte Tinction erkennen lässt, färben sich an den hohen Zellen sowohl der Zellenleib als auch der oft fast völlig in die Mitte der Zelle gerückte Kern auffallend blasser.

Namentlich von derartig verändertem Epithelbelag aus bilden sich sehr häufig knospenförmige in das Lumen der Hohlräume hineinragende Auswüchse, in welchen dann die Zellen alsbald ihre cylindrische Form verlieren und exquisit polymorphen Charakter annehmen (Taf. V, Fig. 10). Nicht selten wachsen solche Epithelknospen zu langen kolbigen Gebilden heran, welche oft das Lumen eines Hohlraumes fast völlig ausfüllen oder mit dem Epithelbelag der gegenüberliegenden Wand verschmelzen, so dass, zumal wenn in einem Hohlraum mehrere solche Auswüchse sich entwickelt haben, innerhalb des ursprünglich einfachen von Bindegewebe begrenzten Hohlraumes ein zweites System von Canälen und unregelmässig geformten Höhlen entsteht, deren Wandungen ausschliesslich von Epithelzellen gebildet werden. Dabei können die Zellen so vielgestaltig werden, dass sie geradezu an manche Plattenepithelformen erinnern, ja man sieht gar nicht selten, wie kleinere Hohlräume oder einzelne blasig aufgetriebene Zellen von abgeplatteten Zellen in concentrischer Schichtung umgeben werden, wodurch den Epithelperlen des Plattenepithelcarcinoms ähnliche Bilder entstehen.

Jenen blasig aufgetriebenen Zellen begegnet man übrigens sehr häufig, ja man findet Alveolen, deren Zellenbelag fast völlig von in dieser Weise veränderten Epithelien gebildet wird; solche Zellen erscheinen meistens kreisrund, glashell und völlig durchsichtig, während der flache, abgeplattete Kern wie ein schmaler Halbmond in die äusserste Peripherie der Zelle gedrängt ist.

Häufig sieht man in dem Lumen erweiterter Epithelschläuche körnigen Detritus und unregelmässige Haufen abgestossener Zellen, in einzelnen auch eine glasige schleimige Masse.

Diese adenomatösen Wucherungen durchsetzen die ganze Submucosa, deren Bindegewebe hier sehr stark verdichtet und kernreich ist und in breiten Zügen die wuchernden Epithelschläuche umzieht; auch in die Spalträume der Muscularis schieben sich die krebsigen Zellenschläuche herein, namentlich zeigt sich im Geschwürsgrund, welcher von der oberen Schichte der Muscularis gebildet wird, letztere ganz durchsetzt von meist ziemlich umfangreichen Wucherungen, welche, entsprechend den zwischen den einzelnen Muskelbündeln gelegenen Spalträumen, senkrecht in die Tiefe dringen und an einzelnen Stellen auch die untere Muskelfaserlage durchbrechen und in das periproctale Zellgewebe hineinwachsen.

Häufig zeigt die krebsige Neubildung in der Muscularis einen deutlich scirrhösen Charakter: die ursprünglich drüsenschlauchähnlichen Wucherungen verlieren nicht selten ihr Lumen und gehen in schmale Zellenstränge oder selbst einfache Zellenreihen über, welche oft ein völlig atrophisches Ansehen besitzen.

Auch jene strahligen, derben, bei der makroskopischen Beschreibung des Tumors bereits erwähnten Knoten im periproctalen Zellgewebe bestehen aus meist ganz atrophischen Epithelschläuchen und soliden Strängen polymorpher Zellen, welche in ein sehr derbes, dichtes Bindegewebe eingeschlossen sind.

Ueberall findet man in der epithelialen Wucherung, namentlich innerhalb der Submucosa, zahlreiche Kernteilungsfiguren, während im Bindegewebe solche äusserst selten sind.

In der Peripherie ist die krebsige Neubildung von einer sehr deutlich entwickelten kleinzelligen Infiltrationszone begrenzt.

Die infiltrirte Lymphdrüse entspricht in ihrem histologischen Verhalten völlig der krebsig infiltrirten Submucosa. Von normaler Lymphdrüsensubstanz ist nichts mehr zu sehen; dieselbe ist völlig in dichtes, ziemlich kernreiches Bindegewebe umgewandelt, in welches sehr schön entwickelte, aus meist hohem Cylinderepithel bestehende, drüsenähnliche Epithelschläuche eingelagert sind, welche ein vielfach anastomosirendes Netzwerk darstellen und ebenfalls reichliche Kernteilungsfiguren enthalten. An einzelnen Stellen ist die Bindegewebsneubildung sehr mächtig und die Epithelschläuche erscheinen dann, gerade wie bei der primären Wucherung im Rectum, atrophisch und gehen schliesslich in schmale, solide Epithelstränge über.

Histologische Diagnose: Carcinoma adenomatosum simplex mit Uebergang zu scirrhosum.

5) Carcinoma recti eines 54-jährigen Mannes, J.-N. 139, 1884 (aus der chirurgischen Klinik des Herrn Prof. HEINEKE).

Ueber 11 cm langes Stück des Rectums, welches den ganzen unteren Teil desselben darstellt und an seinem unteren Ende von einem schmalen Saum der die Analöffnung umgebenden äusseren Haut begrenzt wird. Die Innenfläche wird von einem bis unmittelbar an die Analöffnung heranreichenden und 8—9 cm in die Höhe sich erstreckenden, circulären Geschwür eingenommen, welches nach oben zackig und unregelmässig ausgebuchtet, von teils wallartig aufgeworfenem, leicht überhängendem, teils aber mehr flach auslaufendem Rande begrenzt wird. An ersteren Stellen ist die Schleimhaut verdickt, von steifem Ansehen, dunkelgraurot und graugelblich fleckig und unverschieblich, während sie an den flacheren Stellen des Geschwürsrandes wie atrophisch erscheint. Nach oben zu geht die in solcher Weise veränderte Schleimhaut allmählich in anscheinend normale Schleimhaut über: nur hinter den stärker gewulsteten Partien des Geschwürsrandes zeigt dieselbe auf eine grössere Strecke hin leichte Schwellung und dicke, wulstige, etwas steife Falten. An dem unteren Ende wird das Geschwür von mächtig verdicktem, sehr unregelmässig höckerigem Rande begrenzt, welcher nach aussen wallartig überhängt, so dass die Analöffnung wie von krebsig entarteten Hämorrhoidalknoten umwuchert erscheint. Das Epithel der äusseren Haut löst sich über diesen Knoten allmählich in kleinere Inseln auf, welche wie kleine weissliche Fleckchen sich darstellen.

Der Geschwürsgrund ist äusserst uneben, indem kraterförmige Vertiefungen mit grösseren und kleineren, rundlichen oder mehr zackig begrenzten, warzenförmigen Erhabenheiten abwechseln; nach unten zu sind einzelne der letzteren deutlich als Reste entarteter Schleimhautinseln zu erkennen. Im Uebrigen wird der Geschwürsgrund überall von sehr derbem, blass graurötlichem, krebsig infiltrirtem und schwieligem Gewebe gebildet, welches ursprünglich teils der Muscularis, teils dem periproctalen Zellgewebe angehört.

Auf dem senkrechten Durchschnitt sieht man am oberen Rande des Krebsgeschwüres da, wo die stark geschwellten Schleimhautpartien sich befinden, die angrenzende normale Schleimhaut allmählich dicker werden und ohne Grenze in eine weisslichgraue, ziemlich derbe Geschwulstmasse übergehen, welche sich unter die Submucosa herunter bis in die Spalträume der Muscularis herein erstreckt. Im Geschwürsgrunde selbst lässt sich auf dem Durchschnitt von den normalen Schichten des Darms nichts mehr wahrnehmen; nur an wenigen Stellen finden sich bis an die Geschwürsfläche reichende deutliche Züge der Muscularis, während sonst die Schnittfläche nur starres, schwieliges Bindegewebe erkennen lässt, in welchem weissliche Streifen und Fleckchen auffallen. Diese scirrhöse Entartung greift bis zu einer Tiefe von nahezu 3 cm in das periproctale Zellgewebe herein und verliert sich in demselben allmählich in der Form von strahligen Ausläufern.

Bei der mikroskopischen Untersuchung zeigt die anscheinend normale Schleimhaut oberhalb des Krebsgeschwüres zum Teil leichte Atrophie; die einzelnen Zellen des Epithelbelags, welcher sehr zahlreiche Becherzellen enthält, sind verhältnissmässig klein und schmal, häufig etwas gelockert. An den stark gewulsteten, markig aussehenden Partien des Geschwürsrandes werden die Drüsen allmählich länger, bis sie schliesslich eine Länge von 1,5 mm erreichen, während dagegen der Breitendurchmesser bis zu etwa 0,04 mm herabsinkt: sonst sind übrigens an diesen Drüsen keine besonderen Formveränderungen wahrzunehmen, insbesondere haben dieselben keine Ausbuchtungen und keine Verzweigungen, höchstens findet man einen leicht geschlängelten Verlauf. Der Epithelbelag ist meistens sehr niedrig; die einzelnen Zellen, deren kleiner, 0,01 mm langer Kern eine äusserst intensive Färbung annimmt, haben eine Länge von nur 0,018—0,03 mm; am oberen Drüsenabschnitt sind die Zellen oft sehr gelockert oder selbst völlig abgestossen, auch findet man hier nicht selten eigentümlich veränderte Zellen, welche bläschenförmig aufgetrieben sind und fast kreisrund erscheinen; der Zellenleib ist grösstenteils glashell und besitzt nach unten zu einen kleinen Rest sich etwas dunkler tingirenden Protoplasmas, während der intensiv gefärbte Kern wie ein flaches Schüsselchen geformt ist. Nähert man sich noch mehr dem Geschwürsrande, so sieht man, dass einzelne dieser Drüsen die Muscularis mucosae durchbrechen: aber auch diese perforirenden Drüsen zeigen keine weiteren Veränderungen, nur einzelne derselben sind zum Teil stärker erweitert und namentlich nach unten zu mit kleinen zapfenförmigen Ausbuchtungen versehen. Zwischen denselben findet man, besonders gegen das äusserste Ende des Geschwürsrandes hin, auch Drüsen, welche die verschiedensten Grade der Atrophie erkennen lassen. In solchen Drüsen besteht der Epithelbelag aus sehr kleinen atrophischen Zellen, deren Kern eine sehr intensive Färbung annimmt: allmählich schrumpfen die Zellen förmlich zusammen, so dass nur noch die dunkel gefärbten Kerne übrig bleiben, welche oft massenhaft das Drüsenlumen erfüllen. Dadurch wird der Epithelbelag sehr locker und lückenhaft, bis schliesslich derselbe völlig zu Grunde geht und nur noch die mit Detritusmassen und Kernresten teilweise angefüllte Membrana propria des Drüsenschlauches zurückbleibt. Eigentümlich ist es, dass nicht selten kleine Strecken des Epithelbelags und zwar oft nur an der einen Seite einer Drüse, erhalten bleiben, welche dann von kräftig entwickeltem, sich dunkler färbendem Cylinderepithel gebildet werden. Das interglanduläre Bindegewebe ist am Geschwürsrande leicht verbreitert und ziemlich stark kleinzellig infiltrirt.

Die die Muscularis mucosae perforirenden Drüsen durchsetzen die letztere in der Form von ziemlich schmalen Zellenschläuchen, welche auch in der Submucosa oft noch eine Strecke weit in senkrechter Richtung verlaufen, sich nur wenig verzweigen und seltener stärker erweitert sind. An der Perforationsstelle findet sich stets sehr starke entzündliche Infiltration und auch in den oberen Lagen der bis zu 6 mm verdickten Submucosa ist die Umgebung der einzelnen Zellenschläuche sehr dicht kleinzellig infiltrirt. Ueberall besteht die epitheliale Wucherung aus einfachen, nur sehr wenig ausgebuchteten, schmalen drüsenähnlichen Zellenschläuchen, welche in der Form eines mehr oder weniger dichten Netzwerkes bis in das periproctale Zellgewebe hereingreifen und von sich sehr intensiv färbendem, aber verhältnissmässig nicht sehr kräftig entwickeltem Cylinderepithel gebildet werden. Relativ am üppigsten ist die epitheliale Wucherung in den tieferen Partien der Submucosa, besonders aber an einzelnen Stellen des periproctalen Zellgewebes, wo die Epithelschläuche auch reicher verzweigt und mitunter so dicht gelagert sind, dass zwischen ihnen nur schmale Bindegewebszüge verlaufen. Nirgends aber findet man jene bei den bisher beschriebenen Fällen beobachtete lebhafte Wucherung des Epithels, bei welcher der Epithelbelag mehrschichtig wird, sich jene knospenähnlichen Hervorragungen bilden, oder schliesslich der Zellenschlauch in einen soliden Epithelstrang sich verwandelt.

Dagegen findet man allenthalben, besonders in den oberen Lagen der Submucosa und zwischen den noch erhaltenen Bündeln der Muscularis äusserst schmale, aus sehr niedrigen Zellen bestehende Wucherungen, welche schliesslich in ganz atrophische Zellenschläuche auslaufen; solche atrophische Schläuche werden oft, geradeso wie in der entarteten Schleimhaut des Geschwürsrandes, nur noch von den zurückgebliebenen, sich sehr dunkel tingirenden, locker gelagerten Kernresten gebildet, und sind bisweilen, zumal wenn das umgebende Bindegewebe sehr kernreich und stärker von Leukocyten durchsetzt ist, schwer als solche zu erkennen. Die tiefer gelegenen Partien der Submucosa bestehen im Bereiche der

epithelialen Neubildung aus sehr dichtem, mässig kernreichem Bindegewebe, welches in der Regel nur in unmittelbarer Nähe der Zellenschläuche kleinzellig infiltrirt ist: auch die Muscularis ist grösstenteils
durch schwieliges Bindegewebe substituirt; ebenso ist das periproctale Zellgewebe in der Umgebung der epithelialen Wucherung sehr stark verdichtet; die Fasern des Sphincter sind durch breite Bindegewebszüge
auseinandergedrängt und befinden sich allenthalben im Zustande einfacher
Atrophie oder wachsartiger Degeneration.

An manchen Stellen des Geschwürsgrundes sind die Epithelschläuche
mächtiger entwickelt, stärker ausgebuchtet und von etwas grösseren Zellen
gebildet; aber auch solche umfangreichere Wucherungen sind oft in grosser
Ausdehnung in der bereits geschilderten Weise atrophisch, so dass sie nur
grosse, in derbes Bindegewebe eingeschlossene Haufen zurückgebliebener,
sich dunkel tingirender Zellkerne bilden, welche in ihren Umrissen
die Form der ursprünglichen ausgedehnten Zellwucherung beibehalten
haben.

Sowohl in den entarteten Schleimhautdrüsen, als auch in den die
Darmwand durchsetzenden epithelialen Wucherungen sind überall da, wo
das Epithel kein atrophisches Ansehen besitzt, zahlreiche indirecte Kernteilungsfiguren vorhanden; nur selten vermisst man solche in einem der
mit Cylinderepithel ausgekleideten Hohlräume völlig, vielmehr finden sich
meistens mehrere, oft 8—10 Kernteilungsfiguren in dem einzelnen Durchschnitt eines Epithelschlauches. Im Bindegewebe dagegen sind Mitosen
äusserst selten.

In der Peripherie ist die epitheliale Neubildung überall von einer
stark entwickelten entzündlichen Infiltrationszone umgeben.

Die mitten im Geschwürsgrunde zurückgebliebenen Schleimhautinseln
sind völlig atrophisch und ist in denselben keine Spur von Drüsensubstanz mehr nachzuweisen.

Histologische Diagnose: Carcinoma adenomatosum simplex
mit Uebergang zu scirrhosum.

6) Carcinoma recti eines 50-jährigen Mannes. J.-N. 526, 1887
(aus der chirurgischen Klinik des Herrn Prof. HEINEKE).

Beiläufig 20 cm langes exstirpirtes Stück des Rectums, dessen unterer
Teil von einem völlig circulären, von oben nach unten bis zu 5 cm
messenden Geschwür mit etwas zackigen, ziemlich stark gewulsteten
Rändern eingenommen wird. Die Schleimhaut an den Geschwürsrändern
gewulstet, auf dem Durchschnitt markig und ohne Grenze in die Geschwulstmasse des Geschwürsgrundes übergehend. Letzterer ziemlich
uneben, derb, grösstenteils von der von krebsigen Massen durchwucherten
Muscularis gebildet. Das hinter dem Rectum liegende Zellgewebe sehr
weit hinauf von markigen Krebsknoten durchsetzt. Die oberhalb des
Krebsgeschwüres gelegene Schleimhaut stark zottig und dunkel injicirt.

In der weiteren Umgebung des Krebsgeschwüres zeigt die Schleimhaut bei der mikroskopischen Untersuchung ein völlig normales Verhalten;
nur bei den an den Geschwürsrand unmittelbar angrenzenden Drüsen färbt
sich der Epithelbelag namentlich in den unteren Drüsenabschnitten wesentlich dunkler und enthält keine Becherzellen mehr. An zahlreichen Schnitten
findet man auch stärker entartete Drüsen, welche stark gewunden, ausgebuchtet und mit Ausläufern versehen sind und deren Epithelbelag von
cylindrischen, aber oft sehr ungleich grossen Zellen gebildet wird. Diese
Drüsen durchbrechen die Muscularis mucosae und gehen unmittelbar in

die die Submucosa durchsetzenden Wucherungen über. Die Submucosa zeigt sich von der krebsigen Wucherung bis hart an die Operationsgrenze hin eingenommen, so dass die Wucherung sich vom Geschwürsrande noch fast 1 cm weit unterhalb der normalen Schleimhaut vorschiebt. Dieselbe besteht aus einem meistens sehr dichten Netzwerk ziemlich schmaler, aber reich verzweigter und vielfach unter einander anastomosirender Zellenschläuche, welche von in der Regel einschichtig, häufig jedoch auch mehrschichtig gelagerten, teils regelmässig kurz-cylindrischen, teils leicht polymorphen, sich dunkler tingirenden Zellen gebildet werden. Gegen die Peripherie hin sind die krebsigen Wucherungen oft ziemlich deutlich zu abgerundeten Territorien angeordnet, welche aber durch zahlreiche Anastomosen unter einander verbunden sind. Das submuköse Bindegewebe ist ausserordentlich stark verdickt und verdichtet, mässig kernreich und an manchen Stellen leicht kleinzellig infiltrirt. Gegen die Tiefe des Gewebes hin nehmen die krebsigen Wucherungen sehr häufig einen etwas atrophischen Charakter an; die Zellen sind hier etwas kleiner, oft fast cubisch geformt, das Lumen der Zellenschläuche wird beträchtlich enger und verliert sich oft vollständig, so dass die ursprünglich drüsenähnlichen Wucherungen in verzweigte schmale Zellenstränge übergehen, welche nicht selten in einfache Zellenreihen auslaufen. Gleichzeitig erscheint das von den Wucherungen gebildete Netzwerk viel weitmaschiger, während das dazwischen gelegene Bindegewebe noch dichter und noch weniger kernreich ist und ziemlich breite Züge bildet.

Auch die Muscularis zeigt sich von der krebsigen Wucherung durchsetzt. Dieselbe bildet hier grössere, ebenfalls unter einander anastomosirende Knoten, welche meistens den eben geschilderten leicht scirrhösen Charakter tragen, die grösseren Faserbündel der Muscularis weit auseinanderdrängen und oft völlig aus ihrer ursprünglichen Verlaufsrichtung abdrängen.

Der Geschwürsgrund wird von der dicht krebsig infiltrirten und verdichteten Submucosa gebildet. In den oberflächlichen Schichten desselben sind die krebsigen epithelialen Zellenschläuche an vielen Stellen in unter einander parallel und zur Oberfläche des Geschwürsgrundes senkrecht verlaufenden Zügen angeordnet, so dass die schlauchförmigen Wucherungen ähnlich wie Schleimhautdrüsen frei an der Oberfläche münden.

In der Tiefe des Geschwürsgrundes dagegen zeigt die krebsige Geschwulstmasse ebenfalls durchaus den bisher geschilderten Charakter. Die Muscularis verliert sich allmählich vollständig in dem krebsig infiltrirten Gewebe des Geschwürsgrundes, nur an wenigen Stellen finden sich noch vereinzelte Züge atrophischer Muskelfasern. In das periproctale Zellgewebe dringt die epitheliale Wucherung nur wenig ein; auch hier ist ein leicht scirrhöser Charakter der Wucherung vorhanden.

Ueberall finden sich in dem Epithel der krebsigen Wucherungen, wo diese kein atrophisches Ansehen besitzen, sehr zahlreiche indirecte Kerntheilungsfiguren in verschiedenen Stadien der Entwicklung; aber auch in den leicht scirrhös veränderten Partien sind dieselben im Epithel der krebsigen Zellenschläuche nicht selten, während im Bindegewebe nirgends Mitosen aufzufinden sind.

Die Peripherie des krebsigen Erkrankungsbezirkes ist in sämmtlichen Darmschichten von einer ziemlich breiten und dichten kleinzelligen Infiltrationszone begrenzt; auch das Gerüst der krebsigen Wucherungen selbst ist in der Peripherie häufig kernreicher und sehr stark kleinzellig infiltrirt.

Histologische Diagnose: Carcinoma adenomatosum simplex mit Uebergang zu scirrhosum.

7) Carcinoma recti eines 55-jährigen Mannes, 1886 (aus der chirurgischen Klinik des Herrn Prof. Heineke).

Ueber 10 cm langes und aufgeschnitten etwa 8 cm breites Stück des Mastdarms, welches fast in seiner ganzen Ausdehnung von einem buchtig begrenzten, circulären Krebsgeschwür eingenommen wird. Die Ränder des Geschwüres sind zum Teil mächtig wallförmig aufgeworfen, zum Teil aber, besonders am unteren Rande auffallend flach; die Schleimhaut ist am Geschwürsrande fast überall deutlich verdickt, doch scheint sie auf dem senkrechten Durchschnitt nur an wenigen Stellen direct in die Geschwulstmasse überzugehen, vielmehr von der letzteren nur emporgedrängt zu sein. Die Schleimhaut in der Umgebung, d. i. oberhalb und unterhalb des Geschwüres ist zum Teil ebenfalls leicht verdickt und stark gefaltet, zum Teil aber auch dünn, atrophisch und flach; überall ist sie ziemlich stark injicirt. Der Geschwürsgrund ist sehr derb, grösstenteils flach, teilweise aber auch uneben, wie ausgenagt. Die Geschwulstmassen greifen, fast überall ziemlich scharf begrenzt, 1—1$\frac{1}{2}$ cm in die Tiefe, wobei sie allenthalben die Muscularis durchbrechen.

In diesem Falle zeigen auch die vom Geschwürsrande entfernteren Partien der Darmschleimhaut an den meisten Stellen leichte Veränderungen der Drüsen. Dieselben haben nämlich oft einen leicht gewundenen Verlauf, nicht selten sind sie von der Mitte an geteilt oder haben in verschiedener Höhe ihres Verlaufes kleine blindsackähnliche Ausstülpungen; auch färbt sich der Epithelbelag, in welchem man Becherzellen fast vollständig vermisst, fast überall auffallend dunkel. An den atrophischen Schleimhautpartien sind die Drüsen beträchtlich verkürzt, dabei aber oft stark geschlängelt oder am unteren Ende umgebogen; das interglanduläre Bindegewebe ist hier verbreitert und enthält erweiterte Venenstämmchen und Capillaren. In einer Entfernung von 3—4 mm vom Geschwürsrande werden die Drüsen beträchtlich länger und erreichen schliesslich, bei sonst normalem Verlaufe, eine Höhe von 1 mm und darüber, wobei das Epithel in der bereits oben geschilderten Weise verändert ist; sehr bald sieht man auch Drüsen, welche besonders am oberen Teile zahlreiche und sehr dicht zusammengeschobene Windungen besitzen.

Nur an wenigen Stellen des Geschwürsrandes liess sich in diesem Falle der continuirliche Zusammenhang der entarteten Drüsen mit der krebsigen Wucherung in den tieferen Gewebsschichten nachweisen; an den meisten Stellen ist die Schleimhaut gegen die Geschwürsfläche hin scharf abgesetzt und man findet hier wohl leicht vergrösserte und gewundene Drüsen mit verändertem Epithel, doch durchbrechen diese nicht die Muscularis mucosae. Da, wo letzteres der Fall ist, sind die Drüsen äusserst unregelmässig geformt, insbesondere sehr stark verbreitert und mit zahlreichen Ausbuchtungen versehen. Auch das Drüsenepithel ist hochgradig verändert und von sehr ungleichmässigem Charakter: in dem gleichen entarteten Drüsenschlauche findet man sehr niedriges, aber regelmässig geformtes Cylinderepithel von 0,02 mm Höhe und 0,009 mm Breite unmittelbar in einen Zellbelag übergehen, dessen Zellen bei einer Breite von nur 0,007 mm eine Länge von 0,46 mm erreichen; häufig haben die Zellen auch ihre cylindrische Form völlig verloren, sind vielgestaltig und der

Kern, welcher bei den langen, schmalen Zellen wie bandförmig erscheint, ist rundlich, oft von bläschenförmigem Ansehen. An vielen Stellen sind die Zellen äusserst dicht zusammengedrängt und oft sieht man den Epithelbelag zweischichtig werden oder es bilden die in das Drüsenlumen hereindrängenden Zellen knospenförmige Hervorragungen.

Die in dieser Weise entarteten Drüsen durchbrechen die Muscularis mucosae und stehen in continuirlichem Zusammenhang mit den die Submucosa und auch die Muscularis in ganzer Ausdehnung durchsetzenden krebsigen Wucherungen. Letztere bilden in der im Bereiche der Geschwulstmasse bis zu 6 mm verdickten Submucosa ein reich verzweigtes, vielfach anastomosirendes, aus sehr ungleich weiten Zellschläuchen und buchtigen, mit Cylinderepithel ausgekleideten Hohlräumen bestehendes Netzwerk, welches so dicht ist, dass zwischen den einzelnen epithelialen Wucherungen oft nur ganz schmale Bindegewebszüge vorhanden sind. Diese drüsenähnlichen Wucherungen haben im Ganzen den gleichen Charakter wie die entarteten Drüsen der Schleimhaut selbst, doch scheint das Epithel in noch stärkerer Proliferation begriffen zu sein; sehr häufig sieht man nämlich den Epithelbelag mehrschichtig werden oder Sprossen und Fortsätze bilden, welche sich brückenartig verbinden. Seltener ist das Lumen der Wucherungen mit abgestorbenen Zellen, sich sehr dunkel färbenden Kernresten, Eiterkörperchen und körnigem Detritus erfüllt. Das zwischen den epithelialen Wucherungen befindliche Bindegewebe ist, zumal im Bereiche der Submucosa sehr kernreich und enthält sehr viele junge Spindelzellen; auch ist es häufig von Leukocyten so stark durchsetzt, dass es den Eindruck von Granulationsgewebe macht, und mitunter scheinen die krebsigen Zellenschläuche förmlich eiterig einzuschmelzen. In der Muscularis dagegen nimmt die krebsige Wucherung vielfach einen leicht scirrhösen Charakter an; die Epithelschläuche sind hier meistens schmäler und unansehnlicher, häufig verlieren sie ihr Lumen vollständig und gehen in schmale solide Epithelstränge mit kleineren und unregelmässiger gestalteten, oft atrophischen Zellen über, welche sich zwischen die stark erweiterten und von etwas derberem Bindegewebe ausgefüllten Spalträume der Muscularis hereinschieben. Letztere geht in der Umgebung der epithelialen Neubildung überall der Atrophie entgegen und an vielen Stellen, insbesondere in der Mitte des Geschwürsgrundes, wo die Geschwulstmassen tief in die Muscularis hereingreifen, ist diese vollständig zu Grunde gegangen. Im Geschwürsgrunde erscheinen übrigens auch die krebsigen Wucherungen besonders üppig und zeigen hier insofern einen etwas veränderten Charakter, als dieselben weniger aus einem reich verzweigten und vielfach anastomosirenden Netzwerk bestehen, sondern vielmehr ziemlich umschriebene, durch grössere Lagen annähernd normalen Gewebes von einander getrennte Knoten bilden, welche aus äusserst dichten, knäuelförmig zusammengedrängten Cylinderepithelschläuchen und grösseren, mit sehr schön entwickeltem und sich ungemein intensiv färbendem Cylinderepithel ausgekleideten, buchtigen Hohlräumen bestehen.

Ueberall, mit Ausnahme der zuletzt beschriebenen Stellen des Geschwürsgrundes, ist die krebsige Neubildung von einer mehr oder weniger stark entwickelten entzündlichen Infiltrationszone umgeben.

In diesem Falle finden sich in den entarteten Schleimhautdrüsen, sowie in den epithelialen Wucherungen, besonders an vielen Stellen in den tieferen Schichten, ausserordentlich zahlreiche indirecte Kerntheilungsfiguren. Oft sind dieselben auffallend gross und gar nicht selten sind auch einer Dreiteilung des Kerns entsprechende Formen; nur da, wo die Neubildung einen mehr scirrhösen Charakter trägt, sind die Mitosen im Epithel spärlicher. Auch im Bindegewebe konnten in diesem Falle vereinzelte, wohl entwickelte Kernteilungsfiguren beobachtet werden.

Histologische Diagnose: Carcinoma adenomatosum medullare.

8) Carcinoma recti einer 57-jährigen Frau (aus der von Prof. Thiersch angelegten Geschwulstsammlung des Erlanger pathologischen Instituts; gut conservirtes Weingeistpräparat).

Resecirtes Stück des Rectums, 17 cm lang und aufgeschnitten etwa 8 cm breit, aussen reichlich von Fettgewebe umgeben. An der Innenfläche ein durchschnittlich 5 cm im Durchmesser haltendes, ziemlich tiefes Geschwür mit wallartig aufgeworfenem Schleimhautrande; der Geschwürsgrund ziemlich glatt; die Schleimhaut in der weiteren Umgebung des Krebsgeschwüres von normalem Ansehen.

Auf dem Durchschnitt zeigt sich die Schleimhaut nahe dem Geschwürsrande deutlich verdickt und geht continuirlich in die Geschwulstmasse über, durch welche sie wallförmig emporgedrängt wird. Die gegen die Peripherie hin ziemlich scharf abgegrenzten Geschwulstmassen durchsetzen die ganze Darmwand und drängen noch 1—2 cm tief in das periproctale Zellgewebe herein. Es besitzen dieselben auf dem Durchschnitt ein exquisit alveoläres Ansehen und die einzelnen Alveolen sind mit einer, auch am gehärteten Präparate deutlich glasig durchscheinenden Masse erfüllt.

Das Gewebe des Geschwürsgrundes wird fast durchaus von solchen Geschwulstmassen gebildet, nur sind dieselben hier von breiteren und derben Bindegewebszügen durchsetzt.

Die Muscularis ist in der Umgebung des Krebsgeschwüres bis zu 6 mm verdickt.

Diese Geschwulst gleicht in ihrem histologischen Bau in vieler Hinsicht dem soeben beschriebenen Falle von Carcinoma recti.

An einem senkrecht geführten Schnitte sieht man, wie die Drüsen gegen den Geschwürsrand zu allmählig länger werden und einzelne derselben kleine Seitensprossen treiben. Dann folgen in ihrem Lumen stark erweiterte Drüsen, welche zahlreiche seitliche Ausbuchtungen besitzen und deren Epithel die schon so oft erwähnten Veränderungen zeigt. Bald aber begegnet man Drüsen, welche, ebenfalls erweitert und mit seitlichen Ausbuchtungen versehen, die Muscularis mucosae durchsetzende und in die Tiefe dringende Sprossen treiben; von einzelnen Drüsen gehen schon in der Mitte des Drüsenschlauches oder selbst noch höher zahlreiche parallel verlaufende Ausläufer ab, welche dann wie in einem geschlossenen Bündel durch die Muscularis mucosae hindurch in die Submucosa hereinbrechen. Hier breiten sie sich alsbald büschelförmig aus und treiben wiederum zahlreiche grössere und kleinere Ausbuchtungen und Sprossen, welche vielfach unter einander anastomosiren und mit durchgebrochenen Ausläufern entfernterer Drüsen in Verbindung treten.

Ueberall finden sich im Epithel der entarteten Drüsen zahlreiche, gut erhaltene Kernteilungsfiguren.

Die von den Drüsen ausgehenden Wucherungen stehen, wie sich an Schnittserien leicht constatiren lässt, mit den tiefer gelegenen, die Submucosa und Muscularis durchsetzenden und bis in das periproctale Zellgewebe sich erstreckenden Wucherungen in directem Zusammenhang.

11*

Schon die ersten Ausläufer der entarteten Drüsen enthalten eine glasige, schleimähnliche Masse, in welcher bisweilen abgestossene Epithelzellen und Kernfragmente suspendirt sind; an dem in Alkohol gehärteten Präparate zeigt dieser glasige Inhalt stets ein leicht streifiges Ansehen und bleibt bei der Tinction völlig farblos.

In den tiefer gelegenen Wucherungen, welche überall einen ausgesprochen adenomatösen Charakter tragen und ein ziemlich dichtes Netzwerk reich verzweigter, aus sehr regelmässigem Cylinderepithel bestehender, weiter Zellenschläuche bilden, ist ebenfalls fast stets dieser glasige Schleim enthalten; meistens ist derselbe so reichlich, dass die epithelialen Zellenschläuche an sehr vielen Stellen eine mächtige cystische Erweiterung erfahren, welche nicht selten mit einer Atrophie des Epithelbelags verbunden ist. Ueberall findet man im Epithel der krebsigen Wucherung ziemlich zahlreiche Kerntheilungsfiguren, namentlich im Stadium des Monasters und Dyasters.

Das submuköse Bindegewebe ist in der Umgebung der epithelialen Wucherung meistens verdichtet und mässig kernreich, nur sehr wenig kleinzellig infiltrirt; an manchen Stellen ist das zwischen den Wucherungen gelegene Gewebe sehr deutlich gallertig entartet. Das gleiche Verhalten zeigt das interstitielle Bindegewebe der Muscularis, welches im Bereiche der epithelialen Neubildung sehr stark vermehrt erscheint. Die Geschwulstmassen des Geschwürsgrundes zeigen ganz die nämliche Structur, wie die geschilderten, weiter in der Peripherie gelegenen krebsigen Wucherungen.

Histologische Diagnose: Carcinoma adenomatosum microcysticum.

9) Carcinoma recti einer 58-jährigen Frau (Recidiv der vorigen Geschwulst, aufgetreten 1 Jahr nach der Operation — aus der von Prof. Thiersch angelegten Sammlung des Erlanger pathologischen Instituts).

Die Geschwulst gleicht sehr dem soeben beschriebenen primären Tumor, jedoch umfasst dieselbe ein viel grösseres Stück des Mastdarms und reicht hart bis an die äussere Haut der Analöffnung heran. Es wird das untere Ende des Darms von einem 6—7 cm im Durchmesser haltenden, fast die ganze Mastdarmwand umfassenden Geschwür mit etwas fetziger Oberfläche eingenommen, welches, wie bei der primären Geschwulst, von einem stark aufgeworfenen Schleimhautrand wallartig begrenzt wird.

Auf dem senkrechten Durchschnitt zeigt die Geschwulst ebenfalls das gleiche Verhalten. Direct von der verdickten Schleimhaut des Geschwürsrandes aus geht eine krebsige Wucherung in die Tiefe, welche ebenfalls sämmtliche Schichten der Darmwand durchsetzt, tief bis in das periproctale Zellgewebe eindringt und fast den ganzen Geschwürsgrund einnimmt; nur ist hier die Geschwulstmasse wieder von derberen Bindegewebszügen durchsetzt.

Von einer von der ersten Operation herrührenden Narbe ist nichts mehr wahrzunehmen: es scheint dieselbe völlig in der krebsigen Wucherung untergegangen zu sein.

Mikroskopisch zeigt die Geschwulst in allen Stücken durchaus das gleiche Verhalten, wie der primäre Tumor. Von hohem Interesse ist es aber, dass auch hier, bei der Recidivgeschwulst, die Wucherung wiederum von den Drüsen der Schleimhaut ganz in der gleichen Weise erfolgte: an mehreren Stellen des Geschwürsrandes zeigen die Schleimhautdrüsen die gleiche, bei der Beschreibung des primären Tumors ausführlich geschilderte Entartung und durchbrechen die Submucosa, um direct in die die tieferen Gewebsschichten durchsetzenden Wucherungen überzugehen. Es hat sich also das Recidiv keinesfalls ausschliesslich von etwa in der Tiefe zurückgebliebenen Keimen entwickelt, sondern wenigstens zum Teil durch neue Entartung ursprünglich normaler Drüsen.

Die krebsigen Wucherungen reichen in der Gegend der Analöffnung bis hart an die Epidermis heran: letztere lässt nirgends irgend welche Wucherungserscheinungen erkennen, sondern erscheint vielmehr im Bereiche der herandrängenden Geschwulstmassen leicht atrophisch.

Histologische Diagnose: Carcinoma adenomatosum micro-cysticum.

10) Carcinoma recti eines 53-jährigen Mannes, J.-N. 40, 1881 (aus der chirurgischen Klinik des Herrn Prof. HEINEKE), Taf. VI, Fig. 14 und Taf. VIII, Fig. 16.

Etwas über 5 cm messendes Stück der Mastdarmwand, in dessen Mitte sich ein rundlicher, 3—4 cm im Durchmesser haltender, etwas weicher, dunkelgrauroter, nicht verschieblicher Tumor mit steilen Rändern etwa 1 cm hoch über das Schleimhautniveau erhebt; an der Oberfläche besitzt derselbe ein leicht papilläres Ansehen und ist besonders gegen die Mitte hin stark zerklüftet. Auf dem Durchschnitt ist die Geschwulst markig, blass-graurötlich, in der Mitte und an der Oberfläche etwas hämorrhagisch gefleckt. Die Geschwultmasse durchsetzt die Submucosa und in der Mitte reicht sie auch an vielen Stellen mehrere mm weit in die bis zu 7 mm verdickte Muscularis herein. An den Rändern schiebt sie sich eine kleine Strecke weit unter die scheinbar normale Schleimhaut hin, so dass letztere von der Geschwulst emporgedrängt wird. Es lässt sich die Schleimhaut noch einige mm weit von der Geschwulstmasse deutlich abgegrenzt verfolgen; dann aber wird die Grenze völlig verwischt und es scheint die Schleimhaut continuirlich in die Geschwulstmasse überzugehen.

Die mikroskopische Untersuchung ergab folgenden Befund: In der an den Tumor angrenzenden Partie der Darmwand zeigen sämmtliche Schichten derselben annähernd normales Verhalten; nur die Submucosa ist auch hier verdickt und von zahlreichen Venen durchsetzt, die Muscularis leicht hypertrophisch. An einem senkrecht durch den Geschwulstrand gelegten Schnitt erscheinen die letzten 8—10 unmittelbar vor der Geschwulst gelegenen Drüsenschläuche schmäler und beträchtlich verlängert; die dicht gedrängten Zellen des Epithelbelags sind gestreckt cylindrisch und nehmen bei der Tinction mit Alaunkarmin eine sehr zarte, rötlich-gelbe Färbung an, während sich der Kern dunkelrot färbt.

Unmittelbar an der Geschwulstgrenze, wo die Schleimhaut scheinbar völlig in der Geschwulst untergeht, findet man nur an wenigen Stellen deutlich erkennbare, krebsig entartete Schleimhautdrüsen; an den meisten Stellen folgen sofort vielfach verzweigte Krebskörper, welche von ungemein stark wucherndem, meist polymorphem Epithel gebildet werden und von welchen man nicht mehr mit Bestimmtheit aussagen kann, ob sie degenerirte Drüsen oder secundär in die Schleimhaut hereingewucherte Geschwulstmassen darstellen.

Die entarteten Drüsen sind beträchtlich verlängert und verbreitert, häufig auch mit Ausbuchtungen und Ausläufern versehen. Das Drüsenepithel ist meistens in ganzer Ausdehnung des Drüsenschlauches, von der Mündung bis herab zum Fundus, doppelschichtig bis mehrschichtig und wird teils von cylindrischen, dicht gedrängten, teils mehr polymorph gestalteten Zellen gebildet; häufig bildet der Epithelbelag knospenförmige Erhebungen oder weiter in das Lumen vorspringende Zapfen, welche mit der gegenüberliegenden Zellenschicht verschmelzen, so dass der Charakter der ursprünglichen Drüsen in hohem Grade verändert erscheint. Stets haben die Epithelien ziemlich grosse Kerne und färben sich auffallend dunkel; auch enthalten sie sehr zahlreiche Kernteilungsfiguren (Taf. VI, Fig. 14).

Besonders schön lässt sich die Entartung der Drüsen an einer etwa 2 mm vom Geschwulstrande entfernten Stelle erkennen, wo von den in ein Schleimhautgrübchen (Fig. 14 *a*) einmündenden Drüsen eine derselben fast in ganzer Ausdehnung krebsig erkrankt ist (*b*), während die übrigen hier einmündenden Drüsen (*c—h*) nur leichte Veränderungen des Epithelbelags erkennen lassen.

Bereits eine beträchtliche Strecke vor der Mündung der entarteten Drüse nehmen die Zellen des das Schleimhautgrübchen auskleidenden Epithelbelages auffallend an Länge zu; sie besitzen einen grundständigen, sehr langen schmalen Kern und stehen ausserordentlich dicht; doch ist die Epithellage im Allgemeinen noch einschichtig, wenn auch stellenweise zahlreiche Epithelien durch die wuchernden Nachbarzellen aus der Reihe emporgedrängt werden. Das gleiche Verhalten zeigt auch der Epithelbelag der nur leicht veränderten in das Grübchen einmündenden Drüsen *c, d, f, g, h.*

In der entarteten Drüse *b* aber bleibt das Drüsenepithel nur auf der einen Seite von der Mündungsstelle an noch eine kurze Strecke weit einschichtig. Je weiter man nach abwärts geht, um so mehr sieht man, wie die Zellen immer zahlreicher über das Niveau des einfachen Epithelbelags emporgedrängt werden: dadurch bekommt letzterer ein unregelmässig geschichtetes Ansehen, indem bald zwei, bald mehrere Zellenreihen ohne bestimmte Anordnung über einander gelagert sind. Während die unterste Zellenlage die cylindrische Form mehr oder weniger beibehält, zeigen die Zellen der oberen Lagen sehr mannigfaltige, unregelmässige Formen; sie sind bald langgestreckt und schmal mit langem, oblongem Kern, bald birnförmig oder unregelmässig polygonal mit grossem, rundem oder ovalem Kern; an manchen Stellen bilden sich über die Oberfläche hervorragende Epithelknospen und Sprossen, welche durch weitere Zellenwucherung schliesslich oben wieder verschmelzen, so dass auf diese Weise kleine rundliche Höhlen in der Epithelschichte entstehen.

Diese Wucherung des Drüsenepithels ist zunächst weniger von einer Verengerung des Drüsenlumens als vielmehr von einer Erweiterung der Membr. propria begleitet, welche sich von der Stelle an, wo die Epithelwucherung beginnt, noch eine ziemliche Strecke weit deutlich verfolgen lässt. Weiter nach unten zu aber scheint das immer mächtiger wuchernde Epithel letztere zu durchbrechen und zugleich geht der Charakter eines einfachen tubulösen Drüsenschlauches verloren.

Continuirlich geht das in starker Proliferation begriffene Epithel der Drüsenwand in eine breite und weit in die Tiefe greifende atypische Wucherung über (Fig. 14 *l*), welche zum Teil noch adenomatösen Charakter trägt und in deren Zellen ausserordentlich zahlreiche karyokinetische Figuren zu erkennen sind. Es repräsentirt sich dieselbe wie ein Conglomerat unregelmässig verzweigter, drüsenschlauchähnlicher Gebilde; jedoch ist an vielen Stellen dieses Gepräge völlig verwischt, indem einerseits die aus teils cylindrischen, teils mehr polymorphen Zellen bestehenden Epithelschläuche unter einander verschmelzen, andererseits aber das wuchernde Epithel auch in das Lumen der Schläuche selbst herein Sprossen treibt und mehrschichtig wird. An solchen Stellen bilden sich mächtige Epithelmassen, in welchen sich die Zellen gegenseitig abplatten und völlig polymorph werden. Auf dem Durchschnitt durch die krebsige Wucherung sieht man daher einen von zahlreichen Kanälen und Hohlräumen durchzogenen massigen Krebskörper, welcher grösstenteils aus grossen polymorphen Zellen besteht; nur jene Hohlräume werden von mehr oder weniger cylindrisch geformten Zellen begrenzt.

An anderen Stellen des Grenzgebietes zwischen normaler Schleimhaut und Tumor sieht man Drüsen, deren Epithel, ähnlich wie bei der Drüse *i* in Fig. 14, in der ganzen Ausdehnung des Drüsenschlauches bereits mehrschichtig geworden ist und deren untere Enden mehrfach verzweigt direct in eine zusammenhängende Wucherung von undeutlich adenomatösem Charakter übergehen. In der Umgebung der wuchernden Drüsen findet man überall sehr dichte kleinzellige Infiltration. Die Muscularis mucosae ist an der Grenze der Geschwulst, wo sich die submukös gelegenen Geschwulstmassen noch eine Strecke weit unter der normalen Schleimhaut vorschieben und diese empordrängen, noch sehr deutlich erhalten, obwohl auch hier schon ihre Faserzüge durch sehr dichte kleinzellige Infiltration weit auseinandergedrängt sind. Später verliert sich die Muscularis mucosae vollständig in der krebsigen Geschwulstmasse.

Diese zeigt in den oberen Schichten überall jenen, wenn auch nicht reinen, so doch noch deutlich ausgeprägten adenomatösen Charakter, wie er oben geschildert wurde und in Fig. 14 *l* abgebildet ist. An sehr zahlreichen Stellen erhält sich dieses Ansehen auch in den tieferen Schichten; meistens aber gehen hier die Wucherungen in solide Epithelmassen über, welche in der Form von breiten Zügen in die Tiefe dringen, so dass man auf dem Durchschnitt ein förmliches, von soliden Epithelbalken gebildetes Maschenwerk sieht, welches oft scheinbar mit lymphoiden Zellen ausgefüllte Hohlräume umschliesst (Fig. 16). Doch lässt sich an einer Schnittserie leicht erkennen, dass letztere nichts als in querer Richtung getroffene Züge des ausserordentlich stark kleinzellig infiltrirten submukösen Bindegewebes sind, welche von dem wuchernden Epithel förmlich umsponnen werden.

Ueberhaupt ist im Bereiche der Geschwulst die entzündliche Infiltration ungewöhnlich stark und reicht überall unmittelbar bis an die epithelialen Massen heran, so dass letztere wie in ein Granulationsgewebe eingebettet erscheinen. Die epithelialen Wucherungen sind aber überall in scharfer Linie abgegrenzt, ja am gehärteten Präparat entstehen in Folge leichter Schrumpfung gar nicht selten zwischen den epithelialen Massen und dem entzündlich infiltrirten Bindegewebe schmale Spalträume, welche die Grenze um so schärfer markiren. Ueberall sind in den epithelialen Wucherungen unglaubliche Mengen von indirecten Kernteilungsfiguren zu sehen (Fig. 14 und 16), darunter auch sehr häufig solche, welche eine Dreiteilung des Kernes bedeuten; an einem 0,03 mm dicken Schnitt kommen auf eine Fläche von nicht ganz 4 $\square$mm über 500 Kernteilungsfiguren im Epithel, das sind reichlich über 4000 auf den kmm der Geschwulst.

Eine Neubildung von Bindegewebe ist dagegen in der Submucosa nur in sehr geringem Grade vorhanden; nur an einzelnen Stellen sieht man verdichtete Bindegewebszüge und auch in der nächsten Umgebung der Geschwulst ist das Gewebe nur wenig verdichtet; Kernteilungsfiguren sind im Bindegewebe nur überaus spärlich zu finden. Hingegen scheint an vielen Stellen eine Nekrose des kleinzelligen Infiltrates einzutreten, besonders an solchen Stellen, wo die wuchernden Epithelmassen einzelne Partien des infiltrirten Gewebes fast völlig umwuchern und dadurch die Nahrungszufuhr behindern: an solchen Stellen tritt an den Zellen keine Kernfärbung mehr ein und man findet reichlichen Detritus und Chromatinschollen unter die Zellen eingelagert.

An der Muscularis lässt sich ausser der Hypertrophie keine wesentliche Veränderung nachweisen; nur hie und da ist das interstitielle Gewebe leicht verdickt und entzündlich infiltrirt.

Histologische Diagnose: Zwischenform von Carcinoma adenomatosum und Carcinoma solidum medullare mit völligem Uebergang zu Carcinoma solidum.

11) Carcinoma recti eines 35-jährigen Mannes. J.-N. 148, 1885 aus der chirurgischen Klinik des Herrn Prof. HEINEKE), Taf. V, Fig. 12 und Taf. VII, Fig. 13.

Exstirpirtes 10 cm langes und aufgeschnitten 6 cm breites Stück des Mastdarms, an dessen hinterer Wand sich ein unregelmässig rundliches, mehrfach leicht ausgebuchtetes, tiefes Geschwür mit ziemlich glattem, derbem Grunde sich befindet: die Ränder fast überall mächtig wallartig aufgeworfen, zum Teil pilzförmig überhängend; die Schleimhaut an denselben deutlich verdickt, steifer, auf dem Durchschnitt von markigem Ansehen und ohne Grenze in eine ziemlich derbe, weisslich-graue Geschwulstmasse übergehend; letztere greift etwa $1/2$ cm weit in die Tiefe und durchsetzt die schräg gegen den Geschwürsgrund aufsteigende Muscularis, doch ist sie fast überall gegen das gesunde Gewebe hin in sehr scharfer, gerader Linie abgegrenzt und nur in der Mitte des infiltrirten Geschwürsgrundes greifen einzelne gröbere Ausläufer tiefer in das anliegende Zellgewebe herein. Die übrige Schleimhaut des Rectumstückes stärker injicirt, ziemlich stark gefaltet, sonst von normalem Ansehen.

Bei der mikroskopischen Untersuchung zeigt die von dem Krebsgeschwür entfernter gelegene Schleimhaut fast durchaus völlig normales Verhalten; nur selten sind die Drüsen an ihrem unteren Ende etwas umgebogen oder haben ganz leichte, buckelförmige Ausstülpungen. Ihre durchschnittliche Länge beträgt 0,6—0,8 mm bei einer Breite von 0,1—0,3 mm; nur an einem kleinen, an der vorderen Darmwand, dem Krebsgeschwür gerade gegenüberliegenden Teile ist die Schleimhaut leicht atrophisch und man findet hier Drüsen, welche selbst unter 0,5 mm messen. Das Drüsenepithel der nicht krebsig entarteten Schleimhautpartien enthält ausserordentlich zahlreiche sogenannte Becherzellen oder es ist wenigstens der Zellenleib leicht gequollen und von glasigem Ansehen; gegen den Fundus hin fehlen jedoch die Becherzellen meistens, die Zellen sind hier kleiner, sehr regelmässig cylindrisch geformt und es nimmt auch das körnige Protoplasma des Zellenleibes eine leichte blass-bräunlichrote Tinction an.

In einer Entfernung von beiläufig 5 mm von der Höhe des das Krebsgeschwür umgebenden Schleimhautwalles dagegen lassen die Drüsen sehr deutliche Veränderungen erkennen; insbesondere fällt ihre immer mehr zunehmende Länge auf, welche unmittelbar vor der krebsigen Entartung 1,3 mm und mehr beträgt; dabei ist der Breitendurchmesser eher etwas verringert und nur gegen die Mündung hin sind die Drüsenschläuche normal weit oder auch leicht verbreitert. Meistens haben sie einen gestreckten, nur leicht gewundenen Verlauf und nirgends sind in diesem Falle besondere Ausbuchtungen oder Sprossen vorhanden. An dem Epithelbelag bemerkt man, je mehr man sich dem Krebsgeschwüre nähert, eine immer beträchtlichere Abnahme der Becherzellen; fast der ganze Drüsenschlauch ist von sehr dichtgedrängten, sehr regelmässigen cylindrischen Zellen ausgekleidet, deren Höhe 0,02—0,03 mm beträgt, also zum Teil die normale Höhe des im Rectum vorkommenden Cylinderepithels etwas übertrifft. Besonders aber sind die Zellen dadurch ausgezeichnet, dass auch das zart körnig erscheinende Protoplasma des Zellenleibes eine intensive blass-bräunlichrote Färbung annimmt, während der meistens leicht vergrösserte rundliche oder ovale Kern oft relativ etwas weniger dunkel gefärbt ist als bei den Zellen der normalen Drüsen.

Unmittelbar da aber, wo die Schleimhaut in die Geschwulstmasse übergeht, d. i. auf der Höhe des wallartig aufgeworfenen Geschwürsrandes, findet man Drüsen, welchen nicht nur die beschriebenen Veränderungen in erhöhtem Masse zukommen, sondern welche auch mehrfache Verzweigungen eingehen, ohne dass übrigens zunächst der Typus des normalen einschichtigen Epithelbelages alterirt wäre; daneben finden sich aber auch solche, deren äussere Gestalt in Folge der mächtigen Epithelwucherung so hochgradig verändert ist, dass sie in keiner Weise mehr an die ursprüngliche Drüsenform erinnern (Taf. VII, Fig. 15). Dieselben sind oft ganz enorm verbreitert, so dass sie einen Querdurchmesser von 0,3 mm und darüber erreichen, haben einen gewundenen Verlauf und besitzen zahlreiche rundliche Ausbuchtungen. Der Epithelbelag ist an den meisten Stellen mehrschichtig geworden und bildet nach dem erweiterten Drüsenlumen hin buckelförmige und leistenähnliche Hervorragungen, welche sich oft brückenförmig mit einander verbinden, so dass dadurch die Epithelwucherung innerhalb des einzelnen entarteten Drüsenschlauches selbst ein förmlich adenomatöses Ansehen erhält. Die Bildung von Becherzellen hat, soweit die krebsige Entartung reicht, völlig aufgehört; die Zellen sind teils cylindrisch, teils besitzen sie aber auch, zumal an den Stellen stärkerer Wucherung, sehr mannigfaltige, unregelmässige Formen. Ueberall sind die rundlichen oder ovalen Kerne, welche im Verhältniss zu dem bräunlichrot gefärbten Protoplasma des Zellenleibes nur wenig dunkler erscheinen, merklich vergrössert; sie erreichen eine Länge bis zu 0,02 mm bei einer mittleren Breite von 0,006 mm. Diese stärker entarteten Drüsen durchbrechen allenthalben die Musc. mucosae, deren Fasern hier durch wuchernde Bindegewebszellen weit auseinander gedrängt erscheinen. An der Durchbruchsstelle selbst ist die die Musc. mucosae durchsetzende Drüsenmasse meistens etwas eingeschnürt und zusammengepresst, unterhalb derselben aber pflegt sie in der Regel sofort in mächtige epitheliale Wucherungen überzugehen, welche sich nach allen Seiten hin ausbreiten, sich mit den durchgebrochenen Wucherungen benachbarter Drüsen vereinigen und, nach den verschiedensten Richtungen hin kleinere und grössere, mannigfaltig gestaltete Ausläufer entsendend, die ganze Submucosa durchsetzen, ja selbst bis tief in die Muscularis herein sich verfolgen lassen. Diese Wucherungen zeigen nur zum Teil adenomatösen Charakter, indem sehr oft das Epithel derselben mehrschichtige Lagen bildet, so dass dadurch das Lumen der Wucherungen mehr oder weniger vermengt oder völlig aufgehoben wird.

An solchen Stellen mit mehrschichtigem Epithelbelag zeigt letzterer am senkrechten Durchschnitt häufig ein sehr stark gefaltetes Ansehen, indem zahlreiche bucklige Erhabenheiten in das Lumen der Wucherung hereinragen; diese Vorsprünge sind so dicht gedrängt, dass sie sich in ganzer Ausdehnung berühren und sich gegenseitig zusammenpressen, oder sie lassen kleine Hohlräume zwischen sich frei, welche dann an Quer- oder Tangentialschnitten wie rundliche Lücken in einem soliden Epithel- haufen erscheinen. Die Zellen zeigen sehr verschiedene Formen; zum Teil sind sie exquisit cylindrisch, oft ausserordentlich lang und schmal, gegen die Basis zugespitzt, zum Teil aber haben sie die cylindrische Form völlig verloren und besitzen sehr mannigfaltige unregelmässige Gestalt.

Ueberall finden sich im Epithel der krebsigen Wucherungen zahl- reiche Kernteilungsfiguren, häufig auch solche, welche einer Dreiteilung des Kerns entsprechen. Nicht selten sind die neugebildeten Zellen- schläuche mächtig erweitert und es ist dann ihr Lumen meistens mit aus körnigen Massen und Kernresten abgestorbener Zellen bestehendem Detritus ausgefüllt, welchem stets auch farblose Blutkörperchen beige- mengt sind. Verkümmerten, atrophischen Zellwucherungen begegnet man in diesem Falle nur sehr selten und nur in der äussersten Peripherie der krebsigen Neubildung; hier sieht man mitunter die drüsenschlauch- ähnlichen Wucherungen sich allmählich in dichtem, sehr kernreichem, neugebildetem Bindegewebe verlieren, indem sie ihr Lumen völlig ein- büssen und die Zellen immer unregelmässigere Formen annehmen, oder aber in einem äusserst dichten kleinzelligen entzündlichen Infiltrate sich förmlich auflösen, wobei die Epithelien in Unordnung geraten und die Zeichen der Nekrose an sich tragen.

Ueberhaupt ist die ganze krebsige Neubildung in ihrer ganzen Peripherie von einer bald mehr, bald weniger stark entwickelten Zone kleinzellig entzündlicher Infiltration gegen das noch normale Gewebe hin abgegrenzt und auch in der weiteren Umgebung (bis zu 1 cm) erscheint das Gewebe ödematös und enthält in seinen Spalträumen, besonders auch in der Umgebung kleiner Venenästchen und Capillaren, verhältniss- mässig zahlreiche farblose Blutkörperchen.

Innerhalb der epithelialen Wucherung selbst sind auch die unterhalb der entarteten Schleimhaut gelegenen Schichten der Darmwand in hohem Grade verändert. Die Muscularis mucosae verliert sich, indem ihre Fasern von den Zellwucherungen immer weiter auseinandergedrängt wer- den, sehr bald völlig in der krebsigen Neubildung; die Submucosa aber ist im Bereiche der letzteren mächtig verdickt, fast bis zu 1 cm, und besteht aus sehr kernreichem, zahlreiche junge Spindelzellen enthalten- dem, aber gefässarmem, neugebildetem Bindegewebe. Auch die sonst sehr stark hypertrophische Muscularis geht allmählich völlig in der krebsigen Neubildung unter, indem sowohl die einzelnen Schichten als auch die einzelnen Bündel und Faserzüge durch die sich herein- drängenden Epithelschläuche und die Wucherung des intermuskulären Bindegewebes immer weiter auseinandergedrängt werden und schliesslich sich vollständig in der Geschwulstmasse verlieren.

In dem Geschwürsgrunde, welcher den topographischen Verhältnissen nach eigentlich von der Muscularis gebildet werden muss, ist von glatter Muskulatur nichts mehr zu erkennen: doch ist die ursprüngliche Structur derselben dadurch noch sehr erkenntlich angedeutet, dass hier die drüsen- schlauchähnlichen Wucherungen, entsprechend dem Verlaufe des zwischen den einzelnen Muskelbündeln gelegenen intermuskulären Bindegewebes, alle vom Geschwürsgrunde aus zunächst senkrecht in die Tiefe greifen; da diese Wucherungen zugleich sehr häufig frei an der Geschwürsoberfläche münden, so entstehen nicht selten Bilder, welche eine entartete Schleimhaut vortäuschen, während doch letztere längst in der krebsigen Wucherung völlig untergegangen ist.

Histologische Diagnose: Uebergangsform zwischen Carcinoma adenomatosum medullare und Carcinoma solidum.

12) Carcinoma recti einer 65-jährigen Frau. J.-N. 53, 1888 (aus der chirurgischen Klinik des Herrn Prof. Heineke).

Beiläufig 6 cm langes, für einen Finger bequem durchgängiges Stück des Mastdarms. Nach dem Eröffnen zeigt sich die Innenfläche von einem nahezu handtellergrossen Geschwür eingenommen, dessen wallartig aufgeworfene Ränder mit zahlreichen, knolligen, bis zu 2 cm dicken, stark prominirenden Knoten besetzt sind. Dieselben scheinen überall noch von Schleimhaut überkleidet zu sein, doch lässt sich letztere auf dem senkrechten Durchschnitt von der markigen Geschwulstmasse nur schwer abgrenzen und vielfach ist die Grenze völlig verwischt. Der Geschwürsgrund wird von der sehr stark krebsig infiltrirten Muscularis gebildet, deren Muskelzüge in der Geschwulstmasse zum Teil völlig untergegangen sind. Von der Schnittfläche lässt sich trüber Geschwulstsaft abstreifen.

Die an das Krebsgeschwür angrenzende normale Schleimhaut zeigt bis an den wallartig aufgeworfenen Geschwürsrand hin ein völlig normales Verhalten; nur die ganz dicht an den Geschwürsrand angrenzenden Drüsenschläuche enthalten keine Becherzellen mehr; sondern sind ausschliesslich mit ziemlich hohem, sich dunkel tingirendem, sehr regelmässigem Cylinderepithel ausgekleidet. Aber auch in diesem Falle, welcher in seiner histologischen Structur gleich dem vorigen ebenfalls dem unter Nr. 10 beschriebenen Falle ähnlich ist, lassen sich am Geschwürsrande in der von der Geschwulstmasse emporgedrängten Schleimhaut nirgends mehr stärker entartete, die Muscularis mucosae perforirende Drüsen nachweisen.

Der Geschwürsgrund wird überall von der freiliegenden, stark verdickten und krebsig infiltrirten Submucosa gebildet, welche in ein ausserordentlich kernreiches und sehr stark kleinzellig infiltrirtes, mässig gefässreiches, von der epithelialen Wucherung ziemlich dicht durchsetztes Bindegewebe umgewandelt ist. Die epitheliale Wucherung trägt im Wesentlichen einen ausgesprochen adenomatösen Charakter. Namentlich in den oberen Schichten besteht dieselbe aus drüsenähnlichen, reich verzweigten und unter einander netzförmig verbundenen Epithelschläuchen mit weitem Lumen, welche von teils einschichtig gelagerten, cylindrisch oder cubisch geformten, teils mehr polymorph gestalteten, zwei- bis mehrschichtig gelagerten Zellen gebildet werden. Stets zeichnen sich diese Zellen durch eine ziemlich intensive Tinction des Zellprotoplasmas aus. In den tiefer gelegenen Partien der krebsigen Wucherung findet man in den Epithelschläuchen sehr häufig in das Lumen vorspringende, knospen- und zapfenförmige Auswüchse des Epithels, welche nicht selten mit der gegenüberliegenden Wand des Zellenschlauches verschmelzen. Auf diese Weise kommt es zur Bildung eigentümlicher Krebskörper, welche in ihrem Innern verzweigte, röhrenförmige Lumina oder kleine, runde, abgeschlossene Hohlräume enthalten. Häufig wird auch das Lumen der krebsigen Zellenschläuche durch üppige Wucherung des gesammten Epithels gleichmässig eingeengt oder völlig zum Verschwinden gebracht, so dass ein Uebergang der adenomatösen Wucherungen zu soliden Krebskörpern stattfindet. Bei stärkerer Erweiterung des Lumens ist dasselbe in der Regel dicht mit farblosen Blutkörperchen und Detritusmassen erfüllt.

Indirecte Kerntheilungsfiguren sind in diesem Falle innerhalb der epithelialen Wucherungen relativ auffallend wenige zu finden; im Bindegewebe scheinen Mitosen gänzlich zu fehlen.

Die Peripherie der ganzen krebsigen Wucherung ist von einer breiten und sehr dichten kleinzelligen Infiltrationszone begrenzt, welche am gefärbten Präparat schon makroskopisch als ein dunkelroter Saum zu erkennen ist.

Histologische Diagnose: Zwischenform von Carcinoma adenomatosum medullare und Carcinoma solidum.

13) Carcinoma recti eines 59-jährigen Mannes. J.-N. 97. 1888 (aus der chirurgischen Klinik des Herrn Prof. Heineke).

Resecirtes Stück des Mastdarms, auf der einen Seite mit reichlich anhaftendem Fettgewebe, in welches eine über kirschkerngrosse, derb krebsig infiltrirte Lymphdrüse eingebettet ist. Auf dem Durchschnitt ist letztere weisslich grau und von markigem Anschen. Nach Spaltung des Darmstückes zeigt sich ein sehr umfangreiches, die Darmwand fast völlig umfassendes, ziemlich tiefes Geschwür mit sehr unregelmässigen, stark gewulsteten und markig infiltrirten Schleimhauträndern und unebenem, derbem Grunde. Auf dem Durchschnitt erscheint die Schleimhaut in der Umgebung des Geschwüres beträchtlich verdickt und von markigem Ansehen; direct am Geschwürsrande wird dieselbe von einer markigen, die Submucosa infiltrirenden Geschwulstmasse wallartig emporgehoben. Der Geschwürsgrund wird von der sehr stark krebsig infiltrirten Submucosa gebildet; dieselbe ist derb und von weichen, weisslichen Geschwulstmassen durchsetzt, welche sich wie kleine Pfröpfchen auspressen lassen. Die Muscularis ist ebenfalls von der krebsigen Wucherung infiltrirt und in der Mitte des Krebsgeschwüres scheint dieselbe fast völlig in der krebsigen Neubildung untergegangen zu sein, welche hier auch in das angrenzende periproctale Zellgewebe eindringt. Letzteres ist in der Umgebung der krebsigen Wucherungen sehr derb von narbigem Ansehen.

Bei der mikroskopischen Untersuchung lassen sich in der Schleimhaut des Geschwürsrandes nirgends mehr krebsig entartete Drüsen nachweisen. Die Schleimhaut ist von den in der Submucosa nach der Peripherie hin vorgedrungenen krebsigen Wucherungen wallartig emporgehoben; die unmittelbar an den Geschwürsrand angrenzenden Schleimhautdrüsen erscheinen nur leicht verlängert, am Fundus leicht ausgebuchtet oder mit kleinen, blindsackähnlichen Ausstülpungen versehen, während der Epithelbelag von sich dunkler tingirenden cylindrischen Zellen gebildet wird, in welchen die Schleimproduction völlig aufgehört hat; allein nirgends sieht man stärker entartete Drüsen, welche die Muscularis mucosae durchbrechen und mit der krebsigen Wucherung in der Submucosa im Zusammenhang stehen.

Hinsichtlich des histologischen Charakters der krebsigen Wucherung schliesst sich dieser Fall ebenfalls eng an die 3 vorhergehenden Fälle an. Dieselbe wird fast ausschliesslich von durchaus drüsenähnlichen, meistens mit weitem Lumen versehenen Zellenschläuchen gebildet, welche bisweilen von der Oberfläche her in dicht gedrängten Gruppen wie büschelförmig in die Tiefe ausstrahlen. Selten ist das Epithel dieser schlauchförmigen Wucherungen einschichtig und regelmässig cylindrisch geformt; in der Regel ist dasselbe auch bei sehr weitem Lumen mehrschichtig und ausgesprochen polymorph, ohne dass jedoch Knospenbildung oder eine papillenähnliche Formation an dem Epithelbelag zu Stande käme. Stets zeigt das Epithel der krebsigen Wucherungen bei der Tinction mit Alaunkarmin eine sehr wesentlich dunklere Färbung des Zellprotoplasmas, als man sie beim normalem Cylinderepithel jemals beobachtet. Sehr häufig finden sich auch grössere Krebskörper, welche aber in ihrem Innern stets verzweigte, kanalförmige Lumina enthalten, so dass man glauben könnte, dieselben seien durch Confluenz von knäuelförmig gelagerten einfachen schlauchförmigen Wucherungen entstanden (vergl. Taf. VI, Fig. 14).

Das submuköse Bindegewebe ist im Bereiche der krebsigen Neubildung stark verdickt und verdichtet, ausserordentlich kernreich und leicht kleinzellig infiltrirt. Auch die Muscularis ist von den krebsigen Wucherungen durchsetzt; sie haben hier den gleichen Charakter wie in der Submucosa und liegen innerhalb der grösseren Spalträume, indem sie die Faserbündel der Muscularis weit auseinanderdrängen. Gegen den Geschwürsgrund zu verlieren sich die Muskelfaserzüge allmählich vollständig in einem von der epithelialen Wucherung reichlich durchsetzten, sehr dichten und kernreichen Bindegewebe.

Sowohl am Geschwürsrande als auch im Geschwürsgrunde ist die krebsige Neubildung in der Peripherie von einer schmalen, aber sehr deutlich entwickelten kleinzelligen Infiltrationszone begrenzt.

Ueberall finden sich in den epithelialen Wucherungen sehr zahlreiche indirecte Kerntheilungsfiguren in verschiedenen Entwicklungsstadien, während im Bindegewebe solche völlig vermisst werden.

In der krebsig infiltrirten Lymphdrüse ist die ursprüngliche Structur des Gewebes nicht mehr zu erkennen; die ganze Lymphdrüsensubstanz ist in ein derbes, mässig kernreiches Bindegewebe umgewandelt, welches von einem ziemlich dichten Netzwerk epithelialer Wucherungen durchsetzt ist. Diese entsprechen in ihrem histologischen Verhalten durchaus den krebsigen Wucherungen der primären Geschwulst, nur sind in dem Epithel derselben nicht so zahlreiche Mitosen enthalten.

Histologische Diagnose: Zwischenform von Carcinoma adenomatosum medullare und Carcinoma solidum.

14) Carcinoma recti eines 50-jährigen Mannes. J.-N. 234, 1882 (aus der chirurgischen Klinik des Herrn Prof. HEINEKE).

Beiläufig 8 cm langes, exstirpirtes Stück des Mastdarms, aufgeschnitten am unteren Teile bis zu 7 cm breit, von der Mitte an aber nur noch 4 cm messend. Die Schleimhaut am unteren breiteren Teile locker, leicht gewulstet, wenig injicirt, am oberen, schmäleren Teile dagegen von gleichmässig dunkelroter Färbung. Die linke Hälfte der verengerten Partie wird von einem etwa $3\frac{1}{2}$ cm im Durchmesser haltenden, annähernd runden, an den Rändern nur wenig ausgebuchteten Geschwüre eingenommen, in dessen Grund die bis zu 7 cm verdickte Muscularis freiliegt. Die Schleimhaut am Geschwürsrande ist leicht gewulstet, etwas überhängend, meistens locker, nur mit einigen undeutlich verdickten Stellen. Auf dem senkrechten Durchschnitt erkennt man in der Muscularis des Geschwürsgrundes vereinzelte, gelblich-weisse, in die Tiefe dringende Streifen und in angrenzenden periproctalen Zellgewebe finden sich zerstreute kleinere derbe Stellen.

Bei der mikroskopischen Untersuchung der Darmschleimhaut zeigt dieselbe an den vom Geschwür entfernter gelegenen Partien durchaus normales Verhalten, nur mitunter sind die Drüsen leicht atrophisch. Aber auch bis unmittelbar an den Geschwürsrand heran findet man keine wesentlichen, als stärkere Wucherungsvorgänge zu deutenden Veränderungen an den Drüsen; dieselben sind wohl an vielen und zuweilen ausgedehnteren Stellen leicht verlängert und verhältnissmässig schmal, einzelne auch leicht erweitert und am Grunde mit vereinzelten, ganz kleinen Ausbuchtungen versehen oder von der Mitte an geteilt; dabei lassen derartige leicht entartete Drüsen auch die gewöhnlich damit verbundenen Veränderungen des Epithelbelags mehr oder weniger deutlich erkennen. Allein trotz der sorgfältigsten Untersuchung war es nicht möglich, eine Stelle zu finden, wo entartete Drüsen, die Muscularis mucosae durchbrechend, einen directen Uebergang zu der die Submucosa und die tieferen Schichten des Darms durchsetzenden Geschwulstmasse bildeten.

Letztere hat sich in diesem Falle, im Gegensatze zu allen bisher beschriebenen Fällen, weniger innerhalb der Lymphbahnen, sondern fast vorwiegend auf dem Wege der Blutbahn über sämmtliche Darmschichten und in das periproctale Zellgewebe herein verbreitet. Diesem merkwürdigen Verhältnisse entsprechend ist auch die Verteilung und Anordnung der epithelialen Wucherungen eine wesentlich verschiedene. Die auf dem Wege der Lymphbahnen verbreiteten Wucherungen bilden um den ganzen Geschwürsrand herum eine 3—5 mm breite Zone, welche sich überall einige mm weit unter die Schleimhaut erstreckt, diese stellenweise wallförmig empordrängt und mit einzelnen Ausläufern in die Tiefe greift; diese Wucherungen tragen fast rein adenomatösen Charakter; sie bestehen aus 0,05—0,07 mm breiten, wenig verzweigten Zellenschläuchen, welche oft zu grösseren Complexen verschmelzen und von mässig hohem, bald ziemlich regelmässig cylindrischem, einschichtigem, häufiger aber mehr unregelmässig gestaltetem, doppelschichtigem Epithel gebildet werden. Stets besitzen diese Epithelschläuche ein deutliches, oft ziemlich weites, aber einfaches Lumen, welches häufig mit sich sehr intensiv färbenden Kernresten und Detritus abgestorbener Zellen erfüllt ist.

Die im Gefässsystem verbreiteten Wucherungen dagegen erstrecken sich unterhalb der Schleimhaut im submukösen Zellgewebe bis zu einer Entfernung von 15—16 mm vom Geschwürsrande und in den tieferen Darmschichten, sowie im periproctalen Zellgewebe greifen einzelne Wucherungen bis über 2 cm in die Peripherie. Dieselben erfüllen einen grossen Teil der kleineren Venenstämmchen und der Capillaren und ihre ganze Anordnung entspricht vollkommen dem normalen Verlaufe der Gefässe der Darmwand. Die in den Capillaren und kleinsten Venenstämmchen enthaltenen Wucherungen bestehen aus soliden Epithelsträngen oder auch aus ganz schmalen Epithelschläuchen mit unregelmässigem Lumen und erreichen eine Breite von 0,04—0,075 mm; bis zu einer Entfernung von 12 mm vom Geschwürsrande durchsetzen sie sehr häufig die Muscularis mucosae und verbreiten sich in den Capillaren der untersten Schleimhautschichten, wobei sie oft so dicht an den Fundus einer Drüse gelagert sind, dass man eine entartete, die Schleimhaut perforirende Drüse vor sich zu haben glauben könnte, wenn nicht die deutlich erhaltene Membrana propria des Drüsenschlauches und die die Wucherung einschliessende unversehrte Gefässwand eine scharfe Trennung bildeten.

Die mit der epithelialen Wucherung erfüllten Venenstämmchen sind oft mächtig (bis zu 0,4 mm im Durchmesser) aufgetrieben und ihr Lumen wird in der Regel vollständig von der Neubildung eingenommen; letztere bildet hier eigentümliche, von einem förmlichen Kanalsystem durchzogene Zellenstränge, welche, gleich den Wucherungen in den Capillaren, nicht aus Cylinderepithel, sondern vielmehr aus fast plattenepithelähnlichen vielgestaltigen Zellen mit rundlichen oder ovalen (0,007 mm im Durchmesser haltenden) Kernen bestehen. Die die epitheliale Wucherung durchsetzenden Kanälchen haben einen Durchmesser von 0,025—0,08 mm und erscheinen auf dem Durchschnitt als langgestreckte, auch ovale oder kreisrunde Lücken, welche völlig leer sind oder nur Reste abgestorbener Zellen und körnigen Detritus enthalten, so dass sich nicht mit Bestimmtheit sagen lässt, ob in denselben früher vielleicht noch Blut circulirte. Dagegen sieht man sehr häufig zwischen der Gefässwand und der epithelialen Wucherung Anhäufungen von farblosen Blutkörperchen und mitunter findet man auch kleinere Gefässabschnitte, im Anschluss an die krebsige Thrombose, völlig mit solchen angefüllt.

Die Wand der mit den krebsigen Massen angefüllten Capillaren und Venenstämmchen ist sehr häufig scheinbar völlig intact, insbesondere ist der Endothelbelag der letzteren sehr deutlich erhalten; nur bei den durch die Wucherung stärker aufgetriebenen Venenstämmchen ist das Endothel ganz oder teilweise zu Grunde gegangen oder in das Gefässlumen abgestossen und die Gefässwand selbst sehr verdünnt oder fibrös entartet. Bei manchen Wucherungen lässt sich daher nicht mehr mit Bestimmtheit entscheiden, ob sie in Lymphräumen eingeschlossen sind oder ursprünglich in Gefässen gelagert waren.

Eine eigentliche zusammenhängende periphere entzündliche Infiltrationszone ist in diesem Falle bei der eigentümlichen Art der Verbreitung der krebsigen Neubildung nicht vorhanden; doch findet man häufig einzelne oder auch kleinere Complexe der in die Gefässe eingeschlossenen Wucherungen von stark verdichtetem und sehr reichlich von farblosen Blutkörperchen infiltrirtem Bindegewebe umgeben; ebenso erscheint die Submucosa im Bereiche der in den Lymphbahnen ausgebreiteten epithelialen Wucherungen beträchtlich verdickt und verdichtet, sowie in der Peripherie leicht entzündlich infiltrirt.

Im Geschwürsgrunde, welcher von der hier fibrös entarteten Muscularis gebildet wird, sind die krebsigen Wucherungen fast ausschliesslich in die Lymphbahnen eingeschlossen und tragen deutlich adenomatösen Charakter.

Von Interesse ist ein im periproctalen Zellgewebe gelegenes, ebenfalls von Geschwulstmasse erfülltes, etwas grösseres, bis zu 1,4 mm im Durchmesser haltendes Venenstämmchen; hier ist nämlich die epitheliale Wucherung nicht wie in der bisher geschilderten Weise frei in das Gefässlumen gelagert; letzteres wird vielmehr zum grossen Teil von einem organisirten, ein bindegewebiges Netzwerk bildenden Thrombus eingenommen, in dessen Lücken die teils wohl erhaltenen, teils atrophischen oder zu Detritus zerfallenen Geschwulstmassen eingeschlossen sind. Die Venenwand ist zum Teil fibrös entartet, zum Theil aber ist sie noch sehr deutlich erhalten.

Ueberall sind in diesem Falle im Epithel der krebsigen Wucherungen indirecte Kerntheilungsfiguren in mässiger Anzahl enthalten, doch sind dieselben etwas weniger gut conservirt, wie in anderen Fällen; im Bindegewebe konnten keine Kerntheilungsfiguren gefunden werden.

Histologische Diagnose: Carcinoma adenomatosum simplex mit Uebergang zu solidum.

15) Carcinoma coli transversi eines 55-jährigen Mannes. J.-N. 200, 1883 (aus der chirurgischen Klinik des Herrn Prof. HEINEKE).

Resecirtes Stück des Colon transversum, 14 cm lang und an beiden Enden durchschnittlich 3 cm dick. In der Mitte ist dasselbe in einer Ausdehnung von etwa 7—8 cm bis zu einem Durchmesser von nahezu 8 cm verdickt und zeigt hier eine unregelmässige, höckerige Oberfläche. Die Serosa sehnig getrübt, stellenweise ecchymosirt und stärker injicirt, allenthalben mit bindegewebigen Adhäsionen besetzt; am unteren Rande und an der unteren Fläche ist das Colon mit einem Stück des Mesenteriums und einer spitzwinklig geknickten Dünndarmschlinge verwachsen. Nach dem Eröffnen zeigt sich die verdickte Stelle durch eine ausgedehnte, den Darm in seiner ganzen Circumferenz umfassenden krebsige Wucherung eingenommen, in deren Mitte ein grosses, missfarbiges, ebenfalls den Darm fast völlig umfassendes, sehr tiefes Krebsgeschwür sich befindet; der Geschwürsgrund wird teils von den krebsig infiltrirten, tieferen Schichten des Colon, teils von dem an dieser Stelle ebenfalls von Krebsmassen durchsetzten, angelöteten Mesenterium gebildet. Die Ränder des Geschwüres sind meist steil, zum Teil überhängend; die Schleimhaut desselben ist verdickt, unverschieblich und besitzt ein grobwarziges, höckeriges und zerklüftetes Ansehen, welches sich vom Geschwürsrande aus bis zu etwa 2 cm in die Peripherie hin erstreckt, dann aber ziemlich rasch in ein normales Verhalten der Schleimhaut übergeht. An einem senkrecht durch den Geschwürsrand gelegten Schnitt zeigen sich in der Umgebung des etwa 4 cm breiten Geschwüres sämmtliche Schichten des Colon transversum markig infiltrirt und bis zu 2 cm verdickt. Die Schleimhaut scheint ganz allmählich in die krebsige Wucherung überzugehen, welche sich auch unter der anscheinend noch normalen Schleimhaut noch eine Strecke weit in die Submucosa und Muscularis hinein erstreckt.

Die von dem krebsigen Geschwür entfernteren Partien der Darmwand zeigen bei der mikroskopischen Untersuchung ein völlig normales Verhalten der Schleimhaut; aber auch dicht am Geschwürsrande selbst vermisst man an den meisten Stellen stärker entartete Drüsen. Vielmehr erscheint die Schleimhaut hier in der Regel wie abgeschnitten und die äussersten Drüsen des Geschwürsrandes sind nur leicht verlängert, etwas schmäler und mit sich intensiver färbendem Epithel ausgekleidet, ohne jedoch mit den tiefer gelegenen Geschwulstmassen in Verbindung zu stehen. Nur an wenigen Stellen des Geschwürsrandes sind die Schleimdrüsen selbst krebsig entartet; dabei findet man nicht einen allmählichen Uebergang zu der entarteten Stelle, sondern neben nur leicht verlängerte und etwas dunkler tingirte Drüsen reihen sich plötzlich so hochgradig entartete Drüsenschläuche an, dass sie schwer mehr als solche zu erkennen sind. Dieselben sind im Ganzen sehr schmal, häufig aber in ihrem mehr oder weniger gewundenen Verlaufe mit leichten Anschwellungen versehen; besonders aber besitzen sie zahlreiche Seitensprossen und Verzweigungen, welche mit den benachbarten Drüsen anastomosiren, so dass dadurch der Typus der normalen Schleimhaut völlig verwischt wird. Das Lumen dieser entarteten Drüsen ist stets sehr eng, häufig fehlt dasselbe scheinbar vollständig, so dass nur noch ein schmaler doppelreihiger Zellenstrang besteht. Die Zellen selbst sind fast cubisch und bei verhältnissmässig grösserem Kern ziemlich klein; die sich mässig dunkel färbenden rundlichen oder ovalen

Kerne haben einen Durchmesser von 0,004—0,007 mm, während die ganze
Zelle nur 0,009—0,012 mm misst.

In dem interglandulären Bindegewebe sind die Capillaren und kleinen
Venenstämmchen beträchtlich erweitert; ihre den normalen Verhältnissen
entsprechende Anordnung erleichtert sehr wesentlich die richtige Beurteilung der veränderten Schleimhautpartie.

Jene entarteten Drüsenschläuche gehen unmittelbar in die tiefer
gelegenen krebsigen Wucherungen über, welche in der Form von rundlichen oder mannigfaltig gestalteten, mehr oder weniger scharf umschriebenen, markigen Knoten die Submucosa und Muscularis durchsetzen
und bis in die Submucosa hereindringen.

Diese bis zu 5 mm im Durchmesser haltenden Geschwulstknoten
bestehen aus ausserordentlich dicht gelagerten, vielfach gewundenen, ein
äusserst unregelmässiges Gewirre bildenden Zellenschläuchen von sehr
verschiedener Breite, welche sehr häufig ihr Lumen verlierend in schmale
Epithelstränge oder aber in breite, unförmliche, an Plattenepithelcarcinom
erinnernde Zellenmassen übergehen, und nur ganz schmale, spärliche Züge
jungen Bindegewebes zwischen sich fassen. Die Zellen sind an den
adenomatösen Partien wenigstens zum Teil deutlich cylindrisch, mässig
gross, haben einen länglich-ovalen, ziemlich dunkel gefärbten Kern und
auch der Zellenleib nimmt eine leicht bräunliche Tinction an; zum Teil
aber sind sie ziemlich klein, oft fast cubisch und an den nicht adenomatösen Stellen, wo die Zellen zu dichten, soliden Haufen gruppirt sind,
haben diese ihre cylindrische Form völlig verloren und zeigen die mannigfaltigsten, an Plattenepithelien erinnernden Formen; auch sind die Zellen
hier meist grösser, nicht selten mit 2—3 Kernen versehen und bisweilen, ähnlich den sogenannten Carcinomperlen, in concentrischen Lagen geschichtet.

Wesentlich verschieden ist die Anordnung der krebsigen Wucherung
an den die Muscularis durchsetzenden Knoten; hier schieben sich ganz
schmale, 0,014—0,02 mm breite, sehr langgestreckte Epithelstränge oder
doch nur ein sehr enges Lumen haltende Epithelschläuche in so dicht
gedrängten Massen zwischen die Faserzüge der Muscularis herein, dass
die einzelnen Epithelstränge oft nur noch von einzelnen Fasern glatter
Muskulatur oder spärlichen Bindegewebsfasern getrennt sind, oder aber
nach völligem Schwund des ursprünglichen Gewebes auf grössere Strecken
hin zu soliden, dichten Epithelmassen verschmelzen. Dadurch erhält die
krebsige Wucherung eine eigentümlich streifige, in der Peripherie mitunter fast fächerförmige Anordnung. Die Zellen sind hier mässig dunkel
gefärbt, meist klein, 0,008—0,012 mm messend, meist cubisch geformt, oder
vielgestaltig; häufig erscheinen auch, besonders in der Mitte der Knoten,
lange Stränge wie zusammengepresst und die einzelnen Zellen sind dann
abgeplattet, oft selbst von spindelförmiger Gestalt.

An anderen Stellen der Muscularis, besonders aber in der Subserosa
trägt die Neubildung vielfach einen leicht scirrhösen Charakter, obwohl
sie auch hier hauptsächlich in der Form mehr oder weniger umschriebener
Knoten auftritt; aber innerhalb der einzelnen Knoten sind die einzelnen
Epithelstränge und Epithelschläuche häufig atrophisch, namentlich aber
weniger dicht gelagert, vielmehr durch ziemlich breite Züge kernreichen,
oft ziemlich stark kleinzellig infiltrirten Bindegewebes getrennt. Hier ist
auch die Peripherie der epithelialen Wucherung häufig von einer deutlichen entzündlichen Infiltrationszone umgeben, während eine solche bei
den oben beschriebenen Knoten, in deren Umgebung das angrenzende

Gewebe nur comprimirt erscheint, vollständig fehlt. Ausserdem findet man übrigens zahlreiche Stellen, an welchen eine Combination der verschiedenen geschilderten Wucherungsformen stattfindet; insbesondere zeigen viele Knoten im Innern einen markig-adenomatösen oder selbst im Plattenepithelcarcinom erinnernden Charakter, während sie in der Peripherie ein scirrhöses Ansehen gewinnen und in ganz schmale atrophische Wucherungen übergehen.

Endlich finden sich in der Subserosa noch Stellen mit eigentümlicher gallertiger Entartung des bindegewebigen Gerüstes und zum Teil auch der Geschwulstzellen selbst; hier zeigt die Neubildung einen exquisit alveolären Bau, indem auf dem Durchschnitt die epithelialen Zellnester in rundliche oder ovale Höhlen eingeschlossen erscheinen, deren Wandungen von ganz schmalen Bindegewebssepten gebildet werden. Erstere bestehen aus rundlichen, scheinbar ganz unregelmässig gruppirten, sehr lockeren Haufen kleiner verkümmerter Zellen rundlicher oder unregelmässig polygonaler Form mit grobkörnigem Zellprotoplasma und kleinen, sich meist intensiv färbenden Kernen; oder es sind kleinere Gruppen von Zellen unter einander verschmolzen, während andere zu kurzen, an adenomatöse Wucherungen erinnernden Zellenschläuchen angeordnet sind; dadurch erhalten die einzelnen in die Alveolen eingeschlossenen Zellennester in ihrem äusseren Ansehen nicht selten eine entfernte Aehnlichkeit mit Nierenglomerulis. Sehr häufig findet man auch eigentümlich entartete Zellen, deren Leib kugelförmig aufgetrieben ist und scheinbar völlig von einer grossen Vacuole eingenommen wird, so dass das Zellprotoplasma nur wie ein schmaler Saum erscheint, während der dunkel tingirte Kern etwa in der Form eines abgeflachten Schüsselchens ganz in der Peripherie der Zelle gelagert ist.

Da die die einzelnen Zellennester umgebenden Bindegewebssepta in der Regel gallertig entartet sind, so erscheinen oft ganze Gruppen von solchen wie in einer Gallertmasse suspendirt; dazwischen finden sich dann auch grosse Strecken, an welchen die krebsige Wucherung völlig abgestorben ist und dann sind die nekrotischen Zellen meist ganz zerstreut und ohne besondere Anordnung in die Gallertmasse eingeschlossen.

Indirecte Kernteilungsfiguren im Epithel der krebsigen Wucherungen sind in diesem Falle relativ spärlich enthalten; namentlich da, wo die Neubildung einen mehr scirrhösen Charakter trägt, sind dieselben ziemlich selten. Im Bindegewebe konnten an einer Anzahl von Schnitten überhaupt keine gefunden werden.

Histologische Diagnose: Carcinoma solidum medullare mit Uebergängen zu scirrhosum.

16) Carcinoma recti einer 25-jährigen Frau. J.-N. 72 a, 1881 (aus der chirurgischen Klinik des Herrn Prof. HEINEKE). Taf. IX, Fig. 17 bis 19.

Beiläufig 6 cm langes exstirpirtes Stück des untersten Teiles des Mastdarms mit einem 1 cm breiten Saum der äusseren Haut der Analöffnung. An der hinteren Wand des exstirpirten Darmrohres befindet sich an der Innenfläche ein unregelmässig rundliches, 1—1½ cm im Durchmesser haltendes Geschwür mit über 1 cm breitem, stark gewulstetem Rande. Letzterer wird von ziemlich stark injicirter, deutlich verdickter, etwas gallertig glänzender, nicht verschieblicher Schleimhaut gebildet, welche auf dem Durchschnitt scheinbar ohne scharfe Grenze in die tiefer gelegene Geschwulstmasse übergeht; diese zeigt ebenfalls ein blasses,

weisslich - graues, gallertiges Ansehen, durchsetzt die bis zu 1 cm ver-
dickte Submucosa und scheint auch auf die Muscularis überzugreifen.
Die dem Krebsgeschwüre benachbarte Schleimhaut erscheint bis zu einer
Entfernung von 1 cm ebenfalls etwas dicker als normal.

In dem angrenzenden periproctalen Bindegewebe befindet sich eine
über kirschkerngrosse, sich elastisch anfühlende Lymphdrüse, welche
vollständig von der gleichen Geschwulstmasse eingenommen wird.

Bei der mikroskopischen Untersuchung erscheinen fast sämmtliche
Drüsen der angrenzenden, nicht krebsig entarteten Schleimhaut etwas vergrössert und mitunter leicht gewunden, seltener gegen den Fundus hin
mit kleinen Ausstülpungen versehen; besonders aber zeigt das Drüsenepithel, welches nur spärliche Becherzellen enthält, in sehr ausgesprochener
Weise jene charakteristische, der krebsigen Entartung vorangehende Veränderung. Allein nur an sehr wenigen Stellen des Geschwürsrandes
durchbrechen in dieser Weise entartete Drüsen die Muscularis mucosae,
um direct in die Geschwulstmasse der tieferen Darmschichten überzugehen. Dagegen findet man bereits 1 cm vom Geschwürsrande entfernt
in der Schleimhaut scharf abgegrenzte, mehrere mm breite Herde, welche
plötzlich, ohne allmählichen Uebergang, eine höchst eigentümliche Entartung zeigen. An solchen Stellen sind oft sämmtliche Drüsen mächtig
verlängert, bis zu 1,2 mm, dabei aber ungemein schmal, in der Regel nur
0,03—0,04 mm in der Breite messend, ebenso ist auch das Lumen der
Drüsen ausserordentlich verengt oder selbst völlig verschwunden (Taf. IX,
Fig. 17). Der Epithelbelag wird fast überall von sehr kleinen, bis 0,015 mm
hohen rundlichen Zellen gebildet, deren Zellenleib bläschenförmig aufgetrieben ist, während der sehr stark abgeplattete, kaum 0,002 mm hohe,
dabei aber 0,007—0,009 mm breite, ganz in die Peripherie der Zelle gedrängte, wie ein flaches, leicht ausgehöhltes Schüsselchen geformte Kern
bei seitlicher Betrachtung wie ein dem blassen, zart granulirten Zellenleib anliegender, dunkel gefärbter Halbmond erscheint. Zugleich ist der
Epithelbelag an derartig degenerirten Drüsenschläuchen mehr oder weniger
gelockert und die einzelnen Zellen sind unregelmässig gelagert, indem
der Zellkern bald gegen die Wand des Drüsenschlauches, bald seitwärts
oder selbst nach dem Lumen zu gerichtet ist. An manchen Drüsen betrifft diese eigentümliche Entartung des Epithels nur die unteren Abschnitte des Drüsenschlauches, während der ebenfalls verengte Drüsenhals
noch deutlich cylindrisch geformte Zellen mit länglich-ovalem Kern besitzt; erst weiter nach abwärts verlieren dieselben ihre cylindrische Form,
werden, an Grösse allmählich abnehmend, cubisch oder unregelmässig
gestaltet und gehen schliesslich in die in der geschilderten Weise entarteten Zellen über.

In solchen Drüsen findet man tief herab zahlreiche gut erhaltene
Kerntheilungsfiguren in den Zellen, welche noch ein protoplasmatisches
Ansehen haben.

An hochgradig entarteten Partien der Schleimhaut sind die degenerirten Drüsenschläuche ungemein dicht gelagert und nur noch
durch ganz schmale Züge von interglandulärem Bindegewebe getrennt;
häufig scheint dasselbe völlig geschwunden zu sein, oder es ist so
dicht von in der gleichen Weise entarteten Epithelzellen infiltrirt, dass
die degenerirten Drüsen nur noch durch den Verlauf der Membr. propria
erkannt werden können. In den tieferen Schleimhautpartien aber ist
auch letztere grösstentheils geschwunden und man sieht dann oft auf

12*

weite Strecken hin die Schleimhaut nur von dichten Massen jener eigentümlich entarteten Epithelien, ohne bestimmte Anordnung, diffus infiltrirt, wodurch dieselbe in eine, nur von spärlichen Bindegewebszügen durchsetzte epitheliale Geschwulstmasse umgewandelt wird, welche in ihrem seltsamen histologischen Bild in keiner Weise, mehr an die Structur normaler Schleimhaut erinnert. An solchen Stellen ist auch die Musc. mucosae von der epithelialen Wucherung infiltrirt oder selbst völlig in derselben untergegangen und die Geschwulstmassen der Schleimhaut stehen in unmittelbarem Zusammenhang mit der die Submucosa und Muscularis durchsetzenden epithelialen Neubildung.

Letztere besitzt eine exquisit alveoläre Structur, indem in ihrem Bereiche die Submucosa und auch zum Teil die Muscularis in ein alveoläres Gerüste umgewandelt erscheinen, in dessen Hohlräume die epithelialen Wucherungen eingelagert sind. Besonders in der Submucosa sind die einzelnen Alveolen dieses Gerüstes meistens von rundlicher oder ovaler Form, sehr klein, nur 0,035—0,07, seltener bis zu 0,1 mm in der Breite messend, und ihre Wandungen werden, soweit dieselben erhalten sind, von äusserst schmalen, oft nur aus einer einzigen Faserlage bestehenden Bindegewebssepten gebildet; seltener sind die Alveolen in der Submucosa in die Länge gestreckt, in ihrer Form an die ursprünglichen Spalträume der Submucosa erinnernd. Dazwischen sieht man allenthalben auch breitere Bindegewebszüge die epitheliale Neubildung durchkreuzen, wodurch kleinere und grössere Gruppen von Alveolen gebildet werden und die Geschwulstmasse in ein förmliches System verschieden grosser und unregelmässig gestalteter Alveolengruppen eingeteilt wird.

Die in den einzelnen Alveolen enthaltenen epithelialen Zellennester bieten je nach dem Grade der gallertigen Metamorphose ein sehr verschiedenes Ansehen. An Stellen, wo letztere noch völlig fehlt, sind die Epithelien, welche überall jene eigentümliche, oben ausführlich geschilderte Beschaffenheit zeigen, je nach der Form der Alveolen zu rundlichen Haufen oder zu kurzen, die Alveolen völlig ausfüllenden Strängen zusammengeballt, in welchen die einzelnen Zellen durchaus regellos durcheinandergelagert sind, indem die Kerne der Zellen bald gegen die Alveolenwand, bald nach der Mitte des Zellhaufens oder nach verschiedenen Seiten hin gerichtet sind. Meistens aber hat bereits eine gallertige Metamorphose der epithelialen Wucherung begonnen und dann werden die Alveolenräume nicht mehr völlig von diesen Zellenballen ausgefüllt, sondern zwischen ihnen und der Alveolarwand befindet sich eine mehr oder weniger breite, sehr auffällig concentrisch geschichtete Zone, welche an den in Weingeist gehärteten Schnittpräparaten aus einer farblosen, sehr zartkörnigen Masse besteht und in welcher länglich geformte Zellenreste und keinen Farbstoff mehr annehmende Zellenkerne in concentrischer Anordnung suspendirt sind (Taf. IX, Fig. 19). Die in der Peripherie des Zellenballens gelegenen Epithelien erscheinen häufig nur undeutlich contourirt, so dass der Zellenleib oft scheinbar ohne Grenze in die umgebende Gallertmasse übergeht. Sehr häufig sind auch sämmtliche Zellen des Krebskörpers oder wenigstens ein grosser Teil derselben abgestorben; die Zellen sind dann in ihrer Anordnung und in ihrer Form noch wohl erhalten, oft auch mehr oder weniger aufgequollen, nehmen aber bei Carmintinction nur eine wenig dunklere diffuse bräunliche Färbung an, als die sie umgebende Gallertmasse. Nicht selten ist in einem Alveolus nur noch eine einzige wohl erhaltene Zelle vorhanden oder doch nur eine kleine, aus wenigen Zellen bestehende Gruppe, während alle übrigen Zellen in der geschilderten Weise in der gallertigen Metamorphose untergegangen sind. Endlich findet man sehr zahlreiche Alveolen, deren bindegewebige Scheidewände völlig geschwunden sind, so dass kleinere und grössere Gruppen der geschilderten Zellenballen nur von einer einzigen, gemeinschaftlichen Bindegewebshülle umgeben werden; dabei aber tritt nie eine völlige Verschmelzung der Gallertmassen und der Zellenhaufen ein, vielmehr bewahren dieselben vollständig ihre ursprüngliche Lagerung und Anordnung, ja selbst bei völliger Vergallertung der epithelialen Wucherung kann man genau einzelne von einander abgegrenzte, concentrisch geschichtete, rundliche Territorien unterscheiden, aus welchen sich die durch Verschmelzung einzelner Alveolarräume entstandenen grösseren gallertigen Complexe zusammensetzen.

In der Muscularis trägt die epitheliale Neubildung im Wesentlichen den gleichen Charakter, doch ist sie hier an vielen Stellen weniger ausgebreitet und die die Krebskörper einschliessenden Hohlräume sind häufiger in die Länge gestreckt, in ihrer Form den ursprünglichen Spalträumen der Muscularis entsprechend; auch ist die Vergallertung hier in weit geringerem Grade vorhanden, vielmehr findet man häufiger die Hohlräume völlig ausfüllende Zellenstränge und Zellenhaufen, welche zum grösseren Teil ebenfalls von jenen eigentümlich veränderten Zellen gebildet werden, nicht selten aber auch cubische oder fast cylindrisch geformte Zellen enthalten und an einfache adenomatöse Zellenschläuche erinnern. Das gleiche Verhalten zeigt die epitheliale Wucherung auch in der Peripherie.

Besonders in solchen Wucherungen von noch deutlich adenomatösem Charakter sind ziemlich reichliche indirecte Kernteilungsfiguren im Epithelbelag vorhanden; aber auch in den übrigen Teilen der krebsigen Neubildung findet man überall zerstreut vereinzelte Kernteilungsfiguren, wenn nicht die gallertige Entartung zu weit vorgeschritten ist. Man sieht dann mitten unter den bläschenförmig aufgetriebenen Zellen polygonal oder kurz cylindrisch geformte Zellen, welche sich durch ihr sich dunkel tingirendes Protoplasma von den gallertig entarteten Zellen sofort unterscheiden.

Eine entzündliche periphere Infiltrationszone fehlt fast vollständig, nur an wenigen Stellen findet man kleinere Anhäufungen farbloser Blutkörperchen; dagegen ist an vielen Stellen eine Verdichtung des Bindegewebes vorhanden. Die Muscularis ist zum Teil in der Geschwulstmasse völlig untergegangen; die angrenzenden Bündel des Sphincter zeigen wachsartige Degeneration.

Der Uebergang einfacher adenomatöser Wucherungen zu der eigentümlichen gallertigen Geschwulstmasse ist sehr deutlich auch in der krebsig infiltrirten Lymphdrüse zu erkennen (Taf. IX, Fig. 18). Hier sieht man in der äusseren Zone des infiltrirten Drüsengewebes 0,03—0,1 mm breite epitheliale strangförmige, gewundene Wucherungen, welche zum Teil ein deutliches Lumen besitzen und aus kräftig entwickelten, teils deutlich cylindrischen oder cubischen, teils mehr unregelmässig gestalteten Zellen mit ziemlich grossem, dunkel gefärbtem Kern und leicht bräunlich tingirtem Zellenleib bestehen. Nicht selten findet man in diesen Wucherungen auch wohlerhaltene Kernteilungsfiguren. In ihrer Umgebung ist das Lymphdrüsengewebe in derbes, an einzelnen Stellen ziemlich kernreiches Bindegewebe umgewandelt. Diese Wucherungen lösen sich zum

Teil in schmale atrophische Zellenstränge oder einfache Zellenreihen auf, welche aus kleinen, geschrumpften Zellen oder einfachen, sich sehr dunkel färbenden Kernresten bestehen und sich allmählich in dem scirrhösen Gewebe verlieren, zum Teil aber gehen dieselben unmittelbar in schmale, meistens nur 0,03 mm breite, mannigfaltig gewundene Stränge über, deren Zellen die oben ausführlich geschilderte charakteristische Entartung in der ausgesprochensten Weise besitzen. Zunächst bilden diese veränderten Zellenstränge in dem fibrös entarteten Drüsengewebe ein dichtes, vielfach verzweigtes und anastomosirendes Netzwerk, welches aber bald so dicht wird, dass die einzelnen Wucherungen nur noch von ganz schmalen, aus wenigen oder nur einigen Bindegewebsfasern bestehenden Scheidewänden getrennt erscheinen. Solche Stellen bilden dann einen Uebergang zu Partien, in welchen die epithelialen Wucherungen von Gallerthüllen umgeben sind und auf dem Schnittpräparate in scheinbar abgeschlossene Hohlräume eingelagert sind, wodurch die ganze Neubildung jenen alveolären Charakter und das gleiche Ansehen gewinnt wie die Wucherungen in der Submucosa.

Histologische Diagnose: Carcinoma gelatinosum.

Aus polypösen Wucherungen hervorgegangene Carcinome des Dickdarms.

17) Carcinoma recti eines 39-jährigen Mannes. J.-N. 201, S.-N. 215, 1883 (aus der chirurgischen Klinik des Herrn Prof. Heineke), Taf. XI, Fig. 23.

Resecirtes Mastdarmstück, 5 cm lang, unaufgeschnitten 3—4 cm dick; in der Mitte desselben befindet sich an der hinteren Wand ein unregelmässig begrenztes, am aufgeschnittenen Präparate durchschnittlich 2 cm im Durchmesser haltendes Geschwür mit unebenem, teils höckerigem, teils zottigem Grunde: während nach unten zu die Geschwürsränder weniger steil erscheinen und von scheinbar nur wenig veränderter Schleimhaut gebildet werden, zeigt sich letztere am oberen Geschwürsrande sehr stark tumorähnlich gewulstet, uneben höckerig und ziemlich steil gegen den Geschwürsgrund abfallend; auch weiter nach oben hin, bis an die Operationsgrenze, ist die Schleimhaut verdickt und von warzigem Ansehen. Auf einem senkrechten Durchschnitt erscheint oben die Schleimhaut schon in einer Entfernung von etwa 2 cm vom Geschwürsrande wie markig infiltrirt und verdickt; gegen den Geschwürsrand hin geht sie allmählich in eine die Submucosa und Muscularis durchsetzende und noch tief in das Zellgewebe hereingreifende krebsige Wucherung über; am unteren Rande des Geschwüres hingegen besitzt die Schleimhaut bis fast unmittelbar an den Geschwürsrand hin ein anscheinend normales Verhalten; erst wenige mm von demselben entfernt ist sie ebenfalls markig infiltrirt und leicht verdickt und geht dann in unbestimmter Grenze in den durchaus krebsig infiltrirten Geschwürsgrund über, in welchem die Muscularis frei liegt.

An einem durch den unteren Rand des krebsigen Geschwüres gelegten Schnitte, wo die Schleimhaut aufgeworfen und leicht nach unten umgeschlagen ist, findet man nur wenige ganz leicht ausgebuchtete und verlängerte Drüsenschläuche mit dunkler tingirtem Epithel; nirgends aber durchbrechen dieselben die Muscularis mucosae und stehen daher mit den sich über $\frac{1}{2}$ cm weit unter die Schleimhaut erstreckenden krebsigen Wucherungen in der Submucosa in keiner Verbindung. Die meisten

Schleimhautdrüsen sind hier annähernd normal und unmittelbar am Geschwürsrande selbst erscheinen sie sogar etwas atrophisch.

Ganz anders verhält es sich dagegen an dem oberen Rande des Geschwüres, wo die Schleimhaut stark gewulstet und uneben ist und sich geschwulstförmig erhebt.

Auch hier sind die Drüsen in grösserer Entfernung vom Geschwürsrande etwas atrophisch und an Zahl vermindert; doch sind dieselben häufig dilatirt und mit leichten Ausbuchtungen versehen. Gegen die geschwulstförmige Erhebung der Schleimhaut hin erreichen sie sehr bald eine Höhe bis zu 0,8 mm und das Epithel zeigt fast überall die charakteristische Veränderung. Dazwischen findet man übrigens wieder kürzere Strecken, wo die Drüsen nur wenig verändert erscheinen.

Im ganzen Bereiche der den oberen Geschwürsrand begrenzenden tumorähnlichen Verdickung aber ist die Schleimhaut in hohem Grade entartet. Entsprechend der tiefgefurchten und facettirten Oberfläche ist dieselbe durch papilläre Erhebungen der Submucosa in der Form von dicht aneinanderliegenden polypösen Wucherungen abwechselnd bald stark emporgedrängt, bald tief eingesenkt; doch sind diese Wucherungen so nahe zusammengedrängt, dass sie sich gegenseitig abplatten und zwischen denselben nur ganz schmale Spalträume etwa von der Weite eines Drüsenschlauches bestehen bleiben.

An allen diesen polypösen Erhebungen, in welche herein sich stets auch die Muscularis mucosae erstreckt, ist die Schleimhaut verdickt, leicht entzündlich infiltrirt und sämmtliche Drüsen sind mehr oder weniger hochgradig entartet. Während die Drüsen in der Nachbarschaft durchschnittlich 0,4 mmj lang sind, erreichen sie hier eine Länge bis zu 0,9 mm; selten verlaufen sie völlig gerade, meistens sind sie in der oberen oder unteren Hälfte oder auch im ganzen Verlaufe mit kleinen Ausbuchtungen versehen und häufig vielfach korkzieherartig gewunden; überall ist das Drüsenepithel in der charakteristischen Weise verändert. Je mehr man sich dem Rande des krebsigen Geschwüres nähert, um so hochgradiger wird die Entartung der Drüsen; man findet dieselben häufig stark erweitert und mit zahlreichen grösseren und kleineren Ausbuchtungen und Ausläufern versehen, welche an vielen Stellen die Muscularis mucosae senkrecht durchbrechen und in der Submucosa alsbald in ein sehr dichtes Netzwerk drüsenschlauchähnlicher Wucherungen übergehen.

Der Epithelbelag der entarteten Drüsen zeigt hier in der exquisitesten Weise die erwähnten Veränderungen; die Zellen sind meist etwas verlängert, ausserordentlich dicht gedrängt, bilden häufig in das Drüsenlumen hereinragende Sprossen und zeigen überall ungemein intensive Tinction; auch finden sich zahlreiche Kerntheilungsfiguren im Epithel der entarteten Drüsen.

Die Wucherungen in der Submucosa zeigen fast überall einen gleichmässig adenomatösen Charakter; sie bestehen aus sehr schönen, reich verzweigten und vielfach unter einander zusammenhängenden Cylinderepithelschläuchen, welche nur selten stärker dilatirt sind; überall sieht man im Epithel dieser Wucherungen ziemlich reichliche indirecte Kerntheilungsfiguren. Das submuköse Bindegewebe ist im Bereich der Wucherung bis zu 4 mm verdickt, sehr dicht und kernreich, in der Peripherie derselben etwas entzündlich infiltrirt und von stark dilatirten Venenstämmchen durchzogen; die Epithelschläuche erscheinen hier in den oberen Schichten leicht cystisch entartet, in den tieferen aber unansehnlich und atrophisch, von derberem Bindegewebe umgeben.

Auch die Muscularis ist vom Geschwürsrande aus etwa $1\frac{1}{2}$ cm weit von den adenomatösen Wucherungen durchsetzt und zwar, insbesondere in ihrer oberen Schichte, stellenweise so dicht, dass man nur noch vereinzelte Bündel atrophischer Muskelfasern zwischen den Epithelschläuchen und dem die letzteren umgebenden Bindegewebe wahrnimmt.

Eine sehr ausgedehnte Verbreitung zeigt die epitheliale Neubildung im periproctalen Zellgewebe, jedoch mit wesentlicher Veränderung ihres ursprünglichen Charakters. Schon in der unteren Schichte der Muscularis sieht man sehr häufig die drüsenschlauchähnlichen Wucherungen teilweise cystisch entartet.

In noch viel höherem Grade gilt dies aber für die epitheliale Wucherung im periproctalen Zellgewebe; hier sind die Epithelschläuche fast durchaus zu grösseren, unregelmässig gestalteten und ausgebuchteten Hohlräumen erweitert, welche einen farblosen, schleimigen, bei Alkoholhärtung stark schrumpfenden Inhalt einschliessen und oft grosse Lücken im Epithelbelag zeigen. Dabei erscheinen die Epithelzellen allenthalben beträchtlich kleiner und niedriger, wie abgeplattet, und besonders in den grösseren Hohlräumen findet man oft grosse Strecken der Wandung nur mit ausserordentlich niedrigem, ganz atrophischem Epithel besetzt. Weiter gegen den Geschwürsgrund hin, sowie in den tieferen Schichten des periproctalen Zellgewebes sieht man selbst oft zahlreiche Alveolendurchschnitte, welche der epithelialen Auskleidung völlig entbehren und ausschliesslich jene homogene Masse enthalten.

Das Zellgewebe selbst ist im Bereiche dieser Wucherung fast überall sehr stark fibrös verdichtet und ziemlich kernreich; nur an einzelnen Stellen trifft man eine sehr ausgesprochene myxomatöse Entartung mit Entwicklung von sternförmig verzweigten Bindegewebszellen.

Mitten unter diesen cystischen Hohlräumen finden sich übrigens auch, teils scheinbar isolirt, teils mit ihnen in directem Zusammenhange stehend, zahlreiche einfache Cylinderepithelschläuche; jedoch sind dieselben bedeutend schmäler als im submukösen Zellgewebe und werden meistens von viel kleineren unscheinbareren Zellen gebildet, welche zumal in den schmalen Ausläufern häufig kaum mehr als Cylinderepithelien zu erkennen sind. Stets sind solche Zellenschläuche von sehr dichten und oft breiten Bindegewebszügen eingeschlossen. Ganz den gleichen Charakter zeigt die epitheliale Wucherung im periproctalen Zellgewebe auch in ihrer Peripherie; man sieht hier in dem sehr stark fibrös verdichteten und stellenweise entzündlich infiltrirten Bindegewebe fast ausschliesslich nur schmale Epithelschläuche, welche aus kleinen und niedrigen cylindrischen oder auch mehr cubisch gestalteten Zellen bestehen.

Der Geschwürsgrund wird in seiner peripheren Zone teilweise noch von der hier stark fibrös entarteten und überall von epithelialen Wucherungen durchsetzten Muscularis, in der Mitte aber ausschliesslich von dem fibrös verdichteten periproctalen Zellgewebe gebildet, welches ebenfalls bis zu einer Tiefe von $1\frac{1}{2}$—2 cm in hohem Grade von meist cystisch entarteten Epithelschläuchen durchwuchert ist.

Bei der Section des einige Tage nach der Operation verstorbenen Mannes ergab sich neben sonstigen Veränderungen noch folgender merkwürdige Befund: Der Dickdarm in seiner ganzen Länge durch Gas leicht aufgetrieben, nur sehr spärliche Fäces enthaltend. Die Schleimhaut überall etwas stärker injicirt; dieselbe ist vom Colon ascendens an

bis herab zum Rectum mit ausserordentlich zahlreichen, nach Hunderten
zählenden, kleinen, kaum stecknadelkopf- bis linsengrossen, meistens flachen,
warzenähnlichen Verdickungen besetzt; dazwischen finden sich auch sehr
zahlreiche, wie hahnenkammförmige und leicht überhängende, quer verlaufende Verdickungen der Schleimhautfalten, sowie zahlreiche, kurz gestielte
Polypchen; am unteren Teile des Dickdarms stehen diese Wucherungen
besonders dicht und unmittelbar an der Operationsgrenze befindet sich ein
fast wallnussgrosser, kurzer gestielter Schleimhauttumor mit exquisit facet-
tirter Oberfläche und papillärer Structur. Auf dem Durchschnitt zeigen
dieser Tumor, sowie auch alle die kleineren Wucherungen der Dickdarmschleimhaut ein markiges Ansehen.

Leber normal gross, mit einem fibrinösen Belag überkleidet. Gegen
die Oberfläche beider Lappen drängen bis wallnussgrosse graugelbliche
Knoten heran, welche zum Teil in der Mitte leicht eingesunken sind.
Leberparenchym ziemlich blass, von zahlreichen, haselnuss- bis kleinapfel-
grossen, scharf begrenzten, ziemlich derben Krebsknoten durchsetzt, welche
in der Mitte häufig verkäst sind; in der Peripherie sind dieselben von
einem schmalen Saume comprimirten Lebergewebes umgeben. Gallenblase normal, enthält reichlich dunkel gefärbte Galle.

Die retroperitonealen Lymphdrüsen in grosser Ausdehnung krebsig
infiltrirt.

Untersucht man diese Schleimhautwucherungen in aufsteigender
Reihenfolge von den kaum hirsekorngrossen flachen Erhebungen an bis
zu jenem unmittelbar an der Operationsgrenze gelegenen polypösen Tumor,
so ergibt sich Folgendes:

Die im Ganzen ziemlich gut conservirte Schleimhaut des oberen
Teiles des Rectums und des gesammten übrigen Dickdarms ist überall
leicht atrophisch; die interglandulären Bindegewebsräume sind etwas verbreitert und enthalten besonders gegen die Schleimhautoberfläche hin
sehr reichlich dunkelgelbbraun pigmentirte Bindegewebszellen. Die Drüsen
stellen überall einfache 0,35—0,4 mm lange und durchschnittlich 0,04 mm
breite Schläuche von meist völlig geradem Verlaufe dar; nur selten
sind sie leicht gewunden oder etwas aufgetrieben oder vielleicht am
Fundus umgebogen. In der oberen Hälfte der Drüsenschläuche, sowie an
der Schleimhautoberfläche ist fast überall der Epithelbelag in Folge
cadaveröser Veränderung abgestossen und nicht selten ist das Drüsenepithel vollständig ausgefallen.

Da wo dasselbe noch erhalten ist, erscheint es häufig wie in Unordnung geraten, indem die Zellen weniger dicht stehen und auch nicht so
regelmässig aneinandergelagert sind, wie bei normalen Drüsen; auch sind
die einzelnen Zellen meist etwas kleiner und schmäler als normal.

Wesentlich anders verhalten sich hingegen die Drüsen an allen den
oben beschriebenen Wucherungen der Dickdarmschleimhaut.

An allen jenen stecknadelkopf- bis etwa linsengrossen, weisslichen
Erhabenheiten, sowie an den starren, häufig umgekrempelten Falten der
Schleimhaut findet man die Drüsen sehr auffallend verlängert, etwa bis
zu 0,8 mm und nicht selten leicht geschlängelt oder mit kleineren Ausbuchtungen versehen. Ueberall besitzen solche Drüsen, welche gewöhnlich ziemlich scharf abgegrenzte und sich plötzlich über das Niveau der
normalen Schleimhaut erhebende Gruppen bilden, im Gegensatz zu den
normalen Drüsen einen sehr schönen und bis zur Mündung der Drüse
sehr vollständig erhaltenen, dichten Epithelbelag; zugleich ist das Epithel

häufig höher als in den normalen Drüsen und zeigt in verschieden hohem Grade jene charakteristische Tinction; auch findet man ziemlich zahlreiche Mitosen im Epithel dieser Drüsen. Das interglanduläre Bindegewebe ist an solchen Stellen stets etwas kleinzellig infiltrirt, ebenso die Muscularis mucosae und in der Submucosa findet man auch grössere Anhäufungen von Rundzellen.

Ueberall, wo sich die Schleimhaut zu polypösen Wucherungen erhebt, sind die Drüsen in der gleichen Weise, jedoch in noch viel höherem Grade verändert; hier sind dieselben nicht allein beträchtlich verlängert (über 1 mm), sondern auch sehr häufig stärker dilatirt, mitunter selbst zu cystischen Hohlräumen erweitert, vielfach gewunden und nicht selten verzweigt oder mit unregelmässigen Ausbuchtungen versehen. Das dicht gedrängte Cylinderepithel erreicht eine Höhe bis zu 0,045 mm, die Zellkerne sind langgestreckt oval und färben sich intensiv rot, während der Zellenleib einen sehr ausgesprochen bräunlichgelben Ton annimmt.

Den höchsten Grad erreicht die Drüsenwucherung aber in jenem grösseren, nahe dem Krebsgeschwüre gelegenen, polypösen Tumor.

An einem durch diesen Tumor senkrecht gelegten Durchschnitte lässt sich deutlich erkennen, dass derselbe, entsprechend der warzig facettirten Oberfläche, aus einer grösseren Anzahl sehr dicht gedrängter papillärer Wucherungen der Submucosa besteht, welche alle zusammen von einem etwa 4 mm im Durchmesser haltenden und 7—8 mm hohen, gemeinsamen, sich direct aus der Submucosa erhebenden Bindegewebsstamm in radiärer Richtung nach allen Seiten hin ausstrahlen (vergl. Taf. V, Fig. 13). Diese secundären Wucherungen sind sehr verschieden hoch und es werden die kleineren von den sie überragenden, welche eine Höhe bis zu 1 cm und darüber erreichen und nach oben zu kolbig anschwellen, vollständig überwachsen und eingeschlossen. Sämmtliche papillären Erhebungen werden von einer meist sehr stark hypertrophischen, an einzelnen Stellen bis über 2 mm dicken Schleimhaut überkleidet, deren dichtgedrängte Drüsen überall in noch viel höherem Grade die gleiche Entartung zeigen, wie sie für die kleineren polypösen Schleimhautwucherungen geschildert wurde. Die meisten derselben sind nicht allein sehr beträchtlich verlängert und vielfach gewunden, sondern auch mit zahlreichen Ausläufern versehen, büschelförmig oder traubig verzweigt und häufig etwas dilatirt. Der Epithelbelag zeigt überall die charakteristische Veränderung und enthält zahlreiche Kerntheilungsfiguren.

Da die secundären polypösen Wucherungen des Tumors zwar in radiärer Richtung, aber keineswegs ganz regelmässig verlaufen und auch von ganz verschiedener Länge und Dicke sind, so könnte man selbst an einem durch die Mitte des Tumors senkrecht gelegten Schnitte anfänglich vermuten, es handelte sich um einen einfachen Schleimhautpolypen mit enormer Verdickung der Schleimhaut und hochgradigster Drüsenwucherung. Insbesondere könnten jene zwischen den einzelnen secundären polypösen Erhebungen befindlichen, tiefen und ebenfalls mit sehr schönem Cylinderepithel ausgekleideten Spalträume, in welche die gewucherten Drüsen der hypertrophischen Schleimhaut einmünden und welche nicht selten fast in ihrer ganzen Länge continuirlich in den Schnitt fallen, zu dieser irrigen Auffassung führen. Denn es machen diese Spalträume in der Tat den Eindruck colossal verlängerter Drüsenschläuche, während die einmündenden gewucherten Drüsen als vielfach verzweigte und gewundene Ausläufer erscheinen. Allein die Beziehungen derartiger Gebilde zu den ziemlich mächtigen, die Geschwulst radiär durchsetzenden Zügen der Muscularis mucosae und des submukösen Bindegewebes lassen deren wahren Charakter nicht verkennen. An solchen Stellen, wo die einzelnen polypösen Wucherungen nicht in ihrer Längsachse getroffen sind, stellen die zwischen denselben gelegenen Spalträume ein System sich mannigfach kreuzender und zahlreiche Knotenpunkte bildender, langer, ziemlich gerader Kanäle dar, welche größere oder kleinere, rundliche, ovale oder mehr unregelmässig gestaltete scheinbare Schleimhautinseln umgrenzen, innerhalb welcher die gewucherten Drüsenschläuche in den mannigfaltigsten Richtungen getroffen erscheinen.

Das interglanduläre Bindegewebe ist überall ausserordentlich zellenreich und auch die Muscularis mucosae des polypösen Tumors ist von kleinen Anhäufungen von Rundzellen durchsetzt. Das Gewebe des gemeinschaftlichen Bindegewebsstammes ist ebenfalls kernreich, dabei beträchtlich verdichtet und enthält sehr zahlreiche erweiterte Venenstämmchen.

Von den Metastasen in der Leber eignen sich die grossen Tumoren nur wenig, um die histologischen Verhältnisse und die Art ihrer Entwicklung zu erkennen; denn dieselben sind weitaus zum grösseren Teile nekrotisch und nur in der Peripherie findet sich noch lebendes Gewebe mit wuchernden Krebselementen. Ein verhältnissmässig übersichtliches und klares Bild gewähren hingegen die kleineren, etwa haselnussgrossen Knoten, welche nur kleinere nekrotische Herde enthalten und eine gewisse Regelmässigkeit in der Structur bei genauerem Studium nicht verkennen lassen.

An einem durch die Mitte eines solchen Knotens gelegten Schnitte sieht man die epitheliale Neubildung zu verschieden grossen Inseln gruppirt, welche in Form und Anordnung an Leberläppchen erinnern und von meist sehr breiten Zügen derben, kern- und gefässarmen Bindegewebes umgeben sind. Diese Inseln stellen aber keineswegs solide Zellenmassen dar, sondern bestehen vielmehr aus einem mehr oder weniger dichten, von meist schmalen Epithelsträngen und Epithelschläuchen gebildeten Netzwerk, welches ebenfalls in ein sehr dichtes und kernarmes, scheinbar völlig gefässloses Bindegewebsgerüste eingeschlossen ist, dessen Balken mit jenen breiten, die ganzen Inseln umgebenden Bindegewebszügen unmittelbar zusammenhängen.

Die epithelialen Elemente sind fast überall nur sehr kümmerlich entwickelt; die Zellen sind klein und unansehnlich, meistens ganz unregelmässig gestaltet, häufig von der Alveolenwand abgelöst und zu lockeren oder dichteren unregelmässigen Häufchen zusammengeballt. Seltener sieht man noch wohlerhaltene mit einem engen Lumen versehene Cylinderepithelschläuche, welche dann oft unmittelbar in schmale solide Zellstränge oder in lockere Zellenhaufen übergehen. Häufig ist die Mitte einer Insel oder selbst die ganze Insel mit Ausnahme einer schmalen peripheren Zone in eine grobkörnige, nekrotische Masse umgewandelt.

In jenen breiteren, die Inseln umgebenden Bindegewebszügen findet man ebenfalls oft ziemlich gut erhaltene Cylinderepithelschläuche, welche mit den Zellenschläuchen der ersteren in directer Verbindung stehen.

Je mehr man sich der Peripherie des ganzen Krebsknotens zuwendet, um so besser ist die epitheliale Wucherung noch erhalten und um so mehr wiederholt sich in ihr der gleiche Charakter, wie ihn die primäre Neubildung im Rectum trägt. An vielen Stellen sieht man hier sehr zahlreiche, wohl entwickelte Zellenschläuche, welche oft ein ziemlich weites Lumen besitzen und aus schönem, hohem, in allen Stücken dem der primären Neubildung gleichendem, ziemlich reichliche Kernteilungsfiguren enthaltendem Cylinderepithel gebildet werden; häufig gehen diese Zellenschläuche unmittelbar in solide Epithelstränge über, wobei die Zellen unregelmässige Formen annehmen. Diese peripheren Wucherungen der Krebsknoten sind meistens deutlich innerhalb der Capillaren des Lebergewebes gelegen, indem sie sich zwischen den Leberzellenbalken hereinschieben; die Leberzellen sind an derartigen Stellen klein und atrophisch; häufig enthalten sie gelbbraunes körniges Pigment oder sind in kleine unregelmässige Schollen umgewandelt. Nur da, wo das Lebergewebe in der Peripherie der Krebsknoten stärker comprimirt ist, scheint es von der krebsigen Wucherung lediglich zur Seite gedrängt zu werden und durch Druckatrophie zu Grunde zu gehen.

Sehr häufig findet man auch kleinere, seltener grössere Pfortaderstämmchen von krebsig-epithelialen Thromben fast rein adenomatösen Charakters erfüllt; nicht selten gehen diese Wucherungen im Pfortadergebiet continuirlich in die die Capillaren der Leberläppchen erfüllenden krebsigen Wucherungen über (Taf. XI, Fig. 24), wobei es sich oft schwer entscheiden lässt, ob hier ein Uebergreifen primärer krebsiger Pfortaderthromben auf das Capillargebiet stattfindet, oder ob umgekehrt die aus einer primären Capillarembolie hervorgegangene krebsige Wucherung in rückläufiger Richtung auf die Pfortaderästchen sich fortsetzt.

Nicht selten begegnet man Läppchen, welche von der Peripherie her bis auf einen kleinen in der Mitte gelegenen Rest völlig durch die epitheliale Wucherung substituirt sind. Ueberall ist übrigens das Fortschreiten der krebsigen Wucherung innerhalb des Capillargebietes und des Pfortadersystems von starker Bindegewebswucherung begleitet, ja an sehr vielen Stellen ist diese letztere, häufig auch in der Peripherie der Krebsknoten, so vorherrschend, dass ein derbes, scirrhöses Krebsgewebe, in welchem die epithelialen Elemente zum Teil der Atrophie verfallen sind, ohne bestimmte Grenze in das hier ebenfalls sehr atrophische Lebergewebe übergeht.

Niemals lassen sich an den Leberzellen irgend welche Wucherungserscheinungen nachweisen; nur an einer Stelle, wo das Lebergewebe in grösserer Ausdehnung durch scirrhöse Verödung zu Grunde gegangen ist, war in dem angrenzenden noch erhaltenen Lebergewebe eine deutliche Kernteilungsfigur in einer Leberzelle zu finden. Auch eine Wucherung der Gallengänge ist nirgends zu beobachten, auch da nicht, wo die dicht nebenan gelegenen Pfortaderästchen von krebsigen Thromben erfüllt sind.

Histologische Diagnose: Carcinoma adenomatosum medullare mit Uebergängen zu simplex und cysticum, hervorgegangen aus polypösen Schleimhautwucherungen.

18) Carcinoma recti eines 60-jährigen Mannes, Journal-No. 186, 1883 (aus der chirurgischen Klinik des Herrn Prof. HEINEKE).

Etwa 6 cm langes exstirpirtes Mastdarmstück, aufgeschnitten 7 cm breit. In der Mitte ein 4 cm im Durchmesser haltendes, etwas unregelmässig zackig begrenztes Geschwür mit derbem, krebsig infiltrirtem Grunde. Die Ränder des Geschwüres allenthalben stark wulstig aufgeworfen, überhängend, mit sehr verdickter, wie markig infiltrirter Schleimhaut; an mehreren Stellen bildet letztere unmittelbar am Geschwürsrand polypöse Wucherungen und auch mehrere um entfernt von demselben befindet sich ein ganz kleiner, kurz gestielter, auf dem Durchschnitt markig aussehender Polyp. Die übrige, weiter entfernte Schleimhaut grösstenteils dünn, atrophisch, leicht verschieblich und ziemlich stark injicirt. Auf dem senkrechten Durchschnitt zeigt sich die Muscularis im Geschwürsgrund völlig zerstört und es greifen die krebsigen Wucherungen tief in das periproctale Zellgewebe herein.

In der Peripherie erscheint die das Krebsgeschwür umgebende Schleimhaut sehr atrophisch. Die Drüsen erreichen durchschnittlich nur eine Länge von 0,3 mm, also kaum die Hälfte normaler Rectaldrüsen; das meist kleinzellig infiltrirte interglanduläre Bindegewebe ist beträchtlich verbreitet und enthält allenthalben zahlreiche grössere und kleinere Gruppen gelbbraun pigmentirter Bindegewebszellen. Der Breitendurchmesser der atrophischen, im Längendurchmesser so stark verkürzten Drüsen ist meistens etwas vergrössert, was durch eine Erweiterung des Lumens bedingt ist; nicht selten sind dieselben, besonders am Grunde, mit einer oder mehreren, unregelmässigen, kleinen Ausbuchtungen versehen, oder es zeigt die ganze Drüse einen mehr oder weniger stark gewundenen Verlauf. An den Zellen lassen sich keine wesentlichen Veränderungen wahrnehmen; sie sind meist lang und schmal und der Zellenleib hat jenes glasige Ansehen, wie es den Drüsenzellen des Rectums fast stets zukommt; nur mitunter sind die Zellen kürzer und das Zellprotoplasma erscheint dichter und zart körnig.

Die Submucosa ist in der Peripherie nicht verdickt, hingegen von zahlreichen erweiterten Capillaren und Venenstämmchen durchsetzt; das Gleiche gilt auch für die Muscularis.

Nähert man sich dem Geschwürsrande, so findet man in verschieden weiter Entfernung, von 5 bis zu 10 mm, die Drüsen bald allmählich, bald sehr rasch an Grösse zunehmen, so dass sie schliesslich normale Rectaldrüsen um $^1|_3 - ^2|_3$ ihrer Länge übertreffen, ja selbst die doppelte Grösse letzterer erreichen.

Diese stark verlängerten Drüsen haben in den vom Geschwürsrande weiter entfernten Stellen meistens einen ganz geraden Verlauf und zeigt sich bei ihnen der Typus normaler Rectaldrüsen in keiner Weise verändert; auch die Drüsenzellen zeigen häufig im ganzen Verlauf der Drüsen durchaus normales Verhalten, oder es haben nur die Zellen des Fundus jene Veränderung erlitten, welche sich durch grössere Dichtigkeit des Zellprotoplasmas und durch stärkere Tinction der ganzen Zelle auszeichnet. Nur an jenem oben erwähnten, etwa $1^1/_2$ cm vom Geschwürsrande entfernten, kleinen Polypen ist eine sehr deutliche Wucherung des Drüsenepithels zu erkennen. Sämmtliche Drüsen des Polypen sind ebenfalls beträchtlich verlängert; auf der Höhe desselben sind besonders die Drüsenmündungen stark erweitert, zahlreiche Drüsen haben leichte wellige Ausbuchtungen und einzelne teilen sich unterhalb der Mitte in zwei parallele Ausläufer. Dabei findet sich an sämmtlichen Drüsen, welche im Bereiche der polypösen Wucherung liegen, in sehr ausgesprochenem Grade die erwähnte Veränderung des Epithels. Namentlich tritt dieselbe an den in der Mitte des Polypen gelegenen, erweiterten Drüsen hervor; hier sind die Zellen zugleich sehr lang und schmal, überall von exquisit cylindrischer Form, an Zahl ausserordentlich vermehrt und so dicht aneinandergedrängt, dass sie sich gegenseitig aus ihren einschichtigen Reihen gruppenweise hervorzwängen; dadurch bilden sich grössere und kleinere, in das Drüsenlumen hereinragende, knospenförmige, aus Epithelien bestehende Vorsprünge, in welchen die langgestreckten, cylindrischen Zellen in unregelmässiger Schichtung fächerförmig aneinandergelagert sind. Das Drüsenlumen zeigt daher im senkrechten Durchschnitt zahlreiche Ausbuchtungen, während doch die Membr. propria der Drüse einen fast völlig geradlinigen Verlauf beibehalten hat. In dem submukösen Gewebe des kleinen Polypen finden sich kleinere Anhäufungen von Rundzellen und reichlich Durchschnitte erweiterter Venenstämmchen; ein Durchbruch der Drüsen findet hier nirgends statt. Kernteilungsfiguren sind im Epithel derselben nicht sehr zahlreich.

Ganz die gleichen Veränderungen zeigen vereinzelte kleinere Gruppen von Drüsenschläuchen in einer Entfernung von beiläufig $\frac{1}{2}$ cm vom Geschwürsrande; doch begegnet man hier bereits auch sehr stark ausgebuchteten und mannigfach verzweigten Drüsen.

Am Geschwürsrande selbst stehen die einzelnen Drüsen ziemlich weit auseinander, indem das interglanduläre Bindegewebe von stark erweiterten Capillaren und kleinen Venenstämmchen durchsetzt und fast überall mehr oder weniger hämorrhagisch infiltrirt ist. Sämmtliche Drüsen des Geschwürsrandes aber zeigen in einer etwa $\frac{1}{2}$ cm breiten Zone in der ausgesprochensten Weise die gleiche Entartung, wie sie bei Fall 1 ausführlich geschildert wurde. Man sieht neben einfach verlängerten, gerade verlaufenden oder nur mit wenigen Ausbuchtungen versehenen Drüsenschläuchen solche, welche besonders in der untern Hälfte sehr stark erweitert sind und lange, mannigfaltig gestaltete, oft weit ausgebuchtete Ausläufer entsenden; letztere durchbrechen die Muscularis mucosae, treten hier gegenseitig durch secundäre Verzweigungen unter einander in Verbindung und stehen in directem Zusammenhange mit den die tieferen Gewebsschichten durchsetzenden drüsenschlauchähnlichen Wucherungen. Die Epithelzellen sind in allen Drüsen ausserordentlich dicht aneinandergedrängt, meist von cylindrischer Form, sehr lang und schmal — die Länge beträgt bei einer durchschnittlichen Breite von 0,005 mm bis zu 0,07 mm und darüber; ebenso sind die Zellkerne sehr langgestreckt, fast bandförmig; sie sind meistens nur wenig schmäler als der Zellenleib und erreichen eine Länge bis zu 0,02 mm, welche die Länge der Kerne selbst der an den Drüsenmündungen gelegenen Zellen normaler Rectaldrüsen um das Doppelte übertrifft.

An Stellen, wo die Epithelwucherung den höchsten Grad erreicht, zeigt der sonst einfache Epithelbelag unregelmässige Schichtung mit jenen knospenförmigen Hervorragungen und zugleich haben die Zellen vielfach mehr polymorphen Charakter angenommen, so dass man Zellen von der mannigfaltigsten Form und verschiedenster Grösse, mit runden oder ovalen Kernen findet. Doch erreicht die Mannigfaltigkeit der Zellformen nirgends jenen hohen Grad, wie in dem zuerst beschriebenen Falle.

Sämmtliche Zellen aber, sowohl die rein cylindrisch, als auch die polymorph gestalteten zeigen bei Alauncarmintinction einen intensiv bräunlich gefärbten Zellenleib und einen mehr oder weniger dunkelroten Kern; auch finden sich im Epithel sehr zahlreiche indirecte Kernteilungsfiguren.

Die adenomatösen Wucherungen in den tieferen Gewebslagen, welche in unmittelbarem Zusammenhange mit den entarteten, die Submucosa durchbrechenden Drüsen stehen, zeigen im Wesentlichen ganz den gleichen Charakter und dringen, sich etwa $1/2$ cm weit unterhalb des Geschwürsrandes ausbreitend, bis in das periproctale Zellgewebe vor. Jedoch sind dieselben in ihrer Form weniger unregelmässig wie in dem vorigen Falle und bilden, insbesondere in der Submucosa, ein weit weniger dichtes Netzwerk; die Muscularis durchsetzen sie in einzelnen Gruppen vielfach verzweigter und mannigfaltig gewundener Epithelschläuche, welche sich in einzelnen Gruppen senkrecht in die Spalträume der Muskelhaut hereinschieben und die Muskelbündel weit auseinanderdrängen. Der adenomatöse Charakter der Wucherung kommt in diesem Falle überall in der ausgesprochensten Weise zur Geltung.

Im Bereiche der krebsigen Wucherung ist das interstitielle Bindegewebe der Muscularis ziemlich kernreich, beträchtlich vermehrt und verdichtet, während die Mukelfasern allenthalben atrophisch und fast völlig durch Bindegewebe und Epithelschläuche verdrängt sind: ebenso verhält sich das submuköse Bindegewebe. An den Grenzen der krebsigen Wucherung ist das Gewebe sowohl in der Submucosa als auch in der Muscularis mässig entzündlich infiltrirt und teilweise findet sich hier auch sehr kernreiches, junges Narbengewebe, in welches nur spärliche, schmale, aus kleineren cylindrischen Zellen bestehende Epithelschläuche eingelagert sind. Nur selten sieht man diese schmäleren Schläuche in dünne, solide, aus polymorphen Zellen zusammengesetzte Stränge übergehen.

Der Geschwürsgrund wird durch das hier stark verdichtete periproctale Zellgewebe und Reste der Muscularis gebildet; derselbe ist besonders gegen die Mitte zu sehr dicht von krebsigen Wucherungen adenomatösen Charakters durchsetzt, welche vielfach ausgebuchtete und verzweigte, mit einander communicirende und häufig leicht cystisch entartete Epithelschläuche bilden. Fast überall sind in den epithelialen Wucherungen sehr gut conservirte indirecte Kernteilungsfiguren vorhanden, welche teils einzeln liegen, teils kleinere Gruppen bilden.

Gegen die Tiefe hin wird auch im Geschwürsgrund die epitheliale Wucherung durch leichte entzündliche Infiltration des Zellgewebes begrenzt.

Histologische Diagnose: Carcinoma adenomatosum simplex combinirt mit polypösen Schleimhautwucherungen.

19) Carcinoma flexurae sigmoideae einer älteren Frau (Alter nicht mitgeteilt). Präparat No. 2667 der Erlanger patholog.-anatomischen Sammlung.

Dieser sehr interessante Fall, welcher in vieler Hinsicht dem unter No. 17 beschriebenen Falle von Carcinoma recti ähnlich ist, wurde dem hiesigen Institute am 1. Dez. 1873 vom Nürnberger Krankenhause übersendet und wurde damals nach dem frischen Präparate folgende Beschreibung zu Protokoll gegeben:

Der Dickdarm ziemlich stark ausgedehnt, seine Wand durchaus etwas dicker, die Schleimhaut im Ganzen mässig, stellenweise etwas stärker injicirt. Im Colon transversum beginnend zeigen sich ganz vereinzelte, feinste bis linsengrosse, flache Verdickungen der Schleimhaut; dieselben werden gegen die Flexura sin. hin zahlreicher, sitzen teils mit breiter Basis auf, teils werden sie leicht pilzförmig und weiterhin nehmen sie an Zahl sehr zu, so dass die ganze Innenfläche des Darms damit wie besät erscheint. Auch hier stellen sie zum Teil ebenfalls nur flache Schleimhautverdickungen dar, zum Teil aber werden sie gestielt, polypenförmig, endlich finden sich auch solche ziemlich zahlreich, welche hahnenkammförmig auf der Höhe von Schleimhautfalten aufsitzen, mit ihrem Längendurchmesser senkrecht zur Längsachse des Darmrohres gerichtet.

Im S-Romanum treten diese Wucherungen zu grösseren, an der Oberfläche unregelmässig knotigen, maulbeerförmigen Gebilden zusammen, die durchaus sehr stark injicirt, meist dunkelrot erscheinen. Viele dieser Tumoren sind ausserordentlich lang gestielt, polypenförmig in das Darmrohr hineinhängend. An der Stelle, wo diese Tumoren am dichtesten stehen, zeigt sich der Darm an den Scheitel der Harnblase, sowie an die vordere Bauchwand fest angewachsen; die ganze Darmwand ist hier sehr verdickt, stellenweise bis 2,8 cm, wovon 3 mm auf die Muscularis kommen; die übrige Dicke der Wand ist durch graurötliche, sehr gefässreiche, hirnmarkähnliche Masse gebildet, welche auf dem Durchschnitt reichlichen Krebssaft abstreifen lässt. Der Wand des Dickdarms daselbst anliegend und in das Fett des Peritoneums eingelagert finden sich kleinkirschgrosse Knoten, von denen einer auf dem Durchschnitte aus einem zarten, mit einer durchsichtigen, gallertartigen Masse gefüllten Maschenwerk besteht, ein anderer aus einem rötlichgrauen, markähnlichen Brei.

Im weiteren Verlaufe des S-Romanum werden die Tumoren wieder weniger zahlreich und kleiner. Entsprechend der Stelle, wo der Dickdarm dem Scheitel der Harnblase und der Bauchwand angelötet ist, zeigt sich die Muskulatur der vorderen Bauchwand in grosser Ausdehnung (ca. 11 cm) blosgelegt, mit missfarbigen, schlaffen Gewebsfetzen bedeckt, eine grosse schlecht granulirende Geschwürsfläche darstellend. Im obersten Teile derselben dringt die Ulceration tief in die Muskulatur, eine buchtige, mit unregelmässig zottigen Wandungen umgebene Höhle bildend. Von dieser Ulcerationshöhle aus führt ein weiter Fistelgang nach der oben beschriebenen carcinomatösen Darmstelle.

Uterus etwa normal gross; Cervicalkanal weit, mit zähem Schleim gefüllt, in ihm ein kleiner Polyp. Am inneren Muttermund hängt ein zweiter, langgestielter, linsengrosser Polyp und im Fundus uteri ein flacher, etwas über linsengrosser, mit flach aufsitzender Basis. Rechtes Ovarium und Tube frei; linke Tube, dicht nach Abgang vom Uterus scharf geknickt, sehr kurz (r. 12 cm, l. 7 cm). Linkes Ovarium grösstenteils in eine Cyste verwandelt.

Bei der mikroskopischen Untersuchung des in starkem Alkohol gut conservirten Präparates ergibt sich ebenfalls eine grosse Aehnlichkeit mit dem unter No. 17 beschriebenen Falle von Carcinoma recti. Insbesondere zeigen die umschriebenen, zum Teil polypösen Schleimhautwucherungen oberhalb und unterhalb der als eigentlich krebsig bezeichneten Stelle ganz die nämliche Entartung der Drüsenschläuche, wie sie oben ausführlich geschildert wurde. Das Gleiche gilt auch für die grösseren geschwulstförmigen Wucherungen im S-Romanum, wo aber die entarteten Drüsen überall die Muscularis mucosae durchbrechen und unmittelbar in eine Geschwulstmasse von exquisit adenomatösem Charakter übergehen, welche in grosser Ausdehnung die Submucosa so dicht durchsetzt, dass weiterhin eine Grenze zwischen der mächtig entarteten Schleimhaut und der krebsig infiltrirten Submucosa nicht mehr zu erkennen ist. Die Wucherungen bestehen aus sehr reich verzweigten, ein ausserordentlich dichtes Netzwerk bildenden Epithelschläuchen, zwischen welchen nur ganz schmale Züge sehr kernreichen Bindegewebes verlaufen; dieselben sind im Ganzen viel gleichmässiger, als bei dem erwähnten Falle von Carcinoma recti, indem einerseits sich nirgends stärker cystisch erweiterte Zellenschläuche vorfinden, andererseits auch in der äussersten Peripherie der Geschwulstmasse die Zellenschläuche gleichmässig geformt erscheinen und aus wohl entwickeltem Cylinderepithel bestehen. Die leichte cystische Erweiterung, welche sich in sehr zahlreichen Wucherungen vorfindet, beruht in diesem Falle nicht auf einer schleimigen Metamorphose der Zellen, sondern auf Anhäufung von Detritus und Schollen in das Lumen herein abgestossener Zellen. Fast nirgends aber ist die Ausdehnung der Epithelschläuche so mächtig, dass dadurch eine Abplattung oder Druckatrophie des Epithelbelages bedingt wäre; vielmehr besteht letzterer überall aus ziemlich gleichmässigem, mässig hohem Cylinderepithel, welches bei sehr intensiver Kernfärbung meistens auch eine ziemlich dunkle Tinction des Zellenleibes zeigt und sehr dicht gedrängt steht, ohne dass es jedoch zur Bildung knospenförmiger Hervorragungen oder papillärer Oberflächen käme.

Auch hier sind im Epithel der krebsigen Wucherungen reichliche und ziemlich gut conservirte Mitosen enthalten; im Bindegewebe konnten jedoch solche nicht gefunden werden.

Eigentümlich sind in diesem Falle die Verbreitung der Geschwulstmasse in der Submucosa und ihre Beziehungen zu der Muscularis. Erstere ist von der epithelialen Wucherung in grosser Ausdehnung bis unmittelbar an die Muscularis heran dicht und durchaus gleichmässig infiltrirt; letztere aber bildet auf grosse Strecken hin eine scharfe Grenze und nur einzelne Stellen sind es, an welchen die Neubildung in umfangreichen, dichten Massen plötzlich die Muscularis in ihrer ganzen Dicke senkrecht durchbricht und sich auch in dem angrenzenden Bindegewebe verbreitet.

Die Peripherie der krebsigen Wucherung ist überall von einer mehr oder weniger stark entwickelten entzündlichen Infiltrationszone begrenzt; an einzelnen Stellen ist die kleinzellige Infiltration so mächtig, dass durch dieselbe förmlich eine eiterige Einschmelzung der Epithelschläuche bedingt wird; auch das an die Darmwand angelötete Bindegewebe ist ziemlich stark kleinzellig infiltrirt und von kleineren Eiterherdchen durchsetzt.

Histologische Diagnose: Carcinoma adenomatosum medullare (hervorgegangen aus polypösen Wucherungen).

20) Carcinoma recti eines 67-jährigen Mannes. S.-N. 20, 1884. Leichendiagnose: Ulcerirendes Carcinom des Mastdarms; einfaches Geschwür an der vorderen Mastdarmwand. Altersatrophie der Leber. Rechtsseitiges pleuritisches Exsudat mit Compression der Lunge; linksseitiger Hydrothorax, Emphysem und Altersatrophie der Lunge. Oxyuris vermicularis.

Die Beschreibung des Rectums lautet nach dem von Prof. v. Zenker aufgenommenen Sectionsprotokoll:

Das Rectum nach dem Fundus der Plica Douglasi stark aufgetrieben, während der vordere Teil desselben, das S-Romanum und das Colon sehr stark zusammengezogen sind. Nach Spaltung des Mastdarms nach seiner hintern Fläche zeigt sich derselbe, 4 cm oberhalb des Anus beginnend, in einer Länge von 8—9 cm fast vollständig von einer sich etwa $2\frac{1}{2}$ mm über die Oberfläche erhebenden, sehr stark zerklüfteten und in grosser Ausdehnung in ulcerösem Zerfall begriffenen, grauen, weichen und saftigen

Geschwulstmasse eingenommen, welche die sämmtlichen Schichten der Mastdarmwand durchsetzt. Nur an der vorderen Rectalwand befindet sich eine etwa 2¹/₂ cm breite, von der Geschwulstmasse freigelassene Strecke: dieselbe ist von Schleimhaut entblösst, die freiliegende Submucosa ist glatt, stark schwärzlich gefleckt. Ueber den obersten Teil dieser Geschwürsfläche verläuft in schräger Richtung ein brückenförmig ausgespannter, bis etwa 5 mm breiter, mit kleinen Geschwulstknoten besetzter Strang. Auf einem senkrechten Durchschnitt durch die Geschwürsfläche der vorderen Mastdarmwand zeigen sich die tieferen Schichten der Darmwand etwas verdickt, aber ganz frei von krebsiger Infiltration. Oberhalb der Geschwulstmasse ist die Mastdarmschleimhaut etwas gewulstet, leicht schiefrig gefleckt, sehr wenig injicirt.

Bei der mikroskopischen Untersuchung der weichen Geschwulstmasse des sehr gut conservirten Präparates zeigt sich, dass dieselbe fast ausschliesslich von dicht gedrängten, mannigfaltig gestalteten, nicht selten leicht dendritisch verzweigten polypösen Schleimhautwucherungen gebildet wird, welche alle krebsig entartet und an der Oberfläche häufig mehr oder weniger ulcerirt sind. Die krebsig entarteten Schleimhautdrüsen dieser polypösen Wucherungen gleichen in jeder Hinsicht so vollständig den bei No. 1 beschriebenen und in Taf. II, Fig. 4 abgebildeten entarteten Drüsen, dass hinsichtlich ihrer histologischen Beschreibung auf diesen Fall verwiesen werden kann. In grosser Anzahl durchbrechen auch hier die entarteten Drüsen, in deren Epithel zahlreiche indirecte Kernteilungsfiguren noch relativ gut conservirt erscheinen, die Muscularis mucosae und stehen in continuirlichem Zusammenhang mit den die Submucosa durchsetzenden Wucherungen. Das interglanduläre Schleimhautgewebe ist kernreich und reich an lymphoiden Zellen; ebenso ist die Muscularis mucosae, namentlich in der Umgebung der durchbrechenden Drüsen, kleinzellig infiltrirt.

Das submuköse Bindegewebe ist verdickt und überall sehr stark verdichtet, ziemlich gefässarm und mässig kernreich. Von der krebsigen Wucherung ist die Submucosa im Ganzen nicht sehr dicht durchsetzt; dieselbe besteht ebenfalls zum grössten Teil aus einfachen, wenig verzweigten Zellenschläuchen, welche von meist einschichtigem, sehr regelmässig geformtem, ziemlich zahlreiche Kernteilungsfiguren enthaltendem Cylinderepithel gebildet werden. Nicht selten sind diese drüsenschlauchähnlichen Wucherungen leicht cystisch erweitert, die Zellen leicht abgeplattet bis zu cubischen Formen, während das Lumen der Zellenschläuche mit Detritusmassen erfüllt ist. Nur an wenigen Stellen bilden die adenomatösen Wucherungen kleine knotenförmige Herde, innerhalb dieser die epithelialen Zellenschläuche reicher verzweigt und dicht gedrängt erscheinen. Aber auch hier werden sie stets von sehr regelmässigem Cylinderepithel gebildet. Auch in die grösseren Spalträume der Muscularis dringen die krebsigen Wucherungen ein; sie tragen hier den gleichen rein adenomatösen Charakter wie in der Submucosa. In der nächsten Umgebung der in der Submucosa und Muscularis gelegenen epithelialen Wucherungen ist das Gewebe sehr häufig stärker kleinzellig infiltrirt.

Der Geschwürsgrund des im Sectionsprotokoll als nicht krebsig erwähnten Geschwüres an der vorderen Mastdarmwand erweist sich auch bei der mikroskopischen Untersuchung als frei von krebsigen Einlagerungen; die Spalträume der hier freiliegenden Muscularis zeigen überall nur eine sehr starke kleinzellig entzündliche Infiltration.

Histologische Diagnose: Carcinoma adenomatosum medullare (hervorgegangen aus polypösen Wucherungen).

B. Carcinome des Magens.

21) Carcinoma ventriculi eines 42-jährigen Mannes. J.-N. 180, 1883 (aus der chirurgischen Klinik des Herrn Prof. HEINEKE).

a. Annähernd rundliches, durchschnittlich 14 cm im Durchmesser haltendes, resecirtes Stück der Magenwand. welches fast in ganzer Ausdehnung von einem mächtigen, fast kreisrunden pilzförmigen Tumor eingenommen wird; derselbe erhebt sich plötzlich und steil, an einzelnen Stellen selbst etwas überhängend über die Schleimhautfläche und wird in seinem ganzen Umfange in einer 1—2 cm breiten Zone von der sehr stark verdickten, mit warzigen Erhabenheiten versehenen, gewulsteten Schleimhaut überkleidet. Die Mitte der Oberfläche des Tumors dagegen ist in grosser Ausdehnung ulcerirt und kraterförmig vertieft und es erscheint diese grosse Geschwürsfläche wie von einem hohen breiten Wall umgeben; der Grund des krebsigen Geschwüres ist teils glatt, teils fetzig und zottig, von dunkel grauroter Färbung. Ebenso ist die den Rand des Tumors überkleidende Schleimhaut, sowie die denselben umgebende, 1—2 cm breite, anscheinend normale Schleimhautzone stark injicirt und dunkel graurot gefärbt. Die Muscularis, soweit dieselbe erhalten ist, stark verdickt; gegen die mit Netzgewebe verwachsene Serosa drängen im Bereiche des Tumors allenthalben blassgraugelbliche Geschwulstmassen heran, in deren Umgebung dieselbe stärker injicirt erscheint. Auf dem Durchschnitt zeigt sich der Tumor weich und markig, blass graurötlich und blass graugelblich gefleckt, in der Mitte kleine Abscesshöhlen enthaltend; einzelne umschriebene Partien in der Tiefe zeigen ein völlig gallertiges Ansehen. Fast überall sind sämmtliche Magenschichten in der Geschwulstmasse untergegangen, nur in der Peripherie sind noch Züge der Muscularis zu erkennen. Die Schleimhaut in der Umgebung des Tumors erscheint auf dem Durchschnitt ebenfalls verdickt, etwas markig und geht, anfänglich von der Geschwulstmasse emporgehoben, allmählich in diese über.

Bei der mikroskopischen Untersuchung der den Tumor begrenzenden, anscheinend normalen Schleimhaut zeigen sich fast sämmtliche Drüsen mehr oder weniger verändert; überall, auch in den dem Fundus zugekehrten Partien sind die sogenannten Labdrüsen des Magens durch mehr oder weniger gewundene und erweiterte, im unteren Teile oft reich verzweigte und nicht selten durch Ausläufer unter einander communicirende Drüsen ersetzt, welche stets mit Cylinderepithel von verschiedenem Charakter ausgekleidet sind. Zum Teil entspricht letzteres dem Epithel normaler Schleimdrüsen des Magens, meistens aber hat es ein von normalem Epithel mehr oder weniger abweichendes Verhalten. Besonders die oberen Drüsenabschnitte führen in der Regel einen sehr hohen Epithelbelag, dessen glasige, farblose Zellen bei einer Breite von etwa 0,007 mm ein Höhe von 0,05 mm erreichen, während der wie ein hohles Schüsselchen geformte, sich intensiv färbende Kern nur eine Höhe von kaum 0,001 mm besitzt. Die unteren Partien der Drüsenschläuche sind meistens mit etwas niedrigerem, bis zu 0,03 mm hohem, aber mit grösseren Kernen versehenem, regelmässigem Cylinderepithel ausgekleidet, welches in hohem Grade die WALDEYER'sche Carmintinction zeigt. Dazwischen trifft man auch mächtig dilatirte, mit geronnenem Schleim erfüllte Drüsen, deren Epithelbelag abgeplattet oder völlig atrophisch erscheint; endlich findet man kurz vor dem Uebergang der Schleimhaut in die Tumormasse noch Drüsen, deren Epithelien einen glasigen, farblosen Zellenleib, dabei aber länglich ovale, bis zu 0,01 mm lange, sich mässig dunkel tingirende Kerne besitzen. Das interglanduläre Bindegewebe ist überall sehr kernreich und reichlich von Lymphzellen durchsetzt.

An der Stelle selbst, wo die Schleimhaut in die Geschwulstmasse übergeht, erreichen die Drüsen die excessive Länge von $2\frac{1}{2}$ mm und ihre zahlreichen Ausläufer durchbrechen in den verschiedensten Richtungen die Muscularis mucosae, um unmittelbar in die epithelialen Wucherungen der Geschwulst überzugehen. Letztere tragen überall rein adenomatösen Charakter und bilden ein ungemein dichtes Netzwerk, vielfach verzweigter und anastomosirender, häufig leicht dilatirter Zellenschläuche, welche in ein ausserordentlich kernreiches und sehr reichlich von Rundzellen durchsetztes Bindegewebe eingebettet sind. Die Zellen der krebsigen Neubildung sind meist cylindrisch, 0,02—0,04 mm hoch, besitzen kräftig entwickelte, rundliche oder ovale, scharf contourirte Kerne und zeigen bei Carminfärbung in hohem Grade die WALDEYER'sche Tinction. Der Epithelbelag ist jedoch stets einschichtig und nirgends kommt es zur Bildung jener Epithelknospen, wie sie oben bei Fällen von Rectumcarcinom beschrieben wurden.

Sowohl im Epithel der entarteten Drüsen als auch in dem der tieferen krebsigen Wucherungen sind sehr zahlreiche, wohl conservirte Kerntheilungsfiguren enthalten; darunter befinden sich nicht selten auch solche, welche einer Dreitheilung des Kerns entsprechen.

Das Lumen der Epithelschläuche ist teils völlig leer, häufig aber auch, besonders wenn mehr oder weniger erweitert ist, mit geronnenem Schleim oder aber mit Massen von Wanderzellen ausgefüllt. In den tieferen Schichten der Geschwulst sind die Zellenschläuche oft auf grössere Strecken hin stärker ausgedehnt und gehen schliesslich in Wucherungen mit völlig cystischer Entartung über (vergl. Taf. V, Fig. 11). Die Zellen erscheinen hier in der Regel niedriger, fast cubisch und nicht selten etwas unregelmässig gestaltet, während das mächtig, oft bis zu 0,1 mm erweiterte Lumen mit glasigem Schleim erfüllt ist, in welchem abgestossene Epithelien und farblose Blutkörperchen suspendirt sind. Kerntheilungsfiguren sind im Epithel dieser cystisch entarteten Wucherungen spärlicher zu sehen. Auch hier ist das bindegewebige Gerüst der Neubildung sehr kernreich, doch bildet dasselbe nur ganz schmale, zwischen den Wucherungen verlaufende Züge und häufig erscheint es fast völlig geschwunden. Die in der Tiefe der Geschwulst gelegenen, makroskopisch gallertig aussehenden Knoten bestehen durchaus aus solchen cystisch entarteten Geschwulstpartien.

Nach allen Richtungen hin schiebt sich die Neubildung in dichten, compacten Massen vor, und die Muscularis ist vollständig in ihr untergegangen. In der Peripherie ist sie von einer meist breiten, sehr stark entwickelten entzündlichen Infiltrationszone umgeben und die Epithelien der Zellenschläuche, welche hier oft in dichte Massen farbloser Blutkörperchen eingeschlossen und auch von solchen erfüllt sind, zeigen hier nicht selten ein atrophisches Ansehen.

An Gefässen ist die ganze Neubildung ziemlich arm; dagegen sind in dem angrenzenden Gewebe, besonders in der Submucosa, sehr zahlreiche mächtig dilatirte Venenstämmchen.

Histologische Diagnose: Carcinoma adenomatosum medullare mit Uebergang zu microcysticum.

b) Recidiv des vorigen Falles in der äusseren Bauch-wand. J.-N. 66, 1884. Taf. V, Fig. 11.

Beiläufig 5 cm im Durchmesser haltendes, rundliches, von der Haut überkleidetes Stück der Bauchwand. Die Oberfläche der äusseren Haut ist mit kleinen warzigen Erhabenheiten bedeckt und es ist dieselbe an dieser Stelle mit einem gegen sie herandrängenden, 3—4 cm im Durchmesser haltenden, annähernd rundlichen Tumor fest verwachsen; letzterer ist ziemlich derb, auf dem Durchschnitt blass graurötlich, von weisslichen, sehnig glänzenden Zügen durchsetzt. An den weicheren Stellen ist ein deutlich alveolärer Bau zu erkennen und die einzelnen Alveolen erscheinen von einer gallertig glänzenden, schleimigen Masse erfüllt. Gegen das angrenzende Fettgewebe ist die Geschwulstmasse nicht scharf abgegrenzt, vielmehr strahlt letztere in der Form von teils weisslich glänzenden, teils graurötlichen Streifen in dasselbe aus. Die Cutis ist in der Umgebung des Geschwulstknotens beträchtlich verdickt und sehr derb.

Bei der mikroskopischen Untersuchung zeigt die Geschwulstmasse einen cystisch-scirrhösen Charakter; die epithelialen Wucherungen bestehen überall aus von Cylinderepithel gebildeten Zellenschläuchen, welche zum grösseren Teile cystisch entartet sind und vollkommen den für die primäre Geschwulst beschriebenen Wucherungen gleichen (Taf. V, Fig. 11). Doch erreicht hier die cystische Entartung noch höhere Grade und die Zellen der in dieser Weise dilatirten Zellenschläuche sind oft abgeplattet, unscheinbar und atrophisch, ja häufig auch unter dem Druck des schleimigen Inhalts völlig untergegangen.

Indirecte Kernteilungsfiguren sind auch hier in den cystisch erweiterten Wucherungen ziemlich spärlich und stets nur da zu finden, wo der Epithelbelag noch keine zu starke Abplattung erfahren hat.

Die epithelialen Wucherungen sind in dem secundären Tumor überall in derbes, nur mässig kernreiches und nur in unmittelbarer Nähe der Zellenschläuche kleinzellig infiltrirtes Bindegewebe eingebettet, welches dieselben in meist breiten Zügen umgibt, und auch die nicht cystisch erweiterten Epithelschläuche zeigen oft ein atrophisches Ansehen. In der Peripherie ist die Geschwulst weniger scharf gegen das übrige Gewebe abgegrenzt, indem einzelne Ausläufer sich in letzteres erstrecken. Die an die Geschwulstmasse angrenzende Cutis ist mächtig verdickt und verdichtet, doch zeigt dieselbe keinerlei sonstige Veränderungen; namentlich haben die Schweissdrüsen und Talgdrüsen ein völlig normales Verhalten.

Histologische Diagnose: Carcinoma adenomatosum micro-cysticum.

22) Carcinoma ventriculi eines 40-jährigen Mannes. J.-No. 255, 1882 (aus der chirurgischen Klinik des Herrn Prof. HEINEKE).

Das resecirte Magenstück umfasst den Pylorus, einen Teil der Pars pylorica und des Mittelstückes des Magens, sowie ein zwickelförmiges Stück des Duodenums. Dasselbe misst an der grossen Curvatur $9\frac{1}{2}$ cm, an der kleinen Curvatur fast 6 cm; die Höhe beträgt in der Mitte 6 cm, am Ende nahezu 10 cm; der Pylorus hat einen Dickendurchmesser von etwa 3 cm. Der ganze Pylorus fühlt sich ungemein derb an und seine Oeffnung ist so stark verengt, dass man einen kleinen Finger nur mit Gewalt hindurchschieben kann. An der Curvatura minor ist der Pylorus stark nach aufwärts gekrümmt, so dass er mit der kleinen Curvatur einen spitzen Winkel bildet. In dieser Gegend ist die Serosa verdickt, sehnig getrübt und mit bindegewebigen Adhäsionen besetzt. Unmittelbar vor dem Pylorus, an diese winklige Krümmung angrenzend, die Oberfläche der vorderen Magenwand leicht höckerig und mit zahlreichen, durch die Serosa durchscheinenden gelblichen Knötchen besetzt, während über dem Pylorus selbst die Serosa in grösserem Umfang hügelartig hervorgewölbt erscheint; jene kleinen Knötchen setzen sich über die kleine Curvatur hinweg eine kurze Strecke weit auch auf die hintere Magenwand fort und in ihrer nächsten Umgebung zeigt sich die Serosa stärker injicirt.

Auf der Innenfläche des resecirten Magenstückes befindet sich ein an der Curvatura minor gelegenes und den Pylorus fast in seiner ganzen oberen Hälfte umfassendes, umfangreiches, flaches Geschwür mit etwas unebenem, völlig reinem, aus einem derben, graugelblichen Gewebe bestehenden Grunde. Die Geschwürsränder sind etwas zackig, nahe dem Pylorus leicht gewulstet und werden von der stark verdickten und lebhaft rot injicirten Schleimhaut gebildet; an einigen Stellen ist der Geschwürsrand wie unterminirt, gegen die kleine Curvatur hin weniger steil, zum Teil sanft ansteigend. Gegend die Fundus-Seite zu besitzt die Schleimhaut des Geschwürsrandes ein auffällig grobwarziges Ansehen; die einzelnen warzigen Erhabenheiten bilden $1/2-3/4$ cm im Durchmesser haltende, unregelmässig polygonale Felder. Der übrige Teil der Magenschleimhaut ziemlich eben, weniger stark injicirt, von graurötlicher Farbe.

Nach Durchschneidung des Pylorus an der vorderen Magenwand zeigt sich, dass sich der Geschwürsprocess auch in diesen herein bis unmittelbar an das Duodenum hin erstreckt; der von der Schleimhaut des letzteren gebildete Teil des Geschwürsrandes ebenfalls stark gewulstet und lebhaft dunkelrot injicirt. Die Schleimhaut des Pylorus selbst ist bis auf einen kleinen nach unten zu gelegenen Rest völlig in dem flachen Krebsgeschwür untergegangen und es zeigt der Geschwürsgrund hier ein narbenähnliches, geschrumpftes, oberflächlich leicht gefaltetes, sehr derbes, fibröses Gewebe.

Die Pyloruswand 11 mm dick, und zwar kommen auf die Muscularis 4—6 mm, auf die sehr derbe, von mattweissen Pünktchen und Streifen durchsetzte Submucosa etwa 4—5 mm; die Submucosa erscheint sonst als ein mattglänzendes, sehr dichtes Gewebe von sehr blasser, graurötlicher Färbung.

An einem senkrecht durch den Geschwürsrand gelegten Schnitt zeigt sich, dass die sämmtlichen Magenschichten sich ganz allmählich in dem derben, schwieligen Gewebe des Geschwürsgrundes verlieren.

Am 5. Tage nach der Operation starb Patient in Folge einer intercurrenten Pneumonie.

Von dem Sectionsbefund sei nur hervorgehoben, dass nirgends im Körper irgendwelche Metastasen aufzufinden waren; auch die dem Magen benachbarten Lymphdrüsen waren völlig frei von krebsiger Infiltration.

Bei der mikroskopischen Untersuchung der das Krebsgeschwür umgebenden Schleimhaut zeigen auch die entfernter gelegenen, anscheinend normalen Partien derselben erhebliche Veränderungen, indem die gewöhnlichen schlauchförmigen Labdrüsen überall durch reichlich traubig verzweigte Schleimdrüsen ersetzt sind. Zum Teil gleichen diese in ihrer Form und bezüglich ihres Epithelbelags vollkommen den normalen Schleimdrüsen des Magens; doch findet man bereits am äussersten, vom Krebsgeschwüre 7 cm entfernten Ende des resecirten Schleimhautstückes zahlreiche solcher Drüsen in abnormer Weise verzweigt und mit Seitensprossen versehen, einzelne Abschnitte derselben cystisch entartet und mit auffallend hohem, häufig auch die WALDEYER'sche Tinction zeigendem und zahlreichere Kernteilungsfiguren enthaltendem Epithel ausgekleidet. Je mehr man sich dem Rande des Krebsgeschwüres nähert, um so mehr nehmen diese Veränderungen der Schleimhautdrüsen zu: den höchsten Grad der Entartung erreichen die Drüsen aber in einer Entfernung von etwa $1^1/_2$ cm vom Geschwürsrande und es bildet diese hochgradig entartete Partie eine um das ganze Geschwür verlaufende, $1-1^1/_2$ cm breite Zone. Innerhalb derselben ist die Schleimhaut beträchtlich verdickt, die Drüsen sind entsprechend verlängert, meistens auch leicht verbreitert, sehr unregelmässig gewunden und mit ganz unregelmässigen, häufig unter einander communicirenden Seitensprossen versehen; viele sind auch in ganzer Ausdehnung oder aber nur in einzelnen Abschnitten mehr oder weniger cystisch entartet, während andere Abschnitte dagegen abnorm verengt oder atrophisch erscheinen. Der Epithelbelag dieser entarteten Drüsen unterscheidet sich sehr wesentlich von dem normalen Drüsenepithel; die einzelnen Zellen sind bald rein cylindrisch, bald mehr cubisch geformt oder von unregelmässiger Gestalt, dabei von sehr verschiedener Grösse, bald kaum die Grösse normaler Zellen erreichend, bald dieselbe bedeutend überschreitend. Meistens zeigt der Epithelbelag in auffallender Weise jene bräunlichrote Tinction der Zellen und enthält ziemlich zahlreiche in Teilung begriffene Zellen, welche durch die dunkle Färbung der wohl erhaltenen karyokinetischen Figuren sofort auffallen.

Neben dieser Drüsenwucherung findet sich hier stets eine mehr oder weniger mächtige Wucherung und kleinzellige Infiltration des interglandulären Schleimhautgewebes und häufig ist das Lumen der entarteten Drüsen selbst mit farblosen Blutkörperchen erfüllt. Besonders in den tieferen Partien der Schleimhaut ist die Neubildung jungen Bindegewebes oft geradezu vorherrschend, während die epitheliale Wucherung bereits leicht atrophisch erscheint, so dass nur schmale drüsenähnliche Zellenschläuche und selbst nur schmale einfache Zellenstränge die verdickte Musc. mucosae durchbrechen. Uebrigens zeigt sich bei der mikroskopischen Untersuchung, dass jene krebsig entartete, makroskopisch wulstförmig verdickte Schleimhautzone nur an wenigen Stellen tatsächlich den Geschwürsrand bildet; vielmehr lässt sich an den meisten Stellen die Schleimhaut, allerdings in völlig atrophischem Zustande, noch ziemlich weit, an einzelnen Stellen selbst bis zu 2 cm, gegen das Krebsgeschwür hin verfolgen. Dieselbe wird hier von einer, oft kaum 1 mm dicken, aus sehr kernreichem Bindegewebe bestehenden Gewebsschichte gebildet, welche sich erst allmählich gegen den Geschwürsgrund hin verliert, aber trotz der hochgradigen Veränderung stets als die ursprüngliche Schleimhaut zu erkennen ist, indem unter ihr die Muscularis mucosae sich erstreckt. Die epithelialen Elemente sind in diesen atrophischen Schleimhautpartien auf grössere Strecken hin völlig untergegangen und auch von der Oberfläche ist das Epithel völlig geschwunden; dagegen findet sich überall eine sehr starke Vermehrung der Bindegewebskerne und eine sehr auffallende Wucherung des Perithels der feineren Gefässe und Capillaren. Nur zerstreut trifft man Ueberreste von krebsig entarteten Drüsenschläuchen; mit völlig verödeten Partien wechseln Stellen ab, welche wohl reichlicher epitheliale Wucherungen und Reste entarteter Drüsenschläuche enthalten; doch sind dann sämmtliche epitheliale Elemente in ihrer Form und Anordnung so verändert, dass jede Aehnlichkeit mit normaler Magenschleimhaut völlig verwischt ist. Nur zum Teil sind die Epithelien zu drüsenähnlichen Schläuchen angeordnet, welche dann wohl als Reste krebsig entarteter Drüsen zu deuten sind; häufig bilden dieselben aber nur schmale Zellenstränge oder sind zu kleinen Häufchen gruppirt, deren directer Zusammenhang mit den drüsenähnlichen Wucherungen allerdings überall leicht zu erkennen ist. Nur bei letzteren sind die Zellen wenigstens zum Teil cylindrisch geformt; meistens aber — und fast ausnahmslos gilt dies für die Wucherungen nicht adenomatöser Form — sind die Zellen sehr unregelmässig gestaltet, häufig Plattenepithelien nicht unähnlich, ziemlich gross und haben einen verhältnissmässig grossen, bläschenförmigen, mit einem deutlichen Kernkörperchen versehenen Kern, welcher sich in der Regel nur wenig dunkler färbt als der ebenfalls nur blass tingirte Zellenleib.

Nicht selten begegnet man Kernteilungsfiguren, häufig aber sind einzelne Zellen auch in jener eigentümlichen, bei dem Falle von Carcinoma gelatinosum recti (S. 179) ausführlicher beschriebenen Weise bläschenförmig aufgetrieben oder es sind ganze Gruppen wie zu kleinen Ballen zusammengesintert.

Diese epithelialen Wucherungen greifen in der geschilderten Form teils als drüsenähnliche Zellenschläuche, teils als schmale Zellenstränge auch von diesen atrophischen Schleimhautpartien aus direct auf die mächtig verdickte Submucosa über.

Letztere ist in der ganzen Umgebung des Krebsgeschwüres in ein ungemein dichtes und derbes, mässig kernreiches Bindegewebe umgewandelt und überall mehr oder weniger dicht von der krebsigen Wucherung durchsetzt, welche von meist schmalen, drüsenähnlichen Cylinderepithelschläuchen gebildet wird: jedoch erscheinen letztere oft auf grosse Strecken hin vollkommen atrophisch und gehen in ganz schmale, aus verkümmerten Zellen oder nur aus Kernresten bestehende Zellenreihen über; oder die Wucherung zeigt jenen eigentümlichen Charakter, wie er bei den atrophischen Schleimhautpartien geschildert wurde und dann erscheint das Gewebe von den rundlich geformten und mannigfaltig gestalteten Epithelien sehr häufig wie diffus infiltrirt, ohne besondere Anordnung der epithelialen Elemente.

Auch die mächtig verdickte Muscularis ist von der krebsigen Neubildung reichlich durchsetzt und an manchen Stellen breitet sich letztere auch in der Subserosa aus. In diesen beiden Schichten der Magenwand werden die Wucherungen fast ausschliesslich von ziemlich wohl entwickelten, drüsenähnlichen Epithelschläuchen gebildet, welche meist aus kurz-cylindrischen oder cubischen Zellen bestehen und seltener einen atrophischen Charakter zeigen. In der Muscularis schieben sich diese Wucherungen in das intermuskuläre Bindegewebe herein, welches in ihrer Umgebung in der Regel vermehrt und verdichtet ist, deutliche Kernwucherung zeigt, häufig auch kleinzellig infiltrirt erscheint. Nur an einzelnen Stellen, wie z. B. dicht am Pylorus, zeigt die epitheliale Neubildung auch innerhalb der Muscularis jene eigentümliche, oben geschilderte Beschaffenheit, indem sie fast ausschliesslich aus grossen, häufig an Plattenepithel erinnernden Zellen besteht, welche nicht selten kleine Vacuolen enthalten oder bläschenförmig entartet sind, einfache Zellenreihen oder unregelmässige, lockere Zellenhaufen oder aber ebenfalls drüsenähnliche Epithelschläuche bilden.

Der Geschwürsgrund selbst wird von der Muscularis gebildet; dieselbe ist hier in der krebsigen Neubildung zum Teil untergegangen und erscheint vielfach durch derbes, aber ziemlich kernreiches Bindegewebe verdrängt, in welches die epithelialen Wucherungen eingebettet sind.

Ueberall sind auch in den die Submucosa und die übrigen Magenschichten durchsetzenden epithelialen Wucherungen indirecte Kernteilungsfiguren enthalten; dieselben finden sich zwar nur in ziemlich spärlicher Anzahl, doch sind sie fast über die ganze Wucherung gleichmässig zerstreut und selbst in den schmalen, lumenlosen Wucherungen nicht selten. Im Bindegewebe sind indirecte Kernteilungsfiguren nur äusserst selten aufzufinden.

Histologische Diagnose: Carcinoma adenomatosum scirrhosum.

23) Carcinoma ventriculi einer 48-jährigen Frau. J.-N. 48 1888 (aus der chirurgischen Klinik des Herrn Prof. Heineke).

Resecirtes Stück des Magens, enthaltend den grössten Teil der Pars pylorica und einen kleinen Teil der übrigen Magenwand. Nach der Eröffnung sieht man an der hinteren Wand und von dieser über die kleine Curvatur auf die vordere Wand übergreifend, eine seichte, geschwürsähnliche Vertiefung, welche in unregelmässiger Begrenzung einen durchschnittlich 4 cm im Durchmesser haltenden Raum der Magenfläche einnimmt. Die Oberfläche derselben ist völlig glatt, derb, eine verschiebliche Schleimhaut nicht vorhanden; an den Rändern geht die scheinbare Geschwürsfläche ganz allmählich in die Schleimhaut über, welche in der Umgebung auf grössere Entfernung hin stark gewulstet und deutlich verdickt ist. Auf dem senkrechten Durchschnitt erscheinen in dem vertieften Bezirke sämmtliche Magenschichten, mit Ausnahme der Schleimhaut, mächtig verdickt, die Submucosa bis zu 5 und die Muscularis bis zu 6 mm. Die Submucosa ist äusserst dicht, ziemlich derb, schnig glänzend, das interstitielle Gewebe der hypertrophischen Muscularis überall mächtig verbreitert; auch die Subserosa ist beträchtlich verdickt. Mit der Messerklinge lässt sich kein Krebssaft abstreifen. Die Schleimhaut erreicht in der Umgebung der scirrhösen Partie eine Dicke von 6 mm. An der grossen Curvatur mehrere geschwollene Lymphdrüsen; eine derselben etwa haselnussgross, auf dem Durchschnitt weisslich, etwas markig; von der Schnittfläche lässt sich reichlicher Krebssaft gewinnen, welcher polymorph gestaltete Zellen und zusammenhängende Epithelien enthält.

Dieser Fall schliesst sich in seinem histologischen Verhalten vollkommen an den vorigen an. Auch hier zeigt sich die Schleimhaut noch in weiter Entfernung von dem scheinbaren Krebsgeschwür erheblich verändert und zwar sind die Schleimhautdrüsen in der gleichen Weise entartet, wie in dem erwähnten Falle ausführlich geschildert wurde. Näher an dem Geschwürsrande ist das interglanduläre Bindegewebe ausserordentlich kernreich und enthält reichlich junge Bindegewebszellen, zum Teil von epithelioider Form, und zahlreiche neugebildete junge Capillargefässe; die Drüsen sind dagegen hier durch das wuchernde Bindegewebe weit auseinandergedrängt und namentlich in ihren unteren Abschnitten vielfach in hohem Grade atrophisch, so dass die unteren Schleimhautlagen oft in grösserer Ausdehnung wie von einem kernreichem, in Narbengewebe übergehenden Granulationsgewebe gebildet werden. Die makroskopisch als Geschwürsgrund erscheinende, leicht vertiefte Fläche zeigt sich bei der mikroskopischen Untersuchung ebenfalls noch von Schleimhaut überkleidet; in derselben sind jedoch die Drüsen, wie überhaupt die epithelialen Elemente, völlig untergegangen und nur aus dem Verlauf der noch deutlich erhaltenen, leicht verdickten Muscularis mucosae lässt sich mit Sicherheit erkennen, dass die oberste Gewebslage in der Tat von der gänzlich atrophischen, d. h. scirrhös entarteten Schleimhaut gebildet wird. Nur an einzelnen Stellen findet man namentlich in den beiden unteren Dritteilen noch wohl erhaltene, krebsig entartete, leicht verzweigte Drüsen von adenomatöser Form, welche die Musc. mucosae durchbrechen und mit den die Submucosa durchsetzenden Wucherungen in Verbindung stehen.

Das submuköse Gewebe ist im Bereiche der scirrhösen Entartung ausserordentlich verdickt und verdichtet, mässig kernreich und sehr arm an Gefässen; durch dasselbe zerstreut finden sich diffus begrenzte Herde verschiedener Grösse, welche auffallend kernreich und auch von farblosen Blutkörperchen reichlich durchsetzt sind. Epitheliale Wucherungen sind in der Submucosa nur sehr spärlich enthalten; sie tragen exquisit adenomatösen Charakter und bestehen aus wenig verzweigten, ziemlich schmalen, spärliche Kernteilungsfiguren enthaltenden Cylinderepithelschläuchen; häufig haben dieselben ein ausgesprochen atrophisches Ansehen. In der Peripherie des scirrhös erkrankten Bezirkes zeigt sich die Submucosa von zahlreichen kleineren, aber sehr dichten kleinzelligen, entzündlichen Infiltrationsherden durchsetzt. Die mächtig verdickte Muscularis ist völlig frei von epithelialen Einlagerungen; jedoch ist das interstitielle Bindegewebe vielfach stark verbreitert, namentlich in der Umgebung von Gefässen sehr kernreich und stellenweise kleinzellig infiltrirt. Auch die Subserosa ist beträchtlich verdickt, kernreich und an vielen Stellen reichlich von Rundzellen durchsetzt.

Die krebsig infiltrirte Lymphdrüse ist leider verloren gegangen, noch bevor eine eingehende mikroskopische Untersuchung vorgenommen worden war.

Histologische Diagnose: Carcinoma adenomatosum scirrhosum.

24) Carcinoma ventriculi einer 41-jährigen Frau. S.-N. 110, 1883.

Wegen der zahlreichen Metastasen, welche in diesem Falle fast über alle Organe ausgebreitet waren, ist es von Interesse, den Sectionsbefund in extenso anzuführen; derselbe lautet:

Weibliche Leiche, mittelgross, abgemagert, Bauch ziemlich stark aufgetrieben, Hautfarbe blass graugelblich, am Rücken blasse Totenflecken. Starre noch nicht gelöst.

Brust: Nach der Eröffnung des Thorax retrahiren sich beide Lungen ziemlich gut; beide Pleurahöhlen leer, Zwerchfell stark in die Höhe gedrängt. Beide Lungen sehr klein, sehr ungleichmässig ausgedehnt, mit scharfen Rändern. Pleura grösstenteils glatt und glänzend, nur an den Spitzen mit narbigen Einziehungen; am r. Unterlappen seitlich reichliche Ekchymosen.

Das Gewebe beider Lungen sehr blutarm, die beiden Oberlappen durchaus lufthaltig und feinzellig emphysematös gedunsen, der r. Oberlappen leicht ödematös. Die beiden Unterlappen, ebenso der Mittellappen der r. Lunge in ihren unteren Abschnitten in grösserer Ausdehnung luftleer comprimirt. Etwa in der Mitte des l. Unterlappens, unmittelbar an Bronchialäste angelagert, vereinzelte bis erbsengrosse, ziemlich derbe, weissliche Knötchen krebsig infiltrirte Lymphdrüsen), von deren Schnittfläche sich trüber Saft abstreichen lässt. Im r. Unterlappen finden sich ebensolche, aber über kirschkerngrosse Knoten nahe dem Hilus.

Herzbeutel leer: Herz klein, Epicard etwas schnig getrübt, Klappenapparat und Herzhöhlen normal, ebenso Aorta.

Hals: Schilddrüse normal, Schleimhaut des Kehlkopfes und der Trachea blass, ebenso die des Schlundes und der Speiseröhre. Bifurcationsdrüsen vergrössert, derb, reichlich Lungenschwarz enthaltend, zum Teil krebsig infiltrirt.

Bauch: In der Bauchhöhle etwa 2 Liter klaren, gelblichen Serums. Die Serosa der vorderen Bauchwand, besonders nach unten zu, ganz übersät mit flachen, rundlichen, linsen- bis fast markstückgrossen, teils isolirten, meistens aber zu unregelmässig geformten Plaques confluirenden, weisslichen Krebsknoten; das die Darmschlingen völlig bedeckende Netz überaus dicht von rundlichen, haselnuss- bis wallnussgrossen, oft zu unförmlichen Knollen verschmolzenen Geschwulstknoten durchsetzt, welche zum Teil auch auf das kleine Netz und die vordere Magenwand übergreifen. Ebenso ist das Zwerchfell von zahllosen bis über erbsengrossen, zum Teil confluirenden Krebsknoten durchsetzt, starr und brettähnlich, an manchen Stellen bis 1 cm verdickt; die Oberfläche gegen die Bauchhöhle hin ebenfalls mit Geschwulstknötchen übersät und zum Teil mit der Leberoberfläche verwachsen.

Leber ziemlich klein, die nicht verwachsenen Partien nur mit einzelnen in der Serosa gelegenen Knötchen besetzt, sonst glatt; dagegen drängen aus der Tiefe zahlreiche, durch die Kapsel rötlichgelb durchscheinende Knoten verschiedener Grösse gegen die Oberfläche heran; die grösseren Knoten im Centrum mehr oder weniger eingesunken. Das Leberparenchym blass, leicht marmorirt, beide Lappen von zahlreichen erbsen- bis über wallnussgrossen Krebsknoten durchsetzt.

Gallenblase enthält wenig dickflüssige, dunkle Galle, Schleimhaut normal.

Milz ziemlich fest mit dem Zwerchfell verwachsen, klein, etwas gelappt; Kapsel verdickt, mit einigen fibrösen Zotten. Pulpa blass, sehr derb.

Pankreas ziemlich derb, blass.

L. Niere etwas verdickt, Kapsel glatt lösbar; über die Oberfläche ragen an mehreren Stellen gelbe Knötchen hervor, welche sich beim Einschneiden als Eiterherdchen ergeben. Rindensubstanz leicht verbreitert, etwas locker und blass, graugelblich gefleckt; im Ganzen das Parenchym mässig injicirt. Nierenbecken normal.

R. Niere klein, Kapsel leicht und glatt lösbar, Parenchym etwas blass, sonst normal; ebenso das Nierenbecken.

Harnblase enthält nur wenig trüben Urin, Schleimhaut normal; der peritoneale Ueberzug dagegen mit zahlreichen confluirenden Krebsknoten bedeckt, welche sich von hier auch auf die Plica vesico-uterina und den Uterus fortsetzen. Ebenso ist das ganze Cavum recto-uterinum von den Geschwulstmassen völlig ausgefüllt und die breiten Mutterbänder sind teilweise von Geschwulstknoten durchsetzt, so dass der Uterus von den Geschwulstmassen förmlich wie eingemauert erscheint. Die beiden Ovarien, von welchen das r. ziemlich stark vergrössert und mit einem frischen Corpus luteum versehen ist, an der Oberfläche ebenfalls mit zahlreichen Krebsknötchen bedeckt. Uterusparenchym und Uterusschleimhaut normal.

Magen etwas klein, ziemlich schlaff, mit Leber, Milz und Pankreas fest verwachsen, fast völlig leer. Die Schleimhaut im Ganzen wenig injicirt, nur gegen den Pylorus hin etwas stärker und hier auch leicht ekchymosirt. Dicht unterhalb der Cardia beginnt eine im Breitendurchmesser fast die ganze hintere Magenwand einnehmende und gegen den Pylorus hin bis über die Magenmitte hinaus sich erstreckende mächtige Verdickung, welche sich auch noch gegen den Fundus zu ausdehnt und hier in eine über die Schleimhautoberfläche pilzförmig erhabene, rundliche, etwa 4 cm im Durchmesser haltende, mit der Unterlage fest verwachsene, oberflächlich zottig ulcerirte Geschwulst von markiger Consistenz und graurötlicher Farbe übergeht. Im ganzen Bereich der beetförmigen Infiltration ist die Schleimhaut unbeweglich, gegen die Mitte hin atrophisch, wie leicht ulcerirt, nach aussen zu verdickt, von warzigem Ansehen. Auf dem senkrechten Durchschnitt zeigt sich besonders die Submucosa in hohem Grade, stellenweise bis zu 7 mm verdickt und markig infiltrirt, an vielen Stellen ist die Grenze zwischen ihr und der Schleimhaut undeutlich oder völlig verwischt; letzteres gilt auch für die pilzförmige Geschwulstmasse, welche sich auf dem senkrechten Durchschnitt als mächtige Schleimhautverdickung erweist und continuirlich in die die Magenwand durchsetzende Geschwulstmasse übergeht. Auch die Muscularis ist allenthaben von den krebsigen Wucherungen durchsetzt, ebenso die Subserosa. Hinter dem Magen und mit der hinteren Magenwand verwachsen grosse Paquete krebsig infiltrirter Lymphdrüsen mit centraler Verkäsung, welche unförmliche, knollige Massen darstellen.

Dünndarm überall straff contrahirt, enthält stark gallig gefärbte, bröcklige Chymusmassen. Die Schleimhaut normal, blass. Die Serosa allenthalben sehr stark injicirt, etwas locker, von sammtartigem Ansehen, aber frei von krebsigen Einlagerungen; dagegen die Lymphdrüsen des Mesenteriums grösstenteils krebsig infiltrirt.

Mastdarm enthält reichliche, stark gallig gefärbte Kotmassen; Schleimhaut blass. Die Mesenterien und Peritonealfalten des Dickdarms ebenfalls mit zahlreichen krebsigen Einlagerungen.

Die retroperitonealen Lymphdrüsen grösstenteils krebsig infiltrirt; dieselben bilden, in continuirlichem Zusammenhang mit den im kleinen Becken gelegenen Geschwulstmassen, mächtige, knollige Paquete, welche, die grossen Gefässe einhüllend, an der Wirbelsäule aufsteigen.

Leichendiagnose: Carcinoma ventriculi; massenhafte Carcinommetastasen des Peritoneums und der retroperitonealen Lymphdrüsen; Metastasen in den Bifurcationsdrüsen und den Lymphdrüsen des Lungenhilus; Metastasen der Leber und carcinomatöse Infiltration des Zwerchfells. Leichtes Lungenemphysem; partielle Compression der Lungen; Schwielen an den Lungenspitzen. Beginnende atrophische Muskatnussleber; beginnende linksseitige eiterige Nephritis; Ascites. Allgemeine Anämie und Kachexie.

An einem durch den Rand des im Fundus gelegenen Tumors geführten Schnitt lässt sich bei schwacher Vergrösserung deutlich erkennen, dass derselbe in seinem oberen Teil lediglich als eine durch mächtige Drüsenwucherung bedingte hochgradige Verdickung der Schleimhaut zu betrachten ist; die Drüsen der normalen Schleimhaut gehen allmählich und ohne Grenze in denselben über und die Muscularis mucosae lässt sich deutlich fast durch die ganze Geschwulst verfolgen. Diese Drüsen-

wucherung trägt oberhalb der Muscularis mucosae in der ursprünglichen
Schleimhaut rein adenomatösen Charakter und es zeigt hier die Geschwulstmasse in allen Stücken durchaus das gleiche histologische Verhalten wie der unter No. 21 beschriebene Tumor. Im ganzen Bereiche
der Geschwulst greifen die gewucherten Drüsenschläuche in dicht gedrängten Massen auf die Submucosa über, wo sich alsbald nach allen
Seiten weithin erstrecken; dabei ändert sich jedoch fast unmittelbar unterhalb der Muscularis mucosae der Charakter der Neubildung, indem die
Zellenwucherung so mächtig wird, dass dadurch das drüsenähnliche Ansehen derselben ganz oder teilweise verloren geht. Die einfachen Zellenschläuche gehen überall in solide, 0,03—0,07 mm breite, solide Zellenstränge über, oder es wird wenigstens der Epithelbelag an vielen Stellen
mehrschichtig, unter gleichzeitiger Formveränderung der einzelnen Zellen.
Diese Wucherungen bilden in der Submucosa, welche unterhalb der Geschwulst nahezu bis zu 1 cm verdickt ist, rundliche, ovale oder auch
unregelmässig geformte, teils scheinbar abgegrenzte, teils confluirende
Knötchen, innerhalb deren die einzelnen Zellenschläuche und Zellenstränge so dicht gelagert sind, dass zwischen ihnen nur noch ganz
schmale Züge, oft selbst nur einzelne Fasern von Bindegewebe verlaufen.
Die breiteren, zwischen den grösseren Knötchen verlaufenden Bindegewebszüge sind mässig kernreich, häufig von Rundzellen durchsetzt und
enthalten oft mächtig erweiterte Venenstämmchen.

Seltener zeigen die Wucherungen in der Submucosa einen atrophischen Charakter, indem die Zellen klein und unansehnlich werden und
die Zellenstränge in einfache Zellenreihen übergehen, welche dann von
derben, relativ kernarmen Bindegewebszügen umgeben sind. Auch die
Muscularis ist massenhaft von den epithelialen Wucherungen durchsetzt
und zwar unmittelbar unter dem Tumor in so hohem Grade, dass dieselbe teilweise völlig durch Geschwulstmasse substituirt erscheint. Die
Wucherungen tragen aber hier fast ausschliesslich wieder ein adenomatöses Ansehen; jedoch sind die Zellenschläuche meistens schmäler, die
einzelnen Zellen sind oft etwas unansehnlicher, unregelmässiger gestaltet und nicht selten locker gelagert; sehr häufig gehen die Zellenschläuche in schmale, aber sehr dicht gedrängte Zellenstränge oder einfache Zellenreihen über, welche die feinsten Gewebsspalten ausfüllen, in
die Primitivfaserbündel der Muscularis eindringen und selbst die einzelnen
Muskelfasern umspinnen, so dass das Gewebe von den epithelialen Zellen
wie diffus durchsetzt erscheint.

Diese von dem Tumor ausgehenden epithelialen Wucherungen erstrecken sich nach allen Seiten hin, insbesondere aber über die ganze
beetförmig infiltrirte Partie der hinteren Magenwand, d. i. über einen
Flächenraum von beiläufig 60—70 ☐cm. Dabei sind dieselben so mächtig
entwickelt und bilden so überaus dichte Massen, dass die bis zu 1 cm
verdickte Submucosa weithin förmlich in eine markige Geschwulstmasse
umgewandelt erscheint, in welcher nur noch spärliche und schmale Bindegewebszüge verlaufen. Auch hier tragen die Wucherungen überall sehr
mannigfaltigen Charakter. Bald zeigen sie ein rein adenomatöses Ansehen
und bestehen aus dichtgedrängten, durchaus drüsenähnlichen Zellenschläuchen mit sehr regelmässig gestalteten cylindrischen Zellen, bald
bilden sie massige, solide Zellenlager ganz unregelmässig geformter Zellen,
ähnlich den Krebskörpern eines Plattenepithelcarcinoms; zugleich finden
sich zahlreiche Stellen, wo diese beiden Formen neben einander bestehen,
Uebergänge zu einander bilden und so der Wucherung ein völlig ge-

mischtes Ansehen verleihen. An manchen Stellen erhält die Neubildung bisweilen noch einen ganz eigentümlichen Charakter dadurch, dass insbesondere jene soliden, massigen Zellenwucherungen sich allmählich in schmale Zellenstränge oder einfache Zellenreihen auflösen, welche aber so dicht das Gewebe durchsetzen, dass zwischen den einzelnen epithelialen Einlagerungen nur noch einzelne Bindegewebsfasern verlaufen und so, ganz ähnlich wie es oben für eine andere Stelle beschrieben wurde, der Eindruck diffuser Infiltration entsteht. Aber die Zellen erscheinen hier nicht atrophisch, vielmehr sind sie häufig sehr gross, wie gequollen, von zartem Ansehen, und haben nicht selten sehr grosse, aber oft undeutlich begrenzte, wie ausgenagte oder auch schollige Kerne, oder es finden sich scheinbar mehrere Kerne in einer einzigen Zelle; zugleich sind diese Zellen sehr vielgestaltig, oft auch rundlich oder oval, bald locker gelagert, bald wie zu kleinen Häufchen zusammengesintert. Uebrigens finden sich derartige Zellenformen auch sehr häufig, wenn auch nur einzeln, in den soliden Zellenwucherungen selbst, von welchen jene eigentümliche Wucherungsform fast stets ihren Ausgang nimmt.

Die Muscularis ist innerhalb des grossen infiltrirten Bezirkes im Allgemeinen nur wenig von der krebsigen Wucherung ergriffen; doch schieben sich allenthalben, insbesondere entlang den grösseren Gefässstämmchen, drüsenähnliche Zellenschläuche und meist lang gestreckte solide Krebskörper zwischen die grösseren Muskelbündel herein und an vereinzelten Stellen sind kleinere Strecken des Muskelgewebes von der zelligen Wucherung stärker infiltrirt oder selbst fast völlig in derselben untergegangen; meistens aber durchsetzen die Wucherungen die Muscularis in ihrer ganzen Dicke und dringen direct in die Subserosa vor, in welcher sich die Neubildung alsbald zu mächtigen Geschwulstmassen ausbreitet.

Nicht selten sieht man sowohl in der Submucosa als auch in der Muscularis kleinere Venenstämmchen, deren Lumen dicht von Krebszellen erfüllt ist; auch in diesen thrombosirten Gefässen ist der Charakter der Geschwulst ein verschiedener, doch ist die adenomatöse Form hier seltener.

Die das infiltrirte Gebiet bedeckende Schleimhaut zeigt bei der mikroskopischen Untersuchung fast überall völlig normales Verhalten; doch findet man verhältnissmässig wenige Labzellen, vielmehr sind ausserordentlich zahlreiche Drüsen nur mit cubischem oder aber mit sich intensiv färbendem Cylinderepithel ausgekleidet und in letzterem Falle sind die Drüsen auch oft stärker gewunden, im Fundus verbreitet, bisweilen auch leicht cystisch entartet.

Dagegen drängen von der die Submucosa infiltrirenden Geschwulstmasse zahlreiche kleine Ausläufer gegen die Schleimhaut heran, welche allenthalben auch die Muscularis mucosae durchbrechen und zwischen die normalen Drüsenschläuche der Mucosa sich hereinschieben, wo sie dann bisweilen den Anschein entarteter Schleimhautdrüsen erwecken.

Beiläufig in der Mitte des grossen krebsig infiltrirten Gebietes, wo die Schleimhaut makroskopisch ein atrophisches, wie oberflächlich ulcerirtes Ansehen zeigt, befindet sich eine etwa 2 cm breite und 3 cm lange Stelle, welche vollständig in dieser Weise von der krebsigen Wucherung durchsetzt ist. Zugleich sind hier die ursprünglichen Schleimhautdrüsen bis auf wenige Ueberreste untergegangen, so dass es an manchen Stellen in der Tat schwer zu entscheiden ist, ob eine primäre krebsige Entartung der Drüsen oder eine secundäre krebsige Infiltration des interglandulären Bindegewebes vorliegt.

Indirecte Kernteilungsfiguren finden sich auch in diesem Falle über die ganze epitheliale Wucherung zerstreut, jedoch in relativ spärlicher Anzahl; auch sind dieselben, trotz der frühzeitig vorgenommenen Section, häufig weniger gut erhalten, wie in anderen Fällen.

In den so zahlreichen Metastasen ist im Allgemeinen der adenomatöse Charakter weitaus vorherrschend; insbesondere gilt dies für die massenhaften Knoten des Netzes und des übrigen Peritoneums, wo die Geschwulstmassen fast überall von zum Teil cystisch erweiterten, vielfach gewundenen und dicht gedrängten, alle Gewebsspalten erfüllenden Zellenschläuchen gebildet werden, welche meistens aus sehr regelmässig entwickeltem Cylinderepithel bestehen.

Auch in den infiltrirten retroperitonealen Lymphdrüsen, welche der Wirbelsäule entlang die grossen Gefässe umhüllen, zeigt die Neubildung meistens ein exquisit drüsenähnliches Ansehen, doch findet man hier auch häufig Uebergänge zu soliden Krebsmassen und auch zu scirrhöser Entartung. Ueberall ist die ursprüngliche Drüsensubstanz vollkommen in der Geschwulstmasse untergegangen und auch das Zwischengewebe und die Gefässscheiden sind dicht von den Wucherungen umgeben; auch trifft man nicht selten krebsig thrombosirte Venenstämmchen.

Ebenso zeigen die Metastasen der Lunge und der Leber einen vorherrschend adenomatösen Charakter. In der Lunge hat sich die Neubildung in dem peribronchialen Bindegewebe in der Weise entwickelt, dass die betreffenden Bronchialästchen vollkommen von der krebsigen Wucherung umfasst werden; zugleich ist die ganze Bronchialwand von der letzteren durchsetzt und auch die Schleimhaut des Bronchus, welche zum Teil ihr Flimmerepithel verloren hat, ist bis dicht an die Oberfläche hin krebsig infiltrirt. Die in der Bronchialwand gelegenen Schleimdrüsen, welche vielfach in directer Berührung mit der krebsigen Wucherung stehen oder selbst von derselben eingeschlossen sind, zeigen überall normales Verhalten. Unmittelbar neben einem der Knoten finden sich auch krebsig infiltrirte Alveolarwandungen und an manchen Stellen ist das benachbarte Lungengewebe comprimirt.

In der Leber sind die grösseren Knoten in den centralen Partien stets in grosser Ausdehnung verkäst. Das an dieselben angrenzende Lebergewebe ist stets sehr stark comprimirt und die Leberzellen sind hier klein und atrophisch, reichlich pigmenthaltig; nirgends zeigen letztere Wucherungserscheinungen. Neben den kleineren Knötchen, welche meistens einen rein adenomatösen Charakter zeigen, findet man regelmässig krebsig thrombosirte Aestchen der Pfortader und in der Peripherie der Knötchen lässt sich an feinen Schnitten deutlich erkennen, wie die krebsige Neubildung zunächst in der Form von einfachen Zellreihen in den Capillaren weiterkriecht, während die Leberzellen der Atrophie verfallen; in der Mitte der miliaren Knötchen sind zwischen den Zellenschläuchen einreihige zarte Spindelzellenzüge wahrzunehmen, welche wohl als eine von den feinsten Pfortaderverzweigungen ausgehende Bindegewebswucherung zu deuten sind.

Im Zwerchfell dagegen besteht die Neubildung zum grossen Teil aus soliden Zellenmassen, welche in der Form von kleineren und grösseren Knötchen innerhalb der Muskelbündel sich entwickelt und letztere oft geradezu substituirt haben. Sehr häufig findet man auch grössere und kleinere Venenstämmchen bei völlig intacter Gefässwand von den krebsigen Geschwulstmassen thrombosirt. Zum Teil zeigen die Knötchen im Zwerchfell auch leicht scirrhösen Charakter und stets ist die Muskulatur in ihrer Umgebung in Atrophie begriffen. Ebenso wird in den hinter dem Magen gelegenen Geschwulstmassen die zellige Wucherung fast ausschliesslich von soliden Epithelhaufen und Epithelsträngen gebildet.

Auch in den verschiedenen metastatischen Herden der Neubildung sind trotz ihres medullaren Charakters meistens nur relativ spärliche indirecte Kerntheilungsfiguren anzutreffen.

Histologische Diagnose des primären Krebsherdes und der Metastasen: Carcinoma adenomatosum medullare mit Uebergängen zu Carcinoma solidum.

25) Carcinoma ventriculi. Sectionspräparat 1883. (Angaben über Geschlecht und Alter fehlen).

Magen normal gross, zusammengezogen, völlig leer. An der kleinen Curvatur ein über kirschkerngrosser, olivenförmiger, der Magenwand mit einem 6 cm langen Schleimhautstiel aufsitzender Polyp. An der hinteren Magenwand ein fast bis an den Pylorus heranreichender, etwa fünfmarkstückgrosser und beiläufig $1/_2$ cm über die Schleimhautoberfläche emporragender Tumor mit steil abfallenden Rändern und zerklüfteter Oberfläche. Die Magenschleimhaut, nach dem Gewächs zu sich allmählich verdickend, überzieht noch die Ränder der Geschwulst, um auf der Höhe angelangt scharf aufzuhören. Unmittelbar an den Tumor angrenzend und denselben halbkreisförmig umfassend eine Anzahl kleinerer zottiger Geschwülstchen, ferner nahe dem Pylorus noch ein weiterer fingerförmig getheilter Schleimhautpolyp. Auf dem senkrechten Durchschnitt erscheint der grössere Tumor von markigem Ansehen; die Geschwulstmasse durchsetzt auch die ganze Muscularis, von welcher unmittelbar unter dem Tumor nur noch vereinzelte Züge der unteren Faserlage zu erkennen sind. Ausserdem zeigt sich von dem Tumor ausgehend fast die ganze übrige Magenwand bei intacter Schleimhaut theils diffus krebsig infiltrirt, theils von umschriebenen Krebsknoten durchsetzt; unterhalb der Pars pylorica durchbricht diese krebsige Infiltration die Muscularis und bildet einen fast apfelgrossen, subserös gelegenen, knolligen Tumor, welcher mit dem Duodenum verwachsen ist und dieses an einer umschriebenen Stelle perforirt. Ebenso ist die Geschwulstmasse, in das mit dem Magen verwachsene Colon transversum durchgebrochen; an der Durchbruchsstelle befindet sich in letzterem ein etwa $1^1/_2$ cm im Durchmesser haltendes, rundliches, scharfrandiges Geschwür, dessen Grund von der Geschwulstmasse des Magens gebildet wird.

Metastasen in anderen Organen waren nicht vorhanden.

Obwohl der Rand des krebsigen Geschwüres an sehr zahlreichen Punkten genau untersucht wurde, konnte doch nur eine kleine krebsig entartete Stelle in der Schleimhaut des Geschwürsrandes gefunden werden, welche als ein Weiterschreiten der krebsigen Erkrankung in der Schleimhaut selbst gedeutet werden kann. Vielmehr zeigt letztere im Allgemeinen auch unmittelbar am Geschwürsrande ein durchaus normales Verhalten. Nur an den polypösen Wucherungen ist dieselbe mächtig verdickt, von zahlreichen erweiterten Gefässstämmchen durchsetzt; die Drüsen sind hier stark adenomatös entartet, mit Ausläufern versehen, z. T. cystisch erweitert und mit hohem Cylinderepithel ausgekleidet, während in der zunächst angrenzenden Schleimhaut die Drüsen beträchtlich verlängert sind und in ihren unteren Partien sehr auffallende traubige Verzweigungen besitzen, ohne jedoch die Muscularis mucosae zu durchbrechen.

An jener kleinen, krebsig entarteten Stelle des Geschwürsrandes sind die Drüsen ebenfalls in den unteren Partien sehr stark traubig verzweigt und zugleich zeigt der Epithelbelag derselben, welcher übrigens hier fast ausschliesslich von ziemlich kleinen, kurz cylindrischen, cubischen oder auch mehr unregelmässig geformten Zellen gebildet wird, allenthalben bei Carmintinction eine sehr auffallend intensivere Färbung sowohl des Zellenleibes als auch des Zellkernes. Solche traubig verzweigte Drüsen durchbrechen die Muscularis mucosae und gehen unmittelbar in die in der Submucosa gelegenen Wucherungen über, welche bald in sehr dichtgedrängten Massen, bald mehr vereinzelt das Gewebe durchsetzen und aus eigentümlichen, den Labdrüsen nicht unähnlichen Zellenschläuchen und Zellensträngen bestehen. Die Zellen derselben sind bald fast cylindrisch, bald unregelmässig geformt, im Ganzen ziemlich klein, aber mit relativ grossen Kernen versehen; oft lassen diese Zellen zwischen sich auf kürzere Strecken ein undeutliches Lumen bestehen, wie man es auch bei den Labdrüsen findet. Diese Wucherungen gehen bald teils in solche von rein adenomatösem Charakter, teils in völlig solide Epithelwucherungen über.

Auch die übrigen, die Submucosa und Muscularis durchsetzenden krebsigen Wucherungen bestehen aus den beiden letztgenannten Wucherungsformen; an den adenomatösen Stellen bilden sie meist breite, vielfach verzweigte, drüsenähnliche Cylinderepithelschläuche, welche in dichten Massen in sehr kernreiches Bindegewebe gelagert sind; doch ist in der Regel die Epithelwucherung sehr mächtig und an vielen Stellen der Zellenschläuche erscheint das Epithel mehrschichtig, wobei dann die einzelnen Zellen sehr unregelmässig und mannigfaltig gestaltet sind.

Fast zum grösseren Teil aber besteht die Neubildung wie bei Fall No. 24 aus soliden, nicht drüsenähnlichen Wucherungen, welche in der Form von meistens ziemlich schmalen Zellensträngen das Gewebe mehr oder weniger dicht durchsetzen; bald sind diese Zellenstränge, selbst die feinsten Spalträume des Gewebes ausfüllend, zu dichten, markigen Knoten angehäuft, bald sind sie relativ spärlich in derbes Bindegewebe eingeschlossen, wo dann die ganze Neubildung einen scirrhösen, atrophischen Charakter zeigt. Sehr häufig finden sich auch Uebergänge zwischen den verschiedenen Wucherungsformen.

An manchen Stellen ist die Muscularis von der krebsigen Neubildung fast völlig substituirt, so dass nur noch vereinzelte Muskelfaserzüge zwischen den teils medullaren, teils scirrhösen krebsigen Wucherungen zu erkennen sind. Allenthalben ist das Gewebe in der nächsten Umgebung frischer Wucherungen sehr kernreich und kleinzellig infiltrirt.

Ueberall findet man im Epithel der krebsigen Wucherungen, sowohl in denen von adenomatöser Form, als auch in den soliden Epithelsträngen, ziemlich zahlreiche Kernteilungsfiguren; dieselben sind jedoch oft sehr ungleichmässig verteilt, so dass man auf grössere Strecken hin solche fast völlig vermisst, während sie an anderen in ziemlich reichlicher Anzahl vorhanden sind. Im Bindegewebe konnten keine indirecten Kernteilungsfiguren aufgefunden werden.

Histologische Diagnose: Carcinoma adenomatosum simplex mit Uebergang zu Carcinoma adenomatosum scirrhosum und solidum scirrhosum.

26) Carcinoma ventriculi eines 52-jährigen Mannes. S.-N. 117, 1883.

Der Magen wurde kurze Zeit nach dem Tode herausgenommen

und folgender Befund zu Protokoll gegeben: Magen im Fundus stark ausgedehnt, vom Pylorus zum Fundus 18 cm, zur Cardia 15 cm und in der Mitte von der kleinen zur grossen Curvatur 9 cm messend. An der Aussenfläche vorn, von der Mitte der kleinen Curvatur bis zur Mitte der vorderen Magenwand herab, die Serosa sehnig getrübt, mit bindegewebigen Pseudomembranen und teils mit ganz kleinen, zu Gruppen vereinigten, teils grösseren, bis zu 1 cm im Durchmesser haltenden, einzelnstehenden, leicht kuglig erhabenen, blassgraugelblichen Geschwulstknötchen besetzt. Das Lig. hepato-gastricum gegen die kleine Curvatur narbig herangezogen und an diese Stelle angrenzend einige dem Pankreas aufliegende krebsig infiltrirte Lymphdrüsen. Der Magen enthält eine grosse Masse schmutzig schwarzbrauner, sauer riechender, mit Flocken untermengter Flüssigkeit; nach Eröffnung desselben zeigt sich ein über die kleine Curvatur übergreifendes, fast die ganze vordere und hintere Magenwand einnehmendes Geschwür, welches sich bis unmittelbar zur Cardia hin erstreckt und nach dem Pylorus zu nur eine 6—7 cm breite Strecke der Magenschleimhaut frei lässt; an der grossen Curvatur ist nur noch ein 3¹/₂—5 cm breiter Schleimhautstreifen vorhanden. Die Schleimhaut des Geschwürsrandes ist überall stark gewulstet, stellenweise leicht unterminirt und unmittelbar vor der Cardia ausserordentlich uneben, mit grossen höckerigen Erhabenheiten besetzt und von stark zerklüftetem Ansehen. Der Geschwürsgrund äusserst uneben, zerklüftet und mit missfarbigen, nekrotischen Gewebsfetzen besetzt; in demselben das mit der hinteren Magenwand in grösserer Ausdehnung fest verwachsene Pankreas in einem Umfange von 4 cm freiliegend. Die noch erhaltene Magenschleimhaut von leicht warzigem Ansehen, stark injicirt und mit zähem, grauem Schleim bedeckt. In der Pars pylorica mehrere, stärker prominirende warzenförmige Erhabenheiten und unmittelbar vor dem Pylorus ein etwa 1 cm langer Polyp. An der hinteren Fläche des Magens unterhalb des Pankreas grosse Paquete krebsig infiltrirter Lymphdrüsen. Weitere Krebsmetastasen weder in der Leber noch in sonstigen Organen vorhanden.

Leichendiagnose: Ausgedehntes ulcerirtes Carcinom des Magens mit krebsiger Infiltration der regionären Lymphdrüsen, Magenpolyp, chronischer Magenkatarrh; alter Milzinfarct. Croupöse Pneumonie des l. Unterlappens und r. Oberlappens, Lungenödem, fibrinöse linksseitige Pleuritis; leichte Atheromatose der Aorta.

Bei der mikroskopischen Untersuchung dieses interessanten Falles lassen sich in der noch erhaltenen, von der krebsigen Wucherung freien Magenschleimhaut nirgends mehr normale Drüsen auffinden. In der Pars pylorica bis herüber zum Geschwürsrande sind dieselben verbreitert, häufig geschlängelt, mit Ausbuchtungen versehen, oft mehr oder weniger cystisch erweitert und in den unteren Abschnitten ungewöhnlich stark traubig verzweigt. Das Epithel wird überall, bis in den Fundus herab, von cylindrischen Zellen gebildet, welche besonders in der oberen Hälfte des Drüsenschlauches sehr hoch sind und prachtvoll entwickelt zu sein pflegen; zugleich findet man überaus häufig eine äusserst intensive röthlichbraune Tinction der Zellen, wie sie bereits wiederholt hervorgehoben wurde. Aber auch in dem noch erhaltenen Teil der Fundus-Schleimhaut zeigen die Drüsen ganz das gleiche Verhalten; überall sind sie auch hier stark traubig verzweigt, vielfach erweitert und mit hohem Cylinderepithel ausgekleidet; Labzellen fehlen vollständig. Das Gleiche gilt auch von den Drüsen an der Curvatura minor und in der Regio cardiaca.

An der unmittelbar an das Geschwür angrenzenden Schleimhaut findet man fast überall eine fortschreitende krebsige Entartung der Drüsen, welche aber in der Schleimhaut selbst in der Regel plötzlich einsetzt und durch eine kleinzellig-entzündliche Infiltrationszone begrenzt wird. Besonders schön lässt sich der Uebergang der entarteten Drüsen zu der tiefer gelegenen krebsigen Wucherung in der Regio cardiaca studiren. Fast plötzlich zeigen sich hier die Drüsen in ihrer ganzen Ausdehnung, also auch in den oberen Abschnitten, sehr reichlich und regelmässig verzweigt, und durch äusserst zahlreiche, teils ein deutliches Lumen führende Anastomosen, teils durch einfache solide Epithelsprossen unter einander verbunden, so dass an den Stellen der üppigsten Wucherung das interglanduläre Bindegewebe fast gänzlich verschwunden ist und die ganze Schleimhaut in ein massiges Conglomerat durchaus atypischer Drüsensubstanz umgewandelt erscheint. Zugleich werden von dem wuchernden, ursprünglich aus grossen, sich blass braunrötlich tingirenden cylindrischen Zellen bestehenden Epithel vielfach knospenähnliche Vorsprünge nach dem Lumen zu gebildet, welche sehr oft mit der Epithellage der gegenüberliegenden Wand des Drüsenschlauches verschmelzen und so förmliche, durch das Drüsenlumen sich erstreckende Epithelbrücken (vid. Carcinoma recti No. 4) darstellen; auch findet man allenthalben das Epithel mehrschichtig werden, wobei dann die einzelnen Zellen, ganz ähnlich wie in dem angeführten Falle von Carcinoma recti, durch den gegenseitigen Druck die mannigfaltigsten Gestalten annehmen und häufig ein plattenepithelähnliches Ansehen erhalten.

Ueberall findet man in dem Epithel der entarteten Drüsen ziemlich zahlreiche gut conservirte indirecte Kernteilungsfiguren.

Dieser deutlich adenomatöse Charakter der krebsigen Wucherung geht jedoch sehr rasch verloren; oft sieht man bereits in den unteren Partien der Schleimhaut die gewucherten Drüsenschläuche ihr Lumen völlig verlieren und in äusserst dicht gedrängte, verworrene, aus ganz unregelmässig gestalteten Zellen bestehende Epithelstränge übergehen, welche die Muscularis mucosae durchbrechen und sich schliesslich in ganz diffuser Ausbreitung in dem meist sehr kernreichen und von Wanderzellen durchsetzten, häufig auch reichlich epithelioide Zellen enthaltenden Bindegewebe der Submucosa verlieren. Dieses Verhalten — ursprünglich adenomatöse Wucherung in der Schleimhaut mit Uebergang in schmale, diffus ausgebreitete Zellenstränge in der Submucosa und in den tieferen Gewebsschichten — findet sich in der ganzen Ausdehnung des krebsig entarteten Geschwürsrandes, nur ist an den übrigen Partien des Geschwürsrandes (Pars pylorica und Fundus) sehr oft der adenomatöse Charakter der entarteten Schleimhautdrüsen weniger ausgeprägt, indem dieselben sehr rasch ihr Lumen verlieren und unter einander zu soliden Krebskörpern verschmelzen.

In der im Bereiche der krebsigen Wucherung mächtig verdickten Submucosa hat sich die Neubildung fast überall unter der Form der geschilderten, aus ganz schmalen Epithelsträngen bestehenden Infiltration ausgebreitet, wobei ausserordentlich kernreiche Bindegewebspartien mit solchen von mehr scirrhösem Charakter abwechseln. Doch findet man besonders in den oberen Schichten der Submucosa, auch da, wo die Schleimhaut völlig zerstört ist und erstere im Geschwürsgrunde freiliegt, allenthalben auch kleinere Stellen mit deutlich adenomatösem Charakter und auch sonst sieht man durch das submuköse Bindegewebe zerstreut vereinzelte drüsenähnliche Zellenschläuche und unregelmässig begrenzte Epithelkörper, welche aber in der Peripherie sich meist wieder in schmale Zellenstränge auflösen. Das Gleiche gilt auch für die Muscularis, welche einen Teil des Geschwürsgrundes bildet und nicht allein hier, sondern auch noch in einer Entfernung von 2—4 cm von dem Geschwürsrande unterhalb der makroskopisch wenig veränderten Schleimhaut krebsig infiltrirt erscheint; und zwar ist die krebsige Wucherung sowohl in den grösseren Spalträumen als auch innerhalb der Muskelbündel selbst eingedrungen, so dass letztere vielfach von der Neubildung völlig substituirt erscheinen.

Indirecte Kerntheilungsfiguren sind in den epithelialen Wucherungen überall zerstreut und meist nur in ziemlich spärlicher Anzahl zu finden; häufiger sind sie nur an Stellen, wo die Wucherung noch deutlich adenomatösen Charakter trägt und kein atrophisches Ansehen besitzt.

Das im Geschwürsgrunde in grosser Ausdehnung frei liegende Pankreas ist in den oberen Schichten vollkommen nekrotisch, doch hier fast völlig frei von krebsiger Infiltration; erst etwa 8—10 mm unterhalb der Geschwürsoberfläche finden sich epitheliale Einlagerungen von zum Teil sehr ausgesprochen adenomatösem Charakter, welche ziemlich scharf umschriebene, aus äusserst dicht gedrängten Epithelschläuchen bestehende Knötchen bilden; dieselben zeigen zum Teil sehr schön entwickeltes Cylinderepithel, zum Teil unregelmässig gestaltete Zellen und besonders in der Peripherie findet man unter ihnen auch Uebergänge zu diffuser Ausbreitung, welche dann zugleich mit mächtiger Zellwucherung im Bindegewebe verbunden ist. Im Pankreas selbst ist das interacinöse Bindegewebe vielfach verdickt, kernreich und sehr stark kleinzellig entzündlich infiltrirt; in den dem Geschwürsgrund näher gelegenen Schichten erstreckt sich die entzündliche Infiltration auch in die Läppchen selbst herein und oft scheinen dieselben durch Vereiterung und Nekrose zugleich dem Untergange zu verfallen.

In den krebsig infiltrirten Lymphdrüsen ist von adenoidem Gewebe nichts mehr zu erkennen; dasselbe ist völlig durch die krebsigen Wucherungen substituirt, welche zum Teil ausgesprochen adenomatösen Charakter tragen, zum Teil auch aus verworrenen, schmalen, lumenlosen Epithelsträngen und Epithelreihen bestehen.

Histologische Diagnose: Carcinoma adenomatosum simplex mit Uebergang in Carc. adenomatosum scirrhosum und solidum scirrhosum.

27) Carcinoma ventriculi einer 43-jährigen Frau. J.-N. 63, 1881 *) (aus der chirurgischen Klinik des Herrn Prof. HEINEKE), Taf. X, Fig. 20.

Grösseres resecirtes Stück des Magens, an dessen Aussenseite die Serosa mit zahlreichen Adhäsionen besetzt; an der vorderen Fläche nach der grossen Curvatur zu mehrere dilatirte, stark geschlängelte Venen. Ein anhaftendes, bis 3 cm langes Stück des Netzes schlaff, mit etwas atrophischen Fettläppchen; in demselben ein etwa erbsengrosses, um-

---

*) Dieser Fall wurde bereits in der Arbeit „Das chronische Magengeschwür u. s. w." kurz erwähnt, auch wurde dort eine kurze Beschreibung der histologischen Verhältnisse der an den Tumor angrenzenden scheinbar normalen Magenschleimhaut gegeben.

schriebenes, graues Krebsknötchen, welches unmittelbar einer Venenwand
aufsitzt und nicht weit davon eine Gruppe von weiteren 3 Krebsknötchen.
Am Pylorusende findet sich ein etwa 2 cm breites Stück der Duodenalwand, in welcher unmittelbar an den Pylorus angrenzend 2 nadelkopf-
grosse, disseminirte Krebsknötchen sitzen. Der Pylorus selbst ragt in der
Form einer Portio vaginalis uteri stark in das Duodenum hinein.

Nach dem Spalten zeigt sich ein in der Längsrichtung des Magens
10$^1/_2$ cm, in querer Richtung aufgeklappt etwa 5 cm messender krebsiger
Tumor, welcher schon am Pylorus selbst, sowie weiterhin eine bis 3$^1/_2$ cm
breite Partie der hinteren Magenwand freilässt. Der Tumor zeigt einen
exquisit wallartigen, bis 1$^1/_2$ cm hohen Rand und in der Mitte, am
Pylorus beginnend, ein 3—5 cm im Durchmesser haltendes, tief ein-
dringendes Krebsgeschwür, dessen buchtige Basis von einzelnen lockeren
Krebszotten überragt ist. Nach dem Cardiaende zu findet sich am Präparat noch eine 1$^1/_2$—2 cm breite Partie normaler Magenwand. Die
Muscularis enorm hypertrophisch, 5—6 mm dick, sehr derb; Schleimhaut
und Submucosa im Bereiche des Tumors mit einander verschmolzen; die
angrenzende normale Schleimhaut verliert sich allmählich in der Geschwulstmasse. An einer Stelle des am weitesten nach der Cardia hin
gelegenen Geschwulstrandes sitzt an der Aussenfläche des Magens ein
verschieblicher, erbsengrosser, krebsiger Tumor (krebsige Lymphdrüse)
auf und gleich daneben ist die Serosa in einer Strecke von etwa 2 cm
leicht uneben durch confluirende, ganz flache, anscheinend krebsige Hervorragungen.

Die mikroskopische Beschreibung der an die Geschwulst angrenzenden, anscheinend normalen Schleimhaut lautet an erwähnter Stelle folgendermassen:

„An einem durch das Grenzgebiet der Geschwulst gelegten Schnitte,
welcher sich bis zur Operationsgrenze erstreckt, erkennt man, dass in
der ganzen 2—2$^1/_2$ cm breiten, an die Geschwulst angrenzenden Zone
anscheinend normaler Schleimhaut wahrhaft verschwindend wenige Drüsen
ihren normalen Bau und normales Epithel bewahrt haben.

Man mag den Schnitt entnehmen, welcher Stelle man will, man erhält in allen Regionen der Magenschleimhaut, nahe dem Fundus genau
ebenso, wie nahe dem Pylorus, überall das gleiche Bild: Die Drüsen sind
weitaus in der Mehrzahl ganz enorm erweitert, besitzen nach allen Seiten
hin blindsackähnliche, oft bauchig aufgetriebene Ausbuchtungen und verzweigen sich in ungemein zahlreiche, vielfach gewundene Ausläufer; bei
anderen wieder ist nur der Fundus stärker erweitert. Alle aber sind in
allen ihren Abschnitten mit hohem Cylinderepithel ausgekleidet, welches
an vielen Drüsen sich durch eine ungewöhnlich dunkle Kernfärbung auszeichnet und deren Lumen oft völlig auszufüllen scheint.

Je näher man der Geschwulstgrenze kommt, um so auffallender
werden jene Veränderungen; man sieht auch an vereinzelten Stellen, wie
solche entartete Drüsen selbst noch in einer Entfernung von 2 cm vom
Geschwulstrande die Muscularis mucosae durchsetzen und in der Submucosa sich traubig verzweigen."

Sehr häufig findet man im Epithel dieser entarteten Drüsen, und zwar
in allen Abschnitten derselben, wohl erhaltene indirecte Kerntheilungsfiguren.

In der an den Tumor unmittelbar angrenzenden und in die Geschwulstmasse übergehenden Schleimhaut zeigen die Drüsen nur an wenigen
Stellen die eben geschilderten Veränderungen; wo sich dieselben aber
vorfinden, durchbrechen die Drüsen in reichlicher Anzahl die Muscularis

mucosae und bilden in der Submucosa netzförmig verzweigte und anastomosirende Wucherungen, welche zunächst ebenfalls aus durchaus drüsenähnlichen Cylinderepithelschläuchen bestehen, sehr bald aber in solide, lumenlose Krebskörper übergehen. Diese erscheinen auf dem Durchschnitt zapfenförmig, kolbig oder rundlich, sind gegen das zum Teil ziemlich stark kleinzellig infiltrirte Gewebe der verdickten Submucosa sehr scharf abgegrenzt und werden von ziemlich grossen, dicht gefügten, polymorphen, sich gegenseitig polyedrisch abplattenden, grosskernigen Zellen gebildet, in welchen sehr zahlreiche indirecte Kernteilungsfiguren wahrzunehmen sind.

Meistens sind aber die Drüsen der krebsig entarteten, den Tumor zum Teil überkleidenden und mit ihm verwachsenen Schleimhaut in ganz anderer Weise verändert. Dieselben haben einen geraden Verlauf, sind beträchtlich verlängert und äusserst schmal; sehr häufig ist nur am Drüsenhals noch ein deutliches Lumen erhalten, während die unteren Drüsenabschnitte in einen schmalen, soliden Epithelstrang umgewandelt erscheinen. Mitunter findet man mitten im Verlaufe wieder kleine, lumenhaltige Strecken, welche dann von kurz cylindrischem Epithel eingenommen werden, während an den lumenlosen Partien das Epithel aus ziemlich kleinen cubisch geformten oder polymorph gestalteten Zellen besteht. Ueberall sind in dem Epithel der entarteten Drüsen zahlreiche Kernteilungsfiguren zu erkennen (Taf. X, Fig. 20).

Die entarteten Drüsen sind vielfach mit sehr schmalen, meist völlig lumenlosen, oft in schmale Zellenreihen übergehenden Ausläufern versehen, welche, namentlich in den oberen Abschnitten der Schleimhaut, vielfach parallel mit der ursprünglichen Drüse verlaufen, häufig aber auch mit den Nachbardrüsen oder mit Ausläufern von solchen in Verbindung treten, so dass besonders in den unteren Partien der Schleimhaut an vielen Stellen ein aus schmalen Epithelsträngen gebildetes, ziemlich dichtes Netzwerk entsteht. Fast überall sind die Drüsen sehr dicht gelagert; das interglanduläre Gewebe ist verdichtet, kernreich und kleinzellig infiltrirt.

An zahlreichen Stellen durchbrechen diese entarteten Schleimhautdrüsen die Muscularis mucosae, deren Fasern durch neugebildetes Bindegewebe und kleinzellige Infiltration weit auseinandergedrängt sind. In der Submucosa angelangt, durchsetzen die epithelialen Wucherungen das Gewebe teils in diffuser Ausbreitung, teils bilden sie mehr umschriebene, meist rundliche oder ovale Herde, welche aus einem mehr oder weniger dichten, verworrenen Netzwerk vielfach anastomosirender, schmaler Epithelstränge bestehen; nicht selten ist in letzteren noch ein enges Lumen zu erkennen. Die Zellen gleichen völlig denen der entarteten Schleimhautdrüsen, auch sind in denselben häufig Kernteilungsfiguren enthalten. Namentlich an Stellen, wo diese Wucherungen noch mit einem engen Lumen versehen sind, finden sich die Kernteilungsfiguren oft in ganz unglaublicher Anzahl. Das Stroma dieser umschriebenen Herde ist bald kernreich und reichlich von farblosen Blutkörperchen durchsetzt, bald weniger kernreich und sehr dicht, womit dann stets ein atrophisches Ansehen der epithelialen Wucherungen verbunden ist.

Im Bereiche des Tumors und noch etwa 1 cm über dessen Grenzen hinaus ist die ganze Submucosa teils von den zuletzt geschilderten Wucherungen, teils von den oben beschriebenen adenomatösen und soliden Krebsmassen ziemlich dicht durchsetzt. An manchen Stellen finden sich beide Formen gleichzeitig, während an anderen nur eine der beiden Formen ausschliesslich oder wenigstens vorherrschend vorhanden ist.

Auch in die erweiterten Spalträume der hypertrophischen Muscularis, deren interstitielles Gewebe beträchtlich vermehrt und kleinzellig infiltrirt erscheint, schieben sich jene soliden Epithelwucherungen herein und dringen von hier aus in die Subserosa vor. An vielen Stellen nehmen sie bedeutend an Mächtigkeit zu, indem zugleich die einzelnen Zellen beträchtlich grösser werden. Insbesondere bestehen die grösseren zusammenhängenden Geschwulstmassen, welche gegen die Mitte des Krebsgeschwüres hin sämmtliche Magenschichten durchsetzen, aus sehr breiten, netzförmig verbundenen Epithelzapfen und grossen Epithelkörpern, welche von grossen, sich gegenseitig abplattenden, meist unregelmässig gestalteten, in der Peripherie aber oft mehr oder weniger deutlich cylindrisch geformten Zellen gebildet werden.

Die krebsig infiltrirten Lymphdrüsen enthalten ausschliesslich derartige solide epitheliale Einlagerungen, während das Lymphdrüsengewebe in derbes, aber kernreiches Bindegewebe mit ziemlich starker kleinzelliger Infiltration umgewandelt ist; auch hier findet man im Epithel reichliche indirecte Kernteilungsfiguren, während im Bindegewebe solche völlig zu fehlen scheinen.

Histologische Diagnose: Mischform von Carcinoma adenomatosum und solidum.

28) Carcinoma ventriculi eines 31-jährigen Mannes. J.-N. 188, 1884 (aus der chirurgischen Klinik des Herrn Prof. HEINEKE).

Resecirtes Magenstück, umfassend die ganze Pars pylorica und ein grösseres Stück des Duodenums. Die ganze Magenwand fühlt sich in der Umgebung des Pylorus sehr derb an; die Serosa ist vielfach sehnig getrübt und zum Teil mit bindegewebigen Adhäsionen besetzt, allenthalben drängen flache graugelbliche Krebsknötchen gegen die Oberfläche heran. Nach Spaltung des Pylorus zeigt sich ein, hauptsächlich an der hinteren Magenwand gelegenes, fast den ganzen Pylorus umfassendes und auch noch auf den Anfangsteil des Duodenums übergreifendes, flaches Krebsgeschwür, in dessen Umgebung die Schleimhaut in ziemlich grosser Ausdehnung völlig unverschieblich ist; dabei ist dieselbe sehr uneben, von warzigem Aussehen und von dunkelgraurot und graugelblich fleckiger Färbung. Nach der Peripherie hin gewinnt die Schleimhaut allmählich annähernd normales Verhalten, doch erscheint sie auch hier noch beträchtlich verdickt. Auf dem Durchschnitt zeigen sich, namentlich nahe am Pylorus, die sämmtlichen Magenschichten stark verdickt; die Magenwand erreicht hier eine Dicke von über 2 cm. Die einzelnen Magenschichten sind überall derb infiltrirt, jedoch noch deutlich von einander abgegrenzt. Von der Schnittfläche lässt sich ziemlich reichlich Krebssaft abstreifen. An der grossen Curvatur mehrere fast haselnussgrosse, krebsig infiltrirte Lymphdrüsen, deren Substanz gänzlich in derbe, blassgraue Geschwulstmasse umgewandelt ist.

Bei der mikroskopischen Untersuchung zeigt die krebsige Entartung der Magenschleimhaut an der nach dem Pylorus zu gelegenen Hälfte des erkrankten Bezirkes einen wesentlich adenomatösen Charakter. An einem hier durch die Magenwand senkrecht gelegten Schnitt findet man die Drüsen auch in der angrenzenden, anscheinend normalen Schleimhaut häufig etwas vergrössert, leicht geschlängelt und tiefer herab als normal mit hohem Cylinderepithel ausgekleidet; unmittelbar vor der eigentlich krebsigen Erkrankung sind dieselben zum Teil auch stärker ausgebuchtet und führen oft ausschliesslich, bis in den Drüsenfundus herab, hohe cylindrische Zellen, welche die WALDEYER'sche Karmintinction deutlich erkennen lassen. Diese leicht veränderten Drüsen scheinen jedoch keinen allmählichen Uebergang zu der krebsigen Entartung zu bilden, welche plötzlich beginnt und einen wesentlich anderen Charakter zeigt. Vielmehr sind die Drüsen in der Randzone der eigentlich krebsigen Partie in verlängerte, in ihrem oberen Teile wenig gewundene, schmale Epithelschläuche umgewandelt, deren Breitendurchmesser grosse Unregelmässigkeiten zeigt, indem an dem gleichen Drüsenschlauch leicht erweiterte Partien oft plötzlich mit mächtig verengerten Stellen, an welchen das Drüsenlumen unterbrochen und der Zellenschlauch in einen schmalen Zellenstrang übergegangen ist, abwechseln. Zugleich sind die entarteten Drüsen, deren Epithel von niedrigen cylindrischen, meistens aber von cubischen oder mehr unregelmässig gestalteten, stets sich sehr dunkel tingirenden und zahlreiche Kernteilungsfiguren enthaltenden Zellen gebildet wird, vielfach durch Anastomosen und Epithelbrücken unter einander verbunden und besonders in ihren unteren Abschnitten bilden dieselben ein förmliches, aus schmalen Zellschläuchen und Zellsträngen bestehendes Netzwerk.

Das dazwischen liegende Bindegewebe ist wenig kernreich und mässig kleinzellig infiltrirt. Dieses Verhalten zeigt die krebsig entartete Schleimhaut nach dem Pylorus zu in einer etwa 8 mm breiten Randzone; weiter nach einwärts ist die Schleimhaut noch auf eine Strecke von etwa 1¹/₂ cm noch deutlich als solche von den übrigen Magenschichten geschieden; sie erreicht aber allmählich eine Dicke von nahezu 5 mm; die mächtig verlängerten Drüsenschläuche besitzen noch häufiger ganz plötzliche cystische Erweiterungen und sind besonders in ihren unteren Abschnitten oft mit zahlreichen, dicht gedrängten Ausbuchtungen versehen, leicht geschlängelt und durch zahlreiche Anastomosen unter einander verbunden.

Sehr zahlreiche in dieser Weise entartete Drüsenschläuche durchbrechen teils in senkrechter, teils in schräger Richtung die Muscularis mucosae und an einzelnen Stellen ist letztere von den Epithelschläuchen so dicht durchsetzt, dass ihre Fasern weit auseinandergedrängt erscheinen, bis sie sich nach der Mitte der krebsigen Wucherung hin allmählich völlig in der Neubildung verlieren. In der Submucosa bestehen die epithelialen Wucherungen nur zum Teil aus kräftig entwickelten, breiteren, mitunter leicht cystisch erweiterten Cylinderepithelschläuchen; in der Regel erfahren dieselben eine eigentümliche scirrhöse Veränderung, welche durch eine sehr mächtige Wucherung des submukösen Bindegewebes in der Umgebung der epithelialen Neubildung bedingt wird. Meistens bildet letztere rundliche oder ovale Knötchen, welche allerdings fast überall zu grösseren Herden confluiren, so dass die Submucosa in ganzer Ausdehnung dicht durchsetzt erscheint; aber auch dann lässt sich noch deutlich eine auf Confluenz einzelner Knötchen beruhende Anordnung erkennen. Diese Knötchen bestehen einerseits aus sehr kernreichem, neugebildetem Bindegewebe, welches sehr reichlich spindelförmige und oft auch epithelioide junge Bindegewebszellen enthält, andererseits aus der epithelialen Wucherung; letztere wird meistens von ganz atrophischen, aus kleinen, unregelmässig gestalteten, seltener deutlich cylindrischen Zellen bestehenden engen Epithelschläuchen gebildet, welche an vielen Stellen in schmale Epithelstränge und einfache Epithelreihen übergehen und in der Form eines ziemlich dichten, verworrenen Netzwerkes in die Knötchen eingelagert sind.

Indirecte Kernteilungsfiguren sind in diesen Wucherungen nur da häufiger zu finden, wo dieselben noch kein atrophisches Ansehen besitzen;

aber auch in den schmalen Zellenreihen sind noch zerstreute Kernteilungs-figuren enthalten.

In der Umgebung der einzelnen Krebsknötchen sowohl als auch in der Peripherie der ganzen krebsigen Wucherung ist das Bindegewebe sehr stark kleinzellig infiltrirt. Auch die Muscularis zeigt sich bis in die untere Schichte herein an dem nach dem Pylorus zu gelegenen Teile des krebsigen Erkrankungsherdes von der epithelialen Wucherung durch-setzt; und zwar bildet letztere hier teils üppigere, in die Spalträume der Muscularis eingelagerte, drüsenähnliche Zellenschläuche, teils, unter Atrophie der Muskelfasern, umschriebene Knötchen von dem eben geschilderten Verhalten.

Ganz anders verhält sich dagegen die krebsige Entartung an den dem Fundus zugekehrten Partien des erkrankten Bezirkes. Hier fehlt der adeno-matöse Charakter vollständig; man sieht vielmehr in der bis zu 3 mm verdickten Schleimhaut die Drüsen sofort in solide, äusserst dichtgedrängte, schmale Epithelstränge umgewandelt, welche unter einander häufig durch Brücken verbunden sind und in den unteren Abschnitten oft in grösserer Ausdehnung zu verschmelzen scheinen.

Das Epithel dieser entarteten Drüsen wird von unregelmässig ge-stalteten, sich gegenseitig abplattenden Zellen gebildet, welche den nor-malen Labzellen etwas ähnlich sehen, in der Regel aber etwas grössere Kerne besitzen und sich etwas dunkler tingiren. Indirecte Kernteilungs-figuren sind in diesen entarteten Drüsen viel spärlicher zu finden, als in den oben beschriebenen, wo die Entartung einen adenomatösen Cha-rakter trägt.

Die Muscularis mucosae wird von der epithelialen Wucherung teils in der Form isolirter Stränge, teils in breiteren Massen, teils in der Form von schmalen Zellenreihen durchbrochen; in der von den Wucherungen völlig durchsetzten Submucosa ist ebenfalls ein scirrhöser Charakter vor-herrschend, doch findet man nicht selten auch dickere Stränge, zapfen-förmige Einlagerungen und grössere Körper kräftig entwickelter Zellen. Auch hier lässt sich mitunter eine deutlich knötchenförmige Anordnung der Neubildung erkennen und dann bestehen die einzelnen Knötchen in der Regel aus derberem, weniger kernreichem Bindegewebe, in welches ein dichtes Netzwerk schmaler Epithelstränge eingelagert ist. Meistens aber ist das ebenfalls äusserst kernreiche, sehr zahlreiche poly-morphe junge Bindegewebszellen enthaltende submuköse Gewebe in diffuser Ausbreitung von den epithelialen Zellen dicht infiltrirt, dabei allenthalben, besonders in der Peripherie der epithelialen Wucherungen, von Wanderzellen durchsetzt. Häufig erscheinen die epithelialen Zellen hier klein und atrophisch, so dass sie an vielen Stellen oft schwer von den epithelioiden jungen Bindegewebszellen zu unterscheiden sind. Auch in den Spalträumen der Muscularis finden sich vielfach unregelmässig begrenzte Nester unregelmässig gestalteter epithelioider Zellen eingelagert; häufig aber sind auch diese Spalträume nur durch sehr kernreiches, sehr reichlich epithelioide Zellen enthaltendes, frisch gewuchertes Binde-gewebe weit auseinandergedrängt.

Ueberall findet man in den epithelialen Wucherungen mässig zahl-reiche zerstreute Kernteilungsfiguren, während im Bindegewebe solche sehr selten sind.

Ganz das gleiche Verhalten zeigen die krebsig infiltrirten Lymph-drüsen; nur an wenigen Stellen findet man scharf umschriebene, solide epitheliale Zellennester, welche von deutlichen, den Labzellen nicht unähnlichen, häufig Kernteilungsfiguren enthaltenden Epithelien gebildet werden. Dagegen hat das Drüsengewebe selbst seinen adenoiden Charakter fast überall völlig verloren und ist ebenfalls in ein äusserst kernreiches, ausserordentlich zahlreiche, mannigfaltig geformte, epithelioide Zellen enthaltendes Bindegewebe umgewandelt.

Histologische Diagnose: Mischform von Carcinoma adenomatosum scirrhosum und Carcinoma solidum scirrhosum.

29) Carcinoma ventriculi einer 34-jährigen Frau, 1885 (aus der chirurgischen Klinik des Herrn Prof. Heineke), Taf. X, Fig. 21.

An dem den Pylorus und einen grösseren Teil der Pars pylorica umfassenden resecirten Stück des Magens ist die Magenwand ausserordentlich stark verdickt und fühlt sich von aussen sehr derb an. Die Serosa ist an der Aussenfläche sehnig getrübt, mit flachen Krebsknötchen besetzt und in der Umgebung der letzteren stärker injicirt. Nach unten zu, d. i. an der grossen Curvatur, befindet sich ein der Magenwand ganz breit aufsitzender und mit dieser innig verwachsener derber, knolliger Geschwulstknoten, welcher sich als das krebsig infiltrirte Mesocolon erweist. Das Colon transversum ist an dieser Stelle mit der Geschwulstmasse ebenfalls breit verwachsen, doch ist die Wand desselben frei von krebsiger Wucherung. Die Oeffnung des Pylorus ist ziemlich stark stenosirt. Nach Spaltung des Magenstückes zeigt sich an der hinteren Wand und von dieser auf die Curvatura major übergreifend, hart an den Pylorus angrenzend, ein sehr tiefes, aber nicht sehr umfangreiches Krebsgeschwür mit ziemlich plattem Grunde. Die Geschwürsränder werden von der in der Umgebung des Geschwüres mächtig verdickten, wallartig aufgeworfenen und markig infiltrirten Schleimhaut gebildet. Auf dem senkrechten Durchschnitt zeigt sich die ganze Magenwand im Bereiche des Krebsgeschwüres und in dessen Umgebung zum Teil bis zu 2 cm verdickt und in ziemlich derbe Geschwulstmasse umgewandelt, in welcher sich die angrenzenden normalen Magenschichten allmählich verlieren. Die angrenzende normale Schleimhaut ist ziemlich stark injicirt, leicht verdickt und geht ebenfalls allmählich in die krebsig entartete Schleimhaut über.

Die von dem krebsigen Tumor und dem krebsigen Geschwürsrande entfernteren Schleimhautpartien zeigen an manchen Stellen eine etwas stärkere kleinzellige Infiltration des interglandulären Bindegewebes, die Drüsen verhalten sich durchaus normal. Dagegen ist die Schleimhaut in unmittelbarer Nähe der krebsigen Entartung deutlich verdickt, die Drüsen sind oft beträchtlich verlängert und meistens bis in den Fundus herab ausschliesslich mit hohem Cylinderepithel ausgekleidet: jedoch lässt sich ein wirklicher allmählicher Uebergang von derartig veränderten Drüsen in die krebsige Wucherung nirgends mit Sicherheit nachweisen. Wohl aber findet man ausserdem, an das krebsige Geschwür unmittelbar angrenzend, grössere Schleimhautstrecken, in welchen die Drüsen in einer Weise entartet sind, welche vollkommen dem Charakter der in den tieferen Gewebslagen befindlichen Geschwulstmassen entspricht. Die Drüsen sind hier meistens leicht verdickt und von polyedrischen Zellen, welche eine gewisse Aehnlichkeit mit den normalen Labzellen des Magens nicht verkennen lassen, aber ein weniger körniges Zellprotoplasma und einen meistens etwas grösseren bläschenförmigen Kern besitzen, derartig ausgefüllt, dass in der Regel gar kein Lumen mehr nachzuweisen ist und der ganze Drüsenschlauch in einen dicken Epithelcylinder umgewandelt er scheint. Sehr häufig ist die Membrana propria von dem wuchernden Epithel an verschiedenen Stellen durchbrochen, und es zeigen sich dann die Drüsen, besonders gegen den Fundus hin, mehr oder weniger unter einander verschmolzen; an sehr stark entarteten Stellen der Schleimhaut ist diese partielle Verschmelzung der Drüsen unter einander so ausgedehnt, dass dadurch der ursprüngliche Charakter der Schleimhaut völlig verloren gegangen ist, indem einzelne Drüsen nicht mehr zu erkennen sind, vielmehr die Schleimhaut in ihrer ganzen Dicke von einem dichten Gewirre vielfach verschlungener Epithelstränge durchsetzt erscheint. Das noch erhaltene interglanduläre Bindegewebe ist meist reichlich kleinzellig infiltrirt und nicht selten sieht man auch innerhalb der Epithelmassen selbst eingewanderte farblose Zellen.

Derartig veränderte Drüsen durchbrechen nun allenthalben die Muscularis mucosae und gehen unmittelbr in die tiefer gelegenen krebsigen Wucherungen über. Letztere bilden in der Submucosa meist umfangreichere, rundliche, in der Regel scharf begrenzte Knoten, welche aus dicht gelagerten, soliden Zellenhaufen und einem äusserst dichten unregelmässigen Netzwerk vielfach unter einander anastomosirender Epithelstränge von verschiedener Dicke gebildet werden (Taf. X, Fig. 21); oft erscheinen diese Zellenstränge und Zellenhaufen auf dem Durchschnitt nur noch durch einzelne Bindegewebsfasern von einander getrennt und vielfach finden dann an solchen Stellen Uebergänge von einfachen strangförmigen Wucherungen zu umfangreicheren Krebskörpern durch Verschmelzung statt. Mitunter kann man, namentlich in der Peripherie der grösseren Zellnester, an einzelnen der schmäleren Epithelstränge und Epithelzapfen auf kurze Strecken hin ein deutliches Lumen erkennen und die Zellen zeigen dann häufig mehr cylindrische oder cubische Formen; an sehr wenigen, unmittelbar an die entartete Schleimhaut angrenzenden oder mit dieser völlig verschmolzenen Stellen bestehen die krebsigen Wucherungen aus dicht gelagerten, verworrenen, drüsenähnlichen Zellschläuchen, welche von cubischen oder mehr unregelmässig gestalteten, den Labzellen nicht unähnlichen Epithelien gebildet werden. Doch wird durch diese spärlichen und wenig umfangreichen Partien von adenomatösem Bau der Charakter der Neubildung im Ganzen nicht beeinflusst, vielmehr wird dieser durchaus durch die nicht-adenomatösen, soliden Zellkörper bedingt.

Etwas häufiger findet man dagegen eine leichte scirrhöse Entartung grösserer und kleiner Krebsknoten; die epithelialen Wucherungen bestehen hier nur aus ganz schmalen, meist nur doppelreihigen, häufig selbst nur einreihigen Zellensträngen, welche wohl ein sehr dichtes, verworrenes Netzwerk bilden, aber niemals zu umfangreicheren Epithellagern verschmelzen, vielmehr stets durch ebenso breite Züge jungen Bindegewebes von einander getrennt sind. In der Peripherie zeigen dann derartige Krebskörper oft einen völlig atrophischen Charakter, indem die Bälkchen des sie durchsetzenden Bindegewebsnetzes breiter und mächtiger werden, die Maschenräume dagegen entsprechend enger, wodurch die Zellen der epithelialen Wucherung der Atrophie verfallen, klein und unansehnlich werden und in Folge der Schrumpfung ihr epitheliales Ansehen oft völlig verlieren.

Fast ausnahmslos findet man in der nächsten Umgebung der krebsigen Wucherungen eine oft sehr ausgesprochene entzündliche, kleinzellige Infiltration und die Submucosa zeigt sich noch in ziemlich weiter Entfernung von dem krebsigen Erkrankungsherd unmittelbar unter der Schleimhaut ebenfalls leicht kleinzellig infiltrirt. Sonst erscheint das submuköse Bindegewebe in der Umgebung der krebsigen Neubildung sehr beträchtlich verdickt. Das Gleiche gilt auch von der Muscularis, in welche sie an zahlreichen Stellen die epithelialen Knoten, ohne dabei ihre rundliche Begrenzung zu verlieren, hereinsenken, indem die einzelnen, die Knoten zusammensetzenden Epithelstränge und Epithelzapfen zwischen die Spalträume der Muscularis eindringen, die Muskelfasern auseinanderdrängen und zur Atrophie bringen. Noch sei erwähnt, dass an manchen Stellen die krebsigen Wucherungen von der Submucosa aus auch gegen die Schleimhaut hin vordrängen und in dieselbe hereinwuchern; es schieben sich dieselben hier in der Form von bald schmäleren Zellensträngen und Zellenreihen, bald von dickeren Epithelzapfen zwischen die ursprünglichen normalen Schleimhautdrüsen herein; letztere erscheinen dann völlig atrophisch und oft ist das Drüsenepithel untergegangen, der Drüsenschlauch comprimirt und nur noch die Membr. propria zurückgeblieben. Solche Stellen sind dann sehr leicht mit primär entarteten Schleimhautpartien zu verwechseln.

Indirecte Kernteilungsfiguren sind in diesem Falle in relativ nicht so grosser Anzahl vorhanden; am reichlichsten finden sie sich noch in den Wucherungen der Submucosa.

Histologische Diagnose: Carcinoma solidum medullare mit Uebergang zu simplex und scirrhosum (nur an einzelnen Stellen trägt die Geschwulst adenomatösen Charakter).

30) Carcinoma ventriculi (ohne Angabe der Personalien dem path. Institute zugeschickt). J.-N. 109, 1883.

Etwas ausgedehnter Magen, an der hinteren Wand mit dem Pankreas in grösserer Ausdehnung verwachsen: an der kleinen Curvatur ein fast faustgrosser, aus krebsig infiltrirten Lymphdrüsen und von Krebsmassen durchsetztem Fettgewebe bestehender Knoten, welcher mit der Serosa des Magens fest verwachsen ist. An diese Stelle angrenzend an der vorderen Magenwand zahlreiche disseminirte, durch die Serosa durchscheinende, blass graugelbliche Geschwulstknötchen und strangähnliche, krebsig infiltrirte Lymphgefässe. Nach Eröffnung des Magens zeigt sich fast die ganze rechte Hälfte desselben von einem äusserst umfangreichen, 18 cm langen und am aufgeschnittenen Magen 15 cm breiten Geschwür eingenommen, welches nur vor der Cardia eine etwa 2 cm breite Schleimhautzone, sowie einen kleinen Teil des Fundus und eine schmale Brücke in der Mitte der vorderen Magenwand frei lässt. Der ganze Geschwürsgrund ist schmutzig schwarzgrün verfärbt, mit nekrotischen Gewebsfetzen besetzt, überall die markig infiltrirte Muscularis freiliegend. Die Schleimhaut des Geschwürsrandes wallartig aufgeworfen, stark verdickt und unverschieblich. Auch gegen den Pylorus zu ist die Schleimhaut in einer Ausdehnung von nahezu 5 cm mit der Unterlage verwachsen und auf dem Durchschnitt zeigen sich hier sämmtliche Magenschichten zwar noch deutlich erkennbar, aber in ein starres, markig infiltrirtes Gewebe umgewandelt. Weiter nach aussen verliert sich allmählich diese krebsige Infiltration und die Schleimhaut, sowie die übrigen Magenschichten haben ein normales Ansehen. Die noch erhaltene Schleimhaut überall leicht injicirt, am Geschwürsrande selbst etwas dunkler. In der Leber keine Metastasen.

Bei der mikroskopischen Untersuchung findet man in der an das

Krebsgeschwür angrenzenden Schleimhaut in grosser Ausdehnung die Drüsen in ihren beiden unteren Dritteilen (die oberste Schleimhautschichte ist an dem durch Section gewonnenen Präparate cadaverös erweicht) in sehr schmale, äusserst dicht gedrängte Epithelstränge umgewandelt, an welchen selten mehr ein Lumen zu erkennen ist und welche, durch vielfache Anastomosen unter einander verbunden, ein unregelmässiges Netzwerk bilden. Das Epithel dieser entarteten Drüsen hat nur an solchen Stellen, wo noch ein deutliches Lumen vorhanden ist, cylindrische Form: hauptsächlich wird dasselbe von auffallend kleinen, polyedrischen, dicht gedrängten Zellen gebildet, welche einen relativ grossen, sich sehr dunkel tingirenden, rundlichen oder ovalen Kern besitzen. Das interglanduläre Gewebe ist meistens leicht verdickt, wenig kernreich, dagegen von auffallend zahlreichen sehr stark erweiterten Capillaren und feinsten Venenstämmchen durchsetzt.

Die entarteten Drüsen durchbrechen an zahlreichen Stellen die verdickte, allenthalben kleinzellig infiltrirte und von Bindegewebe durchsetzte Muscularis mucosae, deren Faserzüge durch die epitheliale Wucherung oft weit auseinandergedrängt werden: nahe dem Geschwürsrande selbst erscheint dieselbe vollständig in der krebsigen Wucherung untergegangen und Schleimhaut und Submucosa bilden hier scheinbar ohne Uebergang eine einheitliche Geschwulstmasse. Letztere besteht in der bis zu 1 cm verdickten Submucosa aus ausserordentlich dicht gedrängten, schmalen, aber oft in der Dicke rasch wechselnden Zellsträngen, welche durch zahlreiche Anastomosen unter einander verbunden sind, oft auch zu unregelmässig begrenzten grösseren Epithelkörpern confluiren und so ein dichtes, verworrenes Netzwerk bilden; die einzelnen Epithelstränge sind meistens nur durch ganz schmale, ziemlich kernreiche Bindegewebszüge von einander getrennt. Es werden dieselben von den gleichen Zellen gebildet, aus welchen die entarteten Schleimhautdrüsen bestehen; doch findet man, besonders in der Peripherie etwas umfangreicherer Wucherungen, nicht selten auch deutlich cylindrisch geformte Zellen. Selten ist an den Epithelsträngen die Andeutung eines Lumens vorhanden: auch an solchen Stellen findet sich in der Regel deutliches Cylinderepithel.

Auch die Muscularis zeigt sich von der krebsigen Wucherung ausserordentlich dicht durchsetzt; und zwar schieben sich ganz schmale Epithelstränge und einfache Zellenreihen in die feinsten Spalträume der Muscularis herein, überall die Fasern der Muskelbündel auseinanderdrängend. Oft verlaufen zwischen den Epithelsträngen nur noch einzelne, atrophische Muskelfasern und an vielen Stellen ist das Muskelgewebe völlig untergegangen und durch die krebsige Neubildung substituirt; aber auch dann lässt sich an der Anordnung der Epithelstränge noch deutlich der ursprüngliche Verlauf der untergegangenen Muskelbündel erkennen. Die kleinzellige Infiltration in der Peripherie der krebsigen Wucherung fehlt in diesem Falle fast vollständig.

Die in der Subserosa gelegenen Geschwulstknötchen und die krebsig infiltrirten Lymphdrüsen zeigen das gleiche histologische Verhalten, wie die die Submucosa durchsetzenden Geschwulstmassen.

Kernteilungsfiguren sind in diesem Falle nicht mehr mit Sicherheit zu erkennen.

Histologische Diagnose: Carcinoma solidum simplex mit Uebergang zu scirrhosum.

31) C a r c i n o m a v e n t r i c u l i. J.-N. 64 1884 (aus dem Nürnberger Krankenhause ohne Angabe der Personalien zugeschickt).

Ausserordentlich kleiner, sehr stark geschrumpfter Magen, in grösster Ausdehnung vom Pylorus zum Fundus gemessen 13 cm lang, von der kleinen zur grossen Curvatur $5\frac{1}{2}$ cm breit. Die ganze Magenwand, mit Ausnahme eines ganz kleinen Bezirkes unmittelbar vor dem Pylorus sehr stark verdickt, in der Mitte nahezu bis zu $1\frac{1}{2}$ cm, überall steif und starr. Die Serosa allenthalben wie sehnig getrübt und mit zahlreichen durchscheinenden, kleinen, graugelblichen Erhabenheiten besetzt. Das Netz ebenfalls sehr stark geschrumpft, nahe dem Pylorus mehrere bis haselnussgrosse, markig infiltrirte Lymphdrüsen. Die Schleimhaut des Magens ziemlich blass, im ganzen Bezirke der erkrankten Partie wulstig erhaben, mit einzelnen stärker hervorragenden, verbreiterten, starren Längsfalten. Gegen den Pylorus hin grenzt sich der entartete Bezirk in ausgebuchteter, ziemlich scharfer Linie von der normalen Schleimhaut ab; dagegen ist die Entartung gegen Cardia und Fundus hin nicht scharf abgegrenzt und in letzterem selbst finden sich noch zerstreute ganz kleine warzige Erhabenheiten. Auf dem Durchschnitt zeigt sich die Schleimhaut fast überall leicht verdickt, von markigem Ansehen: die Submucosa ebenfalls leicht verdickt, sehnig glänzend, derb, von weisslichen Streifen durchzogen; die Muscularis äusserst hypertrophisch, bis zu 1 cm dick, das interstitielle Bindegewebe überall in der Form von sehnig glänzenden, weisslichen Streifen hervortretend.

Dieser Fall zeigt in seinem histologischen Verhalten eine gewisse Aehnlichkeit mit dem soeben beschriebenen. Auch hier erscheinen in der Peripherie des entarteten Schleimhautbezirkes, was sich auch an dem, zumal in den oberen Gewebsschichten, ziemlich schlecht conservirten Präparate noch deutlich erkennen lässt, die Drüsen verbreitert und direct in solide Epithelstränge von verschiedener Dicke umgewandelt, welche in ihren unteren Abschnitten häufig unter einander verschmolzen sind und in der Form solider Epithelzapfen durch die Musc. mucosae hindurch in die tieferen Magenschichten sich einsenken. Das Epithel dieser entarteten Drüsen wird selten von cylindrischen, vielmehr meistens von polygonalen, den Labzellen ähnlichen Zellen gebildet: das Gleiche gilt auch für die in die Submucosa eindringenden und die Muscularis durchsetzenden epithelialen Einlagerungen. Letztere bestehen in der Submucosa meist aus ziemlich dicken, stets durchaus soliden Epithelsträngen und Epithelzapfen, welche bald mehr, bald weniger dicht gelagert, die Spalträume der Submucosa erfüllen und häufig eine der Schleimhautoberfläche parallel verlaufende Anordnung zeigen. An anderen Stellen aber bilden sie zum Teil sehr mächtige rundliche, mannigfaltig verzweigte und unter einander anastomosirende Zellenmassen, welche in der Form eines dichten unregelmässigen Netzwerkes das Gewebe durchsetzen. Ausserdem aber erscheint das Gewebe, insbesondere das interstitielle Bindegewebe der Muscularis häufig wie diffus von Epithelien infiltrirt, indem dieselben ohne bestimmte Anordnung in kleinen Reihen und Gruppen oder scheinbar selbst einzeln (Querschnitte einreihiger Zellstränge) die feinsten Gewebsspalten erfüllen. Gleichzeitig findet man in der Regel eine sehr mächtige Kernwucherung und kleinzellige Infiltration des Bindegewebes; oft lassen sich die vielgestaltigen Bindegewebszellen, welche nicht selten ein epithelioides Ansehen besitzen, von den häufig unansehnlichen und geschrumpften Epithelien schwer unterscheiden. Doch findet man mitten in derartig verändertes und von Krebszellen diffus infiltrirtes Gewebe häufig auch scharf umschriebene Epithelzapfen eingelagert, welche an der einen oder anderen Stelle in die diffuse epitheliale Infiltration sich aufzulösen scheinen und so deutliche Uebergänge bilden.

Kernteilungsfiguren sind in dem mangelhaft conservirten Präparate nicht mehr zu erkennen.

Die infiltrirten Lymphdrüsen sind zum grossen Teil in derbes Bindegewebe umgewandelt und reichlich von epithelialen Einlagerungen durchsetzt.

Histologische Diagnose: Carcinoma solidum scirrhosum.

32) Carcinoma ventriculi gelatinosum eines 67-jährigen Mannes. J.-N. 40, 1884 (aus dem Nürnberger Krankenhause).

Magen etwas verkleinert, an der Vorderfläche durch die Serosa zahlreiche graue Knötchen und krebsig infiltrirte Gefässramificationen durchscheinend: die letzteren stark erhaben und auch auf dem Querschnitt deutlich als verstopfte Gefässe zu erkennen. An der kleinen Curvatur greifen die krebsigen Wucherungen direct auf die hier verwachsene Leber über. Die Magenwand überall und in allen Schichten beträchtlich verdickt, bis zu 1 cm, steif und von derber Consistenz. In der Mitte der hinteren Magenwand und von dieser auf die kleine Curvatur übergreifend ein grosser ulcerirter, pilzförmiger Tumor, auf dem Durchschnitt teils graugelblich, markig, teils (besonders nach der Basis zu) gallertig glänzend. Die Geschwulstmasse durchsetzt sämmtliche Magenschichten und greift auch in das mit dem Magen verwachsene Pankreas hinein. Neben diesem Tumor ein zweiter kleinerer Knoten in der Schleimhaut, fast durchaus von markiger Beschaffenheit. Der ganze übrige Teil des Magens in allen Schichten wie von gallertigen Geschwulstmassen gleichmässig durchsetzt, nur an einzelnen Stellen befinden sich wie eingestreut auch markige Partien.

Die leicht vergrösserte Leber von zahlreichen, bis wallnussgrossen, derben Krebsknoten durchsetzt.

Die an den krebsig erkrankten Bezirk angrenzende normale Magenschleimhaut ist in diesem Falle so stark cadaverös verändert, dass eine histologische Untersuchung derselben unmöglich ist; auch im Bereiche der krebsigen Erkrankung ist die Schleimhaut nur in den unteren Schichten ziemlich gut erhalten. Die unteren Drüsenabschnitte erscheinen hier traubig verzweigt und mit Ausläufern versehen, fast überall leicht cystisch erweitert und mit ziemlich kleinen, sich dunkel tingirenden, cubisch geformten Zellen ausgekleidet. Das interglanduläre Gewebe ist kernreich und reichlich kleinzellig infiltrirt. In grosser Anzahl durchbrechen die entarteten Drüsen die ebenfalls entzündlich infiltrirte Muscularis mucosae und gehen in continuirlichem Zusammenhang in die die Submucosae durchsetzenden Wucherungen über.

Letztere tragen in der obersten, unmittelbar unter der Muscularis mucosae gelegenen Zone einen exquisit adenomatösen Charakter; die Wucherungen gleichen durchaus den unteren Abschnitten der entarteten Schleimhautdrüsen, nur sind sie grösstenteils in höherem Grade cystisch erweitert. Das submuköse Bindegewebe ist im Bereich dieser adenomatösen Zone sehr kernreich und sehr stark kleinzellig infiltrirt.

Der übrige Teil der mächtig verdickten Submucosa erscheint in ganzer Ausdehnung in ein sehr weitmaschiges alveoläres Gerüst umgewandelt, dessen Balken von kernarmen Bindegewebszügen gebildet werden, in welchen die Gefässe der Submucosa verlaufen. Die einzelnen alveolären Räume, welche oft nur durch ganz schmale Bindegewebszüge oder selbst nur durch einzelne Bindegewebsfasern von einander getrennt sind, häufig auch durch Schwund der Septa unter einander zu grösseren Hohlräumen confluiren, sind überall von einer durchsichtigen glasigen Gallertmasse erfüllt.

In den kleineren dieser Hohlräume findet man sehr häufig mitten in der Gallertmasse gelegen und von dieser allseitig umgeben die Durchschnitte von teils einfach drüsenschlauchähnlichen, teils leicht cystisch erweiterten adenomatösen Wucherungen, welche vollkommen den in den oberen, nicht gallertigen Lagen der Submucosa gelegenen Wucherungen ähnlich sind und wie diese aus ziemlich kleinen, kurz cylindrischen oder cubischen Zellen bestehen. Häufig sind auch die Zellen dieser epithelialen Wucherungen wie in Unordnung geraten, indem sie locker stehen oder zu unregelmässigen Häufchen zusammengeballt erscheinen; dann sind die einzelnen Zellen meist unregelmässig geformt, der Zellenleib ist oft aufgebläht und der Kern ganz flach an die Peripherie der Zelle gedrückt. Nicht selten finden sich auch geborstene Zellen und solche, deren Kernchromatin zu runden Tropfen zusammengeflossen ist. In zahlreichen Alveolen sind überhaupt keine epithelialen Elemente mehr nachzuweisen, oder sie enthalten nur Detritus und Schollen abgestorbener Zellen in der Gallertmasse suspendirt.

Auch die Spalträume der Muscularis sind zum grossen Teil von der gallertigen Geschwulstmasse erfüllt. Die Muskelbündel sind mächtig auseinandergedrängt, so dass sie an vielen Stellen ein aus ziemlich schmalen Balken bestehendes Gerüst für die Geschwulstmasse bilden. Letztere zeigt die gleiche Beschaffenheit wie in der Submucosa und enthält ebenfalls allenthalben die epithelialen Wucherungen in der soeben geschilderten Weise. Ganz an der Grenze der krebsigen Infiltration, welche bis in die untere Muskellage hereinreicht, finden sich an vielen Stellen in den Spalträumen der Muscularis auch epitheliale Wucherungen ohne gallertige Entartung. Dieselben tragen zum Teil ebenfalls adenomatösen Charakter, zum Teil gehen sie in schmale Epithelstränge und einfache Zellenreihen über, welche durch ganz schmale Bindegewebszüge oder einzelne Bindegewebsfasern von einander getrennt erscheinen. Häufig zeigt das Gewebe in der nächsten Umgebung dieser Wucherungen starke Kernwucherung und kleinzellige Infiltration. Kernteilungsfiguren sind an dem Präparate nicht mehr mit Sicherheit zu erkennen.

Die Metastasen in der Leber zeigen keine Spur gallertiger Entartung; dieselben zeigen histologisch einen ausgesprochen adenomatösen Charakter bei Entwicklung eines sehr reichlichen bindegewebigen Gerüstes.

Histologische Diagnose: Carcinoma gelatinosum combinirt mit Carcinoma adenomatosum simplex.

33) Carcinoma ventriculi. J.-N. 132, 1883 (aus dem Nürnberger Krankenhause ohne Angabe der Personalien zugeschickt).

Magen von normaler Grösse, die Schleimhaut überall gleichmässig, ziemlich intensiv injicirt und mit einer dünnen Schleimschichte bedeckt. Am Pylorus ist dieselbe in ganzem Umfange und etwa 3—4 cm weit in den Magen herein sich erstreckend, deutlich verdickt, von glasigem, gallertigem Ansehen und blass graurötlicher Färbung. Zugleich zeigt sich im senkrechten Durchschnitt auch die Submucosa beträchtlich verdickt und gallertig glänzend, wie durchsichtig. Die Muscularis ist in dem Bereiche des erkrankten Bezirkes nur wenig verdickt, der Pylorus selbst leicht verengt und etwas starr. Von der scheinbar normalen Schleimhaut ist die entartete Partie nicht scharf abgegrenzt, vielmehr geht erstere allmählich in diese über. Die Serosa des Pylorus ist leicht sehnig getrübt und etwas stärker injicirt; einige Lymphdrüsen des Netzes geschwollen und krebsig infiltrirt.

An dem ziemlich gut conservirten Präparate findet man bei der mikroskopischen Untersuchung in der an die krebsige Erkrankung angrenzenden, anscheinend normalen Schleimhautzone zahlreiche, aus 20—30 Drüsenschläuchen bestehende Gruppen der Schleimhautdrüsen in der gewöhnlichen Weise adenomatös entartet: die Drüsen sind erweitert, mit unregelmässigen Ausbuchtungen und Ausläufern versehen, mehr oder weniger geschlängelt und bis in den Fundus herein ausschliesslich mit hohem Cylinderepithel ausgekleidet, welches sehr intensiv die WALDEYER'sche Carmintinction erkennen lässt. Ausserdem findet man aber bereits hier bisweilen kleinere Gruppen von Drüsen, welche in ziemlich schmale, traubig verzweigte und vielfach gewundene, dicht gedrängte, häufig auch unter einander confluirende Ausläufer endigen; diese traubig verzweigten Drüsen besitzen das Drüsenlumen meistens ausfüllende, cubische oder unregelmässig polygonale, sich gegenseitig abplattende und sich ziemlich dunkel tingirende Zellen mit etwas grösserem rundlichem Kern und es brechen dieselben durch die Muscularis mucosae direct in die Submucosa herein, wo sie in der Form von scharf begrenzten, rundlichem oder zapfenförmigen, mehr oder weniger dichten Epithelkörpern die weiteren Spalträume erfüllen. Ganz ähnlich verhalten sich die Drüsen in dem eigentlichen krebsig erkrankten Schleimhautbezirke; doch verschmelzen hier die veränderten schmalen, mit ziemlich kleinen polygonalen Zellen dicht erfüllten Drüsenschläuche bereits in ihren oberen Abschnitten vielfach unter einander, so dass der ursprüngliche Charakter der Schleimhaut durchaus verändert erscheint. Zugleich findet man hier auch sehr zahlreiche dilatirte Drüsen, welche grösstenteils einen teils fädig, teils körnig geronnenen Inhalt haben; in letzterem sieht man sehr reichlich abgestorbene und aufgequollene, häufig ganz undeutlich contourirte oder am Rande wie ausgenagte Zellen suspendirt, welche ein sehr grobgranulirtes Protoplasma besitzen und deren Kerne keinen Farbstoff mehr aufnehmen oder aber in kleine unregelmässig geformte, sich sehr dunkel tingirende Körperchen zusammengeschrumpft sind. Die noch erhaltenen, stets wandständigen Zellen des Drüsenschlauches sind ebenfalls häufig leicht aufgequollen, von rundlicher Form, dabei nur locker gelagert; nicht selten sind sämmtliche Drüsenzellen in der geschilderten Weise untergegangen, so dass die ganze Drüse in einen weiten, geronnenen Schleim und Ueberreste aufgequollener, abgestorbener Zellen enthaltenden Schlauch umgewandelt ist. Gleichzeitig findet sehr häufig zwischen benachbarten derartig veränderten Drüsen eine partielle oder auch völlige Einschmelzung der dieselben trennenden zarten bindegewebigen Scheidewände statt, so dass die Drüsen zu unregelmässig gestalteten buchtigen Hohlräumen confluiren; nicht selten findet man dann in dem gallertigen Inhalt auch sternförmig verzweigte Bindegewebszellen. Das noch vorhandene interglanduläre Bindegewebe ist in der entarteten Schleimhaut stark kleinzellig infiltrirt und auch an den Stellen, wo die entarteten Drüsen in die Submucosa hereinbrechen, findet man stets eine leichte kleinzellige Infiltration.

In der Submucosa zeigt die epitheliale Neubildung an vielen Stellen ganz den gleichen Charakter wie in dem angeführten Falle von Carcinoma gelatinosum recti. Es erscheint das submuköse Gewebe in ein eng-alveoläres Bindegewebsgerüste umgewandelt, dessen kleine rundliche, ovale oder auch etwas langgestreckte Alveolen nur von ganz schmalen, aus einzelnen Bindegewebsfasern bestehenden Septen von einander getrennt werden; diese Alveolen sind mit kleinen Epithelzellennestern erfüllt, welche von unregelmässig zusammengeballten kleinen, häufig leicht ge-quollenen Zellen gebildet werden: besonders hier findet man auch sehr zahlreiche kleine Zellen, mit bläschenförmig aufgetriebenem Zellenleib und halbmondförmigem, in die Peripherie gedrängtem Kern.

Nur an wenigen Stellen, am meisten noch unmittelbar unter der Musc. mucosae, zeigen die epithelialen Wucherungen eine stärkere gal-lertige Metamorphose: dagegen zeigt hier die Neubildung, besonders in der Peripherie, oft einen ausgesprochen scirrhösen Charakter, indem nur spärliche kleine Nester mehr oder weniger verkümmerter Zellen in dich-teres, weniger kernreiches Bindegewebe eingeschlossen sind. Auch findet man Uebergänge zu diffuser Infiltration und an solchen Stellen ist gleich-zeitig ein sehr kernreiches Bindegewebe vorhanden. In der Muscularis sind nur die grösseren Spalträume von der epithelialen Wucherung erfüllt; es zeigt letztere hier den gleichen Charakter wie in der Sub-mucosa.

Histologische Diagnose: Carcinoma adenomatosum mit Uebergang in Carcinoma gelatinosum.

34) Carcinoma ventriculi gelatinosum. J.-N. 532, 1887. Aus dem Nürnberger Krankenhause (ohne Angabe der Personalien).

Leicht vergrösserter Magen, an der Pars pylorica mit stark ver-dickter, starrer, krebsig infiltrirter Wand; die einzelnen Magenschichten hier grösstenteils in blassgraue, markige Geschwulstmasse umgewandelt; nach der Mitte zu die entartete Partie von einem flachen, unregelmässig begrenzten Geschwür eingenommen, die Schleimhaut in dessen Umgebung mächtig gewulstet, teils wie markig infiltrirt, teils von gallertigem An-sehen. Gegen den Fundus zu, an den beschriebenen entarteten Bezirk unmittelbar angrenzend, die Schleimhaut wie gallertig gequollen und mit zahlreichen warzigen Erhabenheiten besetzt. An der Serosa des Pylorus vereinzelte flache, beetförmige Geschwulsteinlagerungen.

Leber normal, ohne Metastasen.

Bei der mikroskopischen Untersuchung zeigt sich die Magenschleim-haut bereits in einer Entfernung von 2 cm vom Rande des Krebs-geschwüres krebsig erkrankt. In den oberen Schichten ist dieselbe fast überall so stark gallertig entartet, dass von der ursprünglichen Structur nichts mehr zu erkennen ist: man findet nur ein an vielen Stellen sehr kernreiches und stärker kleinzellig infiltrirtes Gewebe von myxomatöser Beschaffenheit, in welchem bisweilen schmale, zur Oberfläche senkrecht verlaufende atrophische Epithelstränge als Reste der entarteten Drüsen zu sehen sind. Dagegen sind die unteren Drüsenabschnitte in den tieferen Schleimhautschichten an vielen Stellen noch wohl erhalten; sie bilden zum Teil verzweigte, schmale, lumenlose Epithelstränge, zum Teil sind sie in kolbige, solide Krebskörper umgewandelt, welche die Muscu-laris mucosae durchbrechen. Das interglanduläre Gewebe ist dabei stark verbreitet und an vielen Stellen sehr kernreich und kleinzellig infiltrirt. In unmittelbarer Nähe des Geschwürsrandes sind die entarteten Drüsen

auch in den oberen Abschnitten noch gut erhalten; sie bilden hier dicht
stehende, schmale, in den oberen Abschnitten gerade und parallel verlaufende Epithelstränge, welche aus ziemlich kleinen cubischen oder mehr
polymorph gestalteten, sich dunkler tingirenden Zellen bestehen: nicht
selten ist auch noch ein deutliches Lumen zu erkennen. In den unteren
Abschnitten gehen die entarteten Drüsen in ein wirres, dichtes Netz
schmaler Epithelstränge über und gleichzeitig erscheinen die Epithelien
sehr häufig aufgequollen und blass, während der dunkel gefärbte abgeplattete Kern häufig die Gestalt eines dünnen Hohlschüsselchens besitzt.

Die Muscularis mucosae ist in der weiteren Umgebung des Geschwürsrandes an vielen Stellen kleinzellig infiltrirt. Nahe dem Geschwürsrande sind ihre Fasern durch schmale Epithelstränge und Zellenreihen auseinandergedrängt, auch wird sie an verschiedenen Punkten von
grösseren Krebskörpern durchbrochen; späterhin verlieren sich ihre Fasern
fast gänzlich, so dass die entartete Schleimhaut und die krebsig infiltrirte
Submucosa in eine continuirlich zusammenhängende Geschwulstmasse verschmelzen. Diese zeigt auf dem Durchschnitt ein exquisit alveoläres Ansehen, indem die ganze Submucosa in ein alveoläres Gerüste umgewandelt
erscheint. Die einzelnen Hohlräume sind meistens sehr klein, annähernd
rundlich oder oval, häufig auch von schmaler, langgestreckter Form; die
Alveolenwandungen werden fast überall nur von einzelnen Bindegewebsfasern gebildet; dazwischen sieht man aber auch breitere, verzweigte
Gefässe führende Bindegewebszüge durch die Geschwulstmasse hinziehen,
deren Ausläufer sich allmählich in dem zarten Faserwerke des alveolären
Gerüstes verlieren. Die alveolären Hohlräume werden je nach ihrer Form
von rundlichen oder mehr langgestreckten, strangförmigen epithelialen
Wucherungen ausgefüllt, welche grösstenteils aus dicht gefügten, ziemlich
kleinen, cubisch oder polymorph gestalteten Zellen bestehen; nicht selten
haben diese Wucherungen auch noch sehr deutlich adenomatösen Charakter,
indem sie von schmalen oder leicht cystisch erweiterten Schläuchen niedrigen Cylinderepithels gebildet werden.

An sehr zahlreichen und ausgedehnten Partien erscheinen jedoch die
Epithelien der Krebskörper aufgequollen und von rundlicher Form; das
ursprünglich zartkörnige Zellprotoplasma zeigt ein völlig homogenes Ansehen und der dunkel gefärbte Kern ist zu einem dünnen Plättchen zu-
sammengedrückt und an die Zellenwand gedrängt. Dabei sind die Zellen
lockerer gelagert und bilden oft scheinbar unregelmässige lockere Haufen.
Sehr häufig sieht man die Alveolen gleichzeitig von einer homogenen
Gallertmasse erfüllt; dann sind die gequollenen Zellen in der Regel von
der Alveolenwand abgedrängt und völlig von der Gallertmasse umgeben.
Nicht selten sind die epithelialen Zellen völlig untergegangen, so dass
man in den Alveolen nur noch Gallertmasse findet, in welcher noch einzelne mächtig aufgeblähte Zellen, spärliche Chromatinschollen und abgestorbene Zellen suspendirt erscheinen. An manchen Stellen fliessen
derartige ausschliesslich mit Gallertmasse erfüllte Alveolen unter gänz-
lichem Schwund der Alveolenwandungen zu grösseren Hohlräumen zusammen, deren Entstehung durch Confluenz sich aus der territorienförmigen
Anordnung der in der Gallertmasse suspendirten Zellenreste leicht erkennen lässt.

Auch die Muscularis ist im Bereiche des krebsigen Erkrankungsherdes von der epithelialen Wucherung durchsetzt; dieselbe erfüllt hier
hauptsächlich die grösseren Spalträume, wo sie kleinere, umschriebene, in

der Mitte gallertig entartete Knötchen bildet, welche die gleiche Beschaffenheit zeigen, wie die die Submucosa durchsetzenden Wucherungen. Vielfach sind auch die epithelialen Wucherungen in der Muscularis noch nicht gallertig entartet; dann bestehen dieselben ebenfalls aus meistens dicht gedrängten Zellensträngen und Zellenreihen, seltener aus deutlich lumenhaltigen Epithelschläuchen. Das gleiche Verhalten zeigen die Wucherungen in der Subserosa.

Eine kleinzellige entzündliche Infiltrationszone in der Peripherie des krebsig infiltrirten Bezirkes fehlt in diesem Falle so gut wie vollständig; nur an wenigen Stellen finden sich kleinere Anhäufungen farbloser Blutkörperchen.

Histologische Diagnose: Carcinoma gelatinosum.

Fälle secundärer Krebsentwicklung bei chronischem Magengeschwür.

35) Krebsig entartetes chronisches Magengeschwür einer 83-jährigen Frau. J.-N. 1, 1883 (von Herrn Bezirksarzt Dr. Lochner in Schwabach dem patholog. Institut zugeschickt).

Die Beschreibung des Präparates, welches durch die Freundlichkeit der Herren Dr. Lochner und Dr. Brucklocher dem hiesigen Institute übermittelt wurde, lautet: Magen von normaler Grösse und Form, nur hinter der Mitte der kleinen Curvatur leicht eingeschnürt. An der hinteren Wand, $4^1/_2$—5 cm vom Pylorus entfernt, entsprechend der leicht verkürzten Stelle, befindet sich ein fast kreisrundes Geschwür, welches treppenförmig bis zur Muscularis abfällt. Die Schleimhaut des Geschwürsrandes in einer 1—$1^1/_2$ cm breiten, nach aussen hin zackig begrenzten Zone mehr oder weniger gewulstet, von steifem Ansehen, unverschieblich und von rötlich und graugelblich gefleckter Färbung; zugleich erscheint die Schleimhaut innerhalb dieses entarteten Bezirkes und noch über denselben hinaus gegen das Geschwür hin in strahlenförmig verlaufenden Falten herangezogen. Der in der Peripherie von der Submucosa und in der Mitte von der in einer Ausdehnung von $1/_2$ cm im Durchmesser freiliegenden Muscularis gebildete Geschwürsgrund ist völlig glatt, die Submucosa von weisslich-grauer, die Muscularis von grau-rötlicher Farbe. Auf dem senkrechten Durchschnitt zeigen sich die Mucosa, besonders aber die Submucosa im Bereiche des gewulsteten Geschwürsrandes mächtig verdickt, ziemlich derb und ohne scharfe Grenze in einander übergehend; mit dem Messer lässt sich etwas trüber weisslicher Saft abstreifen. Die übrige Magenschleimhaut ziemlich stark injicirt, in der Reg. pylorica leicht pigmentirt und mit zähem Schleim bedeckt.

Die mikroskopische Untersuchung des gut conservirten Präparates ergibt folgenden Befund: An einem durch die Mitte des Geschwüres senkrecht geführten Schnitt zeigt sich zunächst die unmittelbar an das Geschwür angrenzende Schleimhaut eine Strecke weit atrophisch und es sind hier nur vereinzelte Ueberreste krebsig entarteter Drüsen wahrzunehmen. Dagegen ist die Schleimhaut in einer Entfernung von $1/_2$—1 cm vom Geschwürsrande in einer Ausdehnung von $1/_2$ cm beträchtlich verdickt und die Drüsen dieses Bezirkes sind durchaus krebsig entartet. Dieselben sind vielfach gewunden, mit zahlreichen Ausläufern versehen, zum Teil leicht cystisch aufgetrieben und führen ausschliesslich einen Cylinderepithelbelag mit ziemlich kleinen Zellen, deren Kerne sich ausserordentlich intensiv tingiren. Diese entarteten Drüsen durchbrechen allenthalben die Muscularis mucosae und gehen unmittelbar in die krebsigen Wucherungen über, welche die Submucosa und die Muscularis durchsetzen. Letztere werden zunächst von drüsenähnlichen, nur selten breiteren Zellenschläuchen gebildet, welche ebenfalls aus kleinen, ziemlich unscheinbaren, meistens aber deutlich cylindrischen Zellen bestehen. An vielen Stellen jedoch werden diese Zellenschläuche so schmal, dass sie ihr Lumen verlieren und in schmale Zellenstränge oder selbst nur einfache Zellenreihen übergehen, wobei schliesslich auch die Zellen selbst ihre cylindrische Form verlieren und ein unscheinbares, atrophisches Ansehen bekommen: dabei erscheint die Submucosa, welche im Bereiche der krebsigen Wucherung in dichtes, mässig kernreiches Gewebe umgewandelt ist, an solchen Partien, wo die epitheliale Neubildung jenen atrophischen Charakter angenommen hat, so ausserordentlich dicht von den schmalen Epithelsträngen und den einfachen oft ziemlich lockeren Epithelreihen durchsetzt, dass zwischen letzteren nur noch einzelne Bindegewebsfasern verlaufen und die Submucosa von der epithelialen Wucherung wie diffus infiltrirt erscheint. Auch die Spalträume der Muscularis sind allenthalben von derartigen Wucherungen durchsetzt, doch zeigen dieselben gerade hier, besonders gegen die Peripherie hin, deutlich adenomatösen Charakter. Das intermuskuläre Bindegewebe ist in der Umgebung der krebsigen Wucherungen in der Regel vermehrt, dichter und kernreicher, und an einzelnen Stellen sind die Muskelbündel in der Neubildung völlig untergegangen und durch derbes Bindegewebe mit atrophischen krebsigen Einlagerungen ersetzt.

Das Gewebe des Geschwürsgrundes ist etwas verdichtet und stellenweise leicht kleinzellig infiltrirt, doch vollkommen frei von epithelialen Wucherungen, welche vom Geschwürsrande her nur eine ganz kurze Strecke weit gegen denselben sich vorschieben.

Die im Epithel der krebsigen Wucherungen scheinbar nicht sehr reichlich enthaltenen indirecten Kerntheilungsfiguren sind so mangelhaft conservirt, dass sie oft kaum mehr als solche zu erkennen sind.

Histologische Diagnose: Carcinoma adenomatosum simplex mit Uebergang zu scirrhosum.

36) Carcinoma ventriculi ex ulcere chronico einer 60-jährigen Frau, S.-N. 83. 1883.

Die Beschreibung des Magens lautet nach dem Sectionsprotokoll folgendermassen:

Magen wenig aufgetrieben, vorne am Pylorus etwas verengt, enthält schmutziggraue, dünnbreiige Massen. Unmittelbar vor dem Pylorus befindet sich an der kleinen Curvatur ein ovales, 4 cm langes und 2 cm breites, treppenförmig abgestuftes, bis auf die Serosa reichendes Geschwür mit glattem Grunde, dessen Längsachse senkrecht zur Längsachse des Magens verläuft. Die Schleimhaut des Geschwürsrandes ziemlich stark gewulstet und in einer $1/2$—1 cm breiten, gegen die Peripherie hin zackig begrenzten Zone etwas gelblich durchscheinend, wie markig infiltrirt. An der dem Fundus zugekehrten Seite des Geschwüres ist die benachbarte Schleimhaut strahlig herangezogen; etwa 1 cm von dem geschilderten Geschwüre entfernt ein zweites, kaum 1 cm im Durchmesser haltendes, einfaches Geschwür.

Bezüglich des übrigen Sectionsbefundes sei auf die Leichendiagnose verwiesen, dieselbe lautet:

Atrophie des Gehirns, Erweichungsherde in den

Streifenhügeln, Spuren chronisch-hämorrhagischer Pachymeningitis: Pneumonie des l. Unterlappens, fibrinöse linksseitige Pleuritis, Verwachsungen beider Lungen; leichtes Atherom der Aorta und des Circulus art. Atrophische Muskatnussleber, Gallensteine: chronische Magengeschwüre, eines derselben mit beginnender Krebsentwicklung; Schleimpolypen des Uterus; chronischer Blasenkatarrh; Altersatrophie sämmtlicher Organe.

Bei der mikroskopischen Untersuchung des grösseren, dicht vor dem Pylorus gelegenen Geschwürs erscheinen im Bereiche der markigen Infiltration des Schleimhautrandes sämmtliche Drüsen in hohem Grade adenomatös entartet. Dieselben sind stark erweitert, vielfach gewunden und ausschliesslich mit sehr schön entwickeltem, dichtgedrängtem Cylinderepithel ausgekleidet, dessen Zellen bei einer Breite von 0,004—0,007 mm eine Höhe von 0,02—0,04 mm erreichen. Die Kerne sind durchaus an die Basis der Zelle gerückt, 0,012—0,018 mm lang, von lang gestreckt ovaler Form; bei Tinction mit Alauncarmin färben sich die Kerne intensiv rot und der Zellenleib zeigt in hohem Grade jene bräunlich-rote Färbung, welche auch die das Rectumcarcinom einleitende Drüsenwucherung auszeichnet. Auch finden sich im Epithel der entarteten Drüsen sehr zahlreiche ziemlich gut erhaltene, indirecte Kerntheilungsfiguren vor. Nach der Peripherie hin verliert sich die Veränderung der Drüsen allmählich, indem die entarteten Drüsenschläuche spärlicher werden, häufig auch die Entartung nur den unteren Drüsenabschnitt betrifft. Dagegen haben die Wucherungen unmittelbar am Geschwürsrande innerhalb einer 2—3 mm breiten Zone die Musc. mucosae bereits durchbrochen und verbreiten sich in der Form von gewundenen, mit Ausläufern und Ausbuchtungen versehenen Zellenschläuchen von sehr ungleichmässiger Breite in den oberen Lagen der Submucosa, ohne jedoch bis in die Muscularis vorzudringen. Auch in den tieferen Wucherungen findet man zahlreiche wohl erhaltene Kerntheilungsfiguren. In der Umgebung der Wucherungen ist das Gewebe verdichtet und häufig stark kleinzellig infiltrirt. Auch sonst erscheint das Bindegewebe der Submucosa gegen den Geschwürsgrund hin sehr dicht und kernreich und allenthalben von Rundzellen durchsetzt. Das Gleiche gilt auch für die leicht verdickte Muscularis, welche sich im Bogen nach dem Geschwürsrande hinaufkrümmt und auf dem senkrechten Durchschnitt wie ein rundlicher Stumpf in den Geschwürsgrund hineinragt. Der letztere wird von dem mächtig verdickten und verdichteten, kernreichen, an der Oberfläche nekrotischen Bindegewebe der Subserosa gebildet und ist vollkommen frei von epithelialen Wucherungen.

Noch sei hinsichtlich der Entstehung des primären chronischen Geschwüres erwähnt, dass sowohl in der Submucosa als auch im Geschwürsgrunde in hohem Grade atheromatös entartete Arterienstämmchen und erweiterte Venen sich befinden; von ersteren erscheinen manche auf dem Durchschnitt völlig verschlossen. An dem anderen Geschwüre konnten keine wesentlichen Drüsenveränderungen constatirt werden.

Histologische Diagnose: Carcinoma adenomatosum simplex.

37) Carcinoma ventriculi ex ulcere chronico einer 55-jährigen Frau. J.-N. 35, 1885. Taf. XII, Fig. 25 (aus der chirurgischen Klinik des Herrn Prof. HEINEKE).

Die Patientin, welcher das vorliegende Präparat entstammt, fand zunächst Aufnahme in der medicinischen Klinik des Herrn Prof. Leube und wurde erst später zum Zwecke der Operation auf die chirurgische Klinik transferirt.

Aus der Krankengeschichte dieses interessanten Falles, welche mir von Herrn Prof. Leube in freundlichster Weise für die Publication überlassen wurde, ist folgendes hervorzuheben: Anamnese (10. I. 1885): „Patientin, welche auch als Mädchen öfters leidend gewesen sein will, konnte vor 10 Jahren während der einzigen Schwangerschaft wegen heftigen Erbrechens nichts als Milch geniessen. Entbindung und Wochenbett verliefen gut, bald aber (schon nach 14 Tagen) stellte sich das Erbrechen wieder ein und ist seither nie mehr ganz gewichen. Appetit war stets vorhanden, aber nach dem Essen, besonders wenn mehr genossen wurde, trat sofort Erbrechen ein; seit 2 Jahren haben sich die Beschwerden verschlimmert und die Schmerzen haben sich in den letzten 4 Wochen sehr gesteigert. (Karlsbader Kur, viele Arzneien — Morphium, Bismuth — alles ohne Erfolg). Jetzt sind die Hauptklagen Erbrechen, welches sich aber nicht regelmässig einstellt, sondern manchmal auf ganz leichte Speisen erfolgt, während ein andermal schwere vertragen werden. Auch nüchtern wurde manchmal erbrochen, aber nie Speisen, sondern nur Schleim und Wasser. Blut soll vor 3 Jahren dabei gewesen sein, auch im Stuhl einige Male, zuletzt vor 1 Jahre, jedoch nur wenig. Seit einiger Zeit bestehen stechende, ziehende Schmerzen, welche im ganzen Leib herum gehen und auch nach dem Rücken hin ausstrahlen. Nahrungsaufnahme vermindert bisweilen den Schmerz. Lage auf der rechten Seite wird nicht vertragen, dagegen links und auf dem Rücken. Schnüren ohne besonderen Einfluss. Aufstossen (hauptsächlich Luft) nicht sauer; bisweilen Sodbrennen. Herzklopfen selten; keine Kopfschmerzen; Schlaf schlecht. Stuhl angehalten. Periode regelmässig, aber profus. Gefühl von Vollsein und Druck.

Vor 1 1/2 Jahren wurde von einem Arzte auf der linken Seite des Abdomens eine kleine Geschwulst gefühlt, welche in der letzten Zeit grösser geworden sein soll. Patientin ist in der letzten Zeit stark abgemagert."

Der bei der Aufnahme in die Klinik genommene Status praesens hat für das Abdomen folgenden Wortlaut: „Abdomen etwas eingesunken. Im linken Epigastrium, etwa 2 Querfinger breit unterhalb des Nabels, sieht man eine leichte Prominenz und fühlt an dieser Stelle eine etwa gänseeigrosse, mit dem Durchmesser von oben nach unten verlaufende Geschwulst von sehr harter Consistenz. Dieselbe ist unter den Bauchdecken, mit welchen sie nicht zusammenhängt, sehr leicht und ausgibig verschiebbar. Die Oberfläche ist höckerig, ziemlich gleichmässig, Druck auf dieselbe wird als sehr schmerzhaft angegeben. Es bestehen aber auch Schmerzen, welche von der Gegend der Geschwulst nach dem Rücken hin ausstrahlen. Nach unten und nach den Seiten zu ist die Geschwulst sehr scharf abzugrenzen; gegen den Magen hin ist die Grenze nicht sehr scharf, obwohl auch noch ziemlich deutlich. Bei Füllung des Magens mit Flüssigkeit ergeben sich die Magengrenzen als normal, etwa bis zur Mitte zwischen Proc. xiphoideus und Nabel herabreichend."

Nach dieser Untersuchung konnte intra vitam ein Zusammenhang der Geschwulst mit dem Magen nicht angenommen werden, obwohl die anamnestischen Angaben und die frühere Krankengeschichte mit grosser Bestimmtheit auf ein seit Jahren bestehendes Ulcus ventriculi hinwiesen.

Der weitere Verlauf während des Aufenthaltes in der Klinik (bis zum 8. II.) bot nichts Besonderes. Die hervortretendsten Beschwerden bestanden in Erbrechen, welches bisweilen sehr häufig, unter grossen Schmerzen und sehr gewaltsam vor sich ging, so dass die Massen meist auch durch die Nase hervorstürzten. Das Erbrochene sowie die Spülflüssigkeit hatten mehrmals sehr deutlich fäculenten Geruch. Einmal zeigte sich vorübergehend an der Geschwulst eine abnorm hohe Schmerzhaftigkeit bei der leichtesten Berührung. Die Verdauung im Magen ging bisweilen ziemlich gut von statten, so dass sogar Beefsteak in 7 Stunden vollständig verdaut und aus dem Magen fortgeschafft war. Der Stuhl war stets angehalten. Irrigationen verursachten immer ziemlich heftige, auf die Stelle der Geschwulst localisirte Schmerzen. Auf den Lungen und am Herzen niemals irgendwelche Störungen. Gegen Ende des Aufenthaltes in der medicinischen Klinik verfiel der Kräftezustand der Patientin sichtlich, auch konnte in letzter Zeit ein deutliches Wachstum der Geschwulst nachgewiesen werden, wobei die Abgrenzung gegen den Magen hin immer schwieriger wurde.

Patientin wurde daher am 8. II. auf die chirurgische Klinik überbracht, wo von Herrn Prof. Heineke die Resection des krebsig erkrankten Pylorus, welcher sich mit dem Colon transversum in ziemlicher Ausdehnung verwachsen zeigte, vorgenommen wurde. Am 11. II. erfolgte der Exitus letalis.

Die Section ergab ausser leichter hypostatischer Anschoppung der Unterlappen bei sonst bestehender ziemlich hochgradiger allgemeiner Anämie keinen wesentlichen Befund. Peritonitis war nicht vorhanden. Die Unterleibsdrüsen erwiesen sich völlig normal, vor allem konnten nirgends weitere metastatische Krebsherde nachgewiesen werden.

Die Beschreibung des resecirten Pylorus lautet folgendermassen (vergl. Taf. XII, Fig. 25):

Resecirtes Stück der Pars pylorica, 7 cm lang und durchschnittlich 5 cm breit, nebst einem $3\frac{1}{2}$ cm langen, 2 cm breiten Stück der Duodenalwand. In der Mitte des eröffneten resecirten Magenstückes, $1\frac{1}{2}$ cm vom Pylorus entfernt, ein 1 cm breites und $1\frac{1}{2}$ cm langes, ovales, sehr tiefes, bis zur Muscularis reichendes Geschwür mit scharfem, stark gewulstetem Rande; die angrenzende Schleimhaut grösstenteils stark verdickt, von warzigem Ansehen, dunkelgraurot injicirt und besonders gegen den Pylorus hin mit blass-graugelblichen unregelmässigen Erhabenheiten besetzt. In der weiteren Umgebung ist die Schleimhaut in dicken wulstigen Falten gegen das Geschwür strahlig herangezogen, überall deutlich verdickt und von leicht warzigem Ansehen. Der Geschwürsgrund glatt, gegen den Pylorus hin leicht ausgebuchtet und der Geschwürsrand hier steil abfallend, leicht unterminirt; nach der andern Seite dagegen der Geschwürsgrund sanft ansteigend und der Geschwürsrand etwas flacher. Etwa 1 cm von dem beschriebenen Geschwüre entfernt, in der Richtung gegen den Magenfundus, eine kleine, flache Schleimhauterosion. Die Muscularis überall mächtig verdickt, am Pylorus selbst bis zu 12 mm, und von weisslichen Zügen allenthalben durchsetzt; die Submucosa in der Umgebung des Geschwürsrandes ebenfalls leicht verdickt, teils derb, teils wie markig infiltrirt. An der Aussenfläche des resecirten Magenstückes, hart am Pylorus gelegen, befinden sich einige etwa kirschkerngrosse, in Fettläppchen eingehüllte, krebsig infiltrirte Lymphdrüsen (Fig. 25 a).

Bei der mikroskopischen Untersuchung zeigen sich an einem bei e senkrecht durch den Geschwürsrand gelegten Schnitt sämmtliche Schleimhautdrüsen, besonders im Bereich jener gelblichen, markig infiltrirten Erhabenheiten, in hohem Grade krebsig entartet. Ueberall ist das Drüsenepithel, welches in den oberen Drüsenabschnitten von etwas kleinen, sich intensiv färbenden Zellen von vorherrschend cylindrischer oder cubischer Form gebildet wird, in mächtiger Wucherung begriffen, so dass der Epithelbelag mehrschichtig erscheint und allenthalben das Drüsenlumen verloren gegangen ist. Dabei ist der ganze Drüsenschlauch meistens verbreitert, die Membrana propria scheint geschwunden zu sein und häufig sind ganze Gruppen von Drüsen ganz oder stellenweise unter einander verschmolzen, welche dann in der Form von breiten drüsenähnlichen oder aber soliden Krebskörpern die Muscularis mucosae durchbrechen. Zugleich verlieren dann in den unteren Drüsenabschnitten die Zellen ihre cylindrische Form, werden grösser (insbesondere auch der Kern) und vielgestaltig, an Plattenepithelien erinnernd. Ueberall sind in den entarteten Drüsen mässig zahlreiche Kernteilungsfiguren zu erkennen. Das interglanduläre Bindegewebe ist oft verbreitert, doch nur mässig kernreich. Mitten unter den degenerirten Drüsen finden sich auch fast normale Drüsengruppen; doch führen dieselben überall nur Cylinderepithel, welches häufig auch die WALDEYER'sche Carmintinction erkennen lässt.

Die Submucosa ist an dieser Stelle vom Geschwürsrande ab mehrere cm weit verdickt, ziemlich dicht von den krebsigen Wucherungen durchsetzt und im Bereiche derselben in dichtes, mässig kernreiches, in directer Umgebung der Krebskörper oft reichlich kleinzellig infiltrirtes Bindegewebe umgewandelt. Die epithelialen Wucherungen sind meistons ziemlich üppig und werden fast überall von ziemlich grossen, kräftig entwickelten Zellen gebildet; zum grösseren Teil tragen dieselben adenomatösen Charakter und bestehen aus 0,03—0,2 mm breiten, vielfach gewundenen, mit Ausbuchtungen versehenen und oft plötzlich sich verbreiternden drüsenähnlichen Gebilden, bei welchen aber sehr häufig das Epithel mehrschichtig wird, in das Lumen vorspringende knospenähnliche Sprossen und Brücken bildet und allenthalben seine cylindrische Form verliert. Ja an ausgedehnten Partien ist die Epithelwucherung so mächtig, dass umfangreiche Wucherungen in grosse, nur noch von engen Canälen durchzogene Zellenmassen oder in vollkommen solide Krebskörper, wie sie für das Plattenepithelcarcinom charakteristisch sind, umgewandelt erscheinen; dabei zeigen die Zellen durchaus polymorphen Charakter und erinnern in keiner Weise mehr an Cylinderepithel. Sowohl in diesen als auch in den rein adenomatösen Wucherungen findet man allenthalben mässig zahlreiche indirecte Kernteilungsfiguren im Epithel, während solche im Bindegewebe äusserst selten zu sein scheinen.

Stellenweise sind die Wucherungen so dicht gelagert, dass sie nur von ziemlich schmalen Bindegewebszügen getrennt werden; aber an vielen Stellen trägt die Neubildung auch einen exquisit scirrhösen Charakter und dann sind die epithelialen Wucherungen spärlicher, ziemlich unansehnlich, aus kleinen, atrophischen Zellen bestehend. Nicht selten sind grössere solide Krebskörper im Innern nekrotisch oder es ist das Lumen grösserer Wucherungen adenomatöser Form mit abgestorbenen Zellen erfüllt.

Die Wucherungen in der Muscularis zeigen durchaus das gleiche Verhalten; dieselben bilden bald grosse Krebskörper, welche sich im intermuskulären Bindegewebe entwickelt haben, bald aber schmale Zellenschläuche und Zellenstränge, welche sich in die feinsten Spalträume der Muskelbündel hereinschieben und dieselben zur Atrophie bringen. An manchen Stellen ist die Muscularis völlig untergegangen und in ein derbes, mässig kernreiches, von krebsigen Massen durchsetztes Bindegewebe umgewandelt.

Im Geschwürsgrund, welcher grösstenteils von der freigelegten Muscularis gebildet wird, ist letztere in ihrer obersten Lage ebenfalls in ziemlich kernreiches Bindegewebe umgewandelt, häufig von einer dünnen nekrotischen Schicht bedeckt.

Die krebsigen Wucherungen erstrecken sich ziemlich weit in den Geschwürsgrund herein, doch ist derselbe in der Richtung gegen den Fundus c hin, wo er zum Teil noch von der Submucosa gebildet wird, vollkommen frei von solchen; auch in der hier angrenzenden Schleimhaut selbst ist die krebsige Entartung der Drüsen von weit geringerer Ausdehnung und greifen die Wucherungen nur spärlich auf die Submucosa über, während die Muscularis hier ebenfalls völlig frei ist.

An den übrigen Stellen des Geschwürsrandes fehlt die krebsige Entartung der Drüsen vollständig, d. h. es finden sich nirgends in der Schleimhaut Drüsen, welche die Musc. mucosae durchbrechen, wenn auch dieselben leichte Anschwellungen zeigen und ihr nur aus grossen cylindrischen Zellen bestehender Epithelbelag in auffallender Weise die Waldeyer'sche Tinction erkennen lässt. Das gleiche Verhalten zeigen übrigens auch die von dem Geschwüre entfernter gelegenen Schleimhautpartien des resecirten Magenstückes.

Die infiltrirten Lymphdrüsen sind durchaus in derbes Bindegewebe umgewandelt, welches ausserordentlich dicht teils von krebsigen Wucherungen adenomatöser Form, teils von soliden Krebskörpern durchsetzt ist.

Histologische Diagnose: Carcinoma adenomatosum simplex mit Uebergängen zu adenomatosum medullare und scirrhosum — Carcinoma solidum simplex.

38) Carcinoma ventriculi ex ulcere chronico. Mann 65 J. S.-N. 170, 1883.

Der Sectionsbefund lautet für den Magen folgendermassen:

Magen teils durch Gase, teils durch schmutzig braunen, flockigen, dünnflüssigen Inhalt mächtig ausgedehnt. Etwa 1 cm vom Pylorus entfernt die Serosa an der kleinen Curvatur in grösserer Ausdehnung sehnig getrübt und hier das kleine Netz mit der vorderen Magenwand leicht verwachsen. In der Mitte dieser Gegend, 3 cm vom Pylorus entfernt, eine bis erbsengrosse durchscheinende Stelle, welche lediglich vom kleinen Netze gebildet wird und beim Loslösen des Magens sofort einreisst; durch die Perforationsöffnung gelangt man direct in die Magenhöhle. Pylorus beträchtlich stenosirt, kaum für einen starken Federkiel durchgängig.

Nach Eröffnung des Magens zeigt sich, unmittelbar an den Pylorus angrenzend und diesen in seinem oberen Teil umfassend, ein an der kleinen Curvatur gelegenes Geschwür von ohrförmiger Gestalt, $5^1/_2$ cm lang und $3^1/_2$ cm breit. Der Geschwürsgrund ist völlig glatt, blass grauröthlich und ziemlich dicht fleckig und streifig schwarz gefleckt; es wird derselbe grösstenteils von dem fest angelöteten Pankreas gebildet, welches hier auf dem Durchschnitt ziemlich derb und von breiteren

Bindegewebszügen durchsetzt erscheint: nur nach oben zu, wo das Geschwür auf die kleine Curvatur übergreift und sich die Perforationsstelle befindet, besteht der Geschwürsgrund aus der hier freiliegenden Serosa.

Die Geschwürsränder sind überall scharf und durch sämmtliche Magenschichten hindurch ziemlich steil treppenförmig abfallend, gegen den Pylorus hin tief unterminirt, so dass hier der Geschwürsgrund eine tiefe sinuöse Ausbuchtung zeigt. Die Schleimhautränder sind fast im ganzen Umfange des Geschwüres weder gewulstet noch verdickt, dabei leicht verschieblich und auch die Submucosa ist nur wenig verdichtet. Nahe dem Pylorus aber zeigt die Schleimhaut des Geschwürsrandes blass graugelbliche, warzenförmige, ziemlich flache Prominenzen und auf dem senkrechten Durchschnitt erscheint die Schleimhaut hier verdickt, unverschieblich und die Submucosa in eine dicke, sehnig glänzende Schichte fibrösen Gewebes umgewandelt, in welchem zerstreute kleine, weisslichgraue Pünktchen und Streifen sichtbar sind; die Muscularis hier ebenfalls beträchtlich verdickt, von derben Bindegewebszügen durchsetzt.

Die übrige Magenschleimhaut völlig cadaverös verändert, im Fundus mit Fäulnissemphysem, welches sich auch auf die übrigen Magenschichten erstreckt.

An der grossen Curvatur befindet sich ein Paquet kirschkern- bis haselnussgrosser Lymphdrüsen von derber Consistenz, welche auf dem Durchschnitt blass graugelblich markig infiltrirt erscheinen.

Leichendiagnose: chronisches Magengeschwür mit Perforation der Magenwand und krebsiger Entartung des Geschwürsrandes; krebsige Infiltration von Lymphdrüsen; Residuen umschriebener Peritonitis. Altersatrophie der Leber (keine Metastasen!). Lungenemphysem; tuberculöser Knoten in der rechten Lunge. Allgemeine Anämie.

Bei der mikroskopischen Untersuchung dieses interessanten Falles zeigt sich der grösste Teil des Geschwürsrandes, ebenso das den Geschwürsgrund bildende Pankreas vollkommen frei von jeglicher krebsigen Infiltration; dagegen sind an jener am Pylorus gelegenen, warzig verdickten Stelle sämmtliche Magenschichten von krebsigen Wucherungen durchsetzt. In der durch Leichenveränderung leider fast völlig macerirten Schleimhaut finden sich in den unteren Partien unmittelbar vor dem Geschwürsrande Reste krebsig entarteter Drüsen, welche die Muscularis mucosae durchbrechen und mit den in der Submucosa gelegenen Wucherungen in Verbindung stehen. Dieselben lassen noch deutlich ihren adenomatösen Charakter erkennen: die Zellen sind aber klein und unscheinbar, nur zum Teil deutlich cylindrisch, zum Teil von unregelmässiger Form.

Submucosa und Muscularis sind vollkommen gut conservirt: erstere ist beträchtlich verdickt, besteht aus ausserordentlich dichtem, derbem, im Ganzen nur mässig kernreichem Bindegewebe und ist ziemlich reichlich von krebsigen Wucherungen durchsetzt, welche jedoch grösstenteils einen durchaus atrophischen Charakter zeigen. Nur selten bestehen dieselben noch aus drüsenähnlichen Cylinderepithelschläuchen mit deutlichem Lumen; vielmehr stellen sie meistens nur ganz schmale, auf dem Längsschnitt doppelreihig oder selbst nur einreihig erscheinende Zellenstränge dar, welche von kleinen, sehr unansehnlichen Zellen von unbestimmter Form und mit sich intensiv tingirendem Kern gebildet werden; häufig scheint auch der Zellenleib völlig atrophisch zu sein und die Neubildung nur noch aus übrig gebliebenen Kernen und Kernresten zu bestehen. An einzelnen Stellen sind diese Wucherungen so überaus reichlich vorhanden, dass alle Spalträume des Bindegewebes davon erfüllt erscheinen; zugleich ist dann das Gewebe oft kernreicher und kleinzellig infiltrirt, so dass auf diese Weise histologische Bilder entstehen, welche nur durch Betrachtung von Uebergangsstellen richtig gedeutet werden können.

Auch in die Muscularis schieben sich überall solche aus kleinen, mannigfaltig gestalteten Zellen bestehende Epithelstränge herein, welche allenthalben die Spalträume der Muscularis erfüllen und das intermuskuläre Bindegewebe verdrängen. Uebrigens findet man in der Muscularis auch zahlreiche Wucherungen von deutlich drüsenschlauchähnlicher Form und häufig kann man deren directen Uebergang zu jenen strangförmigen Einlagerungen beobachten.

In den infiltrirten Lymphdrüsen der Curvatura major finden sich nur noch wenige Ueberreste normalen adenoiden Gewebes und selbst diese sind von zahlreichen krebsigen Wucherungen durchsetzt: der grösste Teil der Drüsen ist in ein derbes, sehr dichtes und kernarmes Bindegewebe umgewandelt, welches derartig von der epithelialen Neubildung durchwuchert ist, dass letztere das Bindegewebe an Masse weitaus übertrifft. Die krebsige Wucherung besteht fast überall aus sehr dicht gelagerten, reich verzweigten und unter einander anastomosirenden drüsenähnlichen Epithelschläuchen, welche ein dichtes Maschenwerk bilden und teils aus deutlich cylindrischen, teils aus unregelmässig geformten, aber stets ziemlich kleinen Zellen sich zusammensetzen. Oft ist das Lumen dieser Wucherungen durch in dasselbe abgestossene Zellen völlig ausgefüllt; häufig sind sie nur noch durch ganz schmale Bindegewebssepta getrennt, welche dann nicht selten nekrotisch erscheinen, oder es ist zwischen ihnen das Bindegewebe völlig geschwunden und dann sind die ursprünglich adenomatösen Wucherungen zu unförmlichen Zellenlagern zusammengeflossen, in welchen die einzelnen Zellen durch gegenseitige Abplattung die mannigfaltigsten Formen angenommen haben, so dass dadurch die ganze Neubildung sehr lebhaft an die soliden Krebskörper des Plattenepithelcarcinoms erinnert. In der Mitte zeigen derartige Knoten meist nekrotischen Zerfall.

Histologische Diagnose: Carcinoma adenomatosum scirrhosum.

C. Fälle von multiplem Auftreten des Cylinderepithelcarcinoms und Combination desselben mit Plattenepithelcarcinom.

39) Carcinoma recti eines 72-jährigen Mannes. S.-N. 136, 1883. Die Section ergab in diesem Falle hinsichtlich des Mastdarmkrebses folgenden Befund:

Etwa 6—7 cm oberhalb der Analöffnung befindet sich eine stark prominirende, starre, ringförmige Verdickung, welche mit markig infiltrirter Schleimhaut überzogen ist, auf der Schnittfläche ein ziemlich derbes, gleichmässiges Gefüge zeigt und auf Druck etwas weisslichgrauen Saft entleert. Von dieser ringförmigen Verdickung an nach abwärts ist die ganze Mastdarminnenfläche in ein grosses Geschwür umgewandelt, dessen unebener Grund mit nekrotischen Gewebsfetzen besetzt ist: auch hier zeigt sich das Gewebe auf dem Durchschnitt äusserst dicht und derb, auf Druck spärlichen Krebssaft entleerend, und von den normalen Darmschichten ist nichts mehr zu erkennen. Einige cm oberhalb des wallförmigen Geschwürsrandes befindet sich eine rundliche, etwa 2 cm im Durchmesser haltende und beiläufig 4—5 mm hohe, scharf begrenzte, geschwulstförmige Verdickung der Schleimhaut; auf dem senkrechten Durchschnitt erscheint letztere hier markig infiltrirt und geht ohne deutliche Grenze in die ebenfalls infiltrirte Submucosa über. In der Umgebung der carcinomatösen Wucherung ist das ganze Beckenzellgewebe von unregelmässig zerklüfteten Abscessen, in welche nekrotische Gewebsfetzen hereinragen, durchsetzt; dieselben stehen mit einer grossen Abscesshöhle in Verbindung, welche sich unter der äusseren Haut von der Gegend zwischen Kreuzbein und After nach der rechten Seite hin in etwa handtellergrosser Ausdehnung erstreckt und mit sehr übelriechendem Eiter und nekrotischen Gewebsfetzen erfüllt ist. — Metastasen waren nicht vorhanden. Die Leichendiagnose lautet:

Circulärer Mastdarmkrebs mit grossen periproctitischen Abscessen; Dilatation des Dickdarms. Lungenemphysem; Dilatation des Herzens; atheromatöse Entartung der Aorta. Arterio-sclerotische Schrumpfnieren; Stauungsleber.

a) Bei der mikroskopischen Untersuchung zeigt sich am Geschwürsrande selbst die unmittelbar angrenzende und auch die etwas entfernter gelegene Schleimhaut in so hohem Grade cadaverös verändert, dass nur sehr wenige histologische Details daran mehr zu erkennen sind. Dagegen sind die Submucosa und die tiefer gelegenen Gewebsschichten ziemlich gut erhalten; die Submucosa ist am Geschwürsrande in einer etwa 1 cm breiten Zone bis zu 4 mm verdickt und besteht aus sehr dichtem, kernreichem Bindegewebe, welches ausserordentlich dicht von epithelialen Wucherungen durchsetzt ist. Diese letzteren werden aber nur zum geringeren Teil von drüsenähnlichen, meistens sehr schmalen und unansehnlichen, wenig verzweigten, mitunter auch leicht cystisch erweiterten Epithelschläuchen gebildet, welche aus sehr kleinen, nur bis zu 0,012 mm hohen, cylindrischen oder mehr unregelmässig gestalteten Zellen mit sich sehr intensiv färbenden Kernen bestehen.

Vielmehr sieht man überall die drüsenähnlichen Schläuche sehr bald ihr Lumen verlieren und in sehr schmale, nur 0,014—0,025 mm breite, aus kleinen, unregelmässig gestalteten und oft gänzlich locker gelagerten Zellen bestehende Epithelstränge übergehen, welche so massenhaft das ganze Gewebe durchsetzen und alle, auch die feinsten Spalträume des Bindegewebes erfüllen, dass die ganze Submucosa von den kümmerlich entwickelten Geschwulstzellen gerade wie diffus infiltrirt erscheint. Da dazwischen hinein in das Gewebe auch farblose Blutkörperchen mehr oder weniger reichlich eingelagert sind, so entsteht dadurch ein auf den ersten Blick in der Tat nicht leicht zu deutendes histologisches Bild. Die in die Muscularis hereingreifenden Wucherungen zeigen den gleichen Charakter, wenn auch hier die drüsenähnlichen Zellenschläuche etwas häufiger sind; auch hier gehen dieselben überall in einfache, schmale Epithelstränge über, welche sich zwischen die einzelnen Muskelbündel hereinschieben und sich schliesslich in einfache lockere Zellenreihen und Zellengruppen auflösen, wobei die Muskelfasern unter Atrophie zu Grunde gehen und durch Bindegewebe substituirt werden.

b) An jener oberhalb des krebsigen Geschwüres gelegenen geschwulstförmigen Schleimhautverdickung erscheint die Submucosa ganz in der
gleichen eigentümlichen Weise von der epithelialen Neubildung infiltrirt;
zugleich kann man aber hier sehr deutlich erkennen, dass diese Wucherungen mit entarteten Schleimhautdrüsen in Verbindung stehen, indem
hier sowohl an der geschwulstförmigen Prominenz selbst als auch in
deren nächster Umgebung die Schleimhaut fast in ganzer Ausdehnung
oder wenigstens in den tieferen Partien noch durchaus gut conservirt
ist. Die entarteten Drüsen sind hier verhältnissmässig lang und schmal
(Länge 1—1,2 mm, Breite 0,04 mm) und sind von kleinen, cylindrischen,
0,012—0,016 mm hohen Zellen mit sich sehr dunkel färbenden Kernen
ausgekleidet: auch das Protoplasma des Zellenleibes zeigt intensivere
Tinction. Dazwischen sieht man auch scheinbar ganz atrophische Drüsenschläuche, welche kaum 0,02 mm breit sind und von sehr kleinen verkümmerten Zellen gebildet werden. Bald haben die entarteten Drüsen
geraden Verlauf, bald sind sie mehr oder weniger korkzieherförmig
gewunden: an zahlreichen Stellen zeigen sie ziemlich mächtige, aber
sehr ungleichmässige Ausbuchtungen und Erweiterungen, indem schmale
Partien mit cystisch erweiterten Strecken vielfach abwechseln; zugleich sind die Drüsen in ihren unteren Abschnitten häufig geteilt und
mit seitlichen Sprossen versehen, welche mit denen benachbarter Drüsen
in Verbindung treten, so dass schon innerhalb der Schleimhaut ein förmliches Netzwerk von den Drüsenwucherungen gebildet wird. An zahlreichen Stellen durchbrechen die Wucherungen in dichten Gruppen die
Musc. mucosae, wo sie alsbald den oben ausführlich geschilderten, eigentümlichen Charakter annehmen. Sowohl hier als auch bei dem krebsigen
Geschwür ist die Peripherie der epithelialen Neubildung von einer deutlichen entzündlichen Infiltrationszone umgeben. Die an die nicht ulcerirte
Geschwulst angrenzende, nicht entartete Schleimhaut ist leicht atrophisch.

Kernteilungsfiguren sind in diesem Falle wegen mangelhafter Conservirung nicht mehr zu erkennen.

Histologische Diagnose für die beiden Krebsherde a) und b): Carcinoma adenomatosum simplex mit Uebergang zu scirrhosum.

40) Carcinoma ventriculi einer 74-jährigen, an Granular-
atrophie der Nieren verstorbenen Frau. S.-N. 22, 1882.

Das Carcinom hatte während des Lebens noch keine besonderen
Erscheinungen hervorgerufen und konnte daher nicht diagnosticirt werden.
Der Sectionsbefund des Magens lautet folgendermassen:

„Magen etwas klein, gut contrahirt, fast völlig leer, die Schleimhaut
zum Teil mit zähem, grauem Schleim bedeckt, in der Regio cardiaca und
im Fundus, besonders aber in letzterem, ziemlich stark injicirt und gegen
die Cardia hin etwas grau pigmentirt; an der Pars pylorica die Schleimhaut blass graurötlich, mit fleckiger Injection. Etwa 1 cm vom Pylorus
entfernt befindet sich an der hinteren Wand eine ungefähr 2½ cm im
Durchmesser haltende runde, scharf begrenzte, wulstig erhobene, wie
markig infiltrirte und in der Mitte leicht ulcerirte Stelle. Einige cm
hinter derselben beginnend zeigt sich die hintere Magenwand in grosser
Ausdehnung, beiläufig 8 cm in der Länge und 7 cm in der Breite, ziemlich derb beetartig infiltrirt und über das Niveau der normalen Schleimhaut stark erhaben, besonders gegen den Pylorus zu steil abfallend.
Durch diesen veränderten Bezirk der Magenwand hindurch erstrecken

sich noch deutlich sichtbare, stärker injicirte und leicht ekchymosirte Längsfalten, doch ist die Schleimhaut überall starr und unverschieblich, mit den tieferen Magenschichten wie fest verwachsen.

Etwa in der Mitte der infiltrirten Stelle befindet sich eine über linsengrosse, runde, flache, warzenförmige Erhabenheit von blass grau-rötlicher Färbung und an dem gegen die grosse Curvatur zugekehrten Rande der entarteten Partie sind noch mehrere ähnliche, aber kleinere warzenförmige Verdickungen vorhanden.

Auf dem Durchschnitt zeigte sich fast in dem ganzen Bereich der krebsig entarteten Zone die Schleimhaut deutlich verdünnt, wie atrophisch, gegen die Submucosa ziemlich deutlich abgegrenzt; nur in der Peripherie ist dieselbe leicht verdickt. Die Submucosa dagegen ist sehr beträchtlich verdickt, bis zu 6 mm, derb, von etwas glänzender, grauweisser Farbe; auch die Muscularis leicht verdickt, etwas sehnig glänzend, von Binde-gewebe durchsetzt. Die hintere Magenwand erreicht hier im Ganzen eine durchschnittliche Dicke von 9 mm und auch an der Aussenfläche erscheint sie wie beetartig infiltrirt und stärker injicirt.

Dicht an der grossen Curvatur einige erbsen- bis haselnussgrosse, derb infiltrirte, auf dem Durchschnitt blass graurötliche Lymphdrüsen."

Die mikroskopische Untersuchung ergibt folgenden Befund:

a) In der ganzen Peripherie des grösseren erkrankten Bezirkes zeigen die Drüsen der angrenzenden, anscheinend noch normalen Magenschleim-haut keine wesentlichen Veränderungen; nur unmittelbar vor dem Beginn der Entartung sieht man ziemlich zahlreiche leicht vergrösserte und etwas erweiterte Drüsen, welche bis zum Fundus herab mit ziemlich hohem Cylinderepithel ausgekleidet sind. Dagegen findet sich schon hier in den verbreiterten Interstitien des interglandulären Gewebes, besonders an den unteren Partien der Schleimhaut, eine sehr beträchtliche kleinzellige In-filtration, welche allenthalben sehr dichte Anhäufungen von Rundzellen bildet, so dass an dickeren Schnitten die Drüsen oft völlig verdeckt er-scheinen. Das entzündliche Infiltrat setzt sich auch in die Muscularis mucosae herein fort, deren Muskelfaserzüge dadurch auseinandergedrängt werden, und auch die Submucosa zeigt sich in ihren oberen Lagen ziem-lich dicht von Rundzellen durchsetzt.

Bereits in der Randzone der entarteten Partie ist eine hochgradige Ver-änderung der Drüsen zu erkennen; die einzelnen Drüsenschläuche sind meist sehr schmal, haben fast durchaus ihr Lumen verloren und erscheinen in schmale, solide Epithelstränge umgewandelt, welche einen ausserordentlich unregelmässigen Verlauf zeigen, vielfach mit einander in Verbindung treten und so ein sehr dichtes Netzwerk bilden, dessen Zwischenräume von sehr zahlreichen Rundzellen und zellenreichem jungem Bindegewebe ausgefüllt sind.

Das Epithel dieser entarteten Drüsen ist sehr vielgestaltig; meistens sind die Zellen ziemlich klein, annähernd cubisch und gleichen den Haupt-zellen der normalen Magenschleimhaut; nur pflegt der Kern verhältniss-mässig grösser und mehr in die Mitte der Zelle gerückt zu sein. Der-selbe hat runde oder ovale, nicht selten birnförmige Gestalt, sehr scharfen Contour, ist leicht granulirt und besitzt in der Regel 1—3 dunkle Kern-körperchen. Bei der Tinction färbt sich das Kernprotoplasma nicht sehr intensiv, doch dunkler als der Zellenleib, welcher eine blass bräunlichrote Färbung erhält. Häufig begegnet man auch niedrigen cylinderförmigen, sowie etwas grösseren polyedrischen Zellen.

Am Grunde der Schleimhaut verbreitern sich einzelne entartete
Drüsenschläuche zu grösseren epithelialen Wucherungen; diese stellen
meistens ziemlich dicke, solide, oft mehrfach gewundene Zellenstränge
dar, welche in verschiedenen Richtungen verlaufen, sich zwischen die
Faserzüge der Muscularis mucosae hereindrängen, diese an verschiedenen Punkten durchsetzen und in das submuköse Zellgewebe hereinwuchern. Selten zeigen diese Wucherungen einen drüsenähnlichen Charakter; ist noch ein Lumen vorhanden, so ist wenigstens stets der Epithelbelag sehr unregelmässig und mehrschichtig.

In der Submucosa angelangt bilden sie unmittelbar unter der Musc.
mucosae oft umfangreichere rundliche oder langgestreckte Zellennester,
welche meist von sehr dichten grösseren Rundzellenhaufen umgeben sind;
letztere sind an tingirten Schnitten schon makroskopisch als dunkelblau-
rote Fleckchen zu erkennen.

Das submuköse Bindegewebe zeigt sich bereits in der Randzone des
krebsig entarteten Bezirkes beträchtlich verdickt und sehr stark verdichtet. Auch in den tieferen Lagen desselben finden sich hier reichlich
scharf begrenzte epitheliale Einlagerungen, welche meistens in der Form
von soliden Zellensträngen die Gewebsspalten ausfüllen und in den verschiedensten Richtungen verlaufen; auch diese Wucherungen haben nur
selten ein deutliches Lumen und adenomatösen Charakter; in letzterem
Falle haben die Zellen oft deutlich cylindrische Form, während sie sonst
polymorph gestaltet sind. Zahlreiche Zellenstränge sind sehr schmal, wie
comprimirt und atrophisch und die einzelnen Zellen sind beträchtlich
kleiner und kümmerlich entwickelt, zum Teil wie geschrumpft.

Namentlich im Epithel der umfangreicheren Wucherungen sind noch
ziemlich reichliche Kernteilungsfiguren zu erkennen, deren Chromatinschleifen allerdings sehr häufig zusammengeflossen erscheinen.

Die im ganzen Bereiche der Erkrankung bis zu 3 mm verdickte
Muscularis ist in der Peripherie des entarteten Bezirkes ebenfalls krebsig
infiltrirt; Zellenstränge von verschiedener Breite, welche mitunter ein
deutliches Lumen besitzen und häufig von entzündlicher Infiltration umgeben
sind, durchsetzen die zwischen den grösseren Muskelbündeln gelegenen
Spalträume und drängen erstere oft weit auseinander. Aber an vielen
Stellen erscheinen auch hier die epithelialen Elemente atrophisch und von
derben Bindegewebszügen eingeschlossen.

Je mehr man sich nun von der äusseren Grenze des erkrankten
Gebietes gegen dessen Mitte hin nähert, um so mehr treten in sämmtlichen Magenschichten die epithelialen Elemente zurück, während die
Bindegewebsneubildung um so hervorherrschender wird. Die Schleimhaut
erreicht in einer Ausdehnung von etwa 6 cm in der Länge und 5 cm in der
Breite kaum eine Dicke von 0,4—0,6 mm. Dabei ist nicht allein ihre
ursprüngliche Structur in keiner Weise mehr zu erkennen, sondern es
scheinen überhaupt die epithelialen Elemente in ihr fast völlig untergegangen zu sein. Man sieht fast überall sehr kernreiches, stark von
Rundzellen durchsetztes junges Bindegewebe, in welches allenthalben
spärlich ganz unregelmässige Gruppen und Züge atrophischer Epithelien
eingelagert sind.

Auch die Muscularis mucosae zeigt sich überall von neugebildetem
Bindegewebe und Rundzellen durchsetzt, wodurch ihre Muskelfaserzüge
oft weit auseinandergedrängt werden; an wenigen Stellen finden sich in
ihr etwas breitere Epithelstränge, welche sich gegen die Submucosa hin
verschieben.

Letztere erreicht, wenn man sich von der Randzone der Entartung gegen deren Mitte zuwendet, sehr bald eine Dicke von 5—6 mm; sie wird überall von sehr dichtem Bindegewebe gebildet, welches in den oberen Lagen sehr zellenreich ist und ziemlich reichlich von meist sehr schmalen, in verschiedener Richtung verlaufenden Epithelsträngen durchsetzt wird. Auch finden sich hier, gewöhnlich dicht unter der Muscularis mucosae, ausserordentlich zahlreiche umschriebene, kleine entzündliche Infiltrate, welche meistens an etwas dickere Epithelstränge unmittelbar angrenzen. In den unteren, aus derbem, kernarmem Bindegewebe bestehenden Schichten der Submucosa gewahrt man nur spärliche, meist ganz atrophische epitheliale Einlagerungen, hingegen zahlreiche erweiterte Venenstämmchen.

Auch die durch interstitielle Bindegewebswucherung überall verdickte Muscularis erscheint allenthalben von krebsigen Wucherungen durchsetzt. Doch finden sich letztere in den von der Randzone entfernteren Teilen des entarteten Gebietes weniger in die zwischen den grösseren Muskelbündeln gelegenen Spalträume, als vielmehr in das die primären Faserbündel umgebende Zellgewebe eingelagert, von wo aus sie auch in diese selbst eindringen und die einzelnen Muskelfasern auseinanderdrängen. Die krebsigen Wucherungen bilden hier ein dichtes Geflecht von schmalen Epithelsträngen, welche die Muskelbündel oft völlig zu substituiren scheinen; an solchen Stellen finden sich zwischen den epithelialen Wucherungen nur spärliche, ganz atrophische Muskelfasern vor.

An jener umschriebenen warzenförmigen, flachen Erhebung inmitten des degenerirten Bezirkes zeigt die Schleimhaut etwa normale Dicke, doch ist auch hier deren ursprüngliche Structur völlig verwischt. Statt der normalen Drüsen findet man ein unentwirrbares, sehr dichtes Netzwerk schmaler Epithelstränge, zwischen welche Rundzellen eingelagert sind, und man bekommt den Eindruck, als wäre die Schleimhaut fast völlig von Epithelzellen wie infiltrirt. An einzelnen Stellen bricht auch hier die krebsige Wucherung in der Form von schmalen Strängen durch die Musc. mucosae hindurch und verbreitet sich, ähnlich wie am Rande der Entartung, in dem submukösen Zellgewebe.

Histologische Diagnose des grösseren Krebsherdes: Carcinoma solidum simplex mit Uebergang zu scirrhosum.

———

b) Der kleine, nahe am Pylorus gelegene Tumor erweist sich bei der mikroskopischen Untersuchung ebenfalls als ein primärer Krebsherd, welcher in seinem histologischen Verhalten einen von dem bereits geschilderten Erkrankungsbezirke völlig abweichenden Charakter besitzt. Die Drüsen der nur in der Mitte des kleinen Tumors leicht ulcerirten, sonst aber stark verdickten Schleimhaut sind in hohem Grade adenomatös entartet; dieselben sind stark verbreitet, gewunden und vielfach verzweigt, oft mit leicht cystisch erweiterten Ausläufern versehen. Ueberall sind die entarteten Drüsen mit kräftig entwickeltem, häufig doppelschichtigem Cylinderepithel ausgekleidet, welches sich sehr dunkel tingirt und zahlreiche noch ziemlich gut conservirte indirecte Kernteilungsfiguren enthält. Das interglanduläre Bindegewebe ist ziemlich stark kleinzellig infiltrirt.

Diese entarteten Drüsen durchbrechen in reichlicher Anzahl die Muscularis mucosae, wo sie continuirlich in völlig drüsenschlauchähnliche, reich verzweigte und netzförmig anastomosirende, häufig ganz leicht cystisch erweiterte Wucherungen übergehen, welche von ziemlich regelmässigem, häufig aber doppelschichtigem Cylinderepithel gebildet werden. Das Epithel dieser Wucherungen zeigt das gleiche Verhalten wie das der entarteten Drüsen und enthält ebenfalls zahlreiche indirecte Kernteilungsfiguren. Die dicht gelagerten Wucherungen dringen etwa bis zur Hälfte der verdickten Submucosa ein, welche hier sehr kernreich und von stark erweiterten Venenstämmchen durchsetzt ist. Die Peripherie der krebsigen Wucherung wird von einer ausgesprochenen kleinzelligen Infiltrationszone begrenzt.

Histologische Diagnose des kleineren Tumors: Carcinoma adenomatosum medullare.

41) Carcinoma ventriculi eines 52-jährigen Mannes. S.-N. 78, 1883.

Die Beschreibung des Magens lautet nach dem Sectionsprotokoll folgendermassen: Magen normal gross, besonders in der Mitte stark zusammengezogen, völlig leer. Die Schleimhaut blass, von grauem Schleim bedeckt. In der Regio cardiaca und an die Cardia unmittelbar angrenzend ein an der hinteren Magenwand gelegener, etwa 6 cm im Durchmesser haltender, pilzförmiger, nicht verschieblicher Tumor, welcher sich wallartig und steil über das Niveau der übrigen Magenschleimhaut erhebt. Derselbe ist beiläufig 1 cm hoch, an der Oberfläche in der Mitte leicht vertieft, ulcerirt, ziemlich stark dunkelgraurot injicirt. Auf dem Durchschnitt erscheint die Geschwulst blass, von markigem Ansehen; in der Mitte greift sie bis in die Muscularis herein und sind hier die einzelnen Magenschichten völlig in der Geschwulstmasse untergegangen; in der Peripherie aber ist noch eine deutliche Trennung der einzelnen Magenschichten zu erkennen; die mächtig, bis zu 4 mm verdickte Schleimhaut verliert sich erst allmählich und geht deutlich direct in die Geschwulstmasse über.

Gegen den Fundus zu, von dem beschriebenen Tumor völlig getrennt, eine unregelmässig, aber ziemlich scharf begrenzte, etwa 2 cm lange und $^1/_2$—1 cm breite, unverschiebliche wulstig verdickte und stärker injicirte Stelle der Magenschleimhaut; in der Mitte derselben ein etwa erbsengrosses Geschwulstknötchen.

Die Leichendiagnose dieses Falles lautet:

Chronische Tuberculose beider Lungen mit Induration des Lungengewebes; Verwachsungen beider Lungen; Hydrothorax, Hydropericard. Atrophische Muskatnussleber, tiefe Narben im Lebergewebe und Residuen von Perihepatitis; tuberkulöse Perityphlitis, tuberkulöse Geschwüre des Dünn- und Dickdarms, tuberkulöse Infiltration der Mesenterialdrüsen; Ascites; Carcinoma ventriculi.

a) Für den grösseren Tumor ergab sich bei der mikroskopischen Untersuchung folgender Befund:

An dem ziemlich gut conservirten Präparate zeigen sich bei der mikroskopischen Untersuchung die Drüsen in der an den Tumor unmittelbar angrenzenden Schleimhaut deutlich adenomatös entartet; dieselben sind teils traubig verzweigt, teils gestreckt und verlängert, nicht selten stark cystisch erweitert und bis zum Fundus herab mit cylindrischen, sich dunkel tingirenden Zellen ausgekleidet. Da wo die Schleimhaut in die Geschwulstmasse übergeht, sind die Drüsen sehr stark verlängert und verbreitet, meistens von ziemlich geradem Verlauf, häufig aber entsenden sie parallel verlaufende Ausläufer und nicht selten sind benachbarte Drüsen durch kurze Epithelbrücken unter einander verbunden. Das Epithel dieser Drüsen wird von ausserordentlich grossen, scharf contourirten, einen grossen bläschenförmigen Kern tragenden Zellen gebildet, welche bald regelmässige cylindrische Formen aufweisen, bald unregelmässig gestaltet sind und eine gewisse Aehnlichkeit mit Plattenepithelien besitzen; letzteres Verhalten findet sich besonders an solchen Stellen, wo das Drüsenlumen durch die mächtige Epithelwucherung verloren gegangen ist und die Zellen sich gegenseitig durch Druck abplatten. Häufig ist übrigens auch das Lumen dieser entarteten Drüsen erweitert und dann ist dasselbe regelmässig mit Wanderzellen und Ueberresten abgestorbener Zellen erfüllt.

Allenthalben sind im Epithel der Drüsen noch sehr deutlich erhaltene indirecte Kerntheilungsfiguren zu erkennen, deren Chromatinschleifen allerdings häufig zusammengeflossen sind.

Auch das interglanduläre Bindegewebe ist an Stellen, wo die Drüsen weniger dicht stehen, von Wanderzellen reichlich durchsetzt. Unmittelbar über der Geschwulst sind die Schleimhautdrüsen in ihren unteren Abschnitten sehr unregelmässig verzweigt und sehr vielfach durch einfache Epithelsprossen netzförmig unter einander verbunden; zugleich werden hier die Zellen vielfach kleiner, unscheinbarer und unregelmässiger gestaltet. In dieser eigentümlichen Form durchsetzen die entarteten Drüsen massenhaft die Muscularis mucosae; an vielen Stellen wird letztere übrigens auch von wohlgeformten, drüsenähnlichen Cylinderepithelschläuchen durchbrochen. Die Submucosa ist von der epithelialen Wucherung ausserordentlich dicht durchsetzt; diese hat aber fast überall ihren adenomatösen Charakter völlig verloren und bildet dicht gedrängte, verworrene Zellenstränge und Zellenreihen, welche von mässig grossen, unregelmässig gestalteten, oft plattenepithelähnlichen Zellen gebildet werden und das kernreiche, von Wanderzellen reichlich infiltrirte submuköse Bindegewebe in diffusr Ausbreitung dicht durchsetzen.

Auch hier sind in den Zellen der epithelialen Wucherung noch ziemlich zahlreiche Kerntheilungsfiguren zu erkennen. Das gleiche Verhalten zeigt die epitheliale Wucherung in der Muscularis, deren obere Schichten von derselben unter Schwund der Muskelfasern durchsetzt werden; nur an vereinzelten Stellen in der Submucosa ist ein deutlich adenomatöser Charakter erhalten, doch finden auch an solchen Stellen stets Uebergänge zu schmalen Zellenreihen statt. In der Peripherie ist die krebsige Wucherung überall von einer ziemlich stark entwickelten entzündlichen Infiltrationszone begrenzt.

b) Die nach dem Fundus zu gelegene markig infiltrirte Schleimhautstelle zeigt eine ausschliesslich adenomatöse Entartung der Drüsen, welche allenthalben die Musc. mucosae durchbrechen. Die Submucosa ist von einem dichten Netzwerk sehr ungleich weiter, bald enger, bald leicht cystisch erweiterter Epithelschläuche durchsetzt, welche meistens von ziemlich kleinen cubischen, seltener von wohlentwickelten cylindrischen Zellen gebildet werden. Das submuköse Bindegewebe ist im Bereich der Wucherung leicht verdichtet, aber ebenfalls ziemlich kernreich und reichlich von Wanderzellen durchsetzt.

Das kleine erbsengrosse Knötchen in der Schleimhaut wird eben-

16*

falls durch eine rein adenomatöse Drüsenwucherung bedingt: die Drüsen sind hier verlängert und erweitert, vielfach geschlängelt und verzweigt, mit Ausbuchtungen versehen, oft cystisch erweitert und von sehr schönem, hohem, sich dunkel tingirendem Cylinderepithel ausgekleidet, in welchem ziemlich zahlreiche Kernteilungsfiguren noch deutlich erhalten sind.

Ein Durchbruch der entarteten Drüsen in die Submucosa findet hier nicht statt.

Histologische Diagnose für beide Krebsherde: Carcinoma adenomatosum scirrhosum mit Uebergang zu solidum scirrhosum.

42) Carcinoma ventriculi einer 48-jährigen Frau. S.-N. 173, 1883. Taf. X, Fig. 22: Taf. XI. Fig. 23 und Taf. XII, Fig. 26.

Magen ziemlich stark zusammengezogen, an der kleinen Curvatur, nahe der Mitte, die Serosa mit bindegewebigen Pseudomembranen besetzt und gegen diese Stelle hin das Netz strahlig herangezogen und verwachsen. An der hinteren Fläche befinden sich beiläufig in der Mitte rosenkranzförmig angeordnete Gruppen kleiner, durch die Serosa blassgelblich durchscheinender Krebsknötchen, welche von einem rötlichen Injectionshof umgeben sind; die Vena coronaria inferior nebst einer Anzahl der in sie einmündenden kleineren Venenstämmchen prall ausgedehnt und erweitert, von einer krebsigen Thrombusmasse erfüllt. Der Magen enthält eine geringe Menge unverdauter Speisereste und spärlich bräunlich gefärbte Flüssigkeit. An der hinteren Wand, ganz nahe der grossen Curvatur befindet sich 5—6 cm vom Pylorus entfernt ein 8—9 cm langer und bis zu 4½ cm breiter, sich plötzlich und steil über die Schleimhaut erhebender, 3 cm hoher, pilzförmiger Tumor, mit leicht überhängenden Rändern und teils uneben höckeriger Oberfläche (Taf. XII, Fig. 26 A; in der Mitte ist letztere leicht vertieft, ulcerirt und mit missfarbigen, nekrotischen Gewebsfetzen besetzt. Der ganze Tumor erscheint äusserlich ziemlich dunkel grauror, auf dem Durchschnitt zeigt er eine blass gelblich-graurötliche Färbung und exquisit markige Beschaffenheit: zugleich sieht man, wie die Schleimhaut, allmählich mächtig an Dicke zunehmend und ebenfalls ein markiges Ansehen gewinnend, in der Peripherie den Tumor überkleidet und continuirlich in die übrige Geschwulstmasse übergeht. Letztere durchsetzt in grosser Ausdehnung sämmtliche tieferen Magenschichten, welche sich von der Peripherie her allmählich in der Geschwulstmasse verlieren. Nach oben zu schliesst sich an den beschriebenen Tumor eine sehr umfangreiche, in der Richtung nach der Cardia und dem Fundus zu sich erstreckende flache, lappig begrenzte, geschwulstförmige Infiltration der Schleimhaut (Fig. 26 B) an, welche nach dem Fundus zu sich zu einer flachen, leicht überhängenden, an der Oberfläche unregelmässig gefurchten Tumormasse erhebt, während nach der Pylorus-Seite hin die Oberfläche ein deutlich warziges Ansehen zeigt. Nach der Mitte zu ist diese krebsig entartete Partie ebenfalls leicht ulcerirt und muldenförmig vertieft. In der unmittelbaren Umgebung der krebsigen Geschwulstmassen sieht man noch eine ganze Anzahl linsengrosser, warzenförmiger Schleimhautwucherungen: nahe der kleinen Curvatur gegen die Cardia hin befinden sich noch 2 unregelmässig rundliche, etwa 2 cm im Durchmesser haltende, stark erhabene, beetförmig infiltrirte Stellen mit teils glatter, teils warziger Oberfläche (Fig. 26 C und D), welche ganz allmählich in die benachbarte, anscheinend normale Schleimhaut übergehen und so dicht neben einander liegen, dass sie nur durch einen ganz schmalen Streifen normaler Schleimhaut von einander getrennt werden. Auf dem senkrechten Durchschnitt erscheint auch hier die Schleimhaut in der Peripherie verdickt, von markigem Ansehen und verliert sich nach der Mitte zu in der auch die Muscularis zum Teil durchsetzenden Geschwulstmasse.

Die übrige Schleimhaut des Magens ziemlich stark injicirt und mit leicht warziger Oberfläche; in der Pars pylorica ist dieselbe ausserordentlich wulstig und bildet ziemlich dunkel injicirte, steife, mächtig erhabene Falten.

Leber leicht vergrössert. Oberfläche glatt. Am rechten Leberlappen, gerade über der Leberpforte, ein umfangreicher Geschwulstknoten gegen die Oberfläche herandrängend, welcher in grosser Ausdehnung als graugelbliche Masse durch die Kapsel durchscheint. Auch in der weiteren Umgebung drängen vereinzelte kleinere Krebsknoten gegen die Oberfläche heran. Auf dem Durchschnitt zeigt jener grosse Geschwulstknoten nahezu die Grösse einer Mannesfaust; derselbe hat eine Ausdehnung von 5½ bezw. 9½ cm und wird von ziemlich derber, weisslicher Geschwulstmasse gebildet, in welcher an mehreren Stellen kleine gelblich verfärbte Herde zu erkennen sind. Der ganze Knoten ist deutlich durch Confluenz zahlreicher kleinerer Knoten entstanden, indem schmale Streifen von Bindegewebe und gänzlich atrophischen Lebergewebes wie Septen denselben durchziehen. Nach der Peripherie hin zeigt der Tumor eine scharfe, lappige Begrenzung. Die Pfortader wird von dem Krebsknoten völlig umfasst; sowohl das Lumen des Pfortaderstammes selbst als auch die Lumina der den Krebsknoten durchziehenden Teilungsäste derselben sind durch krebsige Geschwulstmasse ausgefüllt. Die krebsigen Thromben sind von der Gefässwand sehr deutlich abgegrenzt und im Pfortaderstamm lässt sich der fast kleinfingerdicke Geschwulstthrombus, welcher zapfenförmig in den peripheren Teil der Pfortader hereinragt, sehr leicht von der Gefässwand abheben. Ausser dem grossen Tumor finden sich in der Leber noch zerstreute, weisslichgraue, bis wallnussgrosse Krebsknoten, sowie zahlreiche krebsig thrombosirte kleinere Pfortaderästchen. Das Lebergewebe ist blutarm, ziemlich blassbraun, derb, in der Umgebung der Krebsknoten ziemlich stark comprimirt und von dunklerer Färbung.

Dieser Fall bietet in seinem histologischen Verhalten eine ausserordentliche Mannigfaltigkeit, wie sie fast keinem der bisher beschriebenen Fälle zukommt. An einem durch die Peripherie des grossen Tumors (A) gelegten senkrechten Schnitt findet man in der angrenzenden, noch nicht krebsig entarteten Schleimhaut ausschliesslich stark gewundene, nach unten zu traubig verzweigte Schleimdrüsen mit erweiterten Ausführungsgängen, welche cylindrische Zellen mit hellem, glasigem Zellprotoplasma und basisständigen halbmondförmigen Kernen führen. Unmittelbar da, wo die Schleimhaut sich zum Tumor heraufschlägt, zeigen die Drüsen eine ganz ähnliche Entartung, wie sie in dem zuletzt geschilderten Falle an den nach dem Pylorus zu gelegenen Stellen beobachtet wurde. Die Drüsenschläuche sind lang und meistens im Ganzen ziemlich schmal, dabei wechseln aber in ihrem Verlaufe leichte Erweiterungen mit ganz engen Stellen, an welchen der Drüsenschlauch sein Lumen häufig völlig verloren hat, oft plötzlich ab und gleichzeitig findet, besonders in den unteren, reichlich verzweigten Abschnitten, eine Verschmelzung mit den benachbarten Drüsenschläuchen statt. Die Zellen der entarteten Drüsen sind hier namentlich in den unteren Lagen der Schleimhaut zum Teil von cubischer Form und ziemlich klein, zum Teil von unregelmässiger Form und wechselnder Grösse: Kernteilungsfiguren finden sich in relativ geringer Anzahl.

Weiter nach aufwärts an dem Tumor, wo die verdickte Schleimhaut ebenfalls noch makroskopisch sehr scharf von der Geschwulstmasse getrennt erscheint, zeigen die entarteten Drüsen ein wesentlich anderes Ansehen. Die Wucherung ist hier in jeder Hinsicht eine viel üppigere und trägt deutlich ausgesprochen adenomatösen Charakter; die Drüsen sind beträchtlich verlängert und verbreitert, stark verzweigt und vielfach gewunden, häufig untereinander anastomosirend. An manchen Stellen wechseln ebenfalls verengte Stellen mit leichten cystischen Erweiterungen des Drüsenschlauches ab. Das kräftig entwickelte, sich sehr dunkel tingirende Epithel wird bei einschichtiger Lage von unregelmässig cylindrischen Zellen gebildet; vielfach ist jedoch dasselbe 2- bis mehrschichtig und dann zeigen die einzelnen Zellen polymorphe Gestaltung. Nicht selten ist die Epithelwucherung eine so üppige, dass dadurch sehr beträchtliche Verengerungen der Drüsenlumina entstehen oder die entarteten Drüsen selbst in solide Epithelcylinder umgewandelt werden, welche an einzelnen Stellen zu grösseren Krebskörpern verschmelzen.

Indirecte Kernteilungsfiguren sind hier in dem Epithel der entarteten Drüsen im Ganzen spärlich vorhanden, nur an zerstreuten Stellen finden sie sich in reichlicher Anzahl. Das interglanduläre Gewebe ist reich an lymphoiden Zellen und namentlich das in den oberen Schleimhautschichten gelegene Capillarnetz stark erweitert und strotzend mit Blut erfüllt.

Ueberall durchbrechen die entarteten Drüsen in grosser Anzahl, oft in ganzen Gruppen, die zunächst noch deutlich erhaltene Muscularis mucosae und gehen in continuirlichem Zusammenhang in die epitheliale Wucherung des grossen Tumors über; auf der Höhe des Tumors ist die Muscularis mucosae in der Geschwulstmasse grösstenteils völlig untergegangen; nur an wenigen Stellen sind noch vereinzelte Muskelfaserzüge zu erkennen.

Die Geschwulstmasse besteht zum grössten Teil aus dichtgedrängten, überaus reich verzweigten und vielfach ausgebuchteten Zellenschläuchen, welche von sehr regelmässig geformten, mässig hohen Cylinderepithelien mit meistens langgestreckten ovalen Kernen gebildet werden; an allen Stellen der Geschwulst lassen die Epithelien in der ausgesprochensten Weise die WALDEYER'sche Tinction erkennen. Sehr häufig zeigt die Wand der Epithelschläuche dicht gedrängte kleine, in das Lumen vorspringende papilläre Erhebungen und nicht selten finden sich auch zahlreiche, ziemlich stark hervorragende Epithelknospen, mitunter bei doppelschichtigem Epithelbelag.

Etwas mehr nach der Tiefe zu sind die adenomatösen Wucherungen an oft grösseren umschriebenen Stellen leicht cystisch erweitert; das Lumen dieser erweiterten Zellenschläuche ist dicht mit farblosen Blutkörperchen und Detritusmassen abgestorbener Zellen erfüllt.

Weiter gegen die Mitte des Tumors hin ist die Schleimhaut völlig zerstört. Auch hier trägt die Geschwulstmasse zum grossen Teil den soeben geschilderten rein adenomatösen Charakter; doch trifft man hier bereits in oberflächlichen Lagen zahlreiche Stellen, an welchen das Epithel der schlauchförmigen Wucherungen mehrschichtig wird und dabei unregelmässige Formen annimmt. Dazwischen findet man sehr häufig in grösserer Ausdehnung Partien, wo die epithelialen Wucherungen fast ausschliesslich aus soliden Krebskörpern bestehen, welche teils ziemlich schmale, dicht gedrängte, unter einander netzförmig verbundene Stränge, teils breite, massige, aber ebenfalls verzweigte und unter einander anasto-mosirende Einlagerungen bilden. In letzterem Falle pflegen die exquisit polymorph gestalteten Zellen bei sehr spärlich entwickeltem Bindegewebs-gerüste besonders gross und üppig zu sein, während bei dem ersteren Verhalten die Zellen etwas kleiner erscheinen, dagegen das Bindegewebe an einzelnen Stellen eine stärkere Entwicklung zeigt.

Nicht selten sieht man diese verschiedenen Formen der krebsigen Wucherung scheinbar ohne jeglichen Uebergang unmittelbar neben ein-ander bestehen; häufiger jedoch finden sich Uebergänge zwischen der adenomatösen Form und der Bildung solider Krebskörper: selbst im Innern der massigen, umfangreichen epithelialen Wucherungen findet man oft Bildung sehr deutlicher Lumina, welche dann von regelmässig cylin-drisch geformten Zellen begrenzt werden und nicht selten ist an der An-ordnung und Lagerung der Epithelien noch deutlich zu erkennen, dass diese massigen soliden Krebskörper durch Confluenz ursprünglich ge-trennter Wucherungen adenomatösen Charakters hervorgegangen sind.

In den tieferen Schichten der Geschwulst findet man ebenfalls überall die beschriebenen verschiedenen Formen der epithelialen Wuche-rungen, doch ist, namentlich gegen die Peripherie hin, die adenomatöse Form vorherrschend. Fast überall trägt die Wucherung einen aus-gesprochen medullaren Charakter: die epithelialen Zellenschläuche und Krebskörper erscheinen auf dem Durchschnitt meistens nur durch schmale Züge eines kernreichen und von Lymphzellen reichlich durchsetzten Binde-gewebes von einander getrennt. Nur in der Tiefe ist an einzelnen Stellen das Bindegewebsgerüst mächtiger entwickelt, ohne jedoch der Wuche-rung einen scirrhösen Charakter zu verleihen, wenn auch die adenoma-tösen Wucherungen hier von viel schmäleren und auch aus wesentlich kleineren Zellen bestehenden Zellenschläuchen gebildet werden.

Die ganze Geschwulstmasse hat sich zum grössten Teil in der Sub-mucosa entwickelt: nur in den mittleren Bezirken hat dieselbe auch die obere Lage der stark verdickten Muscularis ergriffen; die Faserbündel der letzteren sind hier weit auseinandergedrängt und verschoben und besitzen zum Teil ein atrophisches Ansehen, während an anderen Stellen die obere Lage der Muscularis in der vordringenden Geschwulstmasse völlig untergegangen ist. Sowohl in der krebsig infiltrirten Submucosa als auch in der Muscularis finden sich häufig krebsig infiltrirte Venen-stämmchen; der krebsige Thrombus zeigt in der Regel ausgesprochen adenomatösen Charakter.

Die Peripherie der krebsigen Wucherung ist überall von einer sehr deutlich entwickelten kleinzellig entzündlichen Infiltrationszone begrenzt: auch im Innern der Geschwulst findet sich bei stärkerer Entwicklung des Bindegewebes eine starke kleinzellige Infiltration desselben, welche an einzelnen Stellen bis zur Abscessbildung zu führen scheint.

Indirecte Kernteilungsfiguren finden sich im Epithel der krebsigen Wucherung in grosser Anzahl (darunter bisweilen auch hyperplastische Formen), jedoch in ungleichmässiger Verteilung: besonders häufig sind sie in den peripheren Teilen des Tumors, sowohl innerhalb der ade-nomatösen Wucherungen als auch in den soliden Krebskörpern, wo sie meistens nahe am Rande der Wucherungen gelegen sind. Sehr reichlich finden sie sich auch in der Tiefe der Geschwulst, ebenfalls vorzüglich in den peripheren, offenbar jüngeren Teilen derselben; doch auch im Innern der Geschwulstmasse sieht man zahlreiche Kernteilungsfiguren. Dieselben sind aber immer ausschliesslich auf das Epithel beschränkt; im Bindegewebe waren solche nirgends aufzufinden.

––––––

Während bei dem beschriebenen Tumor *A* im Allgemeinen der adenomatöse Charakter vorherrschend ist, besteht die epitheliale Wucherung in dem ganzen Bereich des flachen Krebsgeschwüres *B* hauptsächlich in der Bildung solider, lumenloser Krebskörper.

Die Schleimhaut in der Umgebung des Krebsgeschwüres zeigt weithin tiefgehende Veränderungen; sowohl nach der Pylorusseite als auch gegen den Fundus hin sind die Schleimhautdrüsen noch in einer Entfernung von 3—4 cm traubig verzweigt, vielfach gewunden und oft cystisch erweitert, dabei mit hohem cylindrischem oder cubischem Epithel ausgekleidet, welches häufig zahlreiche Kernteilungsfiguren enthält. Normale Magendrüsen sind nirgends mehr zu finden. Auf dem breiten, das flache Krebsgeschwür umgebenden, wallförmig erhabenen Rande ist die Schleimhaut ziemlich weit herein noch erhalten. Die Drüsen zeigen hier zum Teil die gleiche adenomatöse Entartung wie in der weiteren Umgebung; zum Teil sind sie stark verbreitert, während der Epithelbelag mehrschichtig geworden ist und aus polymorph gestalteten Zellen besteht; vielfach sind die Drüsen in breite, völlig lumenlose Epithelcylinder umgewandelt, welche häufig streckenweise unter einander verschmolzen in breiten Epithelmassen die Muscularis mucosae durchbrechen und oft zahlreiche Kernteilungsfiguren enthalten. Nicht selten wechseln in der entarteten Schleimhaut leicht atrophische Stellen mit solchen üppigster Drüsenwucherung ab; das interglanduläre Gewebe ist ziemlich kernreich, die Schleimhautcapillaren sind oft mächtig erweitert und strotzend mit Blut gefüllt.

Die Submucosa ist im ganzen Bereich des krebsigen Erkrankungsherdes von der epithelialen Wucherung dicht infiltrirt. Das ganze krebsige Infiltrat zeigt im Allgemeinen eine unter einander parallele und zur Schleimhautoberfläche senkrecht verlaufende Anordnung der Krebskörper, so dass man auch in der Mitte des Krebsgeschwüres, wo die Schleimhaut zerstört ist, gleichwohl nicht selten entartete Schleimhautdrüsen zu sehen glaubt: die topographischen Verhältnisse der in der Peripherie des Krebsgeschwüres noch erhaltenen Schleimhaut und der übrigen Magenschichten, namentlich auch der Muscularis mucosae, lassen jedoch deutlich erkennen, dass die Wucherungen der freiliegenden Submucosa angehören. Vielfach sind dieselben durch Anastomosen unter einander verbunden; nicht selten kommt es übrigens auch zur Bildung knotenförmiger Territorien, innerhalb deren die Wucherungen eine unregelmässig netzförmige Anordnung zeigen. Die Ränder der epithelialen Krebskörper erscheinen häufig tief gelappt, indem das Bindegewebe wie in der Form von schmalen papillären Ausläufern sich zwischen die epithelialen Massen hereindrängt. Letztere bestehen auch in der Submucosa vorwiegend aus soliden Epithelkörpern, doch ist an denselben häufig noch der Ursprung aus adenomatösen Wucherungen zu erkennen, indem oft mitten im Innern der Krebskörper oder auch in der Peripherie von cylindrisch geformten Zellen begrenzte Lumina auftreten; sonst werden dieselben aber von exquisit polymorph gestalteten, ziemlich grossen Zellen gebildet, welche, jedoch in sehr ungleichmässiger Verteilung, zahlreiche Mitosen enthalten. Nicht selten erscheinen die Zellen, namentlich im Innern der Krebskörper, so stark comprimirt, dass sie wie spindelförmig ausgezogen erscheinen.

Uebrigens finden sich in der Submucosa, besonders in der Peripherie des krebsigen Herdes, unter die noch nicht krebsig entartete Schleimhaut sich vorschiebend, auch knotenförmige, scheinbar isolirte Wucherungen von ausgesprochen adenomatösem Charakter, welche aus dicht verworrenen, vielfach verzweigten einfachen Cylinderepithelschläuchen bestehen, jedoch durch Mehrschichtigwerden des Epithels allenthalben Uebergangsformen zu soliden Krebskörpern bilden.

Die Submucosa ist im Bereiche der krebsigen Wucherung überall ziemlich stark verdichtet, wenig kernreich und von zahlreichen erweiterten, nicht selten krebsig thrombosirten Venenstämmchen durchsetzt; nur zwischen den krebsigen Wucherungen und in der Peripherie ist das Bindegewebe etwas kernreicher und in der Regel kleinzellig infiltrirt.

Die Muscularis enthält nur vereinzelte, scharf begrenzte, knotenförmige, krebsige Einlagerungen, deren directer Zusammenhang mit den Wucherungen der Submucosa an geeigneten Präparaten ohne Weiteres in die Augen fällt. Dieselben haben sich in den grösseren Spalträumen der Muscularis entwickelt und bilden meistens Uebergangsformen von adenomatösen Wucherungen zu soliden Krebskörpern.

Ein in ihrer histologischen Beschaffenheit von den Krebsherden *A* und *B* wesentlich abweichendes Verhalten zeigen die beiden dicht neben einander liegenden, von dem Krebsgeschwür *B* durch relativ normale Schleimhaut getrennten Knoten *C* und *D*. Bei der kleinen Geschwulst *C* erscheinen in der Umgebung die Schleimhautdrüsen weit hinaus (bis an die Grenze des aufgeschnittenen Magens) leicht adenomatös entartet: die Drüsen sind stark gewunden, traubig verzweigt, nicht selten leicht cystisch erweitert und ausschliesslich mit an Kerntheilungsfiguren reichem Cylinderepithel ausgekleidet. Am stärksten ist die Entartung im Bereiche der Geschwulst selbst, wo die Schleimhaut auf dem Durchschnitt schon makroskopisch verdickt erscheint und markiges Ansehen bietet. Die Drüsen sind hier namentlich in den tieferen Schleimhautabschnitten sehr stark verzweigt und vielfach anastomosirend, häufig auch ausgebuchtet und mit umschriebenen cystischen Erweiterungen versehen; an einzelnen Stellen sind die Drüsen ungewöhnlich lang (bis über $1^{1}/_{2}$ mm) und schmal, dabei oft mehrfach gegabelt, jedoch ohne traubige Verzweigung. Ueberall wird das Epithel der entarteten Drüsen von cylindrisch oder cubisch geformten Zellen gebildet, welche zahlreiche Mitosen enthalten und in ausgesprochener Weise die WALDEYER'sche Tinction erkennen lassen. Das interglanduläre Gewebe ist sehr kernreich und reich an lymphoiden Zellen, die Capillaren sind oft stark erweitert und strotzend mit Blut gefüllt.

Auf der Höhe der Geschwulst durchbrechen die entarteten Drüsen in grosser Anzahl und in weiter Ausdehnung die Muscularis mucosae und stehen überall in continuirlichem Zusammenhang mit den die Submucosa durchsetzenden krebsigen Wucherungen. Diese entsprechen fast ausschliesslich der adenomatösen Form, doch trägt die epitheliale Wucherung in der Submucosa und auch in den tieferen Magenschichten wenigstens zum Teil einen deutlich scirrhösen Charakter. Nur an einzelnen Stellen sind die drüsenschlauchähnlichen, aus einschichtigem Cylinderepithel bestehenden Wucherungen dichter gelagert und üppiger entwickelt, dabei zum Teil mit ausserordentlich zahlreichen cystischen Erweiterungen versehen. Meistens bilden die Wucherungen kleinere, knötchenförmige, aber unter einander anastomosirende Territorien, innerhalb deren die aus einem nur mässig dichten, verworrenen Netzwerk bestehenden Zellenschläuche sehr häufig ein ganz atrophisches Ansehen besitzen. Die Zellen derselben sind klein und unscheinbar, meist cubisch geformt und sehr oft verlieren die schlauchförmigen Wucherungen ihr Lumen und gehen in einfache Reihen atrophischer Zellen über. Das Bindegewebe der Submucosa ist im Bereiche dieser Wucherungen verdichtet, kernreich und reichlich von farblosen Blutkörperchen durchsetzt, besonders in der Peripherie der knötchenförmigen Territorien befindet sich nicht selten ein förmlicher Wall von Leukocyten.

Auch in die grösseren Spalträume der Muscularis dringen die krebsigen Wucherungen ein, auch hier teils wohl entwickelte Cylinderepithelschläuche bildend, teils in atrophische Zellenstränge und Zellenreihen übergehend. Das intermuskuläre Bindegewebe ist dabei ebenfalls mächtig verdickt und verdichtet, kernreich und stark kleinzellig infiltrirt, die Muskelbündel sind weit auseinandergedrängt und zum Teil von atrophischem Ansehen.

Wesentlich anders gestaltet sich das histologische Verhalten des eng angrenzenden kleinen Tumors *D*. Hier erscheinen schon die Schleimhautdrüsen grösstenteils in schmale, zum Teil mehrfach gegabelte, aber sonst gerade verlaufende, zum Teil vielfach gewundene, unter einander anastomosirende und ein verworrenes Netzwerk bildende, lumenlose Epithelstränge umgewandelt, welche aus kleinen cubischen oder polymorph gestalteten Zellen bestehen: meistens ist nur in den obersten Abschnitten noch das Drüsenlumen erhalten und von cylindrisch geformten Zellen ausgekleidet. Die Drüsen stehen ausserordentlich dicht, während das mässig kernreiche interglanduläre Bindegewebe nur mässig entwickelt ist. An sehr zahlreichen Stellen durchbricht das Epithel der entarteten Drüsen die Muscularis mucosae. Die Submucosa ist mächtig verdickt, sehr stark verdichtet und in ganzer Ausdehnung bis zur Muscularis hin von der epithelialen Wucherung durchsetzt. Diese bildet ein überaus dichtes und verworrenes, aus schmalen Zellensträngen und einfachen Zellenreihen bestehendes Netzwerk, welches stellenweise so dicht ist, dass die einzelnen epithelialen Wucherungen oft nur durch einzelne Bindegewebsfasern getrennt erscheinen. Die Zellen sind teils cubisch, meistens jedoch polymorph gestaltet, klein und unansehnlich: an sehr vielen Stellen ist die epitheliale Wucherung ausgesprochen atrophisch, wobei dann gleichzeitig eine mächtige Kernwucherung im Bindegewebe zu beobachten ist.

Auch die grösseren Spalträume der Muscularis sind von der krebsigen Wucherung erfüllt: dieselbe trägt hier einen ganz ähnlichen Charakter wie in der Submucosa; nur ist das atrophische Ansehen der Zellen noch ausgesprochener, so dass es oft schwierig ist, die epithelialen Elemente von den gewucherten Bindegewebszellen zu unterscheiden.

Indirecte Kernteilungsfiguren finden sich im Epithel der krebsigen Wucherung überall zerstreut: an einzelnen Stellen liegen sie in kleineren und grösseren Gruppen beisammen. Nicht selten erscheinen die Kernteilungsfiguren relativ gross, auch sieht man mitunter Figuren, welche einer Dreiteilung des Kerns entsprechen. In den mehr scirrhösen, atrophischen Partien sind die Mitosen nur sehr spärlich enthalten. Im Bindegewebe waren überhaupt keine nachzuweisen.

Von Interesse ist das histologische Verhalten der krebsigen Thrombose der Vena coronaria inferior (Taf. XI, Fig. 23). Dieselbe scheint aus einer continuirlich fortschreitenden krebsigen Thrombose kleinerer Venenstämmchen hervorgegangen zu sein, indem die kleinen in die Coronaria einmündenden Venen zum Teil ebenfalls von der krebsigen Wucherung erfüllt sind. Im Querschnitt zeigt sich das Lumen der Vena coronaria von dem krebsigen Thrombus völlig eingenommen, jedoch ist im Innern des Thrombus die Geschwulstmasse in grosser Ausdehnung nekrotisch. Diese trägt einen ausgesprochen adenomatösen Charakter, vollkommen ähnlich den adenomatösen Stellen der Krebsherde *A* und *B*, bei welchen in den tieferen Magenschichten ebenfalls zahlreiche kleine Venenstämmchen durchaus in der gleichen Weise thrombosirt sind. Die krebsigen Wucherungen werden von drüsenähnlichen, mit weitem Lumen versehenen Epithelschläuchen gebildet, welche in der Peripherie des Thrombus senkrecht zur Venenwand gestellt sind, so dass die Intima förmlich wie in eine drüsenführende Schleimhaut umgewandelt erscheint. Das Epithel dieser drüsenschlauchähnlichen Wucherungen ist teils einschichtig, aus cylindrischen Zellen bestehend, teils mehrschichtig und polymorph; allenthalben sind in demselben zahlreiche indirecte Kernteilungsfiguren nachzuweisen.

Zwischen den einzelnen Zellenschläuchen verlaufen ganz schmale, aus zarten spindelförmigen Zellen bestehende Bindegewebszüge, welche senkrecht von der Venenwand aufsteigen und scheinbar aus einer Wucherung der Intima hervorgegangen sind; häufig sind dieselben Träger feiner, zum Teil mit Blut erfüllter Capillaren.

Auch in dem nekrotischen Bezirke des Thrombus lassen sich noch deutlich Zellenschläuche und zarte Bindegewebssepta erkennen: doch sind die einzelnen Zellen in kernlose Schollen umgewandelt, welche keinen Farbstoff mehr aufnehmen. Dazwischen finden sich zerstreut farblose Blutkörperchen und sich dunkel tingirende kleine Chromatinkörner. Der innerste Teil des Thrombus wird von geronnenem Blute eingenommen.

Die Venenwand selbst ist an einzelnen Stellen leicht kleinzellig infiltrirt und nach einer Seite hin deutlich verdünnt, im Uebrigen jedoch völlig normal.

Die Metastasen in der Leber tragen ebenfalls einen vorwiegend adenomatösen Charakter: sehr häufig erscheint jedoch das Epithel der drüsenschlauchähnlichen Wucherungen mehrschichtig, so dass Uebergänge zur Bildung solider Krebskörper entstehen. An sämmtlichen Metastasen lässt sich deutlich der Ausgang von einer krebsigen Thrombose des Pfortadergebietes nachweisen. Die kleinsten miliaren Knötchen bilden eine einfache Ausstopfung feinster Pfortaderästchen ohne nachweisbare Veränderungen der Gefässwand: bei der Thrombose grösserer Aestchen aber besitzt der krebsige Thrombus ein von der Intima der Venenwand ausgehendes, mit Capillaren versehenes Bindegewebsgerüste genau in der gleichen Weise, wie es eben für die krebsige Thrombose der Vena coronaria geschildert wurde. Häufig lässt die krebsige Wucherung den centralen Teil des Gefässlumens frei, welcher dann mit Blut gefüllt erscheint. Neben den krebsig thrombosirten Pfortaderästchen sind meistens noch Durchschnitte der Leberarterie und solche von Gallengängen deutlich zu erkennen; an letzteren sind niemals Wucherungserscheinungen zu beobachten, während im Epithel des krebsigen Thrombus stets mehr oder weniger zahlreiche Kernteilungsfiguren auffallen (Taf. X, Fig. 22). Dagegen findet man sehr häufig die thrombosirten Pfortaderästchen von der krebsigen

Wucherung mächtig erweitert oder durchbrochen, das Arterienstämmchen und die Gallengänge völlig bei Seite geschoben; ersteres ist dann oft obliterirt, während die Gallengänge ein atrophisches Ansehen zeigen. Schliesslich scheinen die Gallengänge völlig zu Grunde zu gehen, indem man nicht selten Knötchen findet, in welchen wohl noch das Arterienstämmchen nachzuweisen, von den Gallengängen aber nichts mehr zu sehen ist. Gleichzeitig sieht man die epitheliale Wucherung in die Capillaren der Leberläppchen eindringen; die Leberzellenbalken erscheinen dann weit auseinandergedrängt, die Leberzellen besitzen ein hochgradig atrophisches Ansehen, sind klein und geschrumpft, stark pigmentirt und bei grösseren Knoten sind sie völlig geschwunden und durch die krebsige Wucherung substituirt. An solchen Knoten lässt sich dann häufig nicht mehr erkennen, ob dieselben ursprünglich aus einer krebsigen Pfortaderthrombose oder aus einer Capillarembolie hervorgegangen sind.

Stets kann man aber auch an den ganz grossen metastatischen Knoten der Leber erkennen, dass sie durch Confluenz kleinerer Knoten entstanden sind. Namentlich in der Peripherie sieht man solche Knoten von ganz schmalen Septen mächtig comprimirten und völlig atrophischen Lebergewebes durchzogen. Nur im Innern der Knoten ist jede Spur von Lebergewebe verschwunden und ein ausgesprochenes Bindegewebsgerüste entwickelt. In der Peripherie der krebsigen Knoten ist das Lebergewebe bezw. die Capsula Glissoni häufig leicht kleinzellig infiltrirt. Ueberall lässt das von der krebsigen Wucherung freie Lebergewebe in hohem Grade die der atrophischen Muskatnussleber eigentümlichen Veränderungen erkennen.

Die krebsig infiltrirten Lymphdrüsen sind vollkommen in Geschwulstmasse umgewandelt, welche histologisch den gleichen Charakter wie die Lebermetastasen besitzt.

Histologische Diagnose: Tumor A: Mischform von Carcinoma adenomatosum und solidum medullare; Krebsgeschwür B: Carcinoma adenomatosum medullare mit Uebergang zu solidum; Tumor C: Carcinoma adenomatosum simplex mit Uebergang zu scirrhosum; Tumor D: Carcinoma solidum scirrhosum.

13) Carcinoma recti combinirt mit Carcinoma ventriculi: 73-jähriger Mann. S.-N. 157. 1888.

Bei der Section dieses interessanten Falles ergab sich für die Bauchhöhle folgender Befund:

Bauch ziemlich stark aufgetrieben, enthält etwa 2 l hämorrhagischen Exsudats: Lagerung der Eingeweide im Ganzen normal, nur das krebsig infiltrirte und stark verdickte Netz verkürzt und zusammengeschoben.

Magen stark ausgedehnt, die Serosa desselben an der vorderen Wand mit teils miliaren, teils linsengrossen krebsigen Auflagerungen besetzt, in deren Umgebung die Serosa stärker injicirt: zwischen Pylorus und Magenmitte eine etwas umfangreichere beetförmige krebsige Infiltration der Serosa. Der Magen enthält ziemlich spärliche, leicht gallig gefärbte schleimige Massen: Schleimhaut im Ganzen normal, wenig injicirt. An der vorderen Magenwand, gerade der beetförmigen, krebsigen Infiltration an der Aussenfläche entsprechend, zwei dicht an einander angrenzende, etwas über Markstück-grosse, rundliche, 1 cm über die Schleimhautfläche pilzförmig erhabene Krebsgeschwülste der Schleimhaut, welche in der Mitte flach ulcerirt sind. Auf dem senkrechten Durchschnitt verschwindet die von den Geschwülsten emporgedrängte Schleimhaut sehr rasch in der markigen, bis auf die Muscularis übergreifenden Geschwulstmasse.

Am Ligament. gastro-colicum, gerade unterhalb des Pylorus, ein etwa gänseeigrosser, mit der vorderen Bauchwand durch leichte fibrinöse Auflagerungen verklebter, sehr weicher und sehr gefässreicher Tumor von dunkelgrauroter Färbung, welcher auf dem Durchschnitt ein stark hämorrhagisches Ansehen zeigt. Die hinter dem Magen gelegenen retroperitonealen Lymphdrüsen in einen über faustgrossen, knolligen, markig weichen Krebsknoten umgewandelt, welcher sich bis zum Hilus der Milz hin erstreckt. Die Vena cava und die Aorta sind von den krebsig infiltrirten Lymphdrüsen vollkommen eingeschlossen und an einer Stelle zeigt sich die Wand der Hohlvene von der Geschwulstmasse ganz durchwuchert, so dass ein etwa erbsengrosses Krebsknötchen frei in das Lumen des Gefässes hineinragt.

Leber leicht vergrössert, von normaler Form, gegen die Oberfläche ziemlich zahlreiche, in der Mitte etwas eingesunkene, bis wallnussgrosse Krebsknoten herandrängend. Lebersubstanz mässig blutreich, graubraun, von sehr zahlreichen, bis über wallnussgrossen, markig weichen, weisslichen, scharf begrenzten Krebsknoten durchsetzt, in deren Umgebung das angrenzende Leberparenchym leicht comprimirt erscheint. Das Lig. suspens. hepatis ebenfalls mit kleinen Krebsknötchen besetzt; ebenso das Bindegewebe im Hilus der Pfortader.

Gallenblase normal, ziemlich reichlich dunkle, fadenziehende Galle enthaltend.

Milz normal gross, am Hilus mit dem krebsig infiltrirten Netz verwachsen. Pankreas normal.

An der Serosa des Mesenteriums, ebenso an verschiedenen Stellen der Serosa der Bauchwand, namentlich seitlich, kleinere beetförmige, krebsige Infiltrationen und das Rectum durch einen markigen Geschwulstknoten mit der hinteren Blasenwand verwachsen.

Bei Eröffnung des Rectums zeigt sich gerade dieser Stelle entsprechend, beiläufig 16 cm oberhalb der Analöffnung, ein etwa $^2/_3$ der Darmwand umfassendes und etwa 4 cm breites, unregelmässig rundliches Krebsgeschwür mit wallartig aufgeworfenem, stark verdicktem Schleimhautrand. Auf dem senkrechten Durchschnitt erscheint die Schleimhaut des Geschwürsrandes von ganz markigem Ansehen und unmittelbar in die Geschwulstmasse des krebsig infiltrirten Geschwürsgrundes übergehend. In letzterem überall die krebsig infiltrirte Muscularis freiliegend; von der Muscularis aus greift die krebsige Infiltration continuirlich auf das angrenzende Zellgewebe und nach vorne zu auf die Serosa der Blasenwand über. Mehrere Lymphdrüsen des Beckenzellgewebes in der Umgebung des Rectums krebsig infiltrirt.

Der übrige Dickdarm stark aufgetrieben, enthält grosse Massen dickbreiiger, stark gallig gefärbter Fäces. Die Schleimhaut überall ganz normal.

Nieren normal. Harnblase enthält ziemlich reichlich leicht getrübten Urin, Schleimhaut normal. Der mit der hinteren Blasenwand verwachsene Krebsknoten in die Blasenwand nicht eindringend.

Die regelrechte Section der Brusthöhle konnte nicht vorgenommen werden; doch konnte nach Eröffnung derselben durch Spaltung des Zwerchfells die Anwesenheit ziemlich zahlreicher, bis haselnussgrosser, markiger Krebsknoten in der l. Lunge constatirt werden.

War es schon bei der makroskopischen Besichtigung wahrscheinlich, dass es sich sowohl im Magen als auch im Mastdarm um primäre, von einander unabhängige Krebsentwicklung handelt, so wurde diese Vermutung durch die mikroskopische Untersuchung vollends bestätigt, indem die beiden Krebsherde im Magen und im Rectum so tiefgreifende histologische Unterschiede zeigen, dass die Annahme gegenseitiger Abhängigkeit völlig ausgeschlossen erscheint.

a) Das noch sehr gut erhaltene Carcinom des Rectums besitzt rein adenomatöse Structur einfachster Form. Während die Rectaldrüsen in der weiteren Umgebung des Krebsgeschwüres eher ein leicht atrophisches Ansehen haben, sind die Drüsen in der nächsten Umgebung des Geschwürsrandes verlängert, häufig auch verbreitert, mit Ausbuchtungen versehen und oft gabelig geteilt: der Epithelbelag wird ausschliesslich von einschichtigem, sehr regelmässig gestaltetem Cylinderepithel gebildet, in welchem nirgends mehr Becherzellen zu sehen sind; sämmtliche Zellen lassen in ausgesprochener Weise die WALDEYER'sche Tinction erkennen. Das interglanduläre Gewebe ist sehr kernreich. Zahlreiche entartete Drüsen durchbrechen die kleinzellig infiltrirte Muscularis mucosae und gehen continuirlich in die in der Submucosa gelegenen Wucherungen über. Letztere ist leicht verdichtet und von sehr zahlreichen, ziemlich dicht gedrängten, verzweigten und unter einander anastomosirenden, häufig ausgebuchteten und bisweilen etwas stärker dilatirten, vollkommen drüsenähnlichen Epithelschläuchen durchsetzt, welche fast überall von einschichtigem, regelmässig geformtem Cylinderepithel gebildet werden. Gerade am Rande des Geschwürsgrundes, wo derselbe grösstenteils noch von der krebsig infiltrirten Submucosa gebildet wird, stehen die in letzterer gelegenen Wucherungen in der Form sehr dicht gedrängter, leicht verzweigter, parallel verlaufender Epithelschläuche senkrecht zur Oberfläche des Geschwürsgrundes und münden in diesen frei aus, so dass dadurch förmlich das Bild einer krebsig entarteten Schleimhaut entsteht. Dass aber eine solche an dieser Stelle tatsächlich nicht mehr vorhanden ist, ist aus dem topographischen Verhalten der benachbarten Muscularis mucosae mit Leichtigkeit zu erkennen.

In der Umgebung der krebsigen Wucherungen ist das verdichtete submuköse Gewebe allenthalben sehr stark und nicht selten in ziemlich breiter Zone kleinzellig entzündlich infiltrirt.

Auch die Muscularis zeigt sich von der krebsigen Wucherung ergriffen; doch ist dieselbe nur in der Peripherie des Krebsherdes dichter durchsetzt. Die Muskelbündel sind hier im Bereiche der mitunter knotenförmige Territorien bildenden Wucherungen fast völlig untergegangen, nur noch vereinzelte Muskelfaserzüge sind zwischen den epithelialen Zellenschläuchen noch zu erkennen. Gleichzeitig ist auch hier das Gewebe in der Umgebung der krebsigen Wucherungen sehr stark kleinzellig infiltrirt. Weiter nach einwärts, gegen die Mitte des Geschwürsgrundes zu, zeigen die Zellen der krebsigen Wucherung nicht selten ein leicht atrophisches Ansehen, doch trägt sonst die Neubildung durchaus den geschilderten Charakter.

Histologische Diagnose: Carcinoma adenomatosum simplex.

b) Das gleichzeitig vorhandene Magencarcinom lässt sich wegen der vorgeschrittenen cadaverösen Veränderungen für das Studium der Histogenese des Magencarcinoms nicht mehr verwerten. Immerhin ist dasselbe, namentlich in den tieferen Schichten, sowie in den Metastasen noch so gut erhalten, dass der histologische Charakter der Neubildung ohne Weiteres zu erkennen ist und sich beurteilen lässt. Es sei daher eine kurze histologische Schilderung desselben mitgeteilt insoweit, als dieselbe für den Nachweis, dass es sich in diesem Falle tatsächlich um das gleichzeitige Auftreten eines primären Magenkrebses und eines primären Mastdarmkrebses handelt, erforderlich ist.

Die Geschwülste des Magens sind besonders an der Oberfläche teils ulcerirt, teils in den obersten Schichten so weit cadaverös verändert, dass irgend welche Beziehungen der in der Submucosa gelegenen Geschwulstmassen zu den ursprünglichen Schleimhautdrüsen nicht mehr zu erkennen sind. Dagegen ist an einzelnen Stellen des Geschwulstrandes, wo die Schleimhaut von der Geschwulstmasse emporgedrängt wird, erstere noch ziemlich gut erhalten. Die Schleimhaut ist hier ziemlich stark kleinzellig infiltrirt, die Drüsen lassen aber keine krebsigen Veränderungen erkennen; dieselben erscheinen nur auf eine kurze Strecke hin beträchtlich verlängert, jedoch ohne wesentliche Veränderungen des Epithelbelags.

Die Geschwulstmasse der Submucosa besitzt ein sehr weitmaschiges Bindegewebsgerüste, dessen schmale Balken häufig von zarten, spindelförmigen Zellen gebildet werden. In die Maschenräume dieses bindegewebigen Gerüstes finden sich dichte Massen ziemlich kleiner polymorph gestalteter und sich gegenseitig polyedrisch abplattender epithelialer Zellen eingelagert, welche meistens rundliche, sich mässig dunkel tingirende Kerne besitzen und oft ein den Labzellen nicht unähnliches Ansehen haben. An manchen Stellen gehen die umfangreicheren Krebskörper in schmale, nur durch einzelne dünne Bindegewebsfaserzüge getrennte Epithelstränge und dicht gedrängte Epithelreihen über. Häufig sind die Zellen lockerer gelagert und erscheinen dann von rundlicher Form, wie leicht gequollen.

In der Peripherie wird die krebsige Wucherung von einer ganz schmalen kleinzelligen Infiltrationszone begrenzt. Die Muscularis ist fast völlig frei von der krebsigen Wucherung; nur ihre grösseren Spalträume sind stark kleinzellig infiltrirt. Die zwischen Muscularis und Serosa gelegene Geschwulstmasse zeigt den gleichen Bau wie der in der Submucosa entwickelte Krebsknoten.

Ebenso lassen die Knoten in der Leber, an der Serosa der Bauchwand und die krebsig infiltrirten Lymphdrüsen noch sehr deutlich die gleiche Structur erkennen. Ueberall begegnet man soliden Epithelmassen, welche, wie im Magen, aus kleinen, polymorphen Zellen bestehen und nirgends irgend welche Aehnlichkeit mit dem exquisit adenomatösen Carcinom des Rectums besitzen.

Histologische Diagnose: Carcinoma solidum medullare.

44) Carcinoma S-Romani combinirt mit Carcinoma ventriculi; 60-jähriger Mann (von Herrn Dr. NEUKIRCH in Nürnberg dem Erlanger pathologischen Institute zugeschickt. J.-N. 83, 1888.

Aus der von Herrn Dr. NEUKIRCH mitgeteilten Krankengeschichte ist Folgendes hervorzuheben: Etwa 8 Wochen vor dem Tode (Anfangs März) wurde mit dem Stuhl eine fast haselnussgrosse, kurz gestielte Geschwulst von deutlich papillärem Bau entleert; in den nächsten Tagen gingen in der gleichen Weise noch weitere 8 solche polypöse Geschwülstchen, welche die Grösse bis zu einer Kirsche erreichten, ab. Gleichzeitig wurde jedesmal eine mässige Menge Blut entleert. Von dieser Zeit an waren die

Ausleerungen des Patienten noch wiederholt mehr oder weniger mit Blut und Schleim gemischt, wobei man fast immer noch kleine Trümmer von Polypen erkennen konnte. Gleichzeitig nahmen die für den Dickdarm constatirten Stenose - Erscheinungen wesentlich ab, auch begannen die Kräfte des Patienten sich wieder langsam zu heben. Eine im Epigastrium, gerade über der Mitte des Colon transversum bestehende Empfindlichkeit auf Druck blieb bestehen und bisweilen hatte man an dieser Stelle bei der Untersuchung das Gefühl vermehrter Resistenz.

Am 15. April traten Erscheinungen von Perforationsperitonitis auf und am 7. Mai erfolgte der Tod.

Bei der von Herrn Dr. NEUKIRCH vorgenommenen Section fand sich ein grosses Carcinom des Magens und gleichzeitig ein perforirtes Carcinom des S-Romanum vor.

Die in das Journalbuch des hiesigen pathologisch - anatomischen Instituts eingetragenen Beschreibungen des Magens und des Dickdarms lauten:

Dickdarm in den oberen Partien völlig normal, die Schleimhaut blass. Im oberen Teil der Flexura sigmoidea ein kirschkerngrosser, an einem 4 cm langen Schleimhautstiel aufsitzender Polyp mit leicht zottiger Oberfläche. Weiter nach abwärts befindet sich ein unregelmässig rundliches, durchschnittlich $1\frac{1}{2}$ cm im Durchmesser haltendes Geschwür, welches die Darmwand völlig perforirt; die Ränder des Geschwüres ziemlich stark gewulstet und nach einer Seite hin mit mehreren ziemlich dicht stehenden, kleinen warzigen Schleimhautwucherungen besetzt. Auf dem senkrechten Durchschnitt zeigt sich die Darmwand im Bereiche des Geschwürsrandes stark verdickt, starr und deutlich krebsig infiltrirt.

Magen normal gross; an der kleinen Curvatur nahe dem Pylorus narbig eingezogen, mit bindegewebigen Pseudomembranen besetzt, unter welchen über die Serosa leicht prominirende, graugelbliche Krebsknötchen eingelagert sind. An der Innenfläche des Magens in der Pars pylorica ein unmittelbar an den Pylorus angrenzendes und auf die kleine Curvatur übergreifendes, unregelmässig rundliches, 6 cm im Durchmesser haltendes, sehr tiefes, kraterförmiges Krebsgeschwür, dessen unebener, mit nekrotischen Gewebsfetzen besetzter Grund zum Teil von dem angelöteten Pankreas gebildet wird. Die Geschwürsränder sind höckerig und wallartig aufgeworfen, die Schleimhaut an denselben stark verdickt und starr. Beim Einschneiden zeigen sich am Geschwürsrande sämmtliche Magenschichten von einer derben, graugelblichen Krebsmasse infiltrirt, in welche die Schleimhaut continuirlich übergeht. Die Schleimhaut in der Umgebung in der Pars pylorica von zahlreichen, über linsengrossen, ziemlich flachen, warzenförmigen Wucherungen besetzt, von welchen einige leicht polypös hervorragen. Die Schleimhaut des Fundus glatt, wenig injicirt, cadaverös erweicht.

a) Die schon während des Lebens abgegangenen polypösen Wucherungen lassen bei der mikroskopischen Untersuchung einen exquisit papillomatösen Bau erkennen. Die Schleimhautdrüsen sind stark adenomatös entartet, verzweigt, vielfach ausgebuchtet und mit sehr regelmässigem, einschichtigem Cylinderepithel ausgekleidet, welches in ausgesprochener Weise die Dunkelfärbung des Zellprotoplasmas zeigt; auch die Papillen und die zwischen denselben gelegenen Spalträume sind mit dem gleichen Epithel bekleidet. Der ganz kurze Stamm der zuerst abgegangenen grösseren Geschwulst besteht aus kernreichem, ziemlich lockerem Bindegewebe, in den Papillen selbst fallen die prall injicirten aufsteigenden Capillarschlingen besonders auf.

Das Carcinom der Flexura sigmoidea ist noch ziemlich gut conservirt, abgesehen von der an das Krebsgeschwür angrenzenden normalen Darmschleimhaut, deren Drüsenepithel zum grossen Teil verquollen oder ausgefallen ist. In der nächsten Umgebung des Geschwürsrandes, wo die Schleimhaut verdickt und mit warzigen Wucherungen besetzt erscheint, sind die Schleimhautdrüsen beträchtlich verlängert und verbreitert, häufig mehrfach geteilt, und nicht selten an einzelnen Stellen stärker ausgebuchtet. Das Epithel der entarteten Drüsen besteht aus meist regelmässig cylindrischen, sich sehr dunkel tingirenden, mässig grossen Zellen, welche noch ziemlich zahlreiche, deutlich erkennbare Kernteilungsfiguren (darunter auch Dreiteilungen) enthalten. Nicht selten bildet der Epithelbelag in das Drüsenlumen vorspringende, knospenähnliche Hervorragungen, welche oft so dicht gedrängt sind, dass dadurch der Epithelbelag förmlich ein flach papilläres Ansehen erhält; gleichzeitig erscheint derselbe doppelschichtig und die Zellen nehmen zum Teil polymorphe Formen an. Das interglanduläre Bindegewebe ist verbreitert und stark kleinzellig infiltrirt.

Zahlreiche entartete Drüsen durchbrechen die Muscularis mucosae und gehen continuirlich in die die Submucosa durchsetzenden Wucherungen über. Letztere bestehen ausschliesslich aus durchaus drüsenähnlichen Cylinderepithelschläuchen, welche nicht sehr reichlich verzweigt, dagegen häufig mit stärkeren und zahlreicheren Ausbuchtungen versehen sind; auch hier erscheint das Epithel bisweilen zweischichtig und leicht polymorph und enthält noch ziemlich zahlreiche, deutlich erkenntliche Kernteilungsfiguren. Das submuköse Bindegewebe ist wenig gefässhaltig, stark verdichtet und ausserordentlich kernreich, in der Umgebung der krebsigen Wucherungen häufig kleinzellig infiltrirt. Auch in die Spalträume der Muscularis finden sich in der nächsten Umgebung des Geschwürsrandes epitheliale Wucherungen eingelagert, welche den gleichen Charakter tragen, wie die in der Submucosa gelegenen.

Der oberhalb des Krebsgeschwüres sitzende Polyp zeigt die gleiche histologische Beschaffenheit, wie die während des Lebens abgegangenen Geschwülstchen.

Histologische Diagnose: Carcinoma adenomatosum simplex, hervorgegangen aus papillomatösen und polypösen Wucherungen.

b) Auch das Magencarcinom zeigt sich bei der mikroskopischen Untersuchung ziemlich gut erhalten. In dem das Krebsgeschwür umgebenden Schleimhautwall sind die Drüsen ebenfalls ausgesprochen adenomatös entartet. Dieselben sind ausserordentlich reich verzweigt, vielfach durch Anastomosen unter einander verbunden und häufig in einzelnen Abschnitten leicht cystisch erweitert. Der Epithelbelag der entarteten Drüsen zeigt grosse Mannigfaltigkeit; bald wird derselbe von ziemlich hohen, regelmässig cylindrischen, bald von ziemlich niedrigen, cubisch oder mehr unregelmässig geformten Zellen gebildet; ausnahmslos nehmen die Drüsenzellen bei Carmintinction eine ziemlich dunkle Färbung des Zellprotoplasmas an. Das interglanduläre Schleimhautgewebe ist völlig normal. Die Muscularis mucosae ist durch interstitielle Bindegewebswucherung stark verdickt und wird vielfach von den entarteten Drüsen durchbrochen.

In der Submucosa bilden die von den Schleimhautdrüsen ausgehenden Wucherungen unter einander communicirende und häufig zusammenfliessende, knötchenförmige Territorien, innerhalb deren die zunächst noch sehr deutlich drüsenähnlichen Zellenschläuche ein dichtes, verworrenes und vielfach anastomosirendes Netzwerk bilden, während das das Krebsgerüst bildende submuköse Gewebe sehr stark verdichtet, ausserordentlich kernreich und dabei leicht kleinzellig infiltrirt erscheint.

An sehr vielen Stellen gehen aber die drüsenähnlichen Zellenschläuche in dicht gedrängte, teils breitere, teils ganz schmale, netzförmig verzweigte lumenlose Epithelstränge über, welche aus polymorphen, sich gegenseitig polyedrisch abplattenden Zellen bestehen; immerhin findet man aber auch hier nicht selten einzelne Stellen, wo die Wucherungen noch lumenhaltig sind und die Zellen auf kurze Strecken hin cylindrisch oder cubisch geformt erscheinen, so dass man deutlich den Uebergang der adenomatösen Wucherungen zur Bildung solider Krebskörper verfolgen kann. Letztere gehen nicht selten auch in einfache Zellenreihen über, welche das Gewebe mehr oder weniger dicht durchsetzen; dabei erhalten die Zellen unter gleichzeitig vermehrter Bindegewebswucherung ein atrophisches Ansehen, so dass die Neubildung an solchen Stellen einen scirrhösen Charakter gewinnt.

Auch die Muscularis zeigt sich in der Umgebung des Geschwürsrandes von der krebsigen Wucherung dicht infiltrirt; dieselbe bildet hier ebenfalls teils lumenhaltige, teils solide, schmale Zellenstränge, welche sowohl die grösseren Spalträume durchsetzen, als auch zwischen die einzelnen Faserbündel der Muscularis eindringen. Letztere sind vielfach atrophisch, häufig durch kernreiches, dichtes Bindegewebe substituirt. In der Peripherie des krebsigen Erkrankungsbezirkes ist eine schmale, aber überall deutlich ausgesprochene kleinzellig entzündliche Infiltrationszone vorhanden.

Histologische Diagnose: Carcinoma adenomatosum simplex mit Uebergang zu Carcinoma solidum.

45) Carcinoma ventriculi ex ulcere chronico combinirt mit Plattenepithelcarcinom des Ohres; 66-jähriger Mann. S.-N. 84, 1888.

In diesem Falle war das linke Ohr wegen ausgedehnter krebsiger Erkrankung abgetragen. Bei der Section des an Pneumonie verstorbenen Mannes fand sich auch ein Carcinom des Pylorus vor. Die Beschreibung des krebsig erkrankten Magens hat nach dem Sectionsprotokoll folgenden Wortlaut:

Magen stark ausgedehnt, enthält sehr dünnflüssigen Speisebrei. Die Schleimhaut des ganzen Magens schiefrig verfärbt, mit einzelnen kleinen Ekchymosen besetzt. An der Pars pylorica ein etwa 2 cm im Durchmesser haltendes, rundliches, tiefes, bis auf die Serosa reichendes Geschwür mit missfarbigem Grund und wallartig aufgeworfenen, markig infiltrirten Rändern, von welchen aus einzelne, bis zu 2 cm lange, wulstige Verdickungen der Schleimhaut nach dem Magen hin ausstrahlen. Auf dem senkrechten Durchschnitt erscheint die Schleimhaut des Geschwürsrandes von weisslich markigem Ansehen und das Gewebe des Geschwürsgrundes deutlich krebsig infiltrirt. Die Serosa des Pylorus aussen in der Gegend des Geschwürsgrundes wie verschorft, missfarbig; daneben durch strahlig verlaufendes Narbengewebe mit dem Colon transversum verwachsen.

Bei der mikroskopischen Untersuchung des ziemlich gut conservirten Magencarcinoms zeigen sich die Schleimhautdrüsen in dem Bereiche des wie markig infiltrirten Geschwürsrandes, sowie der von diesem ausstrahlenden starren Schleimhautfalten in hohem Grade adenomatös entartet. Dieselben sind mit zahlreichen Ausläufern versehen, zum Teil in ihren unteren Abschnitten stark traubig verzweigt; häufig sind einzelne Abschnitte der entarteten Drüsen leicht cystisch erweitert; überall enthalten die Drüsen mässig hohes, sich dunkler tingirendes Cylinderepithel. Das interglanduläre Bindegewebe ist stellenweise verbreitert und namentlich in den unteren Lagen sehr kernreich und kleinzellig infiltrirt.

Unmittelbar am Geschwürsrande durchbrechen die entarteten Drüsen die stark verdickte und ebenfalls kleinzellig infiltrirte Muscularis mucosae. Die Submucosa ist nahe dem Geschwürsgrunde bis zu 2 mm dick, das Gewebe sehr dicht und gefässarm, aber ziemlich kernreich und in der Umgebung der krebsigen Wucherungen leicht kleinzellig infiltrirt. Letztere bilden in dem verdichteten Gewebe ein ziemlich enges Netzwerk vielfach unter einander anastomosirender Cylinderepithelschläuche mit meist engem, seltener leicht erweitertem Lumen. Die Zellen sind meistens von kurz cylindrischer Form und einschichtig gelagert, häufig aber cubisch oder unregelmässig gestaltet und doppelschichtig; überall finden sich in den Wucherungen noch sehr zahlreiche, ziemlich gut erhaltene Kernteilungsfiguren (einfache und Doppelsterne). Auch in die Spalträume der Muscularis dringen die Epithelschläuche ein, die obere Lage derselben dicht durchsetzend. Im Geschwürsgrund, welcher in seinen peripheren Teilen von der freiliegenden Muscularis gebildet wird, trägt die krebsige Wucherung zum Teil einen mehr scirrhösen Charakter. Die Muskelbündel sind durch breite Züge derben Bindegewebes weit auseinander gedrängt und die epithelialen Zellenschläuche haben vielfach ein durchaus atrophisches Ansehen. Doch finden sich auch hier ausgedehnte Partien, welche von sehr wohl erhaltenen, üppigen Wucherungen von rein adenomatöser Form durchsetzt sind. In der Peripherie des krebsigen Erkrankungsherdes ist fast überall eine deutlich entwickelte kleinzellig-entzündliche Infiltrationszone vorhanden.

Auch in der Subserosa befindet sich eine kleine, aus verzweigten und netzförmig anastomosirenden Cylinderepithelschläuchen bestehende Einlagerung, deren Umgebung ebenfalls stark kleinzellig infiltrirt erscheint.

Das Carcinom des Ohres erwies sich bei der mikroskopischen Untersuchung (Sublimathärtung) als ein exquisites Plattenepithelcarcinom mit besonders schön erhaltenen zahlreichen Kernteilungsfiguren.

Histologische Diagnose: Carcinoma adenomatosum simplex mit Uebergang zu scirrhosum.

IX. Tabellarisch-statistische Zusammenstellung der beschriebenen Fälle.

1. Alters- und Geschlechtstabelle [1].

A. Carcinome des Dickdarms.

		No. der Fälle	Gesammtzahl	%
Alter	20—30 Jahre	16.	1	4,3
	31—40 ,,	11. 17.	2	8,7
	41—50 ,,	4. 6. 14.	3	13
	51—60 ,,	1. 3. 5. 7. 8. 9. 10. 13. 15. 18. 19. 44.	12	52,2
	61—70 ,,	2. 12. 20.	3	13
	71—80 ,,	39. 43.	2	8,7
			23	
	Männer	1. 2. 3. 5. 6. 7. 10. 11. 13. 14. 15. 17. 18. 20. 39. 43. 44.	17	74
	Frauen	4. 8. 9. 12. 16. 19.	6	26
			23	

B. Carcinome des Magens.

(5 Fälle konnten wegen Mangel der Personalien nicht eingereiht werden.)

		No. der Fälle	Gesammtzahl	%
Alter	20—30 Jahre	—	—	
	31—40 ,,	22. 28. 29.	3	15,8
	41—50 ,,	21. 23. 24. 27. 42	5	26,3
	51—60 ,,	26. 36. 37. 41. 44.	5	26,3
	61—70 ,,	32. 38. 45.	3	15,8
	71—80 ,,	40. 43.	2	10,5
	81—90 ,,	35.	1	5,3
			19	
	Männer	21. 22. 26. 28. 32. 38. 41. 43. 44. 45.	10	53
	Frauen	23. 24. 27. 29. 35. 36. 37. 40. 42.	9	47
			19	

---

1) Die beiden Fälle von Combination des Dickdarms mit Carcinom des Magens (No. 43 und 44) wurden in beiden Tabellen aufgeführt.

2. Tabellen über die histologische Structur[*]).

A. Carcinome des Dickdarms.

		No. der Fälle	Gesammt-zahl	%
Carcinoma adeno-matosum	simplex	1. 2. 3. 4. 5. 6. 18. 43a. 44a.	9	37,5
	medullare	7. 17. 19. 20.	4	16,7
	scirrhosum	39 a. 39 b.	2	8,3
	microcysticum	8. 9.	2	8,3
Carcinoma gelatinosum		16.	1	4,2
Uebergangsformen zu Carcinoma solidum		11. 12. 13. 14.	4	16,7
Carcinoma solidum		10. 15.	2	8,3
			24	

(Klammer bei 37,5; 16,7; 8,3; 8,3: 70,8)

B. Carcinome des Magens.

		No. der Fälle	Gesammt-zahl	%
Carcinoma adeno-matosum	simplex	25. 26. 35. 36. 37. 41 a. 44 b. 45.	8	26,7
	medullare	21 b. 40 b. 42 b.	3	10,0
	scirrhosum	22. 23. 41 a. 38. 42 c.	5	16,7
	microcysticum	21 b.	1	3,3
Carcinoma gelatinosum		32. 33. 34.	3	10,0
Uebergangsformen zu Carcinoma soli-dum und Mischformen		24. 27. 28. 42 a.	4	13,3
Carcinoma solidum		29. 30. 31. 40 a. 42 d. 43 b.	6	20,0
			30	

(Klammer bei 26,7; 10,0; 16,7; 3,3: 56,7)

Wie aus diesen beiden Tabellen ersichtlich ist, tragen von den sämmtlichen 54 beschriebenen Geschwülsten 34, also etwa 63 %, eine ausschliesslich oder wenigstens weitaus vorwiegend adenomatöse Structur. Dabei ist noch hervorzuheben, dass auch die unter No. 11, 12, 13, 14 beschriebenen Geschwülste, das sind nahezu noch weitere 8 %, der adenomatösen Form näher stehen als dem Carcinoma solidum.

3. Tabellen über Sitz der Geschwülste sowie deren Zusammen-hang mit polypösen Wucherungen und chronischen Geschwürs-prozessen.

A. Carcinome des Dickdarms.

		No. der Fälle	Gesammt-zahl	%
Sitz der Geschwulst	Rectum	1. 2. 3. 4. 5. 6. 7. 8. 9. 10. 11. 12. 13. 14. 16. 17. 18. 20. 39a. 39 b. 43a.	21	87,5
	S-Romanum	19. 44 a.	2	8,3
	Colon	15.	1	4,2
			24	
Combination mit polypösen Wucherungen		17. 18. 19. 20. 44.	5	20,8

[*] Diese und die beiden folgenden Tabellen (3 A und 3 B) wurden nach der Anzahl der beschriebenen Einzelgeschwülste berechnet, weshalb die Fälle von multiplem Carcinom wiederholt eingereiht sind. Für die Einreihung in die Tabellen war stets der am meisten vorwiegende Charakter der Geschwulst massgebend.

B. Carcinome des Magens.

			No. der Fälle	Gesammt-zahl	%
Sitz der Ge-schwulst	Pars pylorica	hintere Wand	23. 27. 28. 36. 37. 38. 40 b 44 b. 45.	9	31
		circulär	22. 29. 33. 34.	4	13,8
	Magenmitte		21. 35. 42a. 42 b 43.	5	17,2
	Fundus		41 b.	1	3,5
	Regio cardiaca		41 a. 42 c. 42 d.	3	10,3
	Grösster Teil der hinteren Magenwand		24. 25. 26. 30. 40 a.	5	17,2
	Ganzer Magen		31. 32.	2	7
				29	
Zusammenhang mit polypösen Wuche-rungen			25.	1	3,5
Ursprung aus chronischem Magengeschwür			35. 36. 37. 38. 45.	5	17,2

4. Zusammenstellung der Fälle von multiplem Auftreten des Cylinderepithelcarcinoms und Combination desselben mit Plattenepithelcarcinom.

	No. der Fälle	Anzahl der beobachteten primären Geschwülste	Anzahl der Fälle	%
Multiple Carcinome des Dick-darms	39.	2	1	2,2
Multiple Carcinome des Ma-gens	40. 41. 42.	2 (No. 40 und 41), 4 (No. 42)	3	6,7
Combination von Carcinom des Dickdarms mit Magen-carcinom	43. 44.	in beiden Fällen je 1 Car-cinom des Magens und je 1 Carcinom des Dickdarms	2	2,4
			6	13,3
Combination von Magencar-cinom mit Plattenepithel-carcinom der Haut	45.	1 Carcinom des Magens und 1 Carcinom des Ohres	1	2,2

X. Erklärung der Tafeln.

Sämmtliche mikroskopische Figuren wurden mit dem OBERHÄUSER-schen Prisma entworfen und darauf nach dem mikroskopischen Bilde (HARTNACK) ausgeführt. Bei Figuren mit schwacher Vergrösserung wurden die indirecten Kerntheilungsfiguren nachträglich bei homogener Immersion mit roter Farbe eingetragen.

Tafel I.

Figur 1. Krebsige Wucherung der Schleimhautdrüsen des Rectums (Carcinoma adenomatosum simplex, No. 4, S. 153). *a* Schleimhaut, *b* Muscularis mucosae, *c* Submucosa, stark verdichtet und von krebsigen Wucherungen durchsetzt. *d* Stärker entartete, die Muscularis mucosae durchbrechende Drüse mit papillärer Wucherung des Epithels; bei *e* sieht man mit den unteren Abschnitten der gewucherten Drüse *d* eine benachbarte Drüse in Verbindung treten, von welcher jedoch nur der unterste Abschnitt in den Schnitt gefallen ist. An einer Schnittserie lässt sich auch nachweisen, dass Drüse *f* mit Wucherung *g* in Verbindung steht. Sämmtliche Drüsen sind mit mehr oder weniger hohem Cylinderepithel ausgekleidet, welches keine Becherzellen mehr enthält und in Drüse *d* nach unten zu mehrschichtig wird. Im Epithel der entarteten Schleimhautdrüsen und der Wucherungen in der Submucosa sind in dem abgebildeten Abschnitte des Präparates, welcher einem Flächeninhalte von beiläufig 3 ☐mm bei einer Dicke von 0,04 mm entspricht, 126 indirecte Kerntheilungsfiguren enthalten, während sich im Bindegewebe nur 4 finden. Vergrösserung 80 : 1.

Tafel II.

Figur 2. Einfache indirecte Kerntheilungsfiguren aus der epithelialen Wucherung eines Rectumcarcinoms (No. 3, S. 152); *a* Monaster, *b* Dyaster. Vergrösserung 900 : 1.

Figur 3. Hyperplastische Kerntheilungsfiguren, welche einer Vierteilung des Kernes entsprechen; *a* aus der epithelialen Wucherung eines Magencarcinoms (No. 21, S. 193); *b* aus der eines Rectumcarcinoms (No. 3, S. 152). Vergrösserung 900 : 1.

Figur 4. Carcinoma adenomatosum simplex des Rectums (Recidiv, No. 1, S. 149). *a* Schleimhaut, *b* Muscularis mucosae, *c* Submucosa. Die entarteten Schleimhautdrüsen sind zum Teil unter einander in Communication getreten und durchbrechen an verschiedenen Stellen die Muscularis mucosae. Die in der stark verdichteten Submucosa verbreitete krebsige Wucherung trägt rein adenomatösen Charakter und wird von einfachen Cylinderepithelschläuchen gebildet. An Stellen, wo in der Zeichnung an den Wucherungen kein Lumen zu erkennen ist, sind diese nur tangential getroffen. Sämmtliche Wucherungen bilden, wie an einer Schnittserie zu erkennen ist (vergl. Taf. III und Taf. IV; die Zeichnung entspricht dem

rot eingetragenen Schnitt der Serie), ein anastomosirendes, mit den entarteten Drüsen in directem Zusammenhange stehendes Netzwerk. So
kann man z. B. sowohl von der Drüse 1 als auch von der Drüse 2 zu der
Wucherung d gelangen. Vergrösserung 70 : 1.

Tafel III und Tafel IV.

Figuren 5—8. Graphische Darstellung einer Serie von 5 auf
einander folgenden Schnitten aus einem Carcinoma adenomatosum simplex
des Rectums (No. 1, S. 149, vergl. Taf. II, Fig. 4, Text S. 66). A
Schleimhaut mit den entarteten Drüsen, B Muscularis mucosae, C krebsige
Wucherungen in der Submucosa und den tieferen Gewebsschichten.

Die Reihenfolge der in verschiedenen Farben aufgetragenen Schnitte
ist folgende; No. 1 = blau, No. 2 = rot, No. 3 = schwarz, No. 4 = grün,
No. 5 = braun; es wird demnach durch Fig. 5 die gegenseitige Beziehung der Schnitte 1 und 2, durch Fig. 6 der Schnitte 2 und 3, durch
Fig. 7 der Schnitte 3 und 4 und durch Fig. 8 der Schnitte 4 und 5
dargestellt.

Durch die Farbe der in die einzelnen Figuren eingetragenen punk-
tirten Verbindungslinien ist darauf hingewiesen, an welchem Schnitte ein
Zusammenhang der betreffenden Stellen vorhanden ist. Dabei bedeutet
stets eine blaue Linie eine Verbindung zwischen Schnitt 1 (blau) und
Schnitt 2 (rot), eine rote Linie eine solche zwischen Schnitt 2 (rot) und
und Schnitt 3 (schwarz), eine schwarze eine solche zwischen Schnitt 3
schwarz) und Schnitt 4 (grün) und endlich eine grüne Linie eine Verbindung zwischen Schnitt 4 (grün) und Schnitt 5 (braun). So ist z. B.
in Fig. 6 durch die von d nach abwärts gehende blaue Linie angedeutet,
dass die Wucherung d mit der tiefer gelegenen Wucherung in dem ersten,
blau aufgetragenen Schnitt (vergl. Fig. 5) bereits einen Zusammenhang
gefunden hat.

In Fig. 8 sind e und f durch eine rote Linie verbunden; da eine
rote Linie stets nur eine Verbindung zwischen Schnitt 2 (rot) und Schnitt
3 (schwarz) bedeuten kann, so ist also der Zusammenhang der Wucherungen
e und f auf Fig. 6 zu suchen, wobei die betreffende Stelle auch auf der
dazwischen liegenden Fig. 7 zu vergleichen ist.

Graphisch kann man eine solche Verbindung zwischen d und s in
folgender Weise veranschaulichen:

$$d: \qquad \text{rot—schwarz—grün}$$
$$\text{blau}$$
$$s: \qquad \text{rot—schwarz—grün.}$$

Auf diese Weise kann man sich leicht überzeugen, dass man z. B.
von der Drüse 2 (Fig. 5) zu b und c (Fig. 6) gelangen kann; bei r
(Fig. 7) wird durch Schnitt 4 (grün) eine Brücke nach d hergestellt;
d und s haben aber bereits durch Schnitt 1 (blau) und Schnitt 2 (rot)
eine Verbindung erhalten (vergl. Fig. 5 und auch Fig. 6); ferner stellt
dann Schnitt 5 (braun, vergl. Fig. 8) eine directe Verbindung mit e her;
die Stellen e und f stehen aber schon durch Schnitt 2 und 3 (vergl.
Fig. 6 mit Hilfe von Fig. 7) in Zusammenhang und durch Schnitt 4
(grün) und 5 (braun) besteht in Fig. 8 eine im Bogen zu k führende
Verbindung; in ähnlicher Weise gelangt man von k über t (Verbindung
auf Fig. 7) oder über i (Verbindungen in Fig. 5 und 6) zu n, von wo
aus man auf Fig. 8 direct zu u gelangt; von hier führt dann der Weg

abwechselnd von Schnitt 3 (schwarz) zu Schnitt 4 (grün) und von Schnitt 4 (grün) zu Schnitt 5 (braun) durch Drüse 5 wieder an die Schleimhautoberfläche.

In ähnlicher Weise lassen sich von den entarteten Schleimhautdrüsen die verschiedensten Wege einschlagen, welche stets bald bis zu den tiefsten Wucherungen führen, bald früher oder später blind endigen werden.

Tafel V.

Figur 9. Plötzlicher Uebergang niedrigen Epithels in hohes Cylinderepithel bei Carcinoma adenomatosum simplex (Rectumcarcinom, No. 4, S. 153) aus einer in der Submucosa gelegenen Wucherung. Vergrösserung 130 : 1.

Figur 10. Teil einer krebsigen Wucherung des gleichen Falles mit Bildung mehrerer in das Lumen vorspringender Epithelknospen und mit reichlichen Kernteilungsfiguren im Epithel. Vergrösserung 130 : 1.

Figur 11. Carcinoma adenomatosum microcysticum. Aus einem nach Exstirpation eines primären Magencarcinoms in den Bauchdecken aufgetretenen Recidiv (Carcinoma ventriculi, No. 21 b). Vergrösserung 56 : 1.

Figur 12. Mehrschichtiger Epithelbelag aus einer krebsigen Wucherung in einem Falle von Carcinoma adenomatosum medullare mit Uebergang zu Carcinoma solidum (Carcinoma recti, No. 11). An dem Epithelbelag sind papilläre, in das Lumen vorspringende Erhebungen zu erkennen, welche zum Teil mit ihren Enden unter einander verschmelzen und so die zwischen den einzelnen Erhebungen gelegenen Spalträume förmlich überbrücken. Der Epithelbelag wird zum grossen Teil aus polymorphen Zellen gebildet und enthält indirecte Kernteilungsfiguren. Vergrösserung 230 : 1.

Figur 13. Schematische Darstellung eines senkrechten Durchschnittes durch einen aus dicht gedrängten Schleimhautpolypen gebildeten Tumor von scheinbar papillärem Bau. Vergl. Carcinoma recti, No. 17, S. 182.

Tafel VI.

Figur 14. Krebsige Wucherung einer in ein Schleimhautgrübchen einmündenden Rectaldrüse bei einer Zwischenform von Carcinoma adenomatosum medullare und Carcinoma solidum (Carcinoma recti, No. 10). a Schleimhautgrübchen, b krebsig entartete Drüse; auf der einen Seite der Epithelbelag allmählich, auf der gegenüberliegenden plötzlich mehrschichtig werdend. Nach abwärts geht die entartete Drüse unmittelbar in einen unregelmässig geformten, massigen, ausserordentlich zahlreiche Kernteilungsfiguren enthaltenden Krebskörper über. Die übrigen in das Schleimhautgrübchen einmündenden Drüsen, wie c, d (d₁), e (e₁), i (i₁), ebenso die Drüsen f und g ohne wesentliche Veränderungen, jedoch fehlen in dem sich dunkel tingirenden Epithelbelag die Becherzellen. Drüse h bis nahe zur Mündung krebsig entartet. Auch im Bindegewebe ziemlich reichliche Kernteilungsfiguren. Vergrösserung 100 : 1.

Tafel VII.

Figur 15. Krebsig entartete Schleimhaut bei Carcinoma recti (Uebergangsform von Carcinoma adenomatosum zu Carcinoma solidum, No. 11). a Schleimhaut, b Muscularis mucosae, c obere Lagen der krebsig infiltrirten und verdichteten Submucosa. Die krebsig entartete Drüse d ist in ihrer ganzen Ausdehnung in den Schnitt gefallen, so dass der continuirliche Zusammenhang derselben mit den krebsigen Wucherungen in der Submucosa überaus klar zu übersehen ist. An der Drüsenmündung und im Drüsenhals befindet sich noch normales, reichlich Becherzellen enthaltendes Cylinderepithel; ebenso sieht man bei *e* noch eine kleine Insel normaler Becherzellen, welche aber nach oben und unten bereits von krebsig entartetem Epithel begrenzt wird. Das entartete Drüsen-epithel ist überall mehrschichtig und wird von einem ziemlich engen, unregel-mässigen Canalsystem durchzogen (vergl. S. 46 und 57); in dem erweiterten Drüsenlumen Detritus, bestehend hauptsächlich aus abgestossenen Zellen und Chromatinschollen. Die Wucherungen in der Submucosa zeigen das gleiche histologische Verhalten wie die krebsige Wucherung des Drüsen-epithels. *f* Abschnitte benachbarter, in gleicher Weise entarteter Drüsen. Die übrigen, teils in ganzer Ausdehnung, teils in einzelnen Abschnitten oder tangential getroffenen Drüsen haben noch regelmässigen Epithelbelag, welcher aber nur sehr spärliche Becherzellen mehr enthält und am ge-färbten Präparate sich dunkler tingirt; eine dieser Drüsen dreiteilig. In den krebsig entarteten Drüsen, sowie in den krebsigen Wucherungen der Submucosa sehr zahlreiche indirecte Kernteilungsfiguren. Vergrösserung 80 : 1.

Tafel VIII.

Figur 16. In der Tiefe der Submucosa gelegene krebsige Wuche-rungen bei einer Uebergangsform von Carcinoma adenomatosum medullare zu Carcinoma solidum (Carcinoma recti. No. 10, cf. Taf. VI, Fig. 14). Allenthalben sieht man in den epithelialen Wucherungen noch Lumina von dieselben durchziehenden Canälen (wie bei *a*), welche auf den ur-sprünglich adenomatösen Charakter der krebsigen Neubildung hindeuten. Ueberall sind in den epithelialen Krebskörpern ungeheure Massen in-directer Kernteilungsfiguren enthalten, während im Bindegewebe solche relativ überaus spärlich sind. Bei einer Schnittdicke von 0,03 mm kommen auf die in der Zeichnung dargestellte Fläche 544 Kernteilungsfiguren im Epithel, dagegen nur 8 solche im Bindegewebe. Vergrösserung 80 : 1.

Tafel IX.

Figur 17. Krebsig entartete Schleimhautdrüsen bei Carcinoma gela-tinosum recti (No. 16, S. 178). Die Drüse *a* ist in ganzer Ausdehnung getroffen, dagegen ist von der Drüse *b* der Ausführungsgang nicht in den Schnitt gefallen. Die oberen Partien der schmalen, stark verlängerten Drüsen enthalten teils cylindrische, teils cubisch geformte Zellen; da-zwischen findet man nur spärliche von den charakteristischen kleinen gequollenen Zellen eingestreut. Dagegen wird das Epithel der unteren Drüsenabschnitte fast ausschliesslich von solchen Zellen gebildet. Das zwischen den beiden Drüsen gelegene Gewebe ist krebsig infiltrirt, zum Teil aber mag dasselbe auch von entarteten, nur tangential getroffenen Drüsenabschnitten eingenommen sein, welche jedoch von secundär einge-drungenen Wucherungen nicht zu unterscheiden sind. Die Submucosa *c* leicht verdichtet. Vergrösserung 180 : 1.

Figur 18. Schnitt aus einer krebsig infiltrirten Lymphdrüse des gleichen Falles. Bei *a* tragen die krebsigen Wucherungen noch zum Teil fast rein adenomatösen Charakter, während dieselben nach unten zu, bei *b*, sehr reichliche gequollene Zellen enthalten und in die gallertige Form übergehen. Bei *c* eine atrophische Wucherung, deren geschrumpfte Zellen sich in einen schmalen einreihigen Strang von Chromatinschollen fortsetzen. Das ursprüngliche Lymphdrüsengewebe stark verdichtet und mässig kernreich. Vergrösserung 320 : 1.

Figur 19. Gallertig entartete Partie der krebsigen Wucherung aus der Submucosa des gleichen Falles. Die epithelialen Wucherungen werden fast ausschliesslich aus verquollenen, ganz unregelmässig gelagerten und zum Teil zusammengesinterten Zellen gebildet. Die einzelnen in der Gallertmasse suspendirten Zellengruppen zeigen eine deutliche territorienförmige Anordnung, entsprechend der Entstehung der grösseren Hohlräume durch Confluenz ursprünglich kleinerer Alveolen. Vergrösserung 320 : 1.

Tafel X.

Figur 20. Abschnitt aus krebsig entarteter Schleimhaut bei Carcinoma solidum des Magens (No. 27, vergl. Text S. 47). a Schleimhaut, b Muscularis mucosae. Die Schleimhautdrüsen, von welchen nur c und d im Ausführungsgang getroffen sind, sind fast in ihrer ganzen Ausdehnung in schmale, netzförmig anastomosirende, grösstenteils lumenlose Epithelstränge umgewandelt. Bei b durchbrechen die entarteten Drüsen die Muscularis mucosae, deren auseinandergedrängte Fasern leicht zu erkennen sind. Im Epithel der entarteten Drüsen zahlreiche indirecte Kernteilungsfiguren. Vergrösserung 100 : 1.

Figur 21. Krebsige Wucherungen aus der Submucosa bei Carcinoma solidum ventriculi (No. 29). Die aus plattenepithelähnlichen Zellen bestehenden Wucherungen gehen zum Teil in schmälere Zellenstränge und einfache Zellenreihen über. Innerhalb der epithelialen Wucherungen vereinzelte indirecte Kernteilungsfiguren. Vergrösserung 320 : 1.

Figur 22. Krebsig thrombosirtes Pfortaderästchen der Leber bei Carcinoma ventriculi mit krebsiger Thrombose einer Vena coronaria (No. 42; vergl. Taf. XI. Fig. 23). a Krebsig thrombosirtes Pfortaderästchen; der epitheliale, spärliche Kernteilungsfiguren enthaltende Thrombus zum Teil von mehr oder weniger weiten Canälen durchzogen, wodurch noch der adenomatöse Charakter angedeutet ist. Bei e ein grösserer von Blut erfüllter Hohlraum, in dessen Umgebung die Zellen stark abgeplattet. Die Venenwand intact. b Querschnitt durch ein Aestchen der Leberarterie: c Gallengang (rechts der Epithelbelag im Schrägschnitt getroffen, daher scheinbar mehrschichtig): d Lebergewebe. Vergrösserung 95 : 1.

Tafel XI.

Figur 23. Segment eines Querschnittes durch die krebsig thrombosirte Vena coronaria bei Carcinoma ventriculi (No. 42). a Venenwand, b Rest der Intima; an den übrigen Stellen ist das Endothel teils untergegangen, teils haben sich aus demselben in den epithelialen Thrombus hereinsprossende Bindegewebszüge und aus zarten Endothelzellen bestehende Capillaren (f) entwickelt; e Teil des Querschnittes einer kleinen Arterie. Der krebsige Thrombus c trägt adenomatösen Charakter; bei d, also nach dem centralen Teile hin, ist derselbe nekrotisch; im peripheren Teile sind ziemlich zahlreiche indirecte Kernteilungsfiguren zu erkennen. Vergrösserung 170 : 1.

Figur 24. Krebsig thrombosirtes Pfortaderästchen der Leber mit Uebergreifen des krebsigen Thrombus auf das Lebergewebe bei Carcinoma recti adenomatosum (No. 17, S. 182). a Pfortaderästchen mit krebsig-epithelialem Thrombus: bei e steht derselbe in Verbindung mit den die Leberläppchen substituirenden krebsigen Wucherungen c, welche bei d zum Teil nekrotisch sind; b kleines Aestchen der Leberarterie (ein Schnitt durch den nach links gelegenen Gallengang konnte nicht mehr mit in die Zeichnung aufgenommen werden). Das Pfortaderbindegewebe leicht kleinzellig infiltrirt. In der krebsigen Wucherung sind überall zahlreiche indirecte Kerntheilungsfiguren enthalten. Vergrösserung 100 : 1.

Tafel XII.

Figur 25. Resecirte Pars pylorica des Magens mit krebsig entartetem, chronischem Magengeschwür (No. 37). Die weisslichen warzigen Erhabenheiten, welche theils unmittelbar am Geschwürsrande, theils in dessen nächster Umgebung, besonders gegen den Pylorus (P) hin, gelegen sind, liessen bei der mikroskopischen Untersuchung krebsige Entartung der Schleimhautdrüsen erkennen; die von ihnen ausgehende krebsige Infiltration der tieferen Gewebsschichten erstreckt sich vom Geschwürsrande aus hauptsächlich auf die nach oben und gegen den Pylorus zu gelegenen Partien. Der Geschwürsgrund erwies sich grossentheils frei von krebsiger Wucherung, ebenso der nach unten und nach rechts gelegene Theil des Geschwürsrandes, sowie die daran angrenzenden Partien der Magenwand. Rechts von dem Geschwür sieht man eine flache, nicht krebsige Erosion. a krebsig infiltrirte Lymphdrüsen; b Muscularis; c Fettläppchen.

Figur 26. Multiple primäre Carcinome des Magens (No. 42). a Cardia, b Pylorus, c Fundus. Natürliche Grösse.

Der grosse pilzförmige Tumor A und die mehr flache ulcerirte Krebsgeschwulst B entsprechen in ihrem histologischen Bau einer Mischform von Carcinoma adenomatosum medullare und Carcinoma solidum. Von den nahe der Cardia gelegenen kleineren, noch nicht ulcerirten Geschwülsten wird C durch ein Carcinoma adenomatosum simplex (mit Uebergang zu scirrhosum) gebildet, während der kleine Tumor D den Charakter eines Carcinoma solidum besitzt. In sämmtlichen Tumoren lässt sich die primär von den Schleimhautdrüsen ausgehende Wucherung nachweisen.

Berichtigungen.

S. 17, Zeile 1: ist zu lesen gleichwertigen statt gleichwertige Formen.

S. 18, Zeile 4 von unten: ist zu lesen scirrhosum statt shirrosum.

S. 35: ist bei der Ueberschrift des Abschnittes d) das Wort muciparum in Klammer zu setzen.

S. 63, Zeile 21: ist zu lesen derselben statt desselben.

S. 63, Zeile 27: ist zu lesen epitheliale statt epitheloide Neubildung.

S. 64, Zeile 19: ist zu lesen epithelioider statt epitheloider Zellen.

S. 79, Zeile 18: ist zu lesen gestalten sich statt gestalteten sich.

S. 86, Zeile 11: ist zu lesen metaplastische statt metastatische

Fig.1.

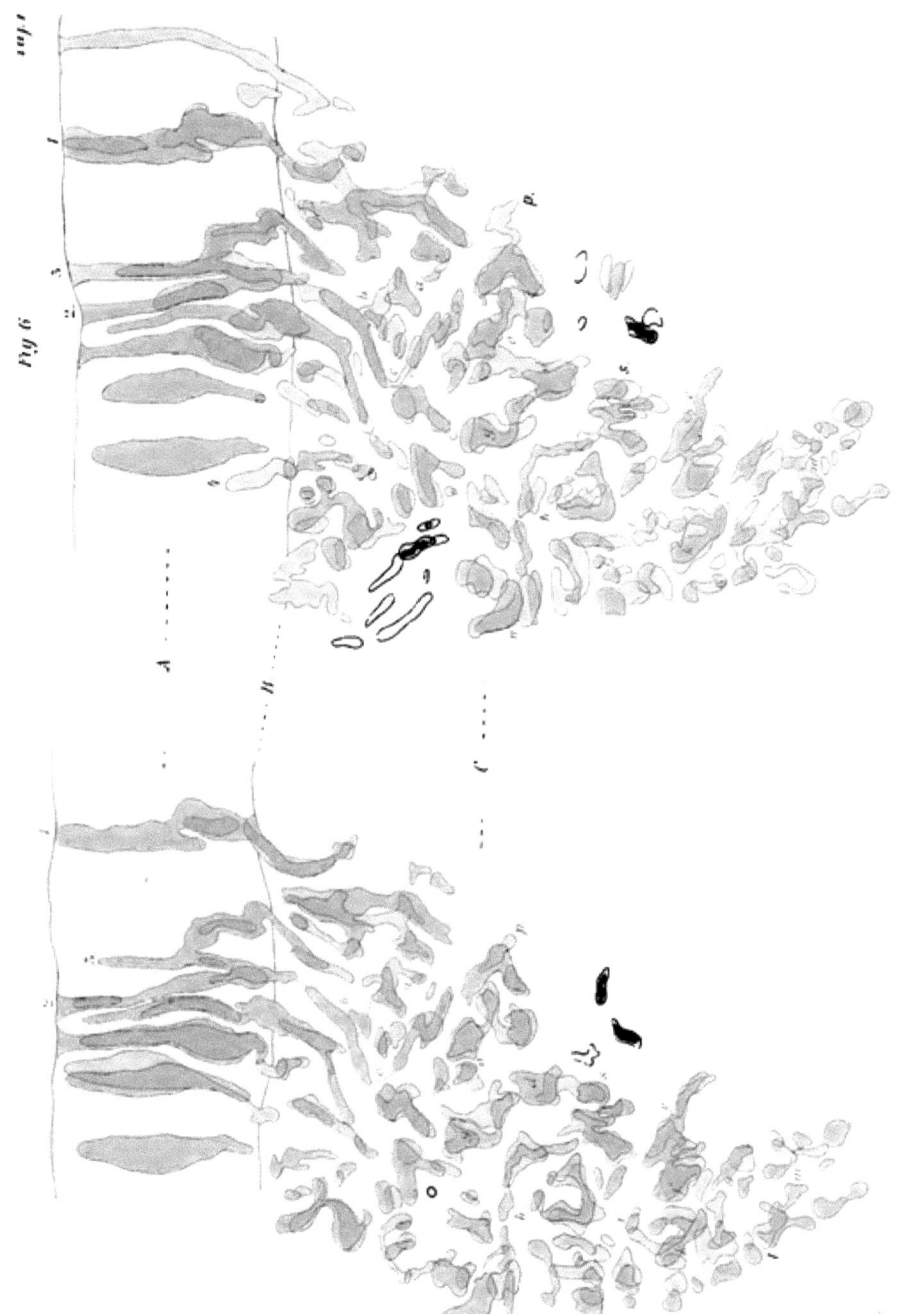

Fig. 8.

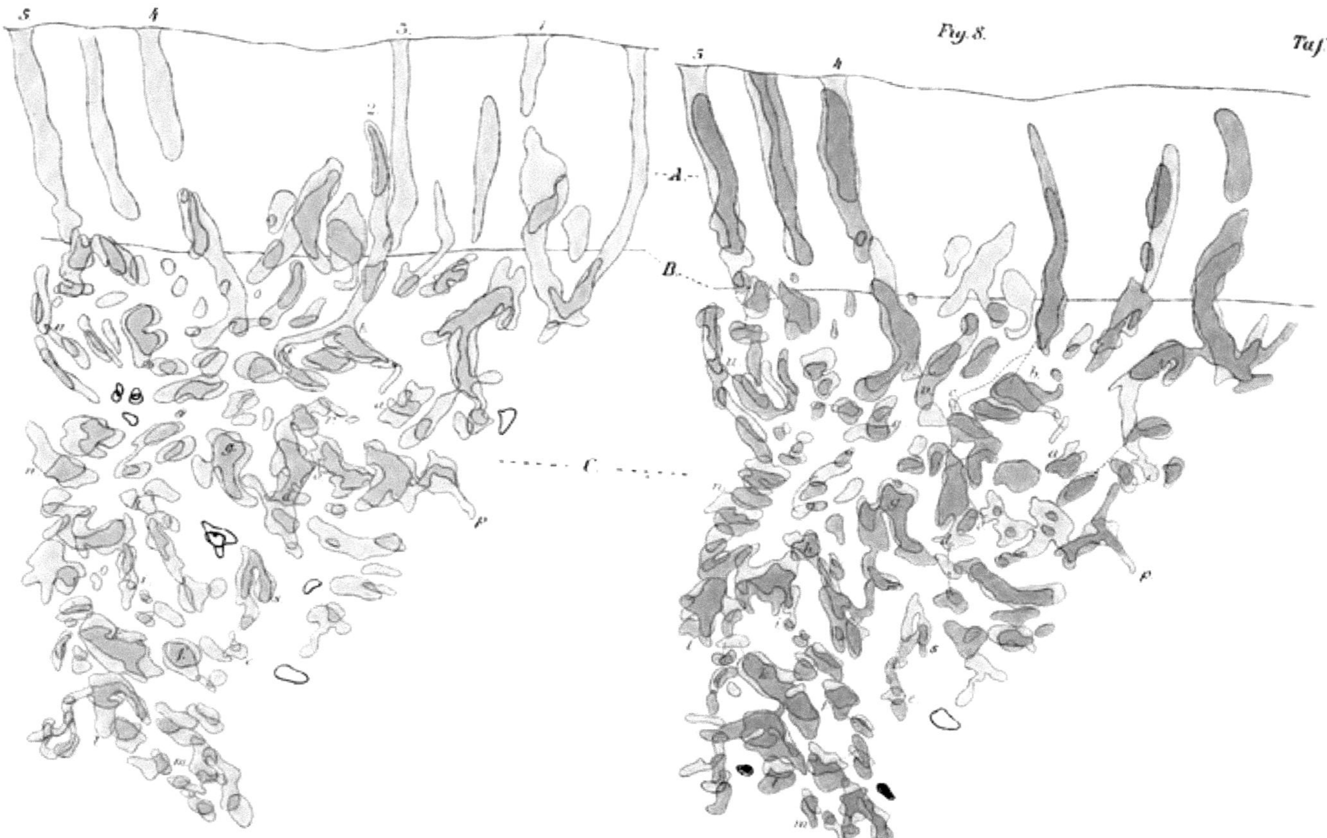

Fig.13.

Gustav Fischer

Fig.14.

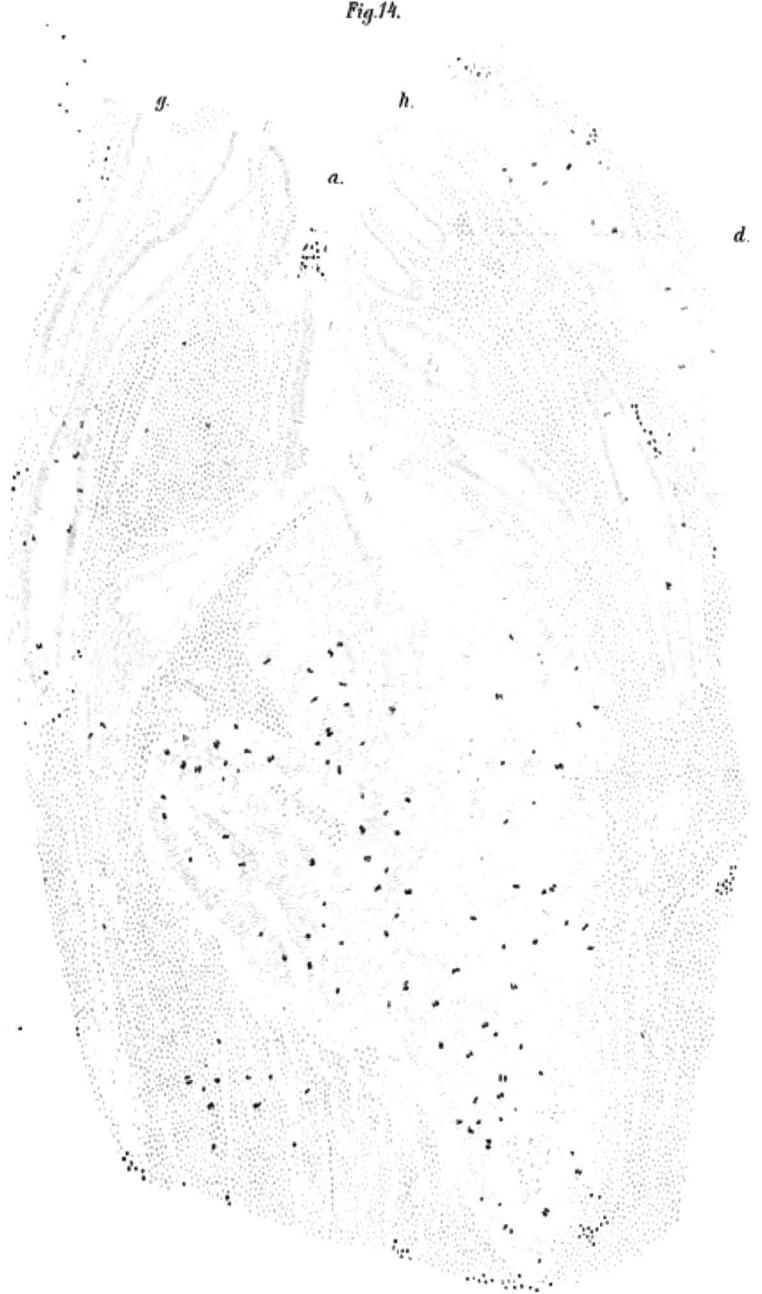

Fig.15.

Gustav Fischer

.

Fig. 17.

Fig. 22.

Fig. 23.

Fig. 24.

Fig 25

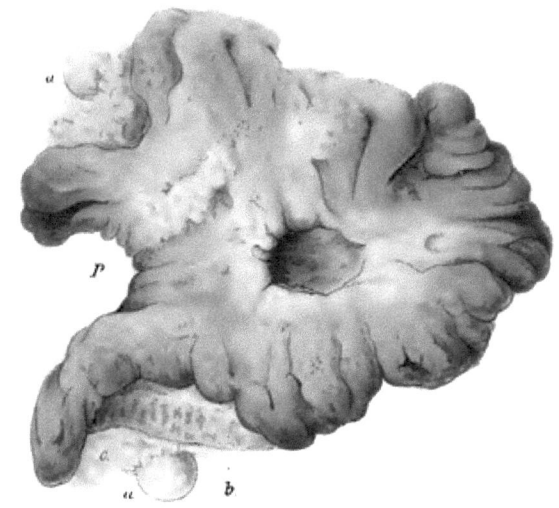

Fig 26.

Gustav Fischer